"十二五"职业教育国家规划教材
经全国职业教育教材审定委员会审定
"十二五"高等职业教育计算机类专业规划教材

网页设计与制作

（第3版）

孙永道　主　编
高　欢　王　彤　张　岚　副主编

中国铁道出版社
CHINA RAILWAY PUBLISHING HOUSE

内容简介

本书是根据作者多年的教学经验和精品课建设经验编写而成的。教材突破了过多讲解某个网页设计工具的传统思路，而把重点放在网页设计技能的提高上。通过本书的学习，读者能够真正掌握实际工作中最需要、最实用的技能。

本书包括“基础知识、基本技能、综合应用”3部分，共11个模块。基础知识部分主要讲解网页设计相关的基础理论知识和网页设计工具的使用；基本技能部分通过大量实例帮助读者掌握内容编辑、超链接、布局设计、样式应用、脚本特效、交互应用、网站模板和网站发布等技能；综合应用部分则通过典型的综合性实例，让读者了解图层、表格和框架在网页内容和布局控制中的应用，以及网页设计中的模板、样式表和脚本特效的应用等。

本书适合作为高等职业院校网页设计课程的教材，也可作为培训机构的短期培训教材，或网页设计爱好者的参考书。

图书在版编目（CIP）数据

网页设计与制作/孙永道主编. —3版. —北京：中国铁道出版社，2015.1（2018.7重印）

“十二五”职业教育国家规划教材 “十二五”高等职业教育计算机类专业规划教材

ISBN 978-7-113-19325-6

Ⅰ. ①网… Ⅱ. ①孙… Ⅲ. ①网页制作工具－高等职业教育－教材 Ⅳ. ①TP393.092

中国版本图书馆CIP数据核字（2014）第228334号

书　　名：网页设计与制作（第3版）
作　　者：孙永道　主编

策　　划：王春霞
责任编辑：王春霞　冯彩茹
封面设计：付　巍
封面制作：白　雪
责任校对：汤淑梅
责任印制：郭向伟

出版发行：中国铁道出版社（100054，北京市西城区右安门西街8号）
网　　址：http:// www.tdpress.com/51eds/
印　　刷：三河市航远印刷有限公司
版　　次：2007年5月第1版　2012年8月第2版　2015年1月第3版　2018年7月第4次印刷
开　　本：787 mm×1 092 mm　1/16　印张：18.25　字数：442千
印　　数：6 501～8 500册
书　　号：ISBN 978-7-113-19325-6
定　　价：36.00元

FOREWORD

第3版前言

自本书第一版出版以来，已历经了7年，这7年中网站的设计模式发生了很大的变化。现在网站设计主要是以Div+CSS作为布局控制的主要方式，而传统以表格为基础的布局方式已经不能适应现代网站设计的要求；另外，第一版教材中实训教材是作为独立的一本教材出版的，很多读者反映使用起来比较麻烦。这都迫使我们更新教材，以适应时代发展的需求。

第3版教材中，延续了前两版教材的基本思想——不以具体Dreamweaver版本的工具操作为核心，而是以提高读者的网页设计能力为核心。本教材依据当前网页设计工作的实际需求，基本重新编写了原有教材的内容，不管是从构思上，还是从内容的排序或者是内容的选取上都做了精心的设计。主要表现在以下几个方面：

1. 将实训内容合并到主教材

为了方便读者使用，第3版教材将原版教材配套的实训教材和主教材进行了整合，在教材中直接包含了任务实训，并删减了原实训教材中多余的部分。

2. 对前两版教材内容进行了重新编排

在第3版教材中，将原教材的近20个章节的内容，合并整合为现在的11个模块的内容，这些内容主要包括：网站设计的基础知识、网页设计工具的使用、向网页中添加各种内容、链接网站内容、控制网页的整体布局、用样式表美化网页、使用JavaScript添加特效、使用表单实现网页的交互、使用模板构建风格一致的网站页面、发布与测试网站等。整合后的内容更加符合当前网站的设计模式。

3. 增加了实用的内容并删减了一些过时的内容

在第3版教材中，主要增加了网站的发布与测试功能、博客网站的整体设计、HTML5和CSS3的基本特性介绍。同时，删减了以表格为基础的网站布局控制内容，以及压缩了原教材中大篇幅介绍网站色彩的内容。

4. 关于教材作者

本次改版，全国10多名专业教师参加了编写，由孙永道任主编，高欢、王彤、张岚任副主编。具体编写分工为：模块1、模块2由孙永道编写，模块3、模块4由高欢编写，模块5、模块6由王彤编写，模块7、模块8由刘秀芹、张岚编写，模块9由王征强编写，模块10由张洪星、张岚编写，模块11由张靓编写，企业网站设计师李小娅对第11模块的素材设计和整个教材的架构进行了设计和规划。由孙永道统稿。另外，在教材的编写中，还得到了霍艳岭、赵胜、佟欢、刘霞、王海宾等几位老师的大力支持，中国铁道出版社的编辑在百忙中对教材提出了宝贵的建议，在此一并表示感谢。

由于时间仓促，加之编者水平有限，书中难免存在疏漏和不足之处，欢迎广大读者批评指正，联系邮箱：sunyd168@126.com。

特别说明：依据本教程的设计思想——不以某个具体 Dreamweaver 版本的工具操作为教材核心，而以提高读者网页设计能力为核心，教程中涉及 Dreamweaver 的操作界面可能在不同的版本中稍有差别，希望读者在使用教材的过程中，根据具体的版本找到最佳的操作方法，并以掌握所学内容的设计思想为核心，建议读者多使用代码视图实现设计。另外，在实际工作中网页设计者更常见的方式是在代码视图中直接编写或修改网页代码，这里也建议读者多尝试在代码视图下设计网页，这样能更快速地提升到专业网页设计师的水平。本教程使用的 Dreamweaver 主要是 CS3、CS4 和 CS5 版本，个别地方也涉及 Dreamweaver 8 版本和 CS 不同版本的简单区别说明。还有一点，就是读者测试的浏览器，建议使用 IE 6.0 及以上版本或 Chrome、Opera、Firefox、safari 等浏览器。

编　者

2014 年 12 月

CONTENTS

目录

第 3 部分 综 合 应 用

第 1 部分

基础知识

第 1 部分是本教材的入门篇，旨在训练读者网页设计的基本能力，即了解网页设计基本知识，掌握使用 Dreamweaver 创建和管理站点，能编写简单的 HTML 页面。通过本部分内容的学习实践，读者能够对网站设计的工作流程和网站设计的相关规范有一个初步的认识，并对网页中的色彩搭配技巧有初步的了解，从而达到一个网页设计者应具备的基本能力和要求。

模块1

网站设计的基础知识

在本模块中，读者将学习到网页设计师岗位最基础的知识，并掌握网页设计师岗位相关的入门技能。

知识目标：

- 网络基础知识
- 网站基础知识
- 网站设计相关的色彩知识

技能目标：

- 熟悉网站设计的基本流程
- 掌握网站设计的基本规范

1.1 网络基础知识

1.1.1 因特网

因特网是一个由各种不同类型和规模、独立运行和管理的多个计算机网络组成的全球性的大网络。因特网是人类有史以来第一个世界性的“图书馆”和全球性的信息平台。通过它，任何人在任何时间都可以相互交流，从而形成当今世界唯一没有国界、种族、性别、年龄、贫富之别的生活圈，人们可以在因特网上互相传播知识与经验、发表意见和观点、开展贸易和经营等活动。

1969年，美国国防部高级研究计划署成功研发了世界上第一台计算机网络——ARPAnet。今天的Internet就是由ARPAnet演变而来的。随着商业性网络加入因特网，因特网现已成为全球最大的计算机网络。

因特网具有许多强大的功能，如电子邮件（E-mail）、远程管理（RM）、Web服务（WWW）、文件传送（FTP）、域名服务（DNS）和电子商务（EC）等。图1-1所示为通过因特网的强大搜索功能，在0.001 s之内搜索到的1 090万条有关“网页设计”信息的链接，可见因特网的确是知识和信息的海洋。

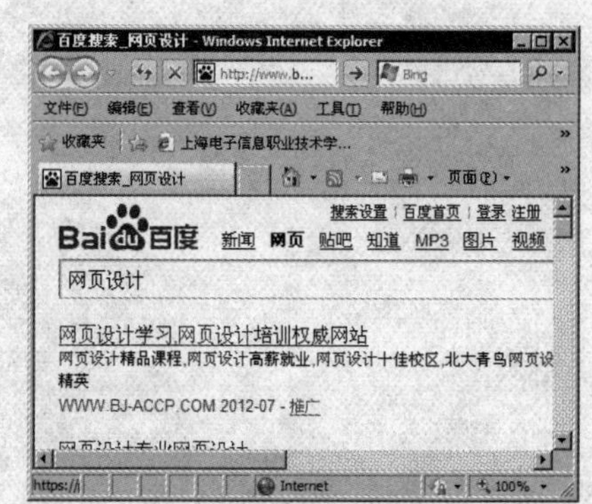

图1-1　从“百度”搜索“网页设计”关键字

1.1.2 TCP/IP

世界上有各种不同类型的计算机，也有不同的操作系统，要想让这些装有不同操作系统的不同类型的计算机互相通信，就必须有统一的规则约定，这个约定就是“协议”。TCP/IP就是目前因特网广泛采用的通信协议。

TCP/IP 是计算机网络中广泛采用的通信协议。虽然从名字上看 TCP/IP 包括两个协议：传输控制协议（TCP）和网际协议（IP），实际上它是一组协议的集合（常称为 TCP/IP 协议簇），TCP 和 IP 只是完成数据传输的两个最基本的协议。TCP/IP 协议簇中还包括其他一些重要的协议，如远程登录（Telnet）、文件传输（FTP）和电子邮件（E-mail）等，这些协议协同完成计算机之间的数据交换。

在 Windows XP 操作系统上安装 TCP/IP 的步骤如下：

Step1 选择“开始”→“网络连接”命令，弹出“网络连接”窗口，右击“本地连接”图标，在弹出的快捷菜单中选择“属性”命令，弹出“本地连接 属性”对话框，如图 1-2 所示。

Step2 在“本地连接 属性”对话框中单击“安装”按钮，弹出“选择网络组件类型”对话框，如图 1-3 所示，选择“协议”选项，单击“添加”按钮，在弹出的“选择网络协议”对话框中选择“Internet 协议（TCP/IP）”选项，单击“确定”按钮即可完成安装。

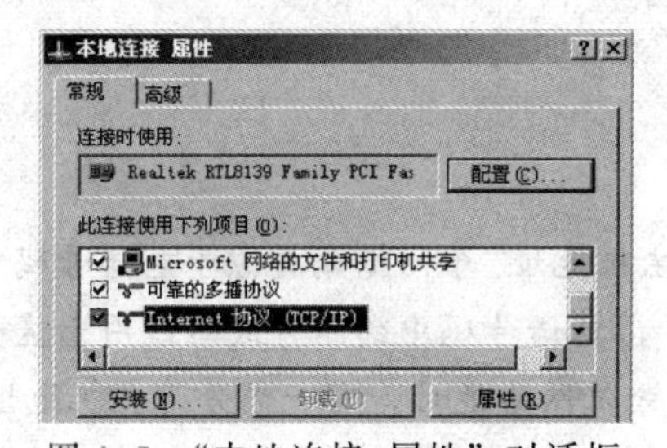

图 1-2 “本地连接 属性”对话框

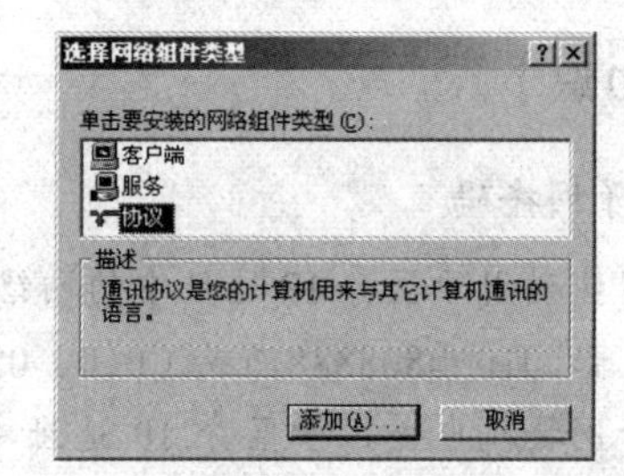

图 1-3 “选择网络组件类型”对话框

注意：在不同的操作系统上完成上述操作的过程时会有一定的差别。在 Windows 7 中，可以通过打开“控制面板”，双击“网络和 Internet”，再双击“网络连接”，然后在打开的窗口中右击“本地连接”图标，在弹出的快捷菜单中选择“属性”命令，弹出与图 1-2 类似的对话框，进行配置即可。

1.1.3 IP 地址

Internet 上的每台计算机在通信之前必须指定一个地址，通过这个地址才能确保数据从何处来到何处去的传输过程，这个地址就是 IP 地址。每台连接到 Internet 上的计算机都必须有一个唯一的地址。

IP 地址就像每家每户的电话号码，用于识别每个连入电话网络家庭的“位置”。和电话号码类似，IP 地址也是用一串数字构成的，IP 地址由 32 位二进制数组成。为了使用方便，设计者将 IP 地址每 8 位分为 1 组，共分成 4 组，用“.”隔开，构成用 4 个数字表示的十进制表示形式。因为计算机中 IP 地址是二进制，用十进制表示是为了人们在使用上的方便。举例说明，二进制 IP 地址 10000001.00001001.00000001.10000011 可用十进制 129.9.1.131 表示。

在计算机上设置及查看 IP 地址的步骤如下：

Step1 选择“开始”→“网络连接”命令，在弹出的窗口中右击“本地连接”图标，在弹出的快捷菜单中选择“属性”命令，弹出“本地连接 属性”对话框，如图 1-4 所示。

Step2 在“本地连接 属性”对话框中，选择“Internet 协议（TCP/IP）”选项，单击“属性”按钮，弹出图 1-5 所示的对话框。

Step3 在图 1-5 中，输入网管中心（或 ISP，因特网服务提供商）分配的 IP 地址、子网掩码、默认网关和 DNS 服务器 IP 地址，即完成了基本的网络配置，如果已经申请了上网服务，打开浏览器即可浏览网页。

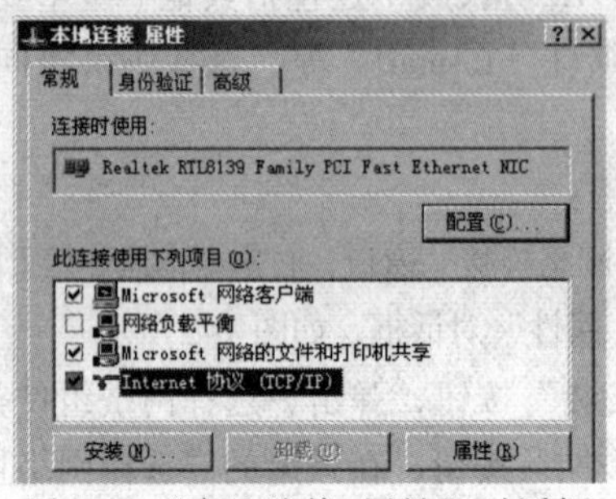

图 1-4 “本地连接 属性”对话框

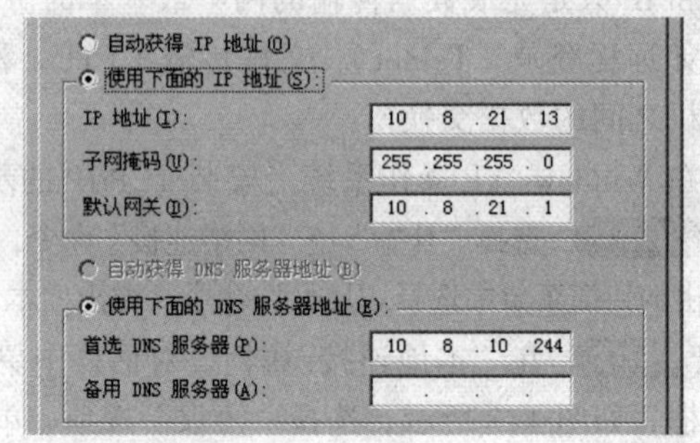

图 1-5 “Internet 协议（TCP/IP）属性”对话框

【相关知识】

1. 子网掩码

子网掩码用于区分 IP 地址中的网络地址和主机地址。子网掩码类似于电话号码中的括号或短线（如 010-0808888，或（010）0808888），电话号码中的括号或短线用于区分区号和号码，子网掩码也是用于区分 IP 地址中哪一部分是网络地址，哪一部分是主机地址。与 IP 地址相同，子网掩码的长度也是 32 位，网络地址部分用二进制数字“1”表示，主机地址部分用二进制数字“0”表示。例如，若将 IP 地址“10.8.21.13”的子网掩码设置为“255.255.255.0”，其中，“1”有 24 个，代表与此相对应的 IP 地址左边 24 位是网络地址，即 10.8.21，“0”有 8 个，代表与此相对应的 IP 地址右边 8 位是主机地址，即这里的主机地址为 8。这样就确定了 IP 地址中哪些是网络地址、哪些是主机地址，只有通过子网掩码才能表明一台主机所在的子网与其他子网的关系。

2. 默认网关

连入网络的计算机如果与不在同一网络（即网络地址不同）的其他计算机通信，就必须有个进入其他网络的“关口”，这就是网关。由网关完成本机和其他网络中某台计算机之间的通信转发。一台计算机可以和多个网络通信，即可以有多个网关。而默认网关则是没有特别指定情况下的默认转发关口，即对于没有特别指定网关的通信数据被直接发送到默认网关，由默认网关负责转发和传递数据。

3. DNS 服务器

网络中通过计算机的 IP 地址来识别一台计算机。而 IP 地址是用数字表示的，可以想象，全世界的计算机有千千万万台，使用数字方式对于人们的使用和记忆很不方便，所以网络设计者使用字符串来表示连入网络的计算机，这就是 DNS。需要注意的是，计算机在通信中依然使用数字形式的 IP 地址。所以，必须有一种措施实现计算机使用的数字地址和人们使用的字符地址之间的有效转换，这就是DNS服务器的功能。例如，用ping命令可以查到163网站域名www.163.com的 IP 地址是 60.5.255.231（读者可能得到的和这个不一致，原因是服务器有多个 IP，每次是随机分配的）。对于计算机初学者，了解 DNS 即可，有兴趣的读者可参考相关书籍。

1.1.4 浏览器基本操作

因特网提供了跨越时空互相交流的途径，而这种交流很多都是在浏览器中进行的，如上网浏览、查阅资料、交流聊天等。浏览器最大的作用是浏览网页，所以每个进入网络的用户都要在自己的计算机上安装浏览器，现在广泛使用的 Windows 操作系统都集成了 IE（Internet Explorer）浏览器，安装了 Windows 操作系统均已默认安装了 IE 浏览器，所以，一般无须单独再安装 IE 浏览器。此外，也可安装自己喜爱使用的其他浏览器，关于浏览器的安装方法这里不再赘述。浏览器的种类很多，比较流行的有 Microsoft 的 IE、Mozilla 的 Firefox 和 Google 的 Chrome，以及 Apple 的 Safari 等。

1. **打开浏览器**

可以通过以下方式打开浏览器：

- 双击桌面或单击任务栏中的图标（不同的浏览器其图标也不一样）。
- 双击扩展名为.html 或.htm 的网页文件。
- 选择“开始”→“运行”命令，在“运行”对话框中输入“iexplore”，单击“确定”按钮即可打开浏览器，如图 1-6 所示。

图 1-6 “运行”对话框

2. **进入网站**

打开浏览器后，直接在地址栏中输入网站的地址，如 http://www.uimaker.com，然后按【Enter】键或单击右侧的 转到 按钮，即可打开该网站，如图 1-7 所示。

图 1-7 UiMaker 网站首页

3. **设置浏览器的默认主页**

如果希望浏览器每次打开时都进入自己常用的网站，可以将这个网站设置为浏览器的默

认主页。IE浏览器的具体操作步骤如下：

Step1 在IE浏览器中选择“工具”→“Internet选项”命令，弹出“Internet选项”对话框，如图1-8所示。

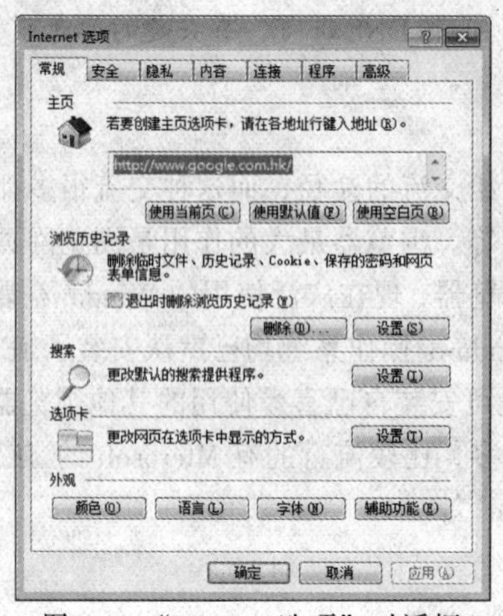

图1-8 “Internet选项”对话框

Step2 在“常规”选项卡的“主页”文本框中输入网站的地址(如http://www.google.com.hk)，或单击“使用当前页”按钮将当前的网站地址设置为默认主页。单击“使用默认值”按钮将把微软网站设置为默认主页，单击“使用空白页”按钮使浏览器每次都打开一个空白页面，这个设置常用于网络不稳定的情况下，以加快浏览器打开的速度。

Step3 单击“确定”按钮即完成设置。

4. 保存浏览器中的内容到本机

上网时，会碰到一些非常喜欢的图像、动画等内容，或者是想查找某些内容保存下来，如何将这些内容保存到本地计算机上呢？有以下几种方法：

（1）保存网页中的图像

操作步骤如下：

Step1 右击要保存的图像（见图1-9），在弹出的快捷菜单中选择“图片另存为”命令，弹出“保存图片”对话框，如图1-10所示。

图1-9 右击要保存的图像

Step2 在图 1-10 所示的对话框中指定要保存的路径和文件名，单击“保存”按钮即可将选定的图像保存到本地计算机。

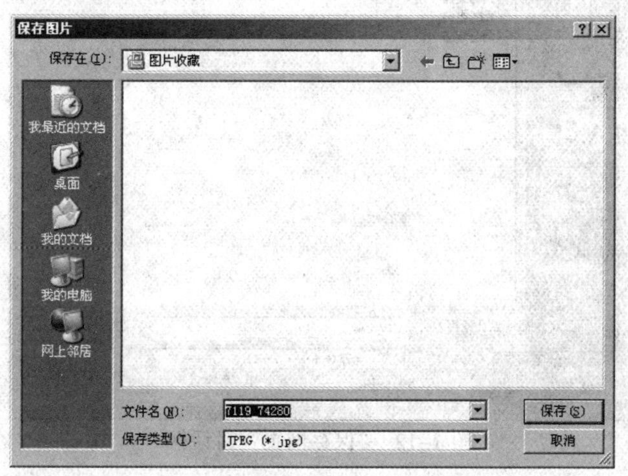

图 1-10 “保存图片”对话框

注意：浏览器中并不是所有的内容都可以采用上述方法保存或下载。如 Flash 动画、视频、音乐等，往往需要专门的下载工具，如网际快车（FlashGet）、网络蚂蚁（NetAnts）、FlashSave 等。

（2）保存整个网页

操作步骤如下：

Step1 如图 1-11 所示，先在 IE 浏览器中打开 http://www.uimaker.com 网站，然后选择“文件”→“另存为”命令，弹出“保存网页”对话框。

图 1-11 选择“文件”→“另存为”命令

Step2 选择保存的路径，也可为此网页重新命名，单击“保存”按钮，完成保存，如图 1-12 所示。

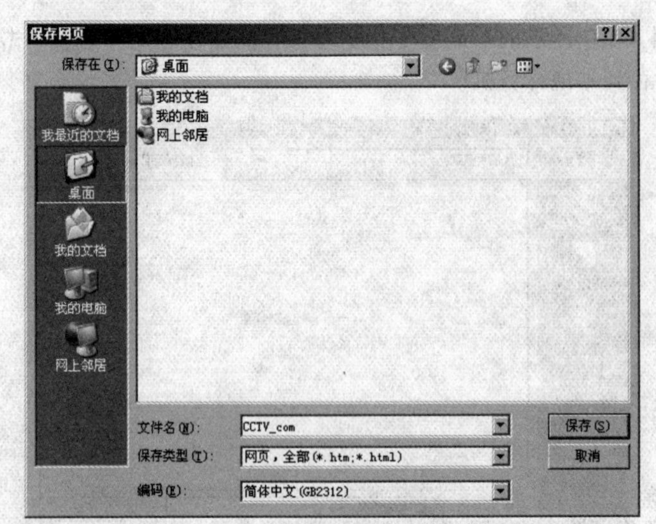

图 1-12 “保存网页”对话框

注意：并不是所有的网页都能保存到本地计算机。有些网站设计者为了保护自己网站的内容，在网页中加入了特殊标记或 JavaScript 代码以拒绝下载保存本网站的网页，读者可以在搜索引擎中搜索“禁止保存网页”关键字学习相关技术。

5. **收藏网站**

对于自己喜欢或经常浏览的网站，要全部记住这些网站的地址是很不容易的，而记录下来也很麻烦，浏览器提供的“收藏夹”功能则是专门用来收藏用户需要记忆的网站地址，以方便用户随时打开该网站。

（1）收藏网站到收藏夹

操作步骤如下：

Step1 如图 1-13 所示，选择“收藏夹”→“添加到收藏夹”命令，弹出“添加到收藏夹”对话框。

Step2 如图 1-14 所示，在“添加到收藏夹”对话框中输入网站的名字（也可以保持默认内容），单击“确定”按钮即添加到收藏夹。

图 1-13 选择“添加到收藏夹”命令

图 1-14 “添加到收藏夹”对话框

（2）打开收藏夹中的网站

操作步骤如下：

Step1 单击 IE 浏览器工具栏上的“收藏夹”按钮☆，浏览器右侧出现收藏夹列表，如图 1–15 所示，其中列出了所有收藏网站的名字和对应的链接。

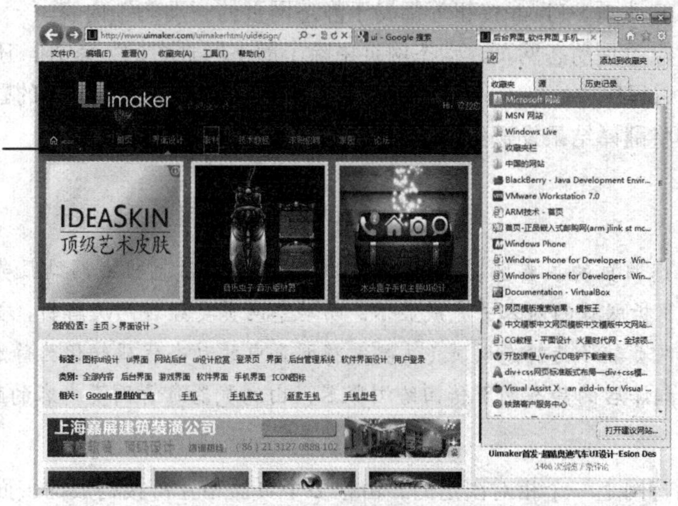

图 1–15　收藏夹列表

Step2 从收藏夹列表中单击要打开网站的标题即可打开相应的网站。

1.2　网站基础知识

1.2.1　网页和网站的概念

1. 网页

网页又称 Web，是万维网（www）的基本单位。上网时在浏览器中看到的一幅幅页面就是网页。每个网页对应磁盘上的一个文件，浏览网站就像看书一样，一页一页地去翻阅。网页中包括文字、表格、图像、声音、视频等内容。图 1–16 所示为某图像资源网站的一个页面。

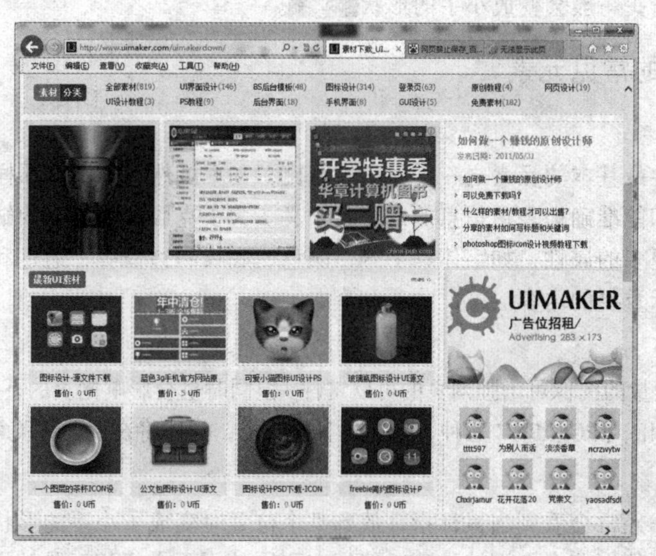

图 1–16　图文并茂的网页

网页可分为静态网页和动态网页。静态网页主要是由文字、图像、动画等构成的简单页面，由浏览器直接解析代码和展示内容，但静态网页并不是指网页中的元素都是静止不动的。如静态网页中的 GIF 动画、Flash 按钮等都属于静态网页的“动态”内容。

和静态网页对应的是动态网页，动态网页中除了静态网页中的元素外，还包括一些应用程序支持，这些应用程序内容在浏览器展示之前，首先要经过 Web 服务器的翻译过程，使之成为静态内容，并将翻译结果发送给浏览器，进而由浏览器解析和展示。

【相关知识】

动态网页和静态网页的主要区别在于：静态网页在访问时直接由网站服务器传回给浏览器，由浏览器负责解析网页的内容并完成显示；而动态网页要经过两次解析，首先是由相关的应用服务器将动态网页翻译为静态网页（主要是将网页中的动态代码转化为静态代码），然后，再由网站服务器将翻译后的静态网页传回给浏览器，由浏览器负责网页内容的解析和显示。

2. 网站

网站就是在因特网上一个相对固定的，由很多个页面相互链接构成的，面向互联网络提供浏览服务的平台。它由域名（也就是网站地址）和网站空间构成。域名是人们进入网站的途径，网站空间则是存放网站内容的磁盘空间。衡量一个网站的性能通常从网站的空间大小、连接速度、系统配置、服务功能等几方面考虑。网站中包含的内容就是一个个的网页和相关的多媒体资源。所以，也可以认为网站是相关网页的集合。实际中，网站可分为资讯类网站、交易类网站、互动游戏类网站、服务类网站、功能型网站、综合类网站和办公类网站等。

1.2.2 超链接的概念

每一个网站并非是由一张网页组成的，而是由许许多多个网页相互链接构成的。链接又称超链接（Hyperlink），是网页之间跳转的桥梁，使网页之间能自由地切换，是网页制作中必不可少的元素之一。在网页上，超链接最直接的表现就是当鼠标指针移到带有超链接对象的上方时，鼠标箭头一般会变成小手的形状。

1.2.3 网页中的常见元素

1. 文本

文本是网页中最基本的元素之一。与图像相比，文本虽然不如图像那样能够很快引起浏览者的注意，但却能准确地表达信息的内容和含义。为了克服文字固有的缺点，人们对网页中的文本赋予了更多的属性，如字体、字号、颜色、底纹和边框等，通过利用不同的格式进行区别，突出显示重要的内容。

2. 图像

网页中含有大量的图像可增强网页的可欣赏性，但同时也会影响网页的下载速度。网页中常见的图像类型有 GIF、JPG、PNG 三种，它们各有优缺点，具体将在后面相关章节进行讨论。

3. 超链接

浏览网页时，经常会看到当鼠标指针放到某个位置时变成了小手的形状，此时单击就会进入另一个页面，使浏览者在浏览信息时能够在不同的页面之间相互跳转，这就是所谓的超链接。正是因为超链接的强大功能，才使得浏览者能够在互联网络的广阔世界里实现“海阔凭鱼跃，天高任鸟飞”的梦想。

4. **表格**

网页中，表格常常用来显示分门别类的数据信息。如果没有表格的控制作用，网页内容将变成典型的“流水账”，即只能逐个显示，很难实现整齐协调的布局效果。当前，网页设计中更多地使用 Div+CSS 技术实现网页布局的控制。读者将会在后面学习到相关的内容。

5. **表单**

表单是用来收集访问者信息的区域。表单由不同功能的表单域组成，最简单的表单也要包含一个输入区域和一个提交按钮。站点浏览者填写表单的方式通常是输入文本，选择单选按钮或复选框，以及从下拉列表框中选择选项等。根据表单功能与处理方式的不同，通常可以将表单分为用户反馈表单、留言簿表单、搜索表单和用户注册表单等类型。

6. **导航条**

导航条的作用是引导浏览者游历站点的不同页面或栏目，常位于网页的上面或左侧，由通过特殊设计的效果图像和超链接构成。事实上，导航条就是一组超链接，这组超链接的链接对象就是站点的主页以及其他重要网页。在设计站点中的每个网页时，可以在站点的每个网页上显示一个导航条，这样，浏览者可以快捷地转向站点的其他网页，还可以快速返回原页面。导航条是用户在规划好站点结构并开始设计主页时必须考虑的一项内容。

7. **框架**

框架网页是一种特殊的网页，它可以将浏览视窗分为多个“子窗口”，每一个框架都可以单独显示一个网页。使用框架可以实现类似 Windows 资源管理器风格的布局。比如一个小说网站就可以使用框架，最上面是小说的标题，左侧是小说各个章节的列表，而右侧则是当前选择章节的内容。

8. **动态元素**

动态元素包括 Flash 动画、GIF 动画、悬停按钮、广告横幅、滚动字幕、网站计数器和动态视频等。这些元素的存在使得网页更有吸引力和感染力。网页设计者如何很好地设计和运用这些动态元素，对于提高网站的访问量是很有帮助的。

1.2.4 网站的基本工作原理

上网浏览网页，都知道浏览的是某个网站的内容，而这个网站又是从哪里来的呢？其实，打开浏览器，输入一个网址（如 http://www.lanrentuku.com）并按【Enter】键后，浏览器就会将要查看的网址依照 HTTP 协议的格式发送给异地的 Web 服务器，Web 服务器再将请求访问网站的内容发送到浏览者的浏览器，由浏览器负责解释和显示网页内容，结果就是浏览者看到的网页界面。图 1-17 所示为 Web 服务器工作过程的原理图。需要说明的是，静态网站和动态网站的工作原理是不同的，静态网站的访问过程是 Web 服务器直接将客户端请求的网页通过 HTTP 协议发送到客户端（浏览器），而动态网页的访问需要 Web 服务器首先将动态内容（如 ASP、ASPX、JSP、PHP 等为扩展名的网页）翻译为静态内容，然后将静态内容通过 HTTP 协议发送到客户端。

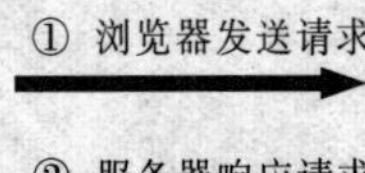

图 1-17　Web 服务器工作原理

1.3　网站设计工作流程

1.3.1　需求分析

在网站设计工作中，每当接到一个网站设计任务，首先要做的就是设计前的分析（需求分析）。如何进行需求分析，按照什么流程进行，是网站设计者必须熟悉的内容。需求分析可以依照以下顺序进行：

1. 确定网站需求分析相关人员

在开展需求分析前，首先要确定哪些人需要参与到网站设计项目的需求分析中来。不同规模的项目参与的人可能不同。一般情况下，静态页面设计者、网站模板设计者、网站动态功能实现者和网站的项目管理者都要参与到需求分析中。

2. 准备向客户调查的内容

开展网站需求分析一项非常重要的内容是向客户进行调查。只有通过调查，才能熟悉客户的目的和要求。在开展调查之前，首先要设计好准备调查的内容、记录的方式、调查的形式等，并编写基本的调查计划。调查的内容主要包含：网站的功能、网站的访问群体、网站的栏目要求、网站的内容定位、网站的功能要求、网站运维方式等。

3. 向客户开展调查

一旦确定了需求分析的调查内容和调查计划等事务，接下来就是要按照具体的要求进行调查并做好调查记录。在开展具体调查时，一定要做到仔细到位，并向不同层次的客户进行调查以获得不同层面的需求，因为不同层次的用户对网站的理解和需求的表达也往往不同，通过这种方式可以更好地定位网站的设计方式和功能要求。

4. 分析调查结果

通过开展调查分析，会从客户那里获得很多有用的信息，这些信息须进行加工处理后才能使用，这就是调查结果的分析。要对这些调查结果进行分析统计，确定主次，并完成《市场调查报告》和《用户调查报告》的编写。《市场调查报告》主要是关于市场上同类网站调查的分析报告，而《用户调查报告》是客户对网站的具体要求的分析报告。

《市场调查报告》主要包含以下内容：

- 概要说明：调研计划、网站项目名称、调研单位、参与调研人员、调研开始和终止时间。
- 内容说明：调研的同类网站作品名称、网址、设计公司、网站说明、开发背景、适用对象、功能描述和网站评价等。
- 可借鉴功能：功能描述、用户界面、性能需求、可采用的原因。

- 分析同类网站的弱点以及本公司产品在这些方面的优势。
- 调研资料汇编：将调研得到的资料进行分类汇总。

《客户调查报告》主要包含以下内容：

- 概要说明：调查计划，调查的客户，调查的时间、方式、人员等信息。
- 内容说明：调查的主要内容涉及哪些方面。
- 调查对象：调查了哪些客户，以什么方式调查的。
- 调查结果：对不同客户调查的结果是什么。他们对网站的色彩、布局、性能、操作等功能要求是什么。

5. **输出需求分析文档——网站功能描述书**

完成网站需求分析调研并对调研结果进行分析总结，并编写出《客户调查报告》和《市场调查报告》后，依照《客户调查报告》和《市场调研报告》文档对整个需求分析活动进行认真的讨论总结，将前期不明确的需求逐一明确清晰化，并由此输出一份详细清晰的总结性文档——《网站功能描述书》作为网站设计过程中的核心依据。

1.3.2 设计规划

网站总体设计是对整个网站进行形象设计，确定整个网站的风格、布局、色调和目录结构等内容，使之在视觉效果上美观、大方、协调，内容上统一、实用、丰富。网站的总体设计主要包含以下内容：

1. **确定网站内容主题**

网站内容主题体现着网站的核心思想。一个网站必须主题鲜明、重点突出。任何网站都不可能包罗万象，因此必须要确定一个明确的主题，突出自己的个性和特色，一个主题鲜明、内容丰富、极具特色的网站往往比一个“大杂烩”式的网站更能吸引人。

网站的内容主题往往影响着网站的主色调、布局结构和目录结构等。网站的内容主题确定也很简单，可以从网站的名称、功能等确定。例如，“黄山旅游网”的主题内容就是有关黄山旅游景点的相关内容，“茅台酒”网站的内容自然就是关于茅台酒的文化、历史、茅台酒的在线销售及销售服务等方面的内容。

网站设计要采取统一的风格，这使网站看起来更专业。最好不要一个页面采用一种风格，另外一个页面又换一种截然不同的风格，这会给人一种很散乱的感觉。风格要突出自己的个性，无论是文字、色彩的运用，还是版式的设计都要给人留下深刻的印象，使人看到这个页面就会觉得这是一个不错的网站。

网站也要做到形式和内容的统一。内容是网站能够通过网页向浏览者传达的有效信息，形式是网页的排版布局、色彩、图形的运用等外在的视觉效果。无论采取何种表现形式都不能单纯追求网页美观而忽视内容建设，没有充实的内容即使设计再精美也不会对用户有长久的吸引力。

2. **确定网站主色调**

确定了网站的内容主题后，接下来要确定的就是网站的主色调。网站的主色调实际上是由网站的内容确定的，也可以根据网站访问群体的类别、社会背景、心理需求和场合来确定，也可以根据不同色彩带给人们的不同心理反应进行选择。选择网站的主色调需要考虑的因素很多，但仍有一些可以遵循的原则。

3. **确定网页规格尺寸**

网页设计在初始阶段就要界定出网页的尺寸大小，这样才能方便设计。网页的尺寸受限于两个因素：一个重要因素就是显示器屏幕的大小。现在，显示器的种类很多（常见的有 17 in，21 in 等），当然还有当前流行的笔记本式计算机、平板电脑和手机等，使得可浏览网页的浏览器种类更多了。

另一个因素是浏览器软件的兼容性。不同的浏览器对网页的显示效果往往有一定的差别，这也是设计比较头疼的问题。国内常见的浏览器有 IE、Firefox、Chrome、Opera、Safari、遨游和 360 浏览器等。

（1）网页宽度

网页宽度指的是浏览器中网页内容部分的宽度。网页宽度一般不包含广告部分。如图 1-18 所示，图中黑色部分是网页的有效部分。可以通过 Div 标记（后面将会学到）设置网页的整体高度和宽度。

网页是显示在浏览器窗口中的，当网页宽度或高度超过浏览器窗口的可显示范围时会在浏览器上出现滚动条，这可能导致网页的整体美观性受到影响。尤其是水平方向，一部分内容被遮挡时会给人不舒服的感觉。

图 1-18　网页宽度演示

不同的浏览器出现的滚动条和滚动条本身所占的宽度也不同。一般在设计网页宽度时要将滚动条本身的影响因素考虑进去。在 IE 下，网页最大宽度为显示器分辨率减 21（指 21 像素，以下同），如 1 024 的宽度减 21 就变成 1 003。但值得注意的是，在 IE 较低版本中，无论网页多高都会有右侧的滚动条；在 Firefox 下，网页最大宽度为屏幕分辨率减 19，如 1 024 的宽度减 19 就变成 1 005；在 Opera 下网页最大宽度为屏幕分辨率减 23，如 1 024 的宽度减 23 就变成 1 001；Firefox 或 Opera 在内容少于浏览器高度时不显示右侧滚动条。综合考虑，网页最大宽度为“屏幕分辨率-30”比较合适。

目前，网页宽度一般有两种设置方式：一种是自适应宽度，网页能够根据浏览器的大小自动调整宽度，另一种是设置为固定宽度。不管是哪种方式，都最好不要在浏览器中出现底部水平滚动条。而且，一般都要给网页的左右留有一定宽度的空白，这样看起来更美观。

以下是常见网页宽度的设置方法（下面的数字单位均为像素）：

- 屏幕分辨率为 800×600，网页宽度保持在 778 以内就不会出现水平滚动条。一般分辨率在 800×600 的情况下，网页大小设置为 780×428。
- 屏幕分辨率为 1 024×768，网页宽度保持在 1 002 以内就不会出现水平滚动条。一般分辨率在 1 024×768 的情况下，网页大小设置为 1 007×600。

通常可以根据网页幅面的大小设置网页内容部分的宽度，但宽度大小最好不要导致浏览器窗口在最大化时出现水平滚动条。

（2）网页高度

网页高度是可以向下延展的，一般对高度不限制。对于一屏来说，一般没有一个固定的高度值（一般在 600 px 以上即可）。因为每个人浏览器的工具栏不同，实际中页面长度原则上不超过 3 屏，宽度不超过 1 屏。

（3）横幅规格

横幅（banner）是位于网页顶部位置，作为展示网站标志性内容的部分。常见横幅的尺寸有（本教程没特别说明的地方，尺寸单位均为 px）：全尺寸 banner 为 468×60，半尺寸 banner 为 234×60，小尺寸 banner 为 88×31，另外 120×90、120×60 也是小 banner 的标准尺寸。每个非首页静态页面含图像文件的字节数不超过 60 KB，全尺寸 banner 文件大小不超过 14 KB。

（4）广告规格

网页中不同功能广告的标准尺寸规格如表 1-1 所示。

表 1-1　不同尺寸广告的应用

广告尺寸/px	主　要　用　途
120×120	适用于产品或新闻照片展示
120×60	主要用于做 Logo
120×90	主要应用于产品演示或大型 Logo
125×125	适用于表现照片效果的图像广告
234×60	适用于框架或左右形式主页的广告链接
392×72	主要用于有较多图像展示的广告条，用于页眉或页脚
468×60	应用最为广泛的广告条尺寸，用于页眉或页脚
88×31	主要用于网页链接，或网站小型 Logo

网页中不同位置广告的尺寸大小如表 1-2 所示。

表 1-2　不同位置广告的尺寸

广告位置	尺寸/px
首页右上角广告尺寸	120×60
首页顶部通栏广告	468×60
首页中部通栏	580×60
内页顶部通栏	468×60
内页左上	150×60 或 300×300
下载地址页面	560×60 或 468×60
左漂浮	80×80 或 100×100
右漂浮	80×80 或 100×100

网页中不同广告的尺寸大小如表 1-3 所示。

表 1-3 网页中不同广告尺寸

广告形式	大小/像素	最大尺寸/KB	备　注
按钮广告	120×60（Gif）或 215×50（Gif）	7	
通栏广告	760×100 或 430×50	25 或 15	静态图像或减少运动效果
超级通栏	760×100 或 760×200	40	静态图像或减少运动效果
巨幅广告	336×280 或 585×120	35	
竖边广告	130×300	25	
全屏广告	800×600	40	静态图像，Flash 格式
图文混排	各频道不同	15	
弹出窗口	400×300（尽量用 Gif）	40	
横幅广告	468×60（尽量用 Gif）	18	
悬停按钮	80×80（必须用 Gif）	7	
流媒体广告	300×200（可为不规则形状）	30	播放时间小于 5 s

4. **确定网站布局结构**

网站的布局结构控制着网站内容的展示形式。网页布局类型大致可分为“同”字型、拐角型、标题正文型、左右分栏型、上下框架型、综合框架型、封面型、Flash 型等，下面将简单展示不同的布局类型。

（1）“同”字型

“同”字型：又称“国”字型（见图 1-19），是一些大型网站所喜欢的类型，即最上方是网站的标题以及横幅广告条；接下来是网站导航部分；然后主要部分是网站的内容部分，占据网页界面 70%左右，而且左右分列两部分，中间是主要部分，与左右一起罗列到底；最下方是网站版权信息。这种结构是在网页中使用最多的一种结构类型。

（2）“厂”字型

这种结构与上一种只是形式上的区别，其实是很相近的，“同”字型布局往往被分成三列，而“厂”字型布局则被分成左右两列，大致结构与“同”字型类似。图 1-20 所示就是一个“厂”字型的结构。这种结构在企业网站中应用比较多。

图 1-19 “国”字型网页布局

图 1-20 “厂”字型网页布局

（3）综合框架型

上面介绍的两种布局是最简洁、最常见的布局形式，它们往往用于内容较少的网站上。对于大型门户类网站则往往使用综合框架型，一般采用板块方式分隔不同的内容区域，如图 1-21

所示。这种布局的网站页面是左右框架型以及上下型框架型的结合体，是一种相对较复杂的网站布局结构。

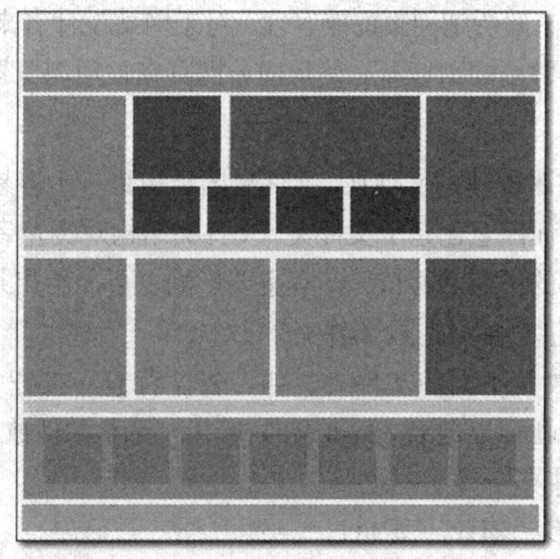

图 1-21　综合框架型布局结构

5. **确定网站导航形式**

所谓网站导航，就是提供给访问者进入网站主要板块的一种快捷链接。网站要给浏览者提供一个清晰的导航系统，以便浏览者能够清楚目前所处的位置，同时能够方便地转到其他页面。导航系统要出现在每一个页面上，位置要明显，便于用户使用。对于不同栏目的结构可以设计不同的导航系统。

网站的导航往往位于网站的显著位置，如置于横幅下面，或者页面左侧。导航的实现技巧比较多，读者可参考网络上的导航样式进行设计。图 1-22 所示为几种常见的导航形式。读者也可以在“懒人图库（http://www.lanrentuku.com/）”网站找到多种导航样式。

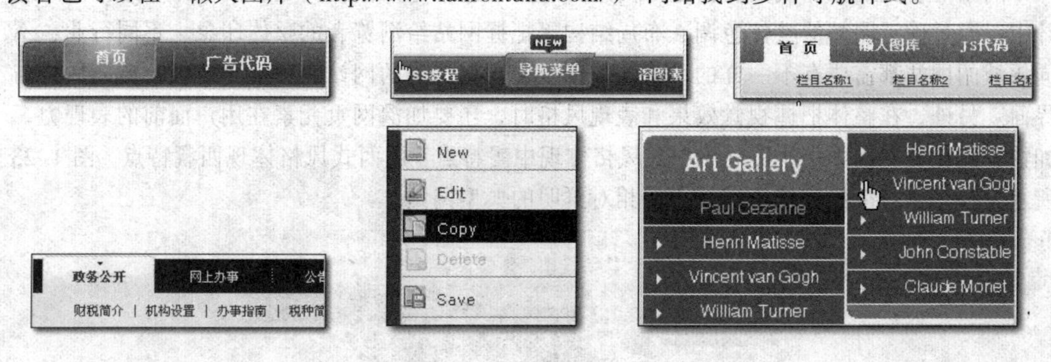

图 1-22　网站中常见的几种导航

6. **规划网站的栏目设置**

栏目是网站中相同内容的归类。例如一个博客网站中就可能包含日志、相册、留言等栏目。对于一个网站，尤其是内容较多的网站，其栏目设置是否清晰、合理，在很大程度上会影响到网站的访问量。网站中设置合理的栏目，会让用户很容易地找到需要的页面，这样的网站才能让用户更为喜欢。对于初级设计者来说，常犯的错误就是网站栏目设计不合理，内容编排杂乱。因此，在设计网站之前一定要规划好网站的布局。规划的基本原则是将内容相似的页面归类在同一栏目，并通过导航部分的链接引导浏览者进入不同栏目。

7. 网站的兼容性考虑

不同的浏览器对同样的网页内容（HTML代码）解析会产生微小的差异，导致同一网页在不同浏览器中的显示效果不同，即所谓网页的兼容性。对于网站设计者来说，一定要考虑网页的兼容性，确保网页能兼容客户常用的浏览器，使得同一网页在常用浏览器上的显示效果一致。

8. 网站文件夹规划

网站文件夹是建立网站时创建的文件夹。文件夹的结构是一个容易被忽略的问题，大多数人在创建站点时都是未经规划而随意创建子文件夹，文件夹结构对浏览者并无影响，但对于站点本身的上传和维护，以及内容的扩充和移植等却有重要影响。下面给出几点建议供读者参考：

- 不要将所有文件都存放在网站根文件夹下。
- 将网站资源分类存放在不同的文件夹，如广告、背景、按钮等涉及的图像放到images文件夹中；Flash动画可以放到Flash文件夹中，视频文件放到Video文件夹中，音乐文件放到Music文件夹中等。
- 文件夹层次不要太多，建议不要超过5层。
- 不要使用过长的文件夹名。
- 最好不要使用中文文件夹及文件名。

1.3.3 实现网站

一旦明确了网站的建设目标、内容要求、建设规范等，接下来就是实现网站。实现网站往往是网站建设中工作量最大的部分。对于网站的实现过程，一般先设计首页，然后再根据首页内容的链接关系，进而实现其他页面。在实现具体网站时，需要把握以下几个原则：

1. 整体把握视觉效果，全局定位表现风格

网站的视觉效果和表现风格是从网站的布局、色彩等方面给浏览者的整体印象。网站设计中，通过确定网站的整体色调、布局结构等把握网站给浏览者的整体印象。不同行业、不同领域的网站都需要有不一样的风格，如传统文化宣传类的网站，可能更适合古典的风格与界面。另外，在整体把握视觉效果和表现风格时，还要加深网页元素在用户面前的表现力，如饮食文化类型网站中，最好用中式风格体现中餐特点，用西式风格体现西餐特点。图1-23所示为一个色彩搭配比较恰当，主题相对鲜明的典型网站。

图1-23　美食网

2. **根据网站主题设计网站布局**

网站的布局结构特性继承网站主题的表现风格，如古典风格的网站，往往就需要丰富的古典元素去“熏陶”每一个页面。只要能做到以设计效果牵动访客的心灵，就是成功的设计。所以，网站的布局结构应该根据不同行业、不同领域、不同用户对象进行设计。图 1-24 所示为一个典型的网站布局结构图。

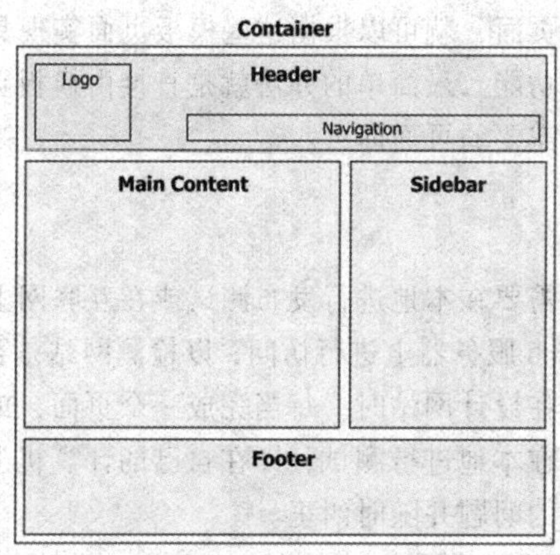

图 1-24　网站布局结构图

3. **设计精美的网站徽标、栏目列表或导航条**

一个网站往往包含徽标(Logo)、导航(Navigator)、列表(List)、面板(Panel)、版权(Copyright)等主要元素，这些元素常常随网站的整体设计不同其表现形式也不同。对于导航、列表和面板，往往需要用列表的方式展示其中的内容。而列表的展示形式各式各样，只要美观协调即可。图 1-25 所示为某美食网站一个列表的展示形式。可以看出，在列表前添加不同的符号，可使列表看起来更加赏心悦目。另外，网站的 Logo 是网站的标志性图标，需要精心设计。

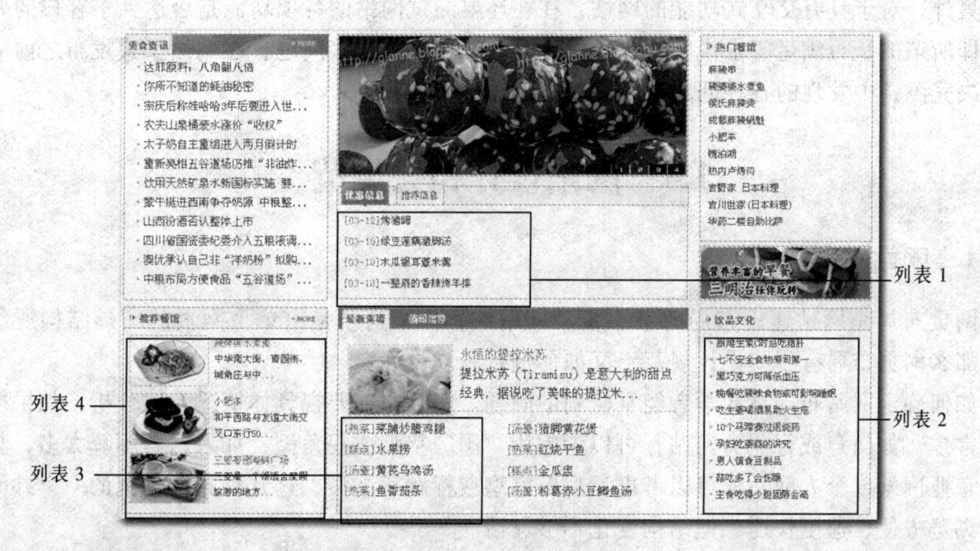

图 1-25　各种各样的列表形式

4. **用模板保持网站风格的统一性**

一个网站往往包含很多个页面，在网站设计中往往要保持页面风格的一致性。以前，网

站设计者往往根据页面的个数向客户收取费用。现在，一个网站往往包含很多页面，甚至无法一一单独实现。一般的做法都是设计一个或几个模板页面，然后由这些模板页面派生出相关的其他页面。这样做的好处是：很好地保持了网站的整体性风格，简化了网站的设计过程，节约了网站设计者的时间和成本。

5. **利用模板页面“派生”出更多的页面**

一旦实现了网站的模板页面，就可以根据这些模板页面实现具体的页面。几乎每个网站设计工具都提供了模板设计功能。最简单的办法就是直接由模板页面复制产生新的页面，再修改这个新的页面产生最终需要的页面即可。

1.3.4 发布测试

网站设计完成之后，就需要在本地进行发布测试或在互联网上进行发布测试。所谓的发布测试，就是将网站放在 Web 服务器上进行访问，以检测网站是否和设计时的效果一致，并且是否可以正常操作。实际在设计网站时，每当完成一个页面，或者页面的一部分都要进行及时测试，这种测试往往是在本地进行测试，即在自己的计算机上进行测试。这样做的好处是能够及时发现设计中存在的问题并随时纠正。

在 Windows 环境下，Web 服务器是 IIS（Internet Information Server，因特网信息服务器），一般在 Windows XP、Windows 7 和 Windows 8 下都可以安装。IIS 下可以发布静态网站（HTML 格式），也可以发布动态网站（基于 ASP、ASP.NET 技术）。IIS 中发布网站的过程非常简单，基本方法是将网站复制到服务器上并配置好服务器，再通过浏览器访问网站即可。

其实，网站测试还有一项主要的任务，就是测试网站对不同浏览器的兼容性。因为互联网中每个用户使用的浏览器都不尽相同，为了确保网站能让更多的用户通过不同的浏览器访问，就必须保证所设计的网站能兼容大多数浏览器。

另外，对于具有交互式功能的网站，往往还要测试网站的各项功能是否达到了客户的要求，即所谓的是否满足需求说明。在测试中，往往会发现很多问题，在网站正式发布之前应该解决完测试中发现的各种问题。

1.4 网站设计相关规范

1.4.1 网站布局规范

网页布局是网站建设布局的第一步。网站的整体结构就是由单个网页的布局结构所组成，那么网页布局有哪些设计规范？又如何进行布局设计？

如何确定网站布局是初学者经常碰到的问题。实际中，要视具体情况具体分析，如果内容非常多，如门户或行业类网站，可以考虑用“国”字型或拐角型；如果内容不算太多，如中小企业网站或个人网站，可以考虑“厂”字型或标题正文型，这几种布局规范的一个共同点是浏览方便、速度快捷，但结构变化不够灵活。

若是企业网站想展示企业形象或个人主页想展示个人风采，则上述的网站布局都不太合适，可以采用封面型或 Flash 型，好的 Flash 动画可以大大丰富网页的美观性和动态效果，但却不能表达过多的文字信息。

1. “国”字型布局

“国”字型布局结构又称“同”字型，是一些大型网站官方采用的网页布局结构。这种结构的最上方是网站标题和横幅广告；接下来是网站的主要内容，左右分列一些内容，中间是主要部分，与左右一起罗列到底；最下方是网站的一些基本信息，如联系方式、版权声明等，这种结构是网页中应用最多的一种布局结构。“国”字型布局结构在门户和行业网站中比较常见。

2. 拐角型

拐角型布局结构的网页与“国”字型布局在形式上有所区别，网页最上方同样也是标题和广告横幅；接下来的左侧是一窄列链接等，右列是很宽的正文；下方也是一些网站的辅助信息。在这种类型中，很常见的布局是最上方是标题和广告，左侧是导航链接。拐角型布局常用于企业网站或个人网站。

3. 标题正文型

标题正文型布局结构网站的网页最上方是标题或类似的一些元素，下方是网站的主要内容，这种类型布局多用在一些文章页面或注册页面中。

4. 左右框架型

左右框架型结构布局是一种左右各为一页的框架结构，一般左侧是导航链接，有时最上方会有一个小的标题或标志；右侧是正文。我们见到的大部分论坛都是采用这种结构，一些企业网站也喜欢采用这种结构，页面清晰且一目了然。

5. 上下框架结构

上下框架结构布局与左右框架型类似，多数网站的上栏为标题、导航之类的信息；下栏则为网站的主要内容区域，也将基本信息包括在此栏中。

6. 左中右三栏型

左中右三栏型布局的网站较多，页面布局简单整齐，多数网页左栏为导航类菜单和登录系统，中栏为页面主信息，右栏为优惠广告活动等不定信息，这种结构在个人空间采用较多。

7. 综合框架型

综合框架型布局结构是将多种布局结构结合在一起的一种布局形式，是较为复杂的一种框架结构。在布局这样的页面时，要根据实际而定，运用不同的布局形式填充整个页面。这种布局结构的网页常用在内容庞大的门户网站、行业类网站或销售类网站。

8. 封面型

封面型布局结构的网站多出现在网站首页，大部分为一些精美的平面设计结合一些小的动画，放上几个简单的链接或者仅仅是一个进入链接，甚至直接在首页的图像上做链接而没有任何提示，这种类型结构大部分应用在企业网站和个人主页，如果处理得好，会给人带来赏心悦目的感觉。

9. Flash 封面型

Flash 封面型布局与封面型布局类似，只是这种类型采用了目前非常流行的 Flash 作为首页。与封面型不同的是，由于 Flash 具有强大的功能，使页面所表达的信息丰富更加具有动态效果和美观性，其视觉效果及听觉效果如果处理得当，不亚于传统多媒体效果。不过，从搜索引擎的角度考虑，现代设计网站采用 Flash 作为首页或网页主要内容的较少。

10. 变化型

变化型是上面几种类型的结合与变化体，这种方式是目前较常见的布局结构。

网页的布局种类复杂多样，有了一个好的构思后，才能设计出精美的作品，进行网页设计同样需要构思，构思的主要内容是布局与色彩。一个网站的结构是由单个网页的布局构成的，而整个网站的结构与用户的浏览体验、搜索引擎的友好性有着极大的关系。

1.4.2 网站文件规范

对于网站文件夹，建议按照不同的栏目进行存放。对于各个栏目公用的资源，应存放在共同的文件夹中，而且将图像、动画、视频、样式表等分别存放在不同的文件夹中。

常见的文件夹名称如表 1-4 所示。

表 1-4 网站文件夹说明

文 件 夹	位 置	说 明
\	D:\website	网站所在的文件夹
blogs	\blogs	日志页面相关内容所在文件夹
music	\music	娱乐页面相关内容所在文件夹
photo	\photo	相册页面相关内容所在文件夹
register	\register	注册页面相关内容所在文件夹
scripts	\scripts	Flash 播放器自动产生的脚本文件夹
spryassets	\spryassets	网页中插入面板等特效产生的文件夹
skins	\skins	网站样式文件相关的文件夹
images	\images	网站通用的背景、横幅等图像文件夹

1.4.3 网站链接规范

所谓链接规范，就是网站中链接不同内容的超链接应该遵循的规范。有些网站设计者并不注意网站设计的规范，导致网站在浏览时让人感觉有些“莫名其妙”的操作方式，例如本来属于本站的内容却不断地打开新窗口，而链接其他网站的新闻却采用原地显示的方式。下面是网站设计中对超链接一般要遵循的一些规范（规范只是设计者常用的方式，并不是强制性要求）:

- 新闻、信息类链接其他网站的内容通常用新窗口方式打开。
- 顶部导航、底部导航通常采取在本页打开，特殊栏目和功能可用新窗口。
- 链接带下画线为链接通常的默认风格，顶部导航或特殊位置为了观赏性可取消下画线。
- 链接的颜色可配合主题颜色风格改变，通常为蓝色、暗蓝色、黑色，但激活后的链接颜色、鼠标移动其上时的链接颜色要与链接本身的颜色进行区分。

1.5 色彩基础知识

1.5.1 色彩基础知识概述

1. 什么是色彩

色彩是光作用于人眼视觉神经形成物体外在特性的反映。人的视觉特性是受大脑支配的，所以色彩也是一种心理反映。色彩感觉不仅与物体本来的颜色特性有关，而且还受时间、空间、外表状态，以及该物体周围环境的影响，同时还受人的经历、记忆力、世界观和视觉灵敏度等各种因素的影响。

2. **色彩的形成**

人能看到物体，并不是因为物体发光，而是物体反射光的结果。太阳光是白色的，是由红色、绿色和蓝色三种颜色组成，如图 1-26 所示，当它照射到物体上之后，部分光被物体吸收，剩余的光被物体表面反射回来，人看到的就是反射回来的光。说某个物体是“蓝色”的，其实是这个物体反射了蓝色光，而吸收了红色和绿色光。

【相关知识】

三原色：红色（Red）、绿色（Green）、蓝色（Blue）三种波长的光是自然界中所有颜色的基础，光谱中的所有颜色都是由这三种光的不同强度构成，所以将它们称为“三原色”。

如图 1-27 所示，红、绿、蓝三种光线重叠起来产生白光，三种原色两两交互重叠，产生混合色。

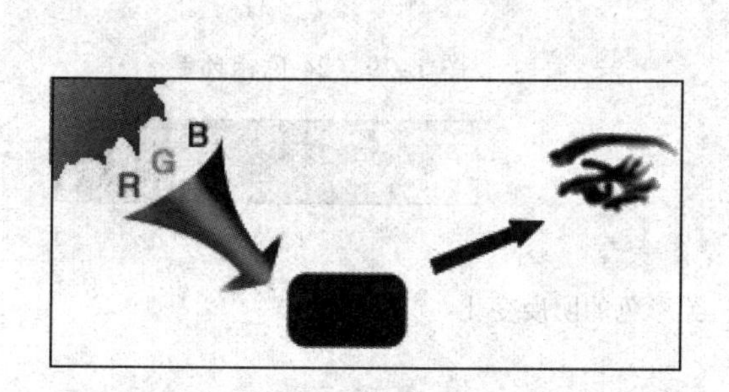

图 1-26　色彩的形成

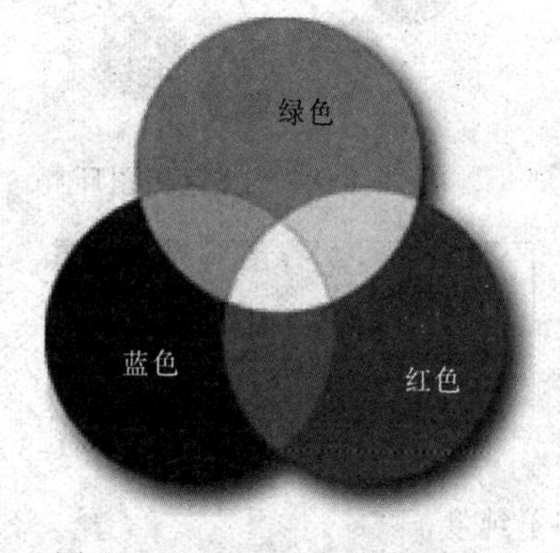

图 1-27　RGB 三原色与混合色

- 蓝色+绿色→青色（Cyan）。
- 蓝色+红色→洋红色（Magenta）。
- 绿色+红色→黄色（Yellow）。

3. **色彩三要素**

色彩可分为无彩色和有彩色两大类。无彩色是指黑色、白色和灰色，而有彩色是指红、橙、黄、绿、蓝、靛、紫等。有彩色的每种色彩都可以用三个值表示，即色相、明度和纯度，它们决定着色彩的主要特征，被称为色彩的三要素。明度和色相表示色彩的状态，又被称为色调。

（1）色相

色相（Hue）指的是色彩的名称，是色彩最基本的特征，是一种色彩区别于另一种色彩的最主要的因素。比如说紫色、绿色、黄色等都代表着不同的色相。色相和色彩的明暗和强度都没关系，是纯粹表示色彩特质的。

最初的基本色相为红、橙、黄、绿、蓝、紫。把这些色相按顺序构成一个环，即构成所谓的“色相环”。在相邻两色中间加入这两种颜色的混合色，又组成 12 色相环，如图 1-28 所示，顺序为红、橙红、黄橙、黄、黄绿、绿、绿蓝、蓝绿、蓝、蓝紫、紫、红紫，此即为“12 色相环”。

12 色相的变化在光谱色感上是均匀的。如果细化，在相邻两色中间添加它们的混合色，便可以得到 24 个色相，如图 1-29 所示。在色相环里，各色相按不同角度排列，12 色相环每一色相间距为 30° 。24 色相环中每一色相间距为 15° 。

（2）明度

明度（Value）又称亮度，指的是色彩的明暗程度，或者色彩在不同光线下的明暗程度。在无彩色的颜色（白色、黑色）中，明度最高的色为白色，明度最低的色为黑色，中间存在一个从亮到暗的灰色系列，如图 1-30 所示。而在有彩色的颜色中，任何一种纯度色都有着自己的明度特征。

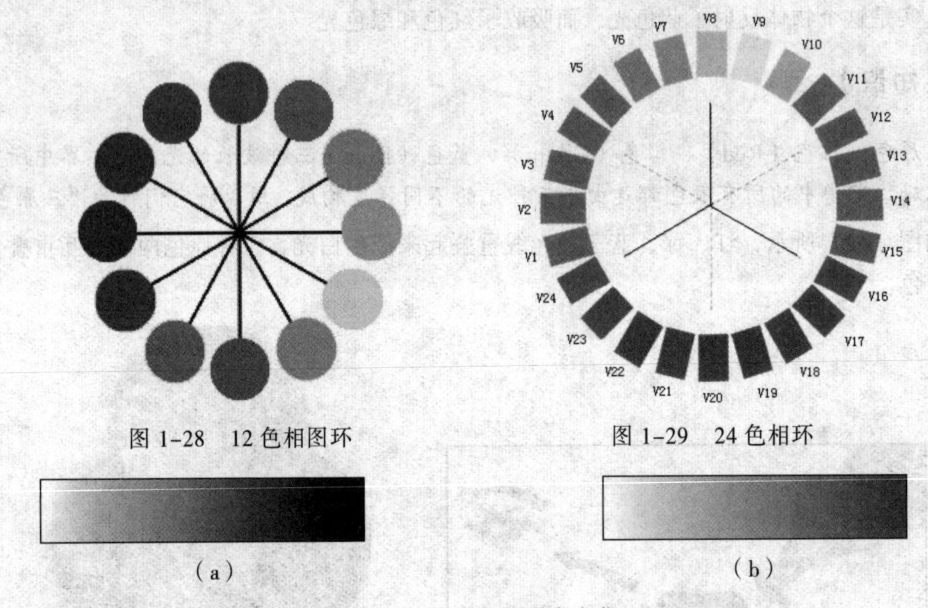

图 1-28　12 色相图环

图 1-29　24 色相环

（a）

（b）

图 1-30　无彩色的明度变化

（3）纯度

纯度（Chroma）又称色度，表示色彩的饱和度，即某种色彩中是否包含黑色或者白色成分。未包含黑色或者白色成分的颜色称为纯色，彩度最高。如果某种色彩中包含黑色或者白色，则纯度下降。黑色的成分越大，彩度越低。纯度常用高低来表示，纯度越高，色彩越纯、越艳；纯度越低，色彩越涩、越浊。纯色是纯度最高的一级。

图 1-31 所示为纯度变化和亮度变化的关系图，图 1-32 所示为 Windows 调色板中纯度、色调以及亮度的变化图。

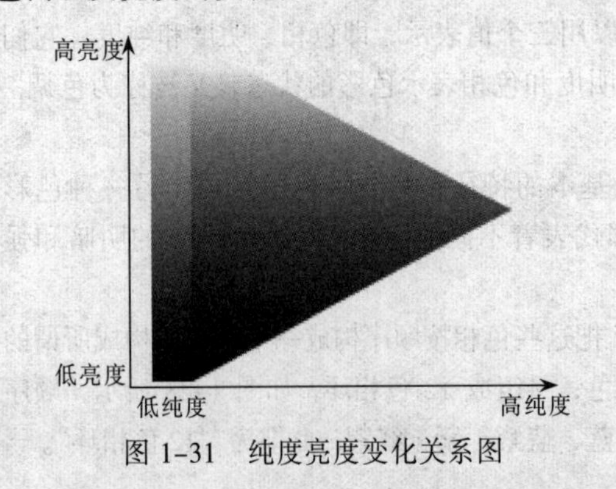

图 1-31　纯度亮度变化关系图

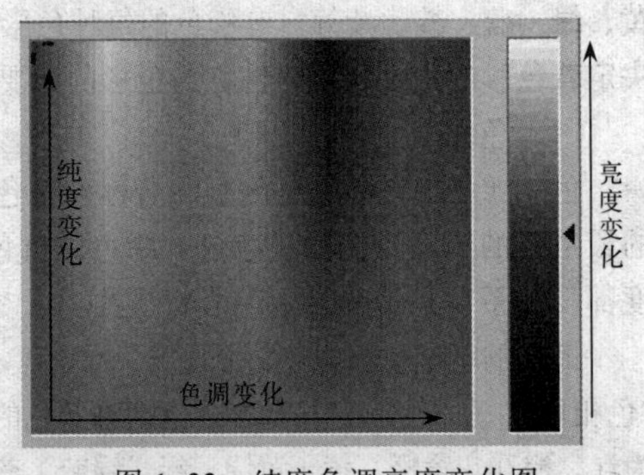

图 1-32　纯度色调亮度变化图

1.5.2 网页色彩搭配技巧

1. 色彩选择的基本原则

网页设计中不仅要求内容充实，布局协调，而且色调也要协调统一，如何选择网站的整体色调，需要考虑的因素很多，但有一些原则是可以遵循的。

（1）色彩的鲜明性原则

选择鲜艳的颜色比较容易引起访问者的注意，而且在访问者的记忆中驻留的时间也比较长。色彩鲜艳的网站往往给人念念不忘的印象。

（2）色彩的独特性原则

如果网站的色彩选择与搭配与众不同，也可以给访问者留下深刻的印象。就像每个人都喜欢接受新鲜事物一样，网站色彩搭配的独特性，对于访问者来说体现的是新鲜性。

（3）色彩的适当性原则

虽然鲜艳的色彩容易给人留下好的印象，独特的色彩搭配也给人留下新鲜的感觉，若选择不恰当可能会适得其反。例如，一个表现秋天丰收季节的网站，如果选择黑色调、白色调或绿色调就与人所感受到的金黄色的硕果累累景象相差甚远，给人留下不协调的感觉。所以不能一意孤行地选择色彩，而要根据网站内容主体选择合适的色彩。

（4）色彩的联想性原则

人看到不同的色彩，产生的联想可能是完全不同的。如看到蓝色可能联想到海洋、蓝天，看到黑色可能想到黑夜、恐怖、严肃等，看到白色可能联想到光明、白雪等。其实人在不同的心理状态，不同的环境下，不同的氛围中对色彩的联想可能都是不同的。例如，同样是红色调，在革命烈士纪念馆网站中可能联想到的是革命前辈的鲜血，而在某个节日的网站中联想到的是喜庆的景象。所以，恰当地利用人对色彩的联想效果选择色彩也是色彩选择遵循的原则之一。

2. 网站主色调的选择

网站的主色调对整个网站的色彩搭配是至关重要的。网站的主色调实际上是由网站的内容确定的，根据网站的内容可以确定网站的主色调，也可以根据网站访问群体的类别、社会背景、心理需求和场合来确定，还可以根据不同色彩带给人的不同心理反应进行选择。下面以基本色相所体现的功能举例说明主色调的选择。

注意：本教程采用的某些案例是在线网站的抓图，可能会因为原网站更新等原因与本教程的图示会有所不同。

（1）红色

红色容易引起人的注意，让人产生兴奋和激动的情绪。在生活中，人们习惯以红色为兴奋与欢乐的象征，使之在标志、旗帜、宣传等用色中占了首位，成为最有力的宣传色。但某些场合红色又被看成是危险的象征色。因此人们也习惯用红色作为预警或报警的信号色。总之，红色是一个有强烈而复杂的心理作用的色彩，一定要慎重使用。图 1-33 所示是一个以红色调为主的网站首页。

（2）橙色

橙色又称橘黄色或橘色。在自然界中，橙柚、玉米、鲜花果实、霞光、彩灯都有丰富的橙色。因其具有明亮、华丽、健康、兴奋、温暖、欢乐、辉煌，以及容易动人的色感，所以妇女们喜欢以此色作为装饰色。橙色在空气中的穿透力仅次于红色，而色感较红色更温暖，鲜明的橙色应该是色彩中给人感觉最暖的颜色，能给人以庄严、尊贵、神秘等感觉，所以基

本上属于心理色性，在现代社会上往往作为标志色和宣传色，不过也是容易造成视觉疲劳的色。红、橙、黄三色均为暖色，属于醒目、芳香和引起食欲的色。图 1-34 所示是一个以美食为主题的网站首页。

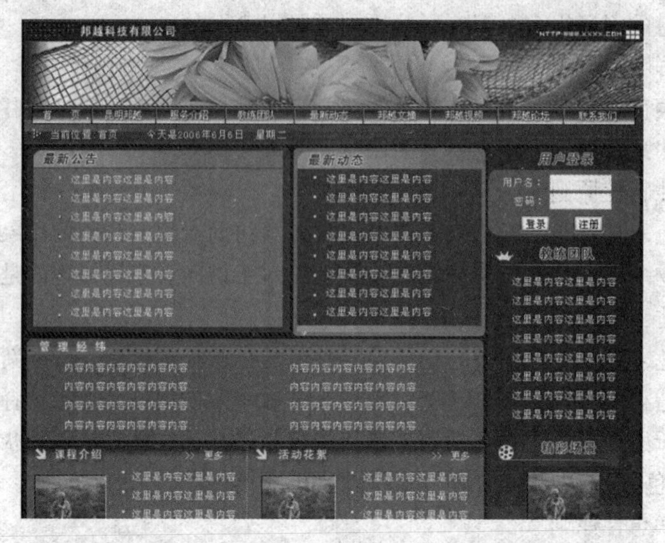

图 1-33　红色调网站——Orbex（http://www.nipic.com/show/4/53/2e118d4a901fd7c9.html）

图 1-34　橙色调网站（http://www.showmyself.cn）

（3）黄色

黄色光的光感最强，给人以光明、辉煌、轻快、纯净的印象。在自然界中，腊梅、迎春、秋菊以至油茶花、向日葵等，都大量地呈现出美丽娇嫩的黄色。秋收的五谷、水果，以其精美的黄色在视觉上给人以美的享受。在相当长的历史时期，帝王传统上均以辉煌的黄色作为服饰；家具、宫殿与庙宇的色彩，都相应地加强了黄色，给人以崇高、智慧、神秘、华贵、威严和仁慈的感觉。但黄色物体在黄色光照下有失色的现象，植物呈灰黄色，被看成病态，天色昏黄，常预示着风沙、冰雹或大雪，因而黄色又象征酸涩、病态和反常的一面。图 1-35 所示为以黄色为主色调的网站。

图 1-35　黄色调网站（http://www.lipton.com/cn_zh）

（4）绿色

绿色常被作为和平的象征，生命的象征。邮政是抚慰着千家万户的使者，因此“她”的代表色也是绿色。在自然界中，植物大多呈绿色，人们称绿色为生命之色，并把它作为农业、林业、畜牧业的象征色。由于绿色体的生物和其他生物一样，具有诞生、成长、成熟、衰老到死亡的过程，这就使绿色出现各个不同阶段的变化，因此黄绿、嫩绿、淡绿象征着春天和作物稚嫩、生长、青春与旺盛的生命力；艳绿、盛绿、浓绿象征着夏天和作物茂盛、健壮与成熟；灰绿、土绿、褐绿便意味着秋冬和农作物的成熟、衰老。图 1-36 所示为以绿色为主色调的网站。

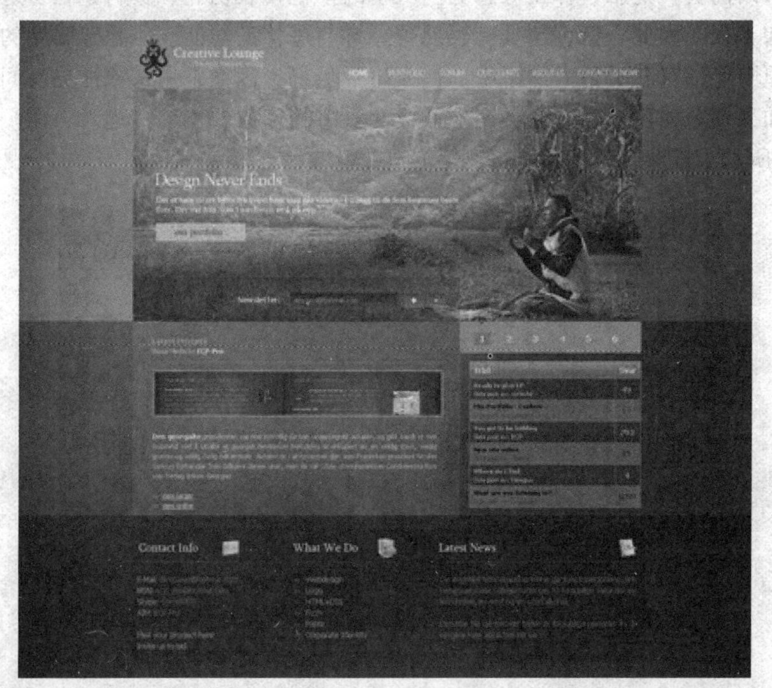

图 1-36　绿色调网站（http://www.qianduan.net/20-green-sites-awards.html）

（5）蓝色

蓝色的所在，往往是人类所知甚少的地方，如宇宙和深海。古代的人认为那是天神水怪的住所，令人感到神秘莫测。现代的人将宇宙和深海作为科学探讨的领域。因此蓝色就成为

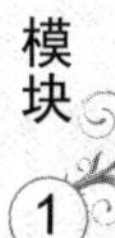

现代科学的象征色，它代表冷静、沉思、智慧和征服自然的力量。现代装潢设计中，蓝与白不能引起食欲而只能表示寒冷，成为冷冻食品的标志色。图 1-37 所示为以蓝色为主色调的网站。

图 1-37　蓝色调网站（http://www.nipic.com/psd/zhuanti/1011898.html）

（6）紫色

紫色给人以高贵、优雅、神秘等感觉。灰暗的紫色代表伤痛、疾病，容易造成心理上的忧郁、痛苦和不安。因此，紫色还具有表现苦、毒与恐怖的功能。但是，明亮的紫色好像天上的霞光、原野上的鲜花、情人的眼睛，使人感到美好，因而常用来象征男女间的爱情。在某些地方，如果紫色使用不当，便会产生低级和丑恶的印象。

图 1-38 所示为以紫色为主色调的网站。

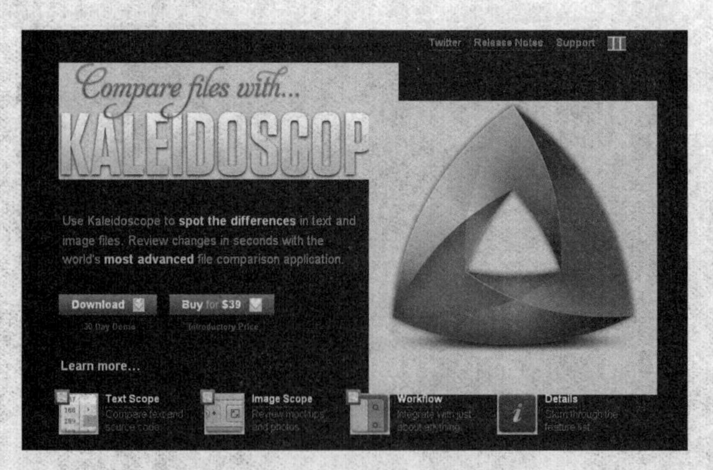

图 1-38　紫色调网站（http://www.kaleidoscopeapp.com）

（7）紫红色

紫红色是非常女性化的颜色，它给人的感觉通常都是浪漫、柔和、华丽、高贵优雅，特别是粉红色可以说是女性化的代表颜色。高彩度的紫红色可以表现出超凡的华丽，而低彩度的粉红色可以表现出高雅的气质。图 1-39 所示为以紫红色为主色调的网站。

图 1-39　紫红色调网站（http://www.lg360.net/style-jiaju/18.html）

（8）黑色与白色

黑色与白色表现出了两个极端的亮度，而这两种颜色的搭配使用通常可以表现出都市化的感觉。若能合理地搭配使用黑色与白色，甚至可以做到比其他彩色的搭配更生动的效果。

黑色与白色的搭配通常用于现代派站点中，通过合理地添加一些彩色还可以得到突出彩色的效果，白色有很强烈的感召力，它能够表现出如白雪般的纯洁与柔和。

黑色也有很强大的感染力，它能够表现出特有的高贵，且黑色还经常用于表现死亡和神秘。因为黑色和白色的搭配有一种特殊的严肃感，所以还经常用于如结婚典礼等庄重的场合。图 1-40 所示为以黑白色为主色调的网站。

图 1-40　黑白色调网站（http://www.indubitablee.dom/）

3. 网页中色彩搭配的原则

（1）基于色调进行配色

色调是指色彩外观的基本倾向。在明度、纯度、色相这三个要素中，某种因素起主导作用，可以称之为某种色调。以色相划分，有红色调、蓝色调等；以纯度划分有鲜色调、浊色调、清色调等；把明度与纯度相结合，则有淡色调、浅色调、中间调、深色调、暗色调等。颜色最饱和时，即纯度最高的叫纯色，属鲜亮色调。纯色中加白色后，出现亮调、浅色调和淡色调，加黑会出现深色调和黑暗色调。

（2）基于相近色配色

所谓相近色配色，就是固定"三要素"中的两个，而微调另外一个要素进行的配色方法。相近色配色给人留下色彩平滑，舒适安逸的感觉，大部分的网站都采用这种配色方式。

如图 1-41 所示，左侧一列每个方块中的色调相同，但亮度不同；中间一列色调相同，但纯度不同；右侧一列亮度相同，但色相不同。从图中，读者或许能领悟到色彩三要素所起的作用。

图 1-41　相近色配色效果

（3）基于互补色配色

所谓基于互补色配色，就是固定"三要素"中的两个，而选择另外一个，实现明显的色彩反差对比效果，给人一种清晰明了的感觉。图 1-42 所示为基于互补色的三种配色效果。

图 1-42　互补色配色效果

基于互补色配色常用于强调、导航或广告中。虽然互补色可以使得不同区域的色彩区分十分明显，但随意使用个性化的色彩会导致"大红大绿"的结果，给人留下色彩、布局不够协调的感觉。所以，一定要慎重使用互补色调配色。另外，在文字和背景之间往往采用互补色配色方式。

4. 基于色彩情感进行配色

（1）红色调配色技巧

红色的色感温暖，性格刚烈而外向，是一种对人刺激性很强的色。红色容易引起人的注意，也容易使人兴奋、激动、紧张、冲动，还是一种容易造成人视觉疲劳的色。

- 红色中加入少量的黄，会使其热力强盛，趋于躁动、不安。
- 红色中加入少量的蓝，会使其热性减弱，趋于文雅、柔和。
- 红色中加入少量的黑，会使其性格变得沉稳，趋于厚重、朴实。
- 红色中加入少量的白，会使其性格变得温柔，趋于含蓄、羞涩、娇嫩。

（2）黄色调配色技巧

黄色代表冷漠、高傲、敏感，具有扩张和不安宁的视觉印象。黄色是各种色彩中最为“娇气”的一种色。只要在纯黄色中混入少量的其他色，其色相感和色彩性格均会发生较大程度的变化。

- 黄色中加入少量的蓝，会使其转化为鲜嫩的绿色，趋于平和、潮润的感觉。
- 黄色中加入少量的红，会从冷漠、高傲转化为一种有分寸感的热情、温暖。
- 黄色中加入少量的黑，其色性也变得成熟、随和。
- 黄色中加入少量的白，其色感变得柔和，趋于含蓄，易于接近。

（3）蓝色调配色技巧

蓝色为朴实、内向性格，常为那些性格活跃，具有较强扩张力的色彩提供一个深远、平静的空间，成为衬托活跃色彩的友善而谦虚的“朋友”。蓝色还是一种在淡化后仍然能保持较强个性的色。如果在蓝色中分别加入少量的红、黄、黑、橙、白等色，均不会对蓝色的性格构成较明显的影响力。

- 如果在蓝色中黄的成分较多，其性格趋于甜美、亮丽、芳香。
- 在蓝色中混入少量的白，可使蓝色趋于焦躁、无力。

（4）绿色调配色技巧

绿色是具有黄色和蓝色两种成分的色。在绿色中，黄色的扩张感和蓝色的收缩感得到中和，黄色的温暖感与蓝色的寒冷感相互抵消，这使得绿色的性格最为平和、安稳。绿色是一种柔顺、恬静、优美的色彩。

- 在绿色中黄的成分较多时，其性格就趋于活泼、友善，具有幼稚性。
- 在绿色中加入少量的黑，其性格就趋于庄重、老练、成熟。
- 在绿色中加入少量的白，其性格就趋于洁净、清爽、鲜嫩。

（5）紫色调配色技巧

紫色的明度在有彩色的色料中是最低的。紫色的低明度给人一种沉闷、神秘的感觉。

- 在紫色中红的成分较多时，其知觉具有压抑感、威胁感。
- 在紫色中加入少量的黑，其感觉就趋于沉闷、伤感、恐怖。
- 在紫色中加入白，可使紫色变得优雅、娇气，充满女性的魅力。

（6）白色调配色技巧

白色的色感光明，性格朴实、纯洁、快乐。白色具有圣洁、不容侵犯性。如果在白色中加入其他任何色，都会影响其纯洁性，使其性格变得含蓄。

- 在白色中加入少量的红，就成为淡淡的粉色，鲜嫩而充满诱惑。
- 在白色中加入少量的黄，则成为一种乳黄色，给人一种细腻的感觉。
- 在白色中加入少量的蓝，使人感觉清冷、洁净。
- 在白色中加入少量的橙，有一种干燥的气氛。
- 在白色中加入少量的绿，给人一种稚嫩、柔和的感觉。
- 在白色中加入少量的紫，可诱导人联想到淡淡的芳香。

5. 基于渐变和重复的色彩搭配

所谓渐变，就是从一种色彩逐渐变化到另一种色彩，起到渐变协调的效果。渐变包括色相渐变、明度渐变和纯度渐变，还可以将这三种方式组合成更加复杂的渐变方式。

重复则是由几种颜色组成的“颜色组”进行反复重复，可得到具有一定韵律的节奏效果。

渐变和重复常常用在网页的背景色、导航条、板块标题等处，体现一种柔和、协调的效果。

通过渐变给网页中不同的板块添加标题效果，给人留下板块分明，布局整齐的感觉。图 1-43 所示是渐变和重复色彩搭配在网页中的简单应用。

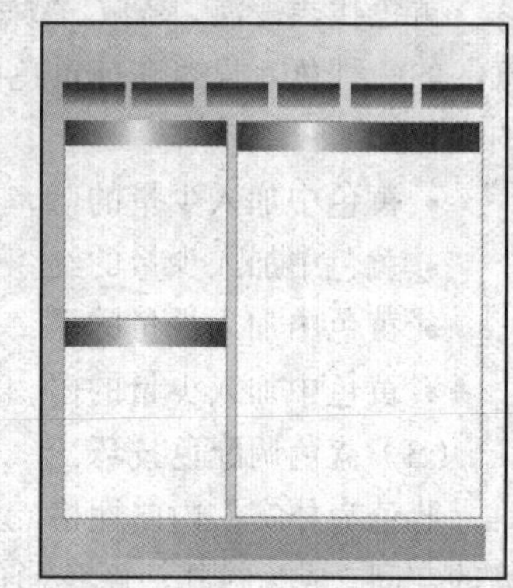

图 1-43　渐变与重复的应用

6. 色彩搭配实例

这里列举几个典型的网站，看看网站色彩搭配的实际应用，帮助读者进一步掌握网站色彩搭配技巧。

（1）基于灰黑色的网站

如图 1-44 所示，网站使用灰黑色 RGB（48，48，48）（#333333）色调，标题用 RGB（203，201，153）（#CCCC99）色调，菜单使用 RGB（112，119，112）（#707770）色调。这样的配色可以显示独特的个性，又不失大型网站的风采。

图 1-44　基于灰黑色的网站

（2）娱乐性网站 UGO

如图 1-45 所示，它的配色方案是背景色为黑色 RGB（0, 0, 0）中嵌套 RGB（0, 0, 82），字体白色 RGB（255，255，255），菜单为 RGB（77，114，159）。虽以黑蓝为主色调，但是配以漂亮的图像，给人的感觉是生机盎然，充满了互动色彩和青春气息。

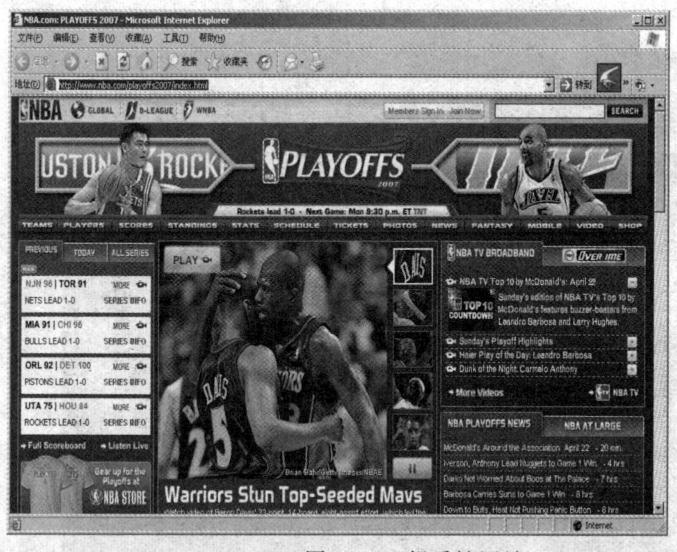

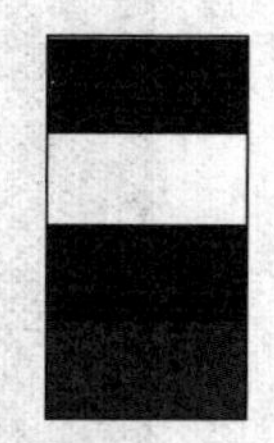

图 1-45　娱乐性网站 UGO

（3）黄色调为主的网站

如图 1-46 所示，主色调为黄色 RGB（255，199，48）（#FFC730），辅助色调为 RGB（49，102，46），字体为棕色 RGB（153，103，0），中间再配以抽象的图像，个性十足又不单调。

图 1-46　黄色调为主的公司主页

模块总结

网页设计基础知识是网页设计者必须掌握的入门知识。通过本模块的学习，读者应该掌握网络、网站基础知识，尤其是网站设计师的基本工作流程，还有网站设计相关规范和网页中色彩搭配的相关知识，这些对于网页设计初学者显得至关重要，相当于万丈高楼的根基。

任务实训 制作一个简单的页面

最终效果

案例最终效果如图 1-47 所示。

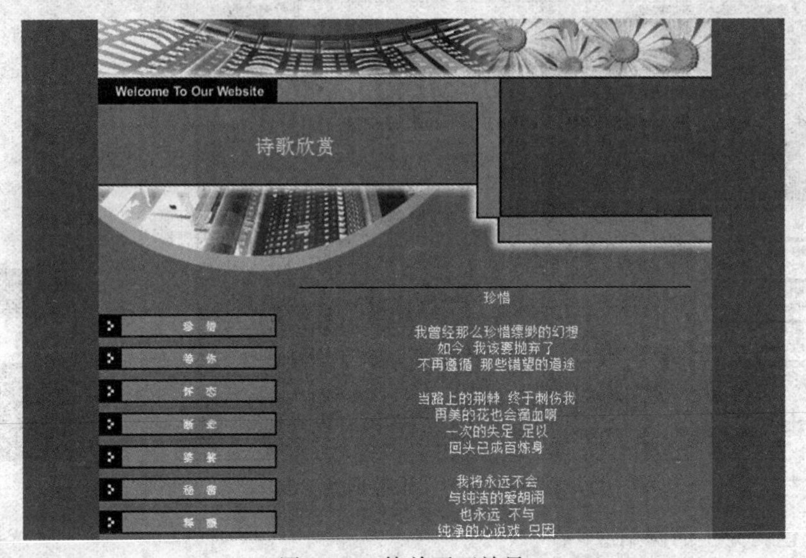

图 1-47 简单页面效果

实训目的

在 Dreamweaver 的工作窗口中创建一个页面，简单了解文本、图像、表格和超链接的添加和布局。

相关知识

“属性”面板的使用。

实训步骤

Step 1 在 Dreamweaver 中打开配套素材文件文件夹 01 下的 model1.htm 网页。打开后如图 1-48 所示。

Step 2 在 Dreamweaver 中，在效果图“诗歌欣赏”所在的位置输入“诗歌欣赏”几个文字。然后选择刚输入的文字并右击，选择“属性”命令，会在 Dreamweaver 设计界面底部出现“属性”面板（见图 1-49），单击“属性”面板左侧的 CSS 按钮，右侧会出现 CSS 设计界面，即字体设计界面。

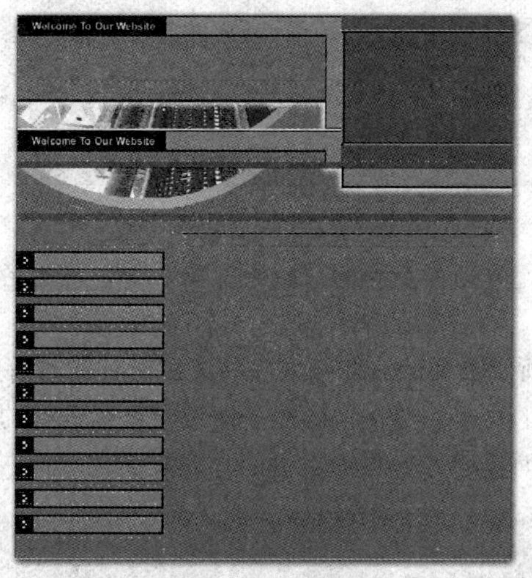

图 1-48　新打开的网页模板

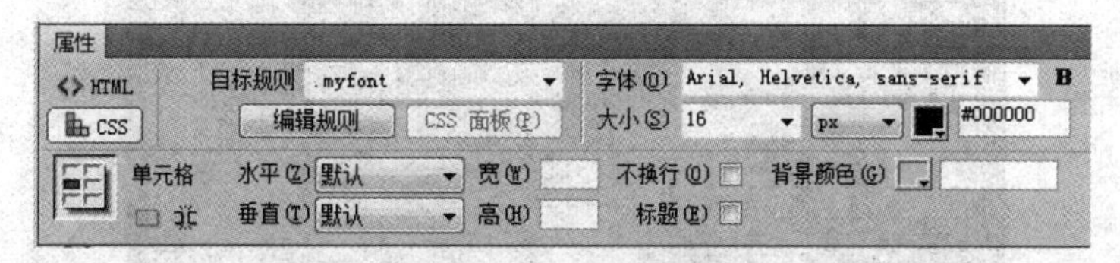

图 1-49　CSS 设计界面

Step3 在图 1-49 中，单击“大小”下拉按钮，并在下拉列表框中选择字体大小为 16，这时会弹出图 1-50 所示的对话框，要求为新创建的字体大小建立一个样式名（shige_title），以方便后期使用。输入完成后，单击对话框右上方的“确定”按钮，此时会创建新的样式并应用于选择的文字部分。

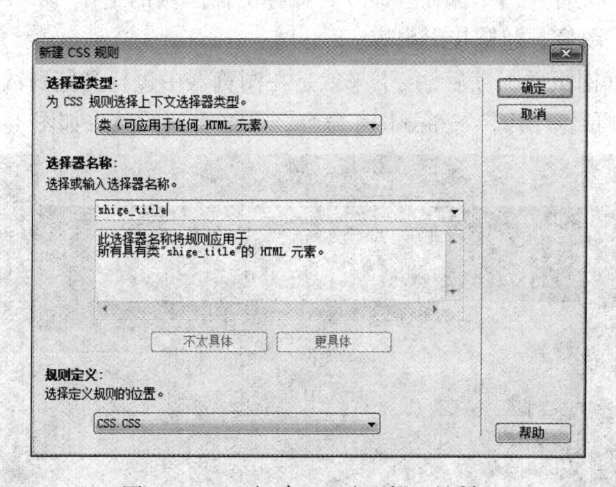

图 1-50　“新建 CSS 规则”对话框

Step4 单击网页左侧导航条中最上面一个文本框，输入文字“珍惜”，同时选择文字，在“属性”面板（如果没出现就右击并选择“属性”命令）中，选择左侧的“HTML”切换到内容设计面板，并在右侧“链接”文本框中输入“http://www.baidu.com?wd=珍惜”，便为“珍惜”文字建立了超链接，如图 1-51 所示。

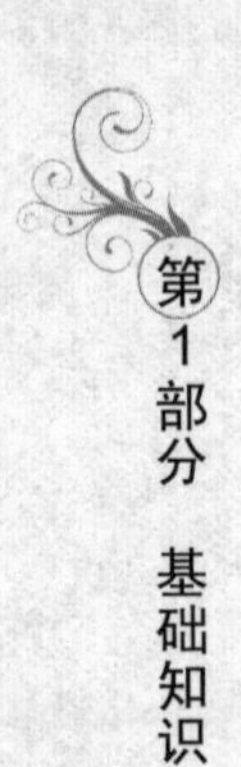

图 1-51　创建超链接

Step5 重复步骤 4，分别在左侧的导航条中输入一些诗的名字，并用上面类似的方法为其创建超链接。

Step6 在图 1-48 所示页面的右侧输入一些文字（如一首诗），如图 1-52 所示，和前面的方法类似，选择输入的文字，并在“属性”面板中设置选择的字体颜色为白色（注意，字体颜色设置在“属性”面板的 CSS 界面右侧的“背景颜色”的右方。

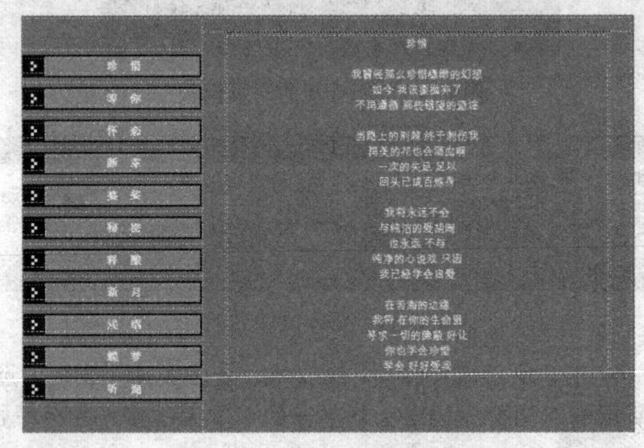

图 1-52　在表格中插入文字

Step7 选择“文件”→“保存”命令，保存上面所做的工作。一个简单的网页便设计完成，包含了文字、图像、超链接等内容。

Step8 设计好网页并保存后，接下来就是在浏览器中进行浏览测试。方法是：选择“文档”→“在浏览器中预览/调试”→iexplore 命令，最终看到的效果如图 1-53 所示。

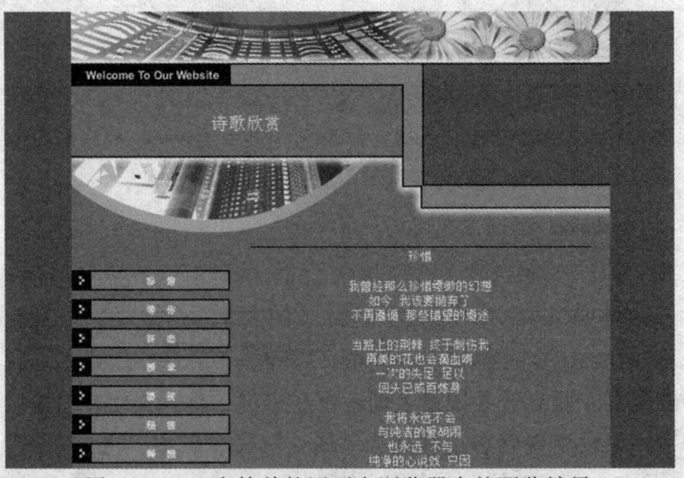

图 1-53　一个简单的网页在浏览器中的预览效果

注意：按【F12】键可以快速打开浏览器进行预览。

知识测评

一、填空题

1. 如今的互联网是由美国最早设计开发的________发展而来的。

2. IP 地址由________位二进制数表示或由点分隔的________个十进制数表示。

3. 网页设计语言按照工作原理可以分为________端脚本语言和________端脚本语言。

4. 人们能看到物体，并不是因为物体发光，而是物体________的结果，如果说某个物体是“蓝色”的，其实是这个物体反射了________色，而吸收了________色和________色。

5. 色彩的三要素是指色彩的________、________和________。

二、选择题

1. 下列属于网页中可能包含的元素的有（　　）。

A. 图像　　B. 表格　　C. 动画　　D. 视频

2. 关于 HTML 的描述正确的有（　　）。

A. HTML 是网页设计中的基本语言

B. HTML 是一种标记性的语言，用任何文本编辑器都可以编写

C. HTML 语言是可以直接在浏览器中运行和显示的

D. HTML 语言是超文本标记语言的英文缩写

3. 统一资源定位器 URL 的主要组成部分不包括如下的（　　）。

A. 协议　　B. 端口号　　C. IP 地址　　D. 协议内容

4. 不属于网页设计静态语言（浏览器端语言）的主要有（　　）。

A. ASP　　B. HTML　　C. JavaScript　　D. ASP.NET

5. 常见的色彩表示模式有（　　）。

A. RGB 模式　　B. HSB 模式　　C. CMYK 模式　　D. 灰度模式

6. 用于打印色彩设置的模式为（　　）。

A. RGB 模式　　B. HSB 模式　　C. CMYK 模式　　D. 灰度模式

7. 选择色彩的基本原则包括（　　）。

A. 色彩鲜明性原则　　B. 色彩独特性原则

C. 色彩适当性原则　　D. 色彩联想性原则

8. 色彩搭配的主要原则有（　　）。

A. 基于色调配色　　B. 基于情感配色

C. 基于渐变和重复配色　　D. 根据个人爱好配色

三、简答题

1. 什么是色彩？色彩是如何形成的？

2. 各种表示色彩的模式有何不同？如何选择合适的模式？

3. 简述网站设计的基本工作流程。

4. 常见的网页布局结构有哪些？

5. 如何更好地选择色彩使网站更受欢迎？

6. 实现网站时一般需要遵循哪些原则？

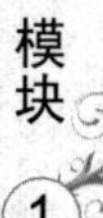

网页设计工具的使用

在本模块，读者将学习使用网页设计最流行的工具之一 Dreamweaver 设计网站的基本操作技巧，同时，还将学习基础的 HTML 知识。

知识目标：

- 网页设计常见工具
- 网页设计常见语言
- HTML 基础

技能目标：

- 使用 Dreamweaver 创建和打开站点
- 使用 Dreamweaver 创建和打开网页
- 网页单个页面设计的基本流程
- 简单的网页设计

2.1 网页设计的工具和语言

2.1.1 网站设计的常见工具

现在，网页制作的软件工具很多，了解每个工具的优缺点对于读者选择合适的工具是很有帮助的。

1. Dreamweaver

Dreamweaver 是一款优秀的网页设计软件，它既支持可视化网页设计，也支持编码方式的网页设计；它支持 HTML、CSS、Flash、JQuery、JavaScript 等静态网页设计常见的语言或元素，也支持 JSP、PHP、ASP、ASP.NET 等动态网站设计语言，目前的静态网页设计中，Dreamweaver 使用最为广泛。

Dreamweaver 使得网页在 Dreamweaver 设计界面和 HTML 代码编辑器之间进行自由转换，而 HTML 语法及结构不变。这样，专业设计者可以在不改变原有编辑习惯的同时，充分享受到可视化编辑带来的益处。Dreamweaver 最具挑战性和生命力的是它的开放式设计，这项设计使任何人都可以轻易扩展它的功能。笔者写书稿时，Adobe 公司发布了最新的 Dreamweaver CC 版本，读者可以在 www.adobe.com 网站下载最新的免费测试版本。

2. Fireworks 和 Photoshop

Fireworks 的出现使 Web 作图发生了革命性的变化。Fireworks 是专为网络图像设计而开发的，包含丰富的网络出版功能，如 Fireworks 能够自动切图、生成鼠标动态感应的 JavaScript，可以直接生成 Dreamweaver 的库，甚至能够导出为配合 CSS 样式的网页及图片。实际应用中，Fireworks 常常用来设计网页的模板和进行简单的图像处理。

Fireworks 常用于网页界面的设计，以及一些网页中常用的按钮、图标、导航、横幅等设计。而对于比较复杂的图像处理，Photoshop 是当之无愧的。现在开发 Dreamweaver、Fireworks 和 Flash 的 Macromedia 公司已经被开发 Photoshop 的 Adobe 公司收购，可能未来的 Fireworks 和 Photoshop 会越来越接近。

3. Flash

上网时，人们总被网页中一个个漂亮的动画所吸引。其实这些动画超过 80%都是用 Flash 制作的。Flash 制作的动画体积小，速度快，可以边下载边播放（常见的 FLV 格式）。Flash 不仅可以制作简单的动画，而且在动画中还可以加入声音、视频等内容，实现真正的多媒体动画。

Flash 文件很小的原因是因为图形采用矢量技术，使得图形保存的内容十分简单但又可以无限放大而不失真。Flash 虽然不可以像一门语言一样进行编程，但使用其内置的 JavaScript 同样可以做出互动性很强的动画或网页。不过随着现代搜索引擎对网页优化的需求，Flash 动画在网页中的比例慢慢在缩小。目前，Flash 在网页中更多地用于横幅、产品展示等场合，纯 Flash 的网站已经越来越少。

2.1.2 网站设计的常见语言

网页设计语言按照工作模式不同，可以分为浏览器端语言（又称客户端语言）和服务器端语言。所谓浏览器端语言，是指可以直接在浏览器中解释执行的语言，而服务器端的语言是首先必须经过网站服务器翻译为浏览器端语言，然后才可以由浏览器解释执行的语言，下面将分别对它们进行介绍。

1. 浏览器端语言

（1）HTML

HTML（HyperText Markup Language，超文本标记语言）作为一种标记性的语言，是由一些特定标记符号和语法规则组成的，理解和掌握都十分容易。可以说，HTML 在所有的计算机编程语言中是最简单易学的。组成 HTML 的文档都是 ASCII 码符号，编写 HTML 文档可以通过任何文本编辑器实现，如记事本、书写器等文本编辑软件都可以编写 HTML 文档，像 Dreamweaver 等可视化的设计工具更是提供了所见即所得的设计功能，从而使设计者能方便快捷地设计各种美观漂亮的网页。

（2）JavaScript

JavaScript 是由 Netscape 公司开发并随 Navigator 浏览器一起发布的。JavaScript 是介于 Java 与 HTML 之间、基于面向对象的、支持事件驱动的解释性语言。目前的网站设计中几乎都用到这种语言，能实现很多动态效果，如菜单、列表、导航、广告等。JavaScript 开发环境简单，不需要 Java 编译器，可直接运行在 Web 浏览器中，因而备受 Web 设计者的青睐。由 JavaScript 发展而来的 JQuery、AJAX 等都是现代网页设计广泛使用的语言。

（3）CSS

CSS（样式表）的产生是由于最初的 HTML 标准还不尽人意，用 HTML 制作网页就像是用画笔绘制一幅图画，只有那些对网页制作痴迷而执着的人才可能精确地实现预定的结果，正是在这种情况下样式表技术诞生了。使用样式表的目的是为了对布局、字体、背景和其他图文效果实现更加精确的控制。

CSS 让网页变得更加美观，维护更加方便。CSS 跟 HTML 一样，也是一种标记语言，甚至很多属性都来源于 HTML，它也需要通过浏览器解释执行。任何懂得 HTML 的人都可以掌握，非常容易。

（4）JQuery

JQuery 是由 JavaScript 发展而来，兼容多种浏览器，其核心理念是 write less，do more（写得更少，做得更多）。如今，JQuery 已成为最流行的 JavaScript 框架。JQuery 是免费、开源的，使用 MIT 许可协议。JQuery 的语法设计可以使开发者更加便捷，例如操作文档对象、选择 DOM 元素、制作动画效果、事件处理、使用 Ajax 以及其他功能。另外，JQuery 提供 API 让开发者编写插件的功能，其模块化的使用方式使开发者可以很轻松地开发出功能强大的静态或动态网页。

2. **服务器端语言**

（1）ASP

ASP（Active Server Page）是一种包含了 VBScript 或者 JScript 脚本程序代码的动态网站设计技术。当浏览器浏览 ASP 网页时，Web 服务器就会根据请求生成相应的 HTML 代码，然后再返回给浏览器，这样浏览器端看到的就是动态生成的网页。

ASP 是微软公司开发的代替 CGI 脚本程序的一种应用，它可以与数据库和其他程序进行交互，是一种简单、方便的编程语言。在了解了 VB Script 和基本语法后，只需要清楚各个组件的用途、属性、方法，就可以轻松编写自己的 ASP 系统，ASP 网页的文件扩展名是.asp。

（2）ASP.NET

ASP.NET 是微软公司提供的一个网络开发环境，它从桌面开发中向网页引入了“窗体”的概念。ASP.NET 中，一个网页被称为一个 Web Form，使用 ASP.NET，可以使用和创建窗口程序中常见的标签、文本框、列表、数据窗口等动态元素，而且可以给它们添加相关的事件响应。这种基于面向对象的桌面程序设计的思路被很好地移植到了浏览器中，从而给基于网站的网络应用程序设计提供了方便快捷的方法。ASP.NET 使用.NET Framework 构建网页，运行于实时环境中，提供了一个类似于 Java 的虚拟机以及类的库（简称类库）。通过使用已经开发好的数目众多的类库，可以大大加快开发的时间。

网络开发者可以使用.NET 框架来使开发工作更加简便，例如制作一个上传文件的网页，在 ASP.NET 中只需使用系统提供的库即可，这比使用 ASP 设计要简单很多。现在，很多网页设计者都看中了 ASP.NET 的强大功能，很快转向 ASP.NET 的设计队伍中。笔者建议，对于有一定 ASP 基础的读者，最好熟悉 ASP.NET。

（3）JSP

JSP（Java Server Page）是由 Sun 公司开发的动态网页设计语言，它为创建显示动态生成内容的 Web 页面提供了一个简捷而快速的方法。JSP 技术的设计目的是使构造基于 Web 的应用程序更加容易和快捷，而这些应用程序能够与各种 Web 服务器、应用服务器、浏览器和开发工具共同工作。JSP 页面看上去像标准的 HTML 和 XML，并附带有 JSP 引擎能够处理和抽取的额外元件。

（4）PHP

PHP 是一种服务器端的脚本语言，可以用 PHP 和 HTML 生成网站主页。PHP 类似于 ASP，但 PHP 开放源代码，而且是跨越平台的，PHP 可以运行在 Windows NT 和多种版本的 UNIX 上，PHP 消耗的资源较少。PHP 还有一些面向对象的特征，可以为组织和打包代码提供很好的帮助。

技巧：如何选择学习合适的语言。

作为一个网页设计者，选择合适的语言工具也是非常关键的。笔者建议：首先掌握 HTML、JavaScript、CSS 等静态语言，然后再掌握 ASP、JSP 或 PHP 等动态语言。

对于动态语言，无须像静态语言那样都要掌握，可根据自己所用的平台和对语言的熟悉程度等来决定。可以按下面的原则选择：

- 如果喜欢开放源代码的方式，选择 PHP 比较适合。
- 如果对跨平台和 Java 技术比较感兴趣，选择 JSP、PHP 比较合适。
- 如果追随微软的产品，那么 ASP 和 ASP.NET 都可以。但 ASP.NET 要比 ASP 更强大。

2.2 Dreamweaver 中设计网站的基本操作

2.2.1 创建和打开站点

Dreamweaver 中有一套专业的站点构建和管理工具，能够实现对站点文件的管理，如远程建立站点等，从而使实现站点的构建非常方便。

1. 新建站点（Dreamweaver CS4 环境）

在 Dreamweaver 中设计网站，首先需要创建一个站点，创建站点后才能更好地管理网站文件，也可以减少一些错误的出现，如路径出错、链接出错（特别是新手）等。需要特别说明的是，为了照顾初学者，采用的是最早的 Dreamweaver CS4 版本进行演示，当前最新的版本包括 CS6 和 CC 版本，基本操作都是一样的。创建站点的步骤如下：

Step1 选择“站点”→“管理站点”命令，弹出“管理站点”对话框，如图 2-1 所示。

Step2 单击“新建”按钮，选择“站点”选项，弹出“站点定义”对话框，选择“基本”选项卡。

Step3 在“您打算为您的站点起什么名字”文本框中输入站点的名字，它仅作为管理和识别站点使用，起一个形象的名字即可，如“主页教程”，如图 2-2 所示。单击“下一步”按钮。

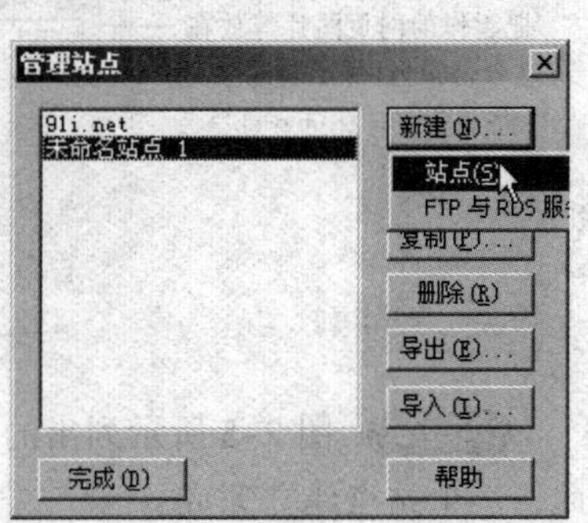

图 2-1 “管理站点”对话框

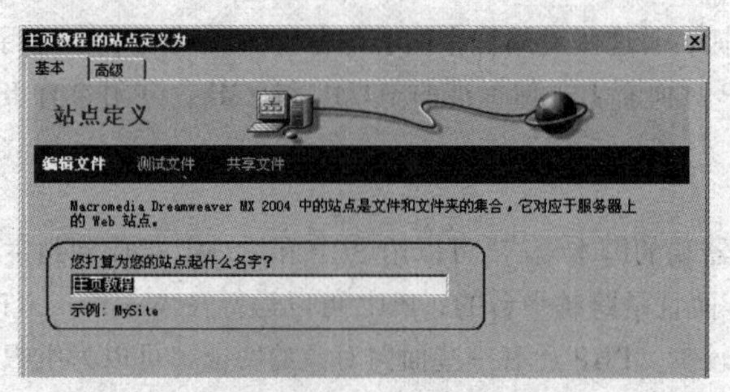

图 2-2 “站点定义”对话框

Step4 本教程中要建立的是静态网站，因此，选择“否”单选按钮会自动配置为静态站点，如图 2-3 所示，单击“下一步”按钮。

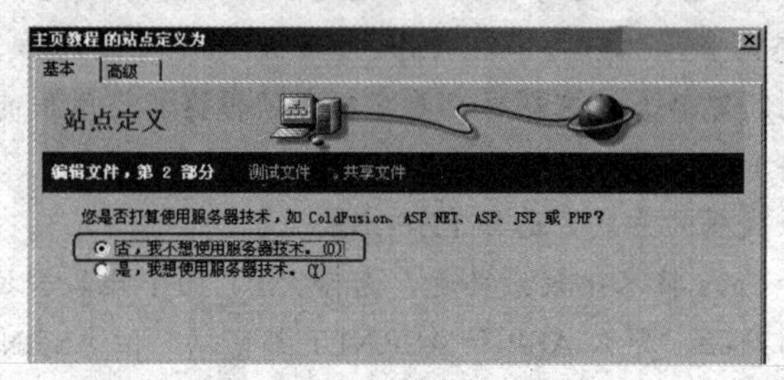

图 2-3 选择服务器对话框

Step5 选择“编辑我的计算机上的本地副本，完成后再上传到服务器（推荐）”单选按钮，并选择要保存网站的本地路径，如图 2-4 所示。单击“下一步”按钮，在“您如何连接到远程服务器”列表框中选择“无”选项，单击“下一步”按钮。

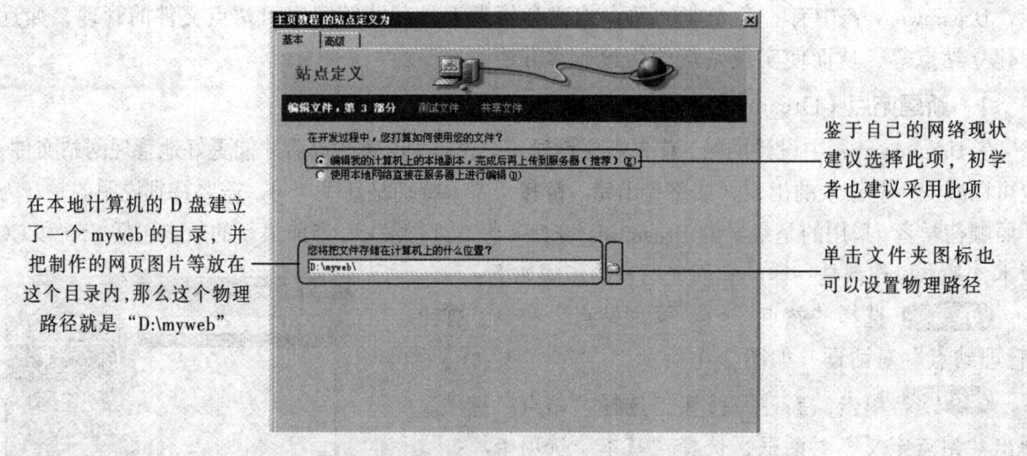

图 2-4 保存位置对话框

Step6 图 2-5 所示列出的是所设置的站点信息，单击“完成”按钮结束站点设置。至此，一个站点建立完成。

Dreamweaver CSn（n=3～6）版本的站点管理界面都相对简单，如图 2-6 所示，但操作过程和 Dreamweaver 8 的操作类似，这里不再赘述。

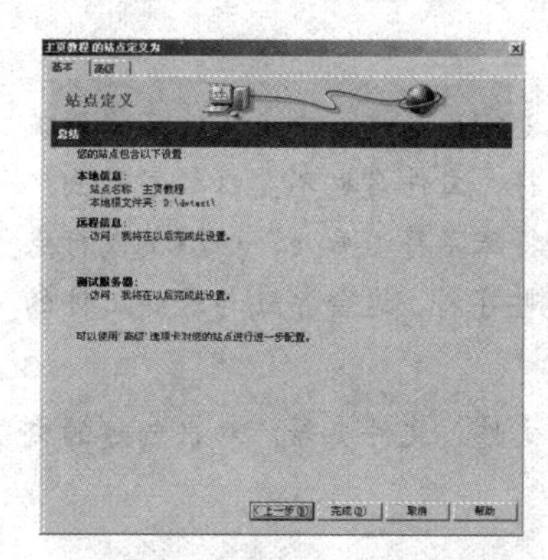

图 2-5　总结报告对话框

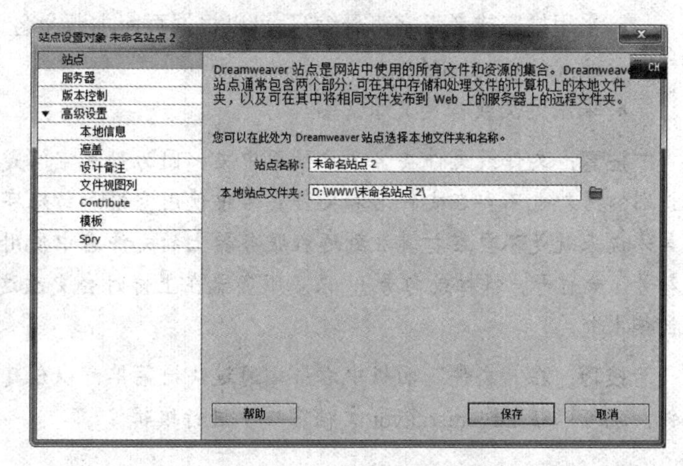

图 2-6　站点管理对话框

2. **编辑站点**

对于 Dreamweaver 中曾经建立过站点管理项的网站，站点的一些参数和属性可以根据需要进行改变，即站点的编辑。要编辑站点可以按以下步骤进行操作：

Step 1 选择“站点”→“管理站点”命令，弹出图 2-7 所示的“管理站点”对话框。

Step 2 选中要编辑的站点，单击“编辑”按钮，将会出现类似创建站点的内容，根据需要可以在相应的内容上进行修改。

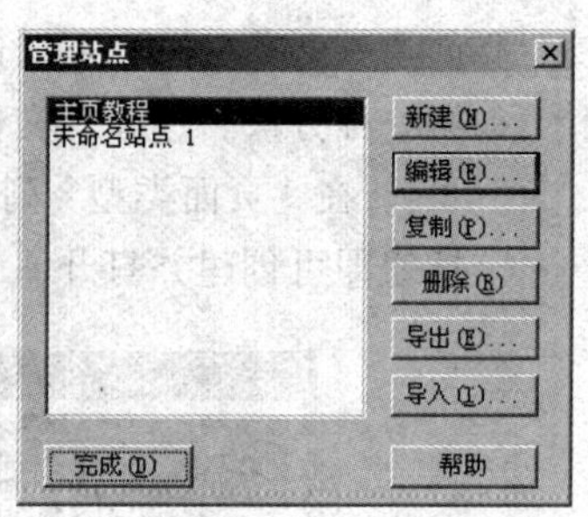

图 2-7 “管理站点”对话框

3. **规划站点内容**

本地站点建立完毕后，要对站点的内容进行规划，也就是建立一个网站的结构概念图，这样，网站的主要内容、栏目名称、页面数量等就一目了然了。在实际制作过程中初期规划会有所改变，但有了最初的设计思想才能做到有的放矢。网站结构概念图如图 2-8 所示。

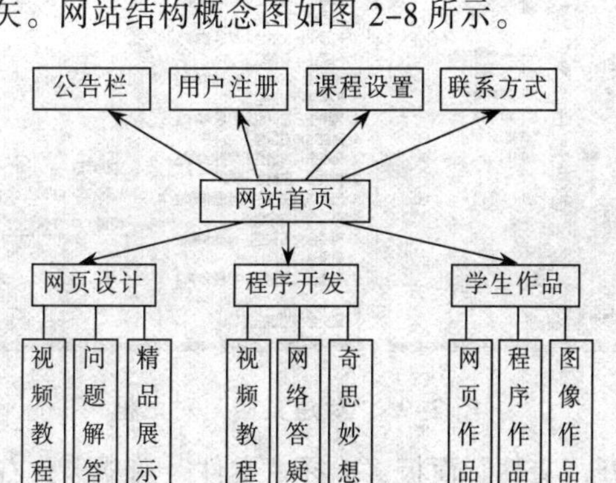

图 2-8　网站设计草图

网站结构概念图设计完毕，接着需要考虑网站文件以及文件夹的命名规则，建议以网站结构概念图中的文件命名。一般而言网站首页文件名为 index.htm 或 index.html，如果用 ASP 语言编写，则为 index.asp。其他文件则可以用下面两种方法命名。

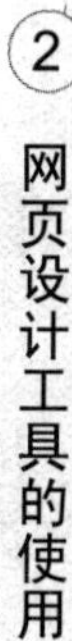

- 采用拼音或者汉字声母缩写，可以根据页面主题命名，如“我的公告”可以命名为 gg.htm 或 wodegonggao.htm。
- 采用英文或者英文原文缩写。

注意：文件或文件夹名不要使用中文，因为如果空间是 UNIX 系统，中文文件名将不被识别；另外也不要在文件名和文件夹名中使用空格和特殊字符，文件名也不要以数字开头。具体说来就是不要在打算放到远程服务器上的文件名中使用特殊字符（如 é、ç 或¥）或标点符号（如冒号、斜杠或句号）；很多服务器在上传时会更改这些字符，这会导致与这些文件的链接中断。

技巧：在“文件”面板中右击，通过快捷菜单可以创建文件、文件夹等；双击创建的文件，就可以在 Dreamweaver 文档窗口中进行编辑。

2.2.2 创建和打开网页

一旦在 Dreamweaver 中创建了站点，接下来的工作就是在站点中创建网页，并实现对网页内容的设计。在站点中，需要进行新建、打开和保存网页的常规操作。

1. 新建网页

要创建一个空白网页可以选择如下两种方法：

- 第一种方法，选择“文件”→“新建”命令，弹出“新建文档”对话框，选择“空白页”，在“页面类型”列表框中选择 HTML 选项，布局默认为“无”，最后单击“创建”按钮即可创建并打开一个新的网页设计界面，如图 2-9 所示。

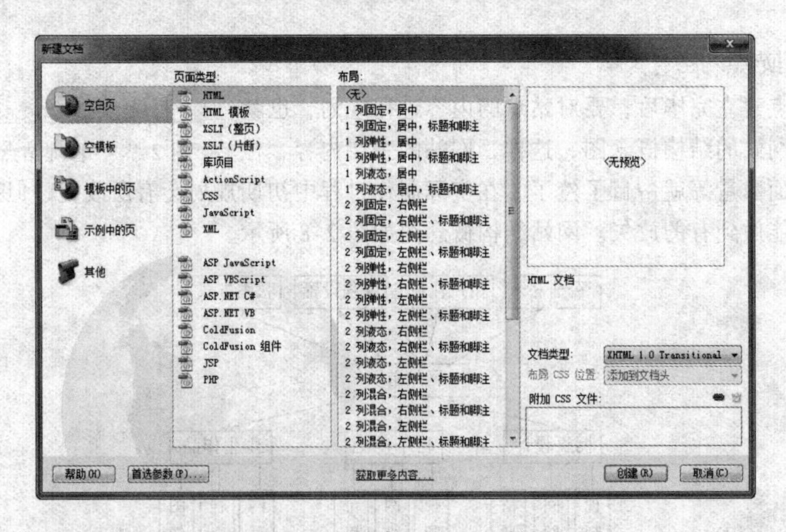

图 2-9 “新建文档”对话框

- 第二种方法，打开“文件”面板，选择“文件”选项卡，右击“站点”文件夹图标，在弹出的快捷菜单中选择“新建文件”命令，如图 2-10（a）所示。结果如图 2-10（b）所示，定义一个名字即可。

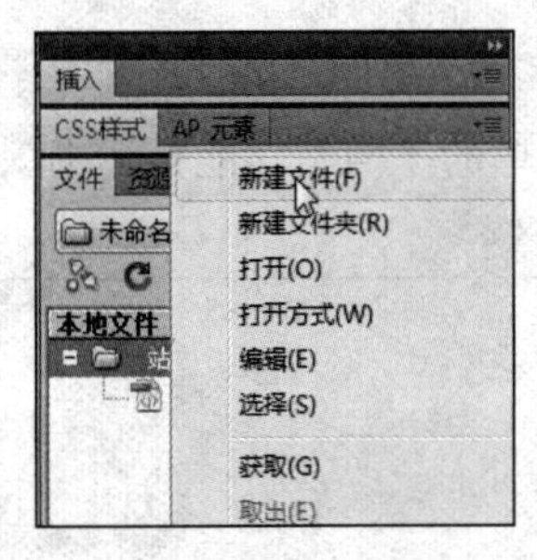

（a）右击站点图标

（b）给新文件命名

图 2-10　新建网页文件并命名

2. 保存网页

在网站设计中，对于新创建的网页或者被修改过的网页要做到及时保存。操作步骤如下：

Step1 选择"文件"→"保存"命令。

Step2 在弹出的"另存为"对话框中选择保存文件的文件夹，如图 2-11 所示。

Step3 在"文件名"文本框中输入文件名。

Step4 在"保存类型"下拉列表框中选择网页文档的类型。

Step5 单击"保存"按钮。

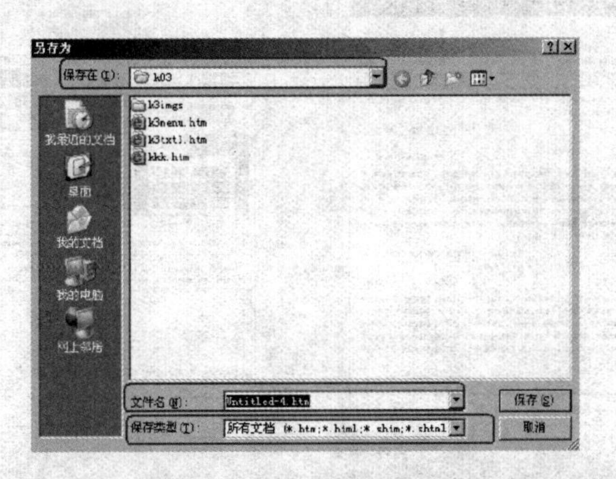

图 2-11　"另存为"对话框

3. 打开网页

在 Dreamweaver 中可打开现有网页或基于文本的文档，即使它们不是用 Dreamweaver 创建的，也可以打开该文档并用 Dreamweaver 在设计视图或代码视图中编辑该文档。

打开的文档如果是一个 Word 文件，则可以使用"清理 Word 的 HTML"命令来清除 Word 插入到 HTML 文件中的无关标记标签。也可以打开非 HTML 文本文件，如 JavaScript 文件或文本编辑器保存的文本文件。若要打开现有的文件，可执行以下操作：

Step1 选择"文件"→"打开"命令，弹出"打开"对话框。

Step2 选择要打开的文件。

Step3 单击"打开"按钮。

注意： 默认情况下，JavaScript、文本和 CSS 样式表在代码视图中打开。可以在 Dreamweaver 中更新文档，然后保存文件中的更改。

2.2.3 简单网页设计实践

这里以本教程中的博客网站为案例，编写了一个简单的《网站功能描述书》，仅供读者参考。

网站功能描述书（概要）

一、网站名称

我的博客。

二、网站功能

首页：快速入口、网站导航、日志列表、个人档案、文章分类、网站统计、版权。

日志页：日志显示、日志列表、日志回复。

娱乐页面：专辑列表、专辑详细、歌曲列表、歌曲搜索、热门歌手、歌词展示、歌曲播放。

相册页面：我的相册、我的影集、我的视频、上传照片、新建专辑、创建影集。

登录页面：基本信息、详细资料、头像切换、验证码、登录验证。

三、网站用户界面（初步）

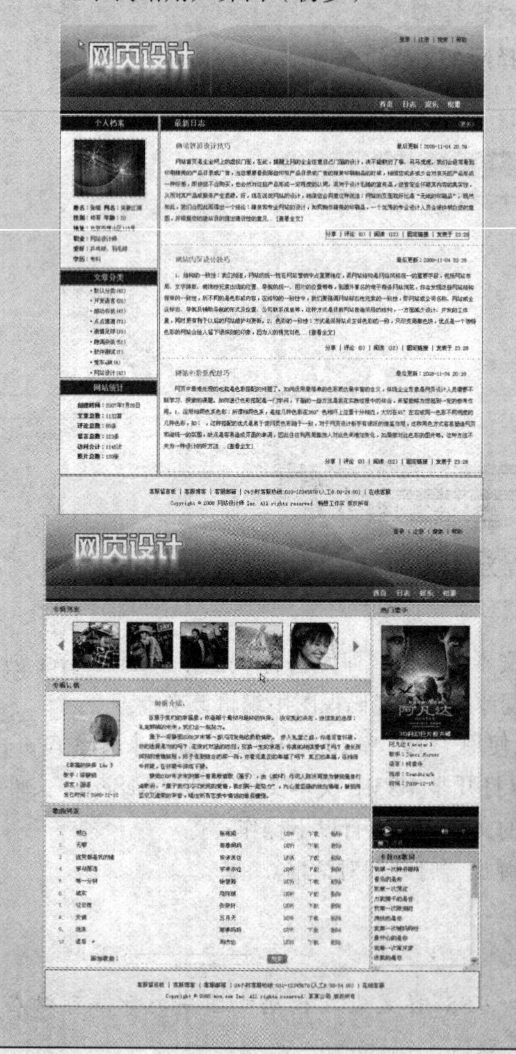

四、网站运行的软硬件环境

本站设计完成后，能够在当前流行的各种浏览器中运行，并能放置在 IIS、Apache 等常见的网站服务器上。

五、网站系统性能定义

要求网站能够在常见浏览器（如 IE、Chrome 等）中工作正常，操作方便，访问速度快。

六、确定网站维护的要求

网站设计完成并提交客户后，由客户自己负责后期维护，网站设计者提供一定的技术支持。仅限于电话、即时通信等方式的在线指导。如需实现具体的交互功能，需要另行协商，签订新的开发协议。

七、确定网站系统空间租赁要求

网站设计完成后，可以由设计者向客户提供可用的免费空间或付费空间，最好能拥有独立的域名。

八、网站页面总体风格及美工要求

网站在总体风格上，要求和博客网站的风格大体一致，但也要富有创意，不失新颖。

九、主页面及次页面大概数量

本网站要求建立至少四个页面，分别是主页、相册页面、日志页面和娱乐页面。

十、各种页面特殊效果及其数量

在首页的横幅部分，要求拥有随机变化的 Flash 背景效果。

在娱乐页面，要求实现能够左右滚动的专辑列表；同时实现音乐播放功能。

在相册页面，实现相册选择功能，实现视频播放功能，实现影集特效功能。

十一、项目完成时间及进度（根据合同）

本网站要求在一周之内完成，并且首先提交首页，待客户满意后，继续余下的几个页面。

2.3 HTML 的基础知识

2.3.1 基本结构

HTML 使用“标记对”方式容纳内容，一个“标记对”用<标志名></标志名>形式表示标记的开始和结束，例如，<html></html>就是网页中的最基本标记。下面是一个最简单的网页中包含的标记：

```
<html>
  <head>
      <title>网页标题</title>
  </head>
  <body>
      <p>网页主题部分</p>
  </body>
</html>
```

（1）<html>标记

<html>标记用于 HTML 文档的最前边，用来标识 HTML 文档的开始。而</html>标记恰恰相反，它放在 html 文档的最后边，用来标识 HTML 文档的结束，两个标记必须一块使用。

（2）<head>标记

<head>和</head>之间构成 HTML 文档的开头部分，在此标记对之间可以使用<title></title>、<script></script>等标记对，这些标记对都是描述 HTML 文档相关信息的标记对。但<head></head>标记对之间的内容不会在浏览器的框内显示出来。

（3）<body>标记

<body></body>之间是 HTML 文档的主体部分，一般在浏览器中看到的网页内容基本都是位于<body>标记中。在此标记对之间可包含<p>、<h1>、
、<hr>等众多标记，它们所定义的文本、图像等将会在浏览器的框内显示出来。

（4）<title>标记

浏览器窗口标题栏上显示的文本就是网页的标题，它是在<title>和</title>之间所夹的内容。

注意：<title></title>标记对只能放在<head></head>标记对之间。

2.3.2 手写网页代码

创建一个 HTML 文档，需要两个工具：一个是设计网页的文本编辑器，如记事本、UltraEdit、Editplus 和 Vim 等和 Dreamweaver 等，一个是用于测试网页效果的 Web 浏览器，如 Google Chrome、Internet Explorer 和 FireFox 浏览器等。下面就使用最简单的文本编辑器（Windows 自带的记事本）编写一个 HTML 文件，并使用 Web 浏览器 Google Chrome 来测试 HTML 文档效果。

用记事本编写一个简单网页的操作步骤如下：

Step1 在 Windows XP 操作系统下，选择“开始”→“所有程序”→“附件”→“记事本”命令，或者在桌面上右击，在快捷菜单中选择“新建”→“文本文档”命令，打开记事本程序。

Step2 在记事本中输入图 2-12 所示的 HTML 代码。

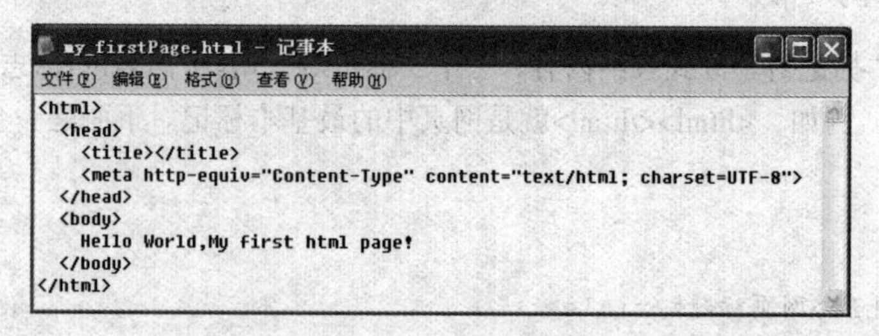

图 2-12 在记事本中输入 HTML 代码

Step3 选择“文件”→“保存”命令，弹出“另存为”对话框，在对话框中选择保存的文件夹，然后在“保存类型”下拉列表框中选择“所有文件”选项，在“编码”下拉列表框中选择 ANSI 选项，保存文件名为 my_firstPage.html，如图 2-13 所示，最后单击“保存”按钮。

图 2-13 “另存为”对话框

Step4 打开浏览器，找到刚才保存的文件，使用 Web 浏览器打开 my_firstPage.html 文件，可以看到最终的页面效果，如图 2-14 所示。

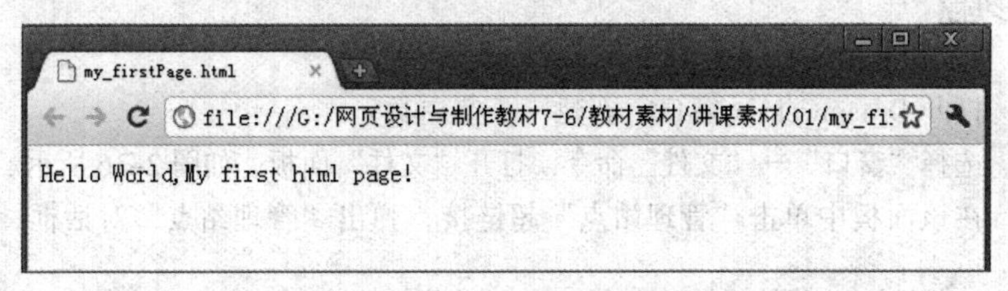

图 2-14 谷歌浏览器测试效果

模 块 总 结

本模块主要介绍了 Dreamweaver 的基本操作技巧，包括 Dreamweaver 的环境介绍，在 Dreamweaver 中创建和管理站点文件等。另外，本模块还对 HTML 页面中的基本元素作了介绍，并通过手写 HTML 代码的方式创建和测试了一个最简单的网页页面。

任务实训 在 Dreamweaver 中管理站点

最终效果

案例最终效果如图 2-15 所示。

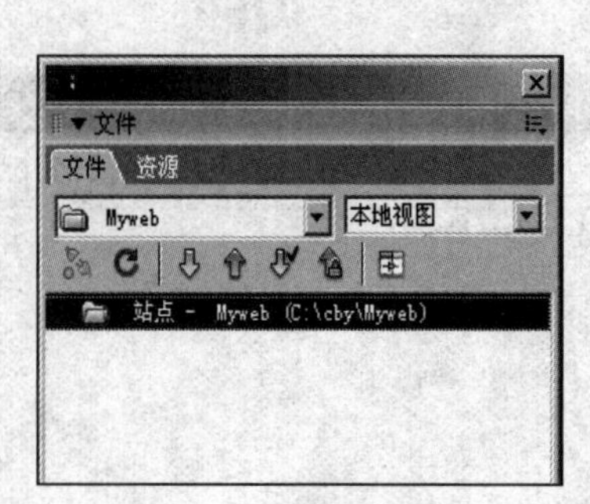

图 2-15 案例效果图

实训目的

熟悉站点的创建过程。

相关知识

“文件”面板的使用。这里以 Dreamweaver 8 为例进行演示，如果读者有条件，可以尝试用 Dreamweaver CS（1～5）某个版本进行实践，操作过程基本相同。

实训步骤

Step1 打开 Dreamweaver 窗口，新建一个空白页。

Step2 选择“窗口”→“文件”命令，打开“文件”面板，如图 2-16 所示。

Step3 在该面板中单击“管理站点”超链接，弹出“管理站点”对话框，如图 2-17 所示。

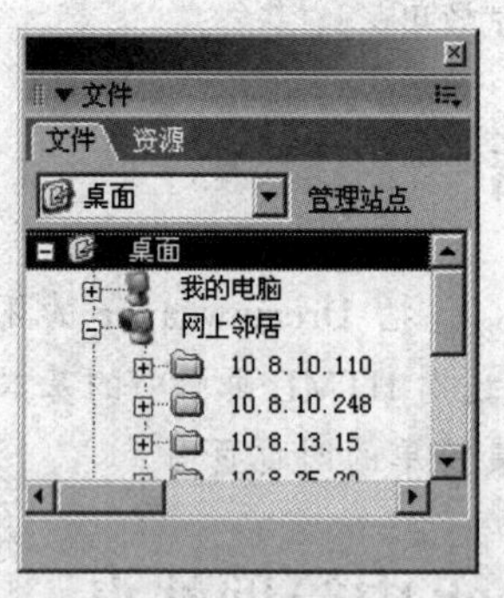

图 2-16 “文件”面板

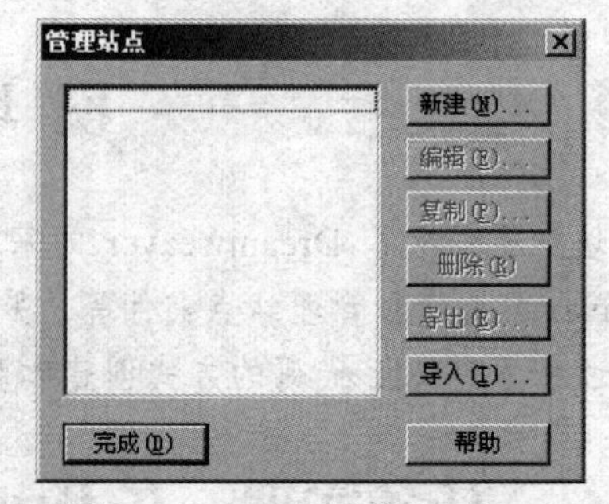

图 2-17 “管理站点”对话框

Step4 单击“新建”按钮，系统将启动定义站点的向导对话框。在该对话框的“您打算为您的站点起什么名字”文本框中输入站点的名称 Myweb，如图 2-18 所示。

Step5 单击“下一步”按钮，在弹出的对话框中选择“否，我不想使用服务器技术”单选按钮，如图 2-19 所示。

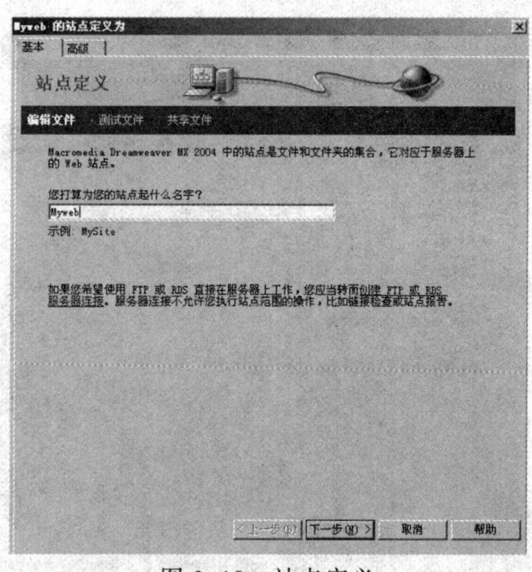

图 2-18　站点定义

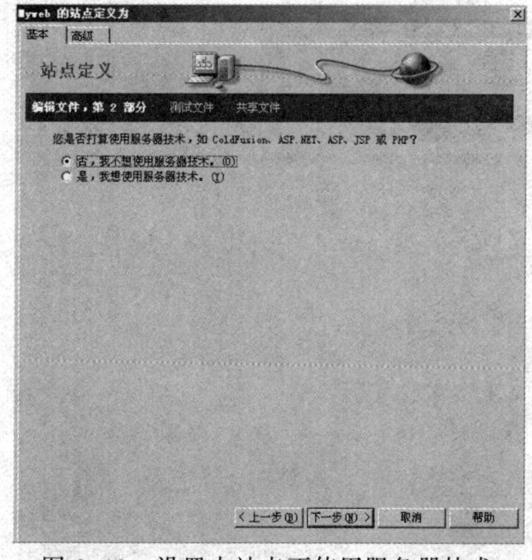

图 2-19　设置本站点不使用服务器技术

Step6 单击“下一步”按钮，在弹出的对话框中选择“编辑我的计算机上的本地副本，完成后再上传到服务器（推荐）”单选按钮，单击“您将把文件存储在计算机上的什么位置”文本框右侧的“浏览”按钮，在弹出的对话框中选择一个存储目录，如图 2-20 所示。

Step7 单击“下一步”按钮，在“您如何连接到远程服务器”下拉列表框中选择“本地/网络”选项，在“您打算将您的文件存储在服务器上的什么文件夹中”文本框中输入站点存储的路径，或者单击“浏览”按钮选择一个存储目录，选择“自动刷新远程文件列表”复选框，如图 2-21 所示。

Step8 单击“下一步”按钮，选择“否，不启用存回和取出”单选按钮，如图 2-22 所示。

Step9 单击“下一步”按钮，系统会显示对本站点定义的综述，经确认无误后单击“完成”按钮，如图 2-23 所示。

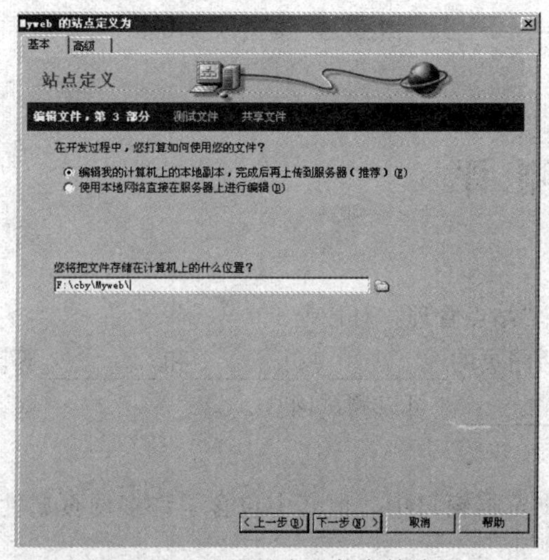

图 2-20　设置站点文件存储路径

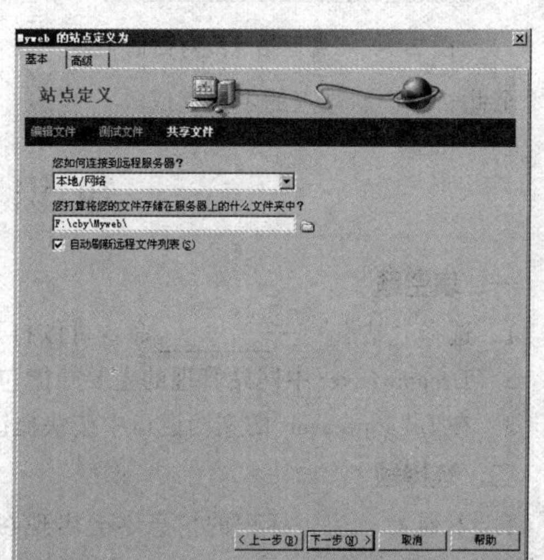

图 2-21　设置网页提交方式

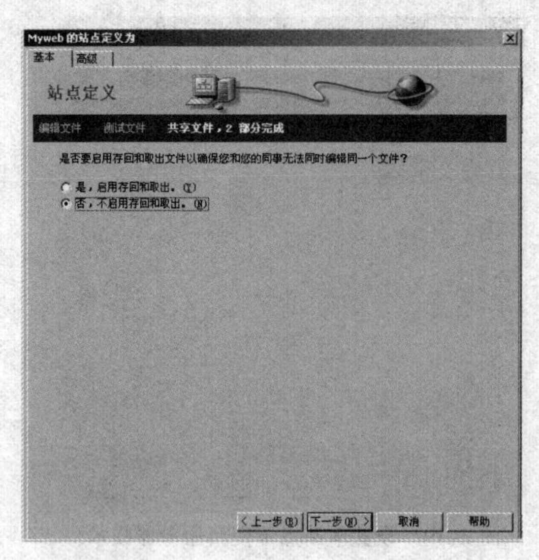

图 2-22　设置站点文件的锁定

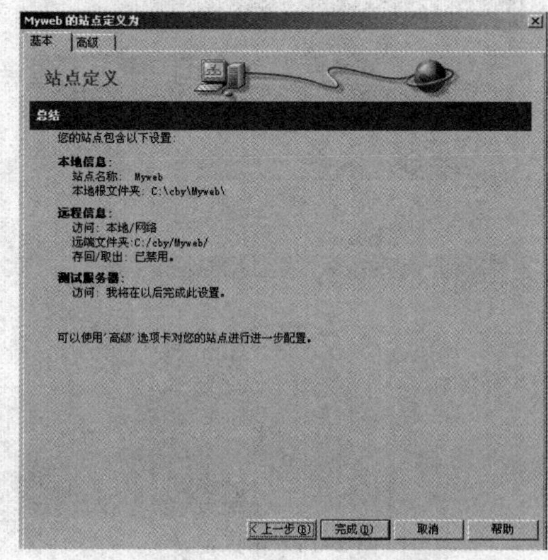

图 2-23　显示站点的设置信息

Step10 返回“管理站点”对话框，如图 2-24 所示，单击“完成”按钮，此时就可以在“文件”面板中看到增加了一个新站点 Myweb，如图 2-25 所示。

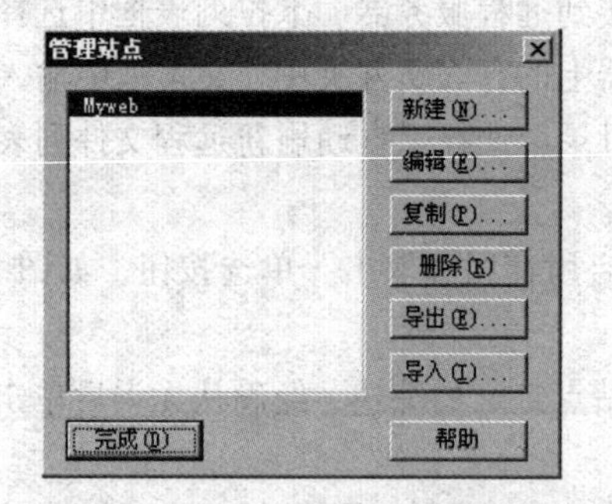

图 2-24　“管理站点”对话框

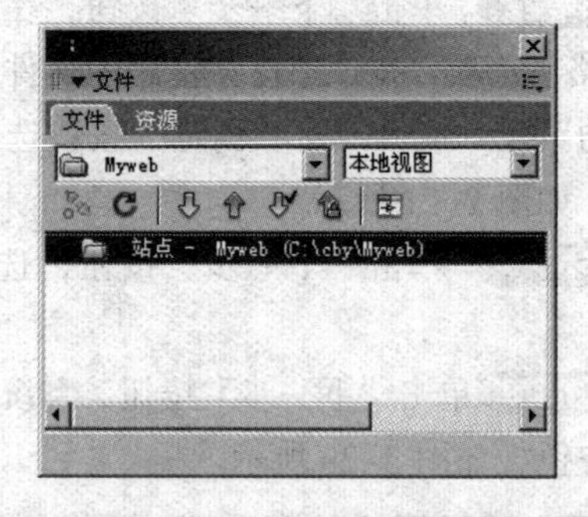

图 2-25　新站点 Myweb

至此，一个新站点的定义完成。

知 识 测 评

一、填空题

1. 选择“站点”→________命令可以打开“站点管理”对话框。

2. Dreamweaver 中网站管理的主要功能包括网页的________、________和________等。

3. 在 Dreamweaver 的文档窗口中按快捷键________可以测试网页。

二、选择题

1. 下列（　　）标记的信息不会出现在浏览器窗口中，但其中包含了许多网页属性信息。

　　A. <head>标签　　B. <body>标签　　C. <p>标签　　D. <a>标签

2. （　　）之间的内容是 Web 页的标题，当浏览这一网页时，它会出现在浏览器的标题栏上。

A. <title>和</title>　　B. <head>和</head>

C. <html>和</html>　　D. <body>和</body>

三、简答题

1. Dreamweaver 中的站点管理器有哪些管理功能？
2. Dreamweaver 中如何创建、保存和打开网页页面？
3. 在 Dreamweaver 中如何设置网页边距？
4. 简述网页设计的基本操作过程和设计思路。

第2部分

基本技能

第 2 部分主要介绍网页设计的基本技能。通过本部分内容的学习实践，读者能够掌握在网页中插入和编辑文本、图像、列表、动画、音频、视频等基本技能，达到一个网页设计者所必备的能力要求。

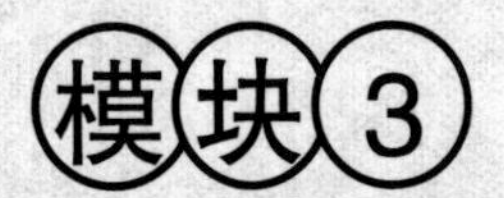

向网页中添加各种内容

从本模块开始将学习如何向网页中添加常见元素。

知识目标：

- 网页中的文本
- 网页中可用的图像类型
- 网页中支持的动画格式
- 网页中常用的音频格式
- 网页中常用的视频格式
- 常用的 HTML 标记

技能目标：

- 在 Dreamweaver 中添加文本
- 在网页中插入图像
- 在网页中实现播放各种动画
- 给网页添加音乐播放功能
- 给网页添加视频播放功能

3.1 添加文本内容

3.1.1 插入文本

在 Dreamweaver 中，向网页中添加文本有以下三种方法：

- 直接在文档窗口中输入文本。在设计视图中，将光标定位在要插入文本的位置，选择合适的输入法，输入文本即可。
- 复制文本。用户可以从其他的应用程序中复制文本，然后切换到 Dreamweaver 中，将光标定位在要插入文本的位置，选择“编辑”→“粘贴”命令，或者使用【Ctrl+V】组合键将文本粘贴到窗口中。
- 导入其他文档中的文本。在 Dreamweaver 中可将 Office 文档直接导入到网页中，将光标定位在要插入文本的位置，选择“文件”→“导入”命令，在子菜单中选择要导入的文件类型即可。

技巧：选择“编辑”→“选择性粘贴”命令可进行多种形式的粘贴，其中“仅文本”可以不带其他的程序格式。也可以通过选择“编辑”→“首选参数”→“复制/粘贴”命令设置粘贴的首选项。

3.1.2 文本的设置

文本格式设置包括字符的字体、尺寸、颜色、样式等多方面的内容。

1. 设置字体

操作步骤如下：

Step1 选中要修改的文本，如果没有选中任何文本，则改变的字体格式将应用于后面输入的文本。

Step2 选择“格式”→“字体”命令，在弹出的子菜单中选择所需的字体，或者打开“属性”面板（选择“窗口”→“属性”命令），单击 CSS 按钮，在“字体”下拉列表框中选择所需的字体，如图 3-1 所示。

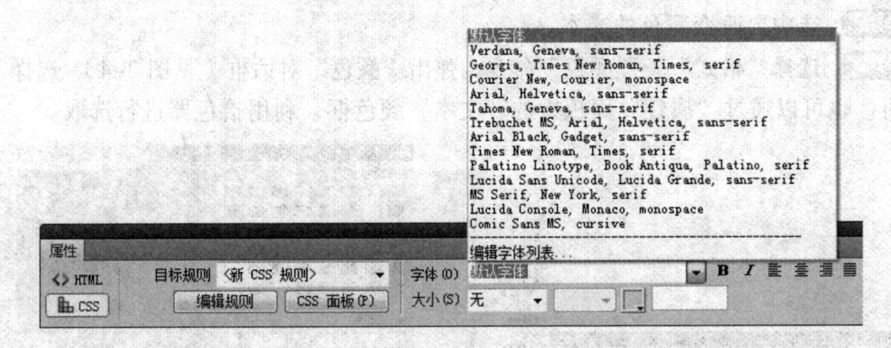

图 3-1 选择字体

注意：尽管可以在 Dreamweaver 中设置字体，但设计过程中使用的字体在用户的计算机中不一定必须被安装，最终字体的显示取决于访问者的浏览器。在浏览器中，默认是按照顺序读取字体组合的字体，第一种没有就用第二种字体显示，依此类推。如果采用了非常少见的字体，可以把少见的字体制作成图像，否则不仅无法按照自己的设计显示，还有可能造成浏览器发生错误。

2. 添加字体

如果在字体列表框中没有所需要的字体，可以按照如下的步骤添加字体：

Step1 选择“格式”→“字体”→“编辑字体列表”命令。

Step2 弹出“编辑字体列表”对话框，如图 3-2 所示，在“字体列表”列表框中显示了当前已有的字体组合。

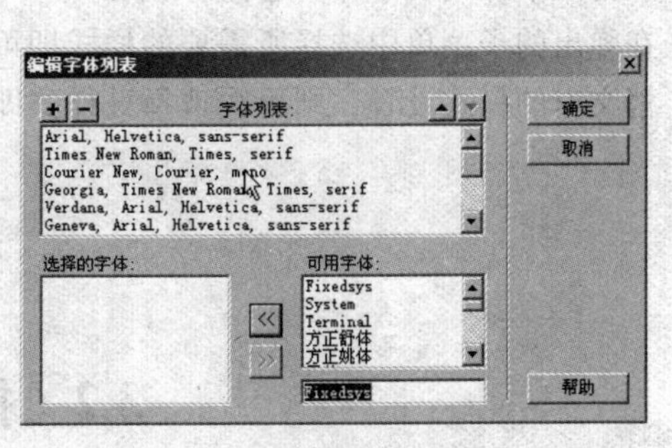

图 3-2 “编辑字体列表”对话框

Step3 选中要添加的字体，单击图 3-2 所示对话框中的《按钮。

Step4 将选中的字体添加到“选择的字体”列表框后，单击+按钮即可添加字体。

3. 设置字体大小

网页中文字的大小会有所不同，例如一般网页的正文文字大小要设置成 12 像素，而标题的字体则要大一些。但需要注意的是，字体太大，会使页面的信息量大大减少；字体太小，会给浏览者造成阅读困难，易失去兴趣。

要改变字体的大小，可以按照如下的步骤进行操作：

Step1 选中要改变字体大小的文本。

Step2 打开“属性”面板，单击 CSS 按钮，在“大小”下拉列表框中可以选择文本的尺寸大小，如图 3-3 所示。

4. 设置文本颜色

网页中的文字不仅可以显示黑色，还可以根据网页的整体风格，颜色的合理搭配设置不同的颜色。操作步骤如下：

Step1 选中要改变颜色的文本。

Step2 选择“格式”→“颜色”命令，弹出“颜色”对话框（见图 3-4），选择需要的颜色即可。也可以通过“属性”面板中的“文本”颜色框，利用拾色器进行选取。

图 3-3 设置字体大小

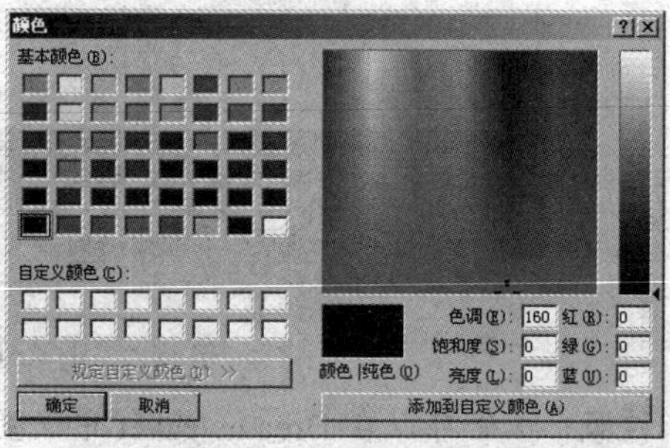

图 3-4 “颜色”对话框

5. 设置文本的样式

文本的样式包括文本的粗体、斜体、下画线等，如图 3-5 所示。要设置文本的样式，可以直接选中要设置文本样式的字体，选择“格式”→“样式”命令，在弹出的子菜单中选择所需要的样式即可。如果要取消文本的样式设置，则再次选择该样式即可取消。

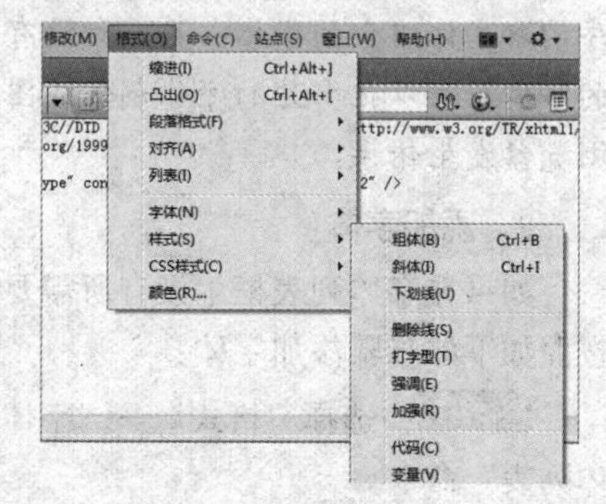

图 3-5 文本样式子菜单

3.2 插入图像内容

3.2.1 网页中可用的图像格式

虽然存在很多种图像文件格式，但 Web 页面中通常使用的格式有三种，即 GIF、JPG 和 PNG。目前，对 GIF 和 JPEG 文件格式的支持情况最好，大多数浏览器都可以查看它们。

1. GIF 图像

GIF（Graphics Interchange Format，可交换图像格式）图像是网页中使用最广泛、最普遍的一种图像格式。GIF 文件的众多特点恰恰适应了 Internet 的需要，于是成为 Internet 上最流行的图像格式。GIF 格式图像有以下几个特点：

- 只支持 256 色。这种特性使得 GIF 图像非常适合显示色调不连续或具有大面积单一颜色的图像，例如，导航条、按钮、图标、徽标或其他具有统一色彩和色调的图像。
- 支持透明色。支持透明色，使得 GIF 在网页的背景和一些多层特效的显示上用得非常多。
- 支持帧动画。这是它最突出的一个特点。要设计 GIF 动画，首先要在图像处理软件中做好 GIF 动画中的每一幅单帧画面，然后再用专门的 GIF 动画软件把这些静止的画面连在一起，再定好帧与帧之间的时间间隔，最后保存成 GIF 格式即可。
- 支持交替下载。当浏览器下载时，首先只下载其中某些行，使浏览器显示图像的大致轮廓，然后逐步下载其他行，使图像逐渐清晰起来。

制作 GIF 文件的软件也很多，比较常见的有 Animagic GIF、GIF Construction Set、GIF Movie Gear、Ulead Gif Animator 等。

2. JPG 图像

JPG 图像是网页中另一种被广泛使用的图像格式，最多可以支持 1 600 万种颜色，适合在需要表现细腻颜色细节的图像上使用，但 JPG 的图像往往比较大，可以达到几兆字节。但由于 JPG 格式图像具有较高的压缩率，提高了浏览器的下载速度，也被广泛应用在网页中。

此格式适用于摄影或连续色调图像的高级格式，这是因为 JPG 文件可以包含数百万种颜色。随着 JPG 文件品质的提高，文件的大小和下载时间也会随之增加。通常可以通过压缩图像品质和文件大小的方式达到良好的平衡。

3. PNG 图像

PNG（可移植网络图形）格式是一种替代 GIF 格式的无专利权限的格式，它包括对索引色、灰度、真彩色图像以及 Alpha 通道透明的支持。PNG 是 Macromedia Fireworks 固有的文件格式。PNG 文件可保留所有原始层、矢量、颜色和效果信息（例如阴影），并且在任何时候所有元素都是可以进行完全编辑。

注意： PNG 文件具有较大的灵活性并且文件较小，所以它对于几乎任何类型的 Web 图形都是适合的；但是，IE 浏览器只能部分支持 PNG 图像的显示。因此，除非正在为使用支持 PNG 格式的浏览器的特定目标用户进行设计，否则请使用 GIF 或 JPG 文件以迎合更多人的需求。

3.2.2 插入图像

在将图像插入 Dreamweaver 文档时，Dreamweaver 自动在 HTML 源代码中生成该图像文件的路径。为了确保此路径的正确性，该图像文件必须位于当前站点中。如果图像文件不在当前站点中，Dreamweaver 会询问是否要将此文件复制到当前站点中。

另外，在页面中还可以插入动态图像。动态图像指那些经常变化的图像。例如，广告横幅旋转系统需要在请求页面中从可用横幅列表中随机选择一个横幅，然后动态显示所选横幅的图像。下面通过一个实例来说明图像的插入，操作步骤如下：

Step1 新建一个网页，单击“属性”面板上的“页面属性”按钮，弹出“页面属性”

对话框，如图 3-6 所示。

Step2 在“页面属性”对话框的“背景颜色”中选择黑色。

Step3 选择“插入”→“表格”命令，弹出“表格”对话框，插入一个 2 行 2 列、600 px 宽的表格，具体参数设置如图 3-7 所示。有关表格的更多知识，可参见后面的章节。

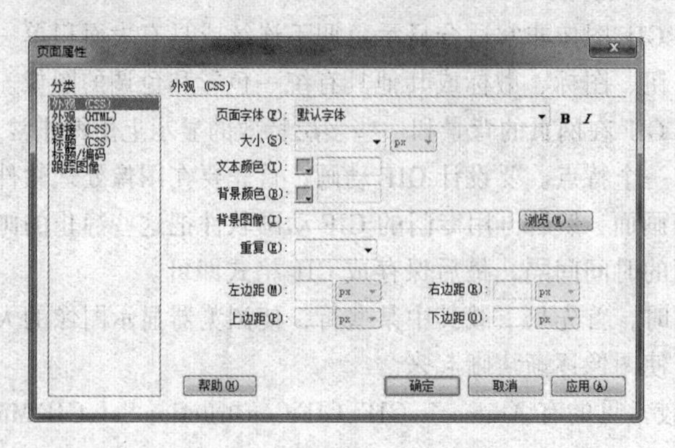

图 3-6 “页面属性”对话框

图 3-7 “表格”对话框

Step4 单击刚才插入的表格框线，选中表格，在“属性”面板（选择“窗口”→“属性”命令）的“对齐”下拉列表框中选择“居中对齐”，使表格处于网页窗口的水平中间位置，将“边框”设为 0，如图 3-8 所示。

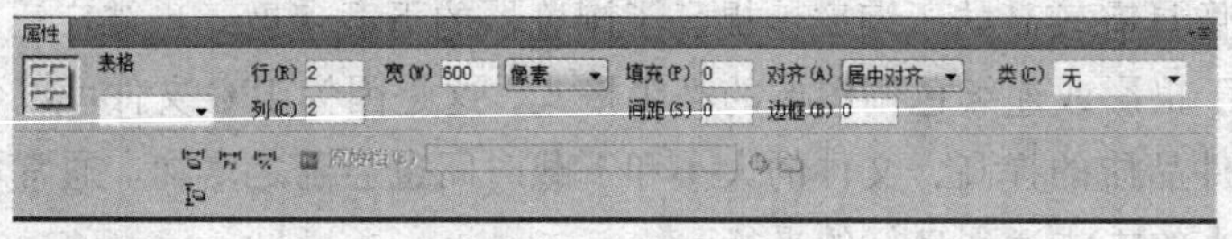

图 3-8 “属性”面板

Step5 在文档窗口中，将插入点放置在要显示图像的位置（如表格第 1 行第 2 列的单元格中）。

Step6 选择“插入”→“图像”命令，弹出图 3-9 所示的对话框。

Step7 在该对话框中，可以选择“文件系统”单选按钮，直接从本地磁盘中选择图像文件插入到网页中，在插入过程中，如果图像不在网站文件夹内部，会弹出图 3-10 所示的对话框，提示人们将图像复制到网站的根文件夹下。这里单击“是”按钮并指定保存位置，否则后期维护网站会比较麻烦。

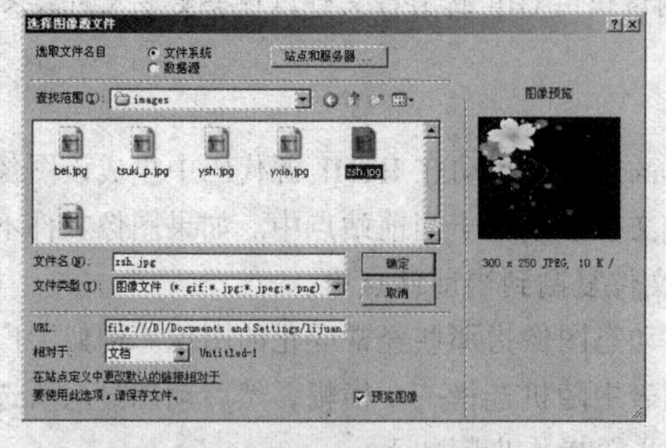

图 3-9 “选择图像源文件”对话框

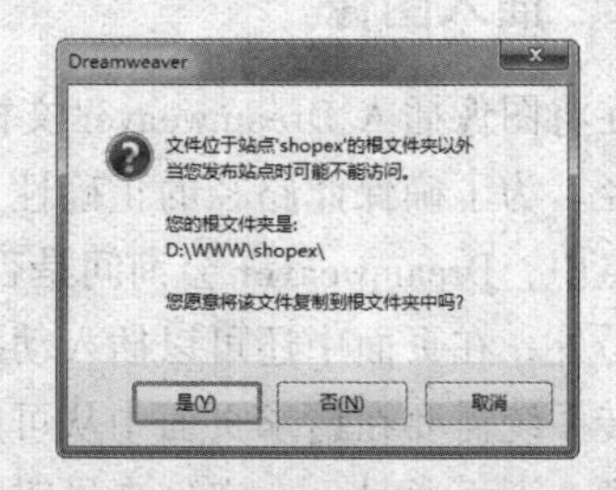

图 3-10 提示对话框

Step8 选择图像文件后，对话框右边会出现预览图。而且在下面的URL文本框中，会显示当前选中文件的URL地址。并且在“相对于”下拉列表框中可以选择文件URL地址的类型，如果选择“文档”选项，则使用的是相对地址；如果选择“站点根目录”选项，则使用的是基于站点根目录的地址。

Step9 单击“确定”按钮，在弹出的对话框中单击“取消”按钮，如图3-11所示。

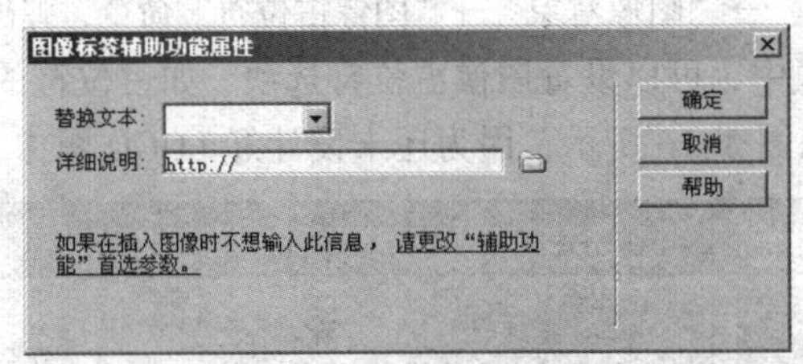

图3-11 “图像标签辅助功能属性”对话框

Step10 同理，在其他几个表格单元格中插入图像，效果如图3-12所示。

Step11 在页面中央插入一个层，在层内再插入另外一幅图像。方法是单击“布局”工具栏中的按钮，然后在设计界面的中间位置按住鼠标，拖动并绘制一个矩形，如图3-13所示，在图层中插入一个图像tsuki_p.jpg即可。

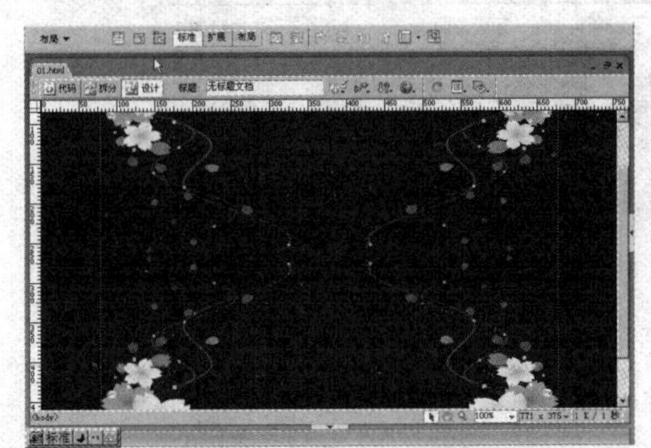

图3-12 插入图像后的效果

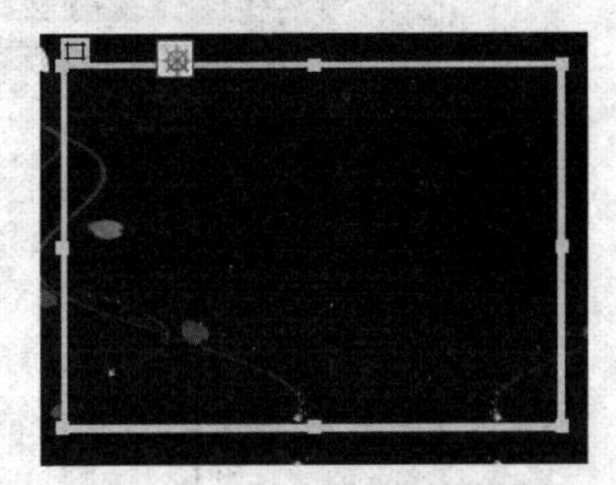

图3-13 拖动并绘制矩形

Step12 保存预览后，此网页的最终效果图如图3-14所示。

技巧：如果是在一个网页中多次插入同一幅图像，可以利用“历史记录”面板（选择“窗口”→“历史记录”命令）选择插入图像的操作后（图3-15），单击“重放”按钮即可。

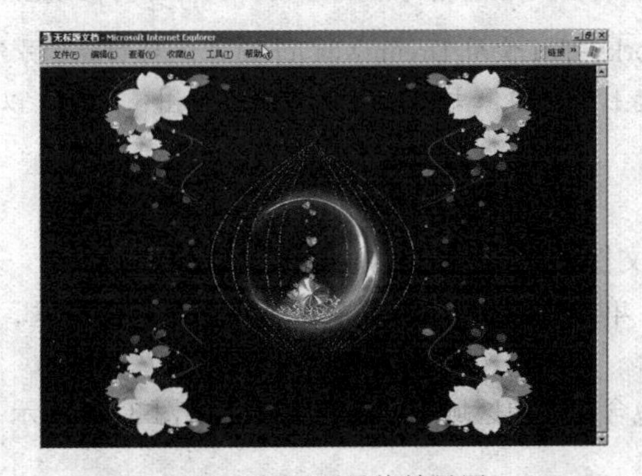

图3-14 网页最终效果图

图3-15 “历史记录”面板

3.2.3 图像的设置

1. **图像占位符**

网页中某位置上要插入的图像如果没有被最终确定，则可使用图像占位符功能为图像占位。操作步骤如下：

Step1 选择“插入”→“图像对象”→“图像占位符”命令，弹出“图像占位符”对话框。

Step2 在该对话框中，可以设置图像占位符选项，如占位符的大小和颜色，还可以设置占位符的文本标签。如图 3-16 所示，因为还未设计好 LOGO 图像，所以用占位符代替。

图 3-16　插入图像占位符

Step3 浏览器中的显示如图 3-17 所示。

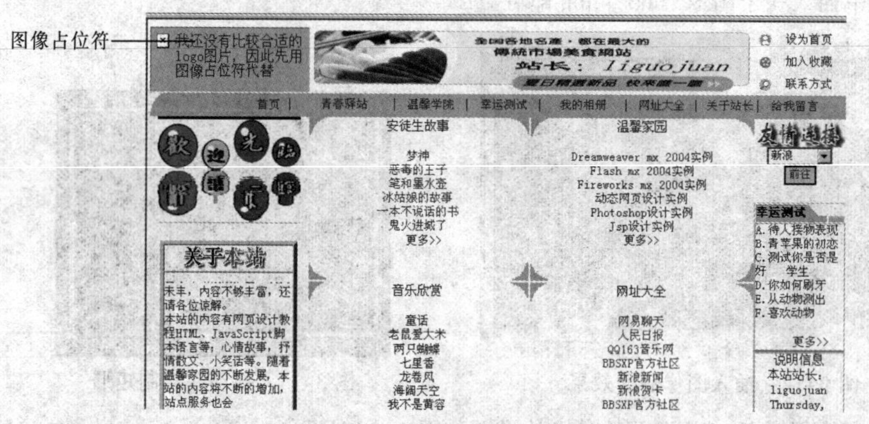

图 3-17　IE 浏览器中的显示结果

2. **图像的编辑**

Dreamweaver 提供了基本图像编辑功能，所以无须使用外部图像编辑软件即可修改图像。

注意：用户无须在计算机上安装 Fireworks 即可使用 Dreamweaver 图像编辑功能。另外，使用 Dreamweaver 裁剪图像时，会更改磁盘上的源图像文件，因此需要备份图像文件，以便在需要恢复到原始图像时使用。

（1）裁剪

Dreamweaver 支持裁剪（或修剪）位图文件图像。裁剪图像的操作步骤如下：

Step1 选中已插入到网页中的图像，单击“属性”面板中的“裁剪工具”按钮，所选图像周围会出现裁剪控制点。

Step2 调整裁剪控制点直到边界框包含的图像区域符合所需大小，如图 3-18 所示。

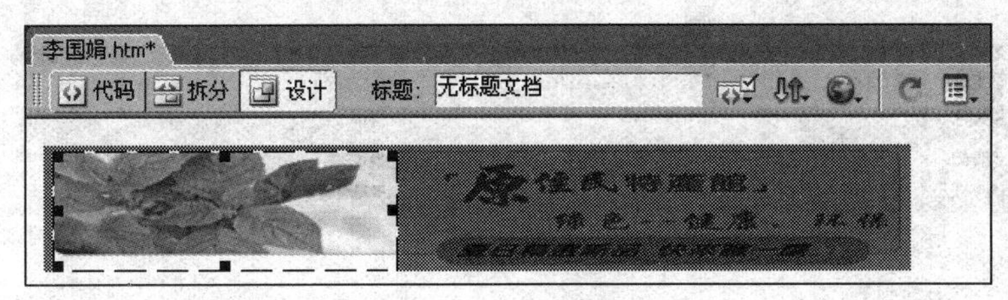

图 3-18　裁剪图像

Step 3 在边界框内双击或按【Enter】键即可裁剪所选区域，裁剪后的图像如图 3-19 所示。所选位图的边界框外的所有像素都将被删除，被选中的图像内容将被保留。预览该图像并确保它满足要求。

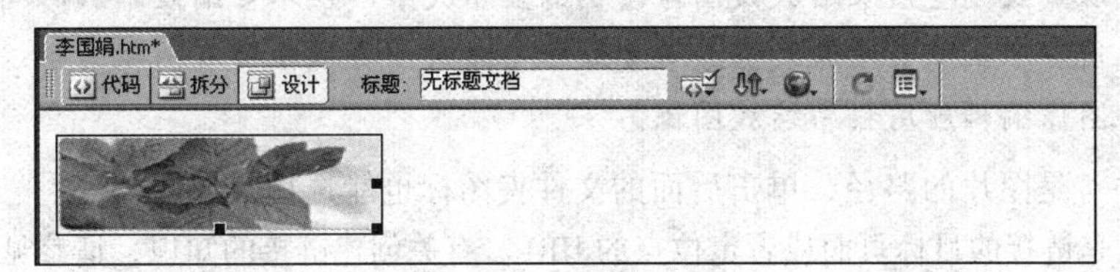

图 3-19　裁剪后的结果

（2）重新取样

在 Dreamweaver 中重新调整图像的大小时，可以对图像进行重新取样，以容纳其新尺寸。重新取样位图对象时，会在图像中添加或删除像素，以使其变大或变小。重新取样图像以取得更高的分辨率，一般不会导致品质下降。但重新取样以取得较低的分辨率会导致数据丢失，并且通常会使图像品质下降。需要说明的是，Dreamweaver CS 版本中取消了此项功能。

（3）亮度/对比度

若要调整图像的亮度和对比度，选中图像后单击“属性”面板中的“亮度/对比度”按钮，弹出“亮度/对比度”对话框，如图 3-20 所示，拖动对话框中的滑块即可调整其亮度和对比度。

（4）锐化

当感觉到图像的边缘不够清晰时，可以执行锐化操作。

先选择图像，单击“属性”面板中的按钮，在弹出的“锐化”对话框中，通过拖动滑块或在文本框中输入一个 0～10 之间的值，来指定 Dreamweaver 应用于图像的锐化程度，如图 3-21 所示。

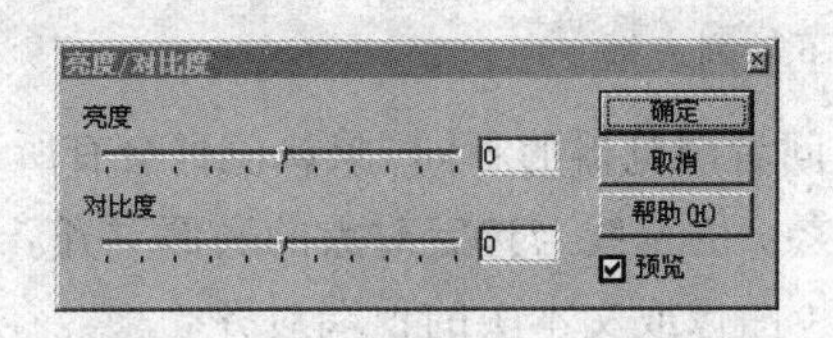

图 3-20　“亮度/对比度”对话框

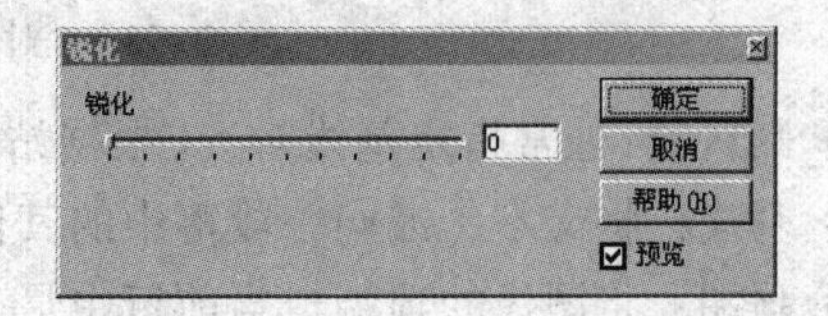

图 3-21　“锐化”对话框

注意：Dreamweaver 图像编辑功能仅适用于 JPG 和 GIF 图像文件格式。其他位图图像文件格式不支持图像编辑功能。

3. 图像属性的设置

图像“属性”面板如图 3-22 所示，部分选项含义如下：

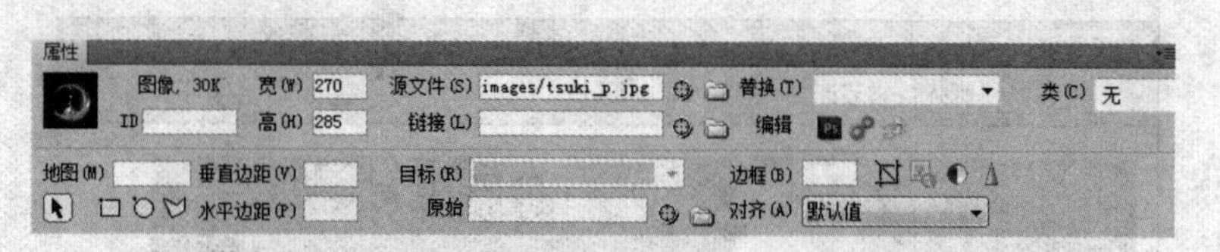

图 3-22 “属性”面板

- 宽和高：以像素为单位指定图像的宽度和高度。当在网页中插入图像时，可以用以下单位指定图像大小：px（像素）、pt（点）、in（英寸）、mm（毫米）、cm（厘米）和诸如 2 in+5 mm 的单位组合；在 HTML 源代码中，Dreamweaver 将这些值转换为像素。

注意：可以更改这些值来缩放该图像实例的显示大小，但不会缩短下载时间，因为浏览器在缩放图像前会下载所有图像数据。若要缩短下载时间并确保所有图像实例以相同的大小显示，可使用图像编辑应用程序缩放图像。

- 源文件：是图片的路径，单击后面的文件夹图标也能选择其他图片。
- 链接：是链接的目标页面或者定位点的 URL。有关创建链接的知识，请参见后面章节。
- 替换：是图片的文字注释，当图片不能正常显示时，图片的位置就会显示“替换”中输入的内容。
- 垂直边距和水平边距：沿图像的边缘添加边距（以像素为单位）。垂直边距沿图像的顶部和底部添加边距，水平边距沿图像的左侧和右侧添加边距。
- 边框：图像边框的宽度。选择空白或零时没有边框。
- 对齐：将图像与同一行中的文本、另一个图像、插件或其他元素对齐，还可以设置图像的水平对齐方式。这在图文混排时非常有用。“对齐”下拉列表框选项如图 3-23 所示，其选项含义如下：

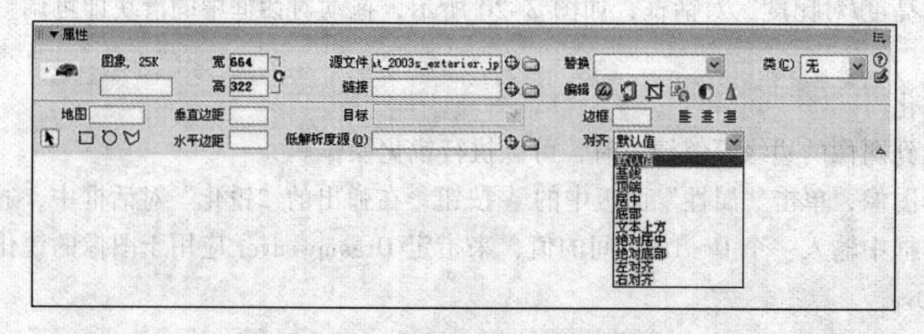

图 3-23 “对齐”下拉列表框

➢ 默认值：通常指定基线对齐（根据站点访问者浏览器的不同，默认值也会有所不同）。
➢ 基线：将文本（或同一段落中的其他元素）的基线与选定对象的底部对齐。
➢ 顶端：将图像的顶端与当前行中最高项（图像或文本）的顶端对齐。
➢ 居中：将图像的中部与当前行的基线对齐。
➢ 文本上方：将图像的顶端与文本行中最高字符的顶端对齐。
➢ 绝对居中：将图像的中部与当前行中文本的中部对齐。
➢ 绝对底部：将图像的底部与文本行（这包括字母下部，例如字母 g）的底部对齐。
➢ 左对齐：将所选图像放置在左边，文本在图像的右侧换行。如果左对齐文本在行上处于对象之前，它通常强制左对齐对象换到一个新行。

➢ 右对齐：将图像放置在右边，文本在对象的左侧换行。如果右对齐文本在行上处于对象之前，它通常强制右对齐对象换到一个新行。

- 调整图像大小：可以在 Dreamweaver 中选择图像，然后按住右边框、下边框或右下角出现的小黑方块并拖动调整大小。这样的方法还可以调整插件、Macromedia Shockwave 或 Flash 动画、Applet 插件和 ActiveX 控件等对象的大小。

4. 创建鼠标经过图像

可以在页面中插入"鼠标经过图像"。鼠标经过图像是一种在浏览器中查看并使用鼠标指针移过它时发生变化的图像，开始前，请选用一对或多对图像用于鼠标经过的图像。用两个图像文件创建鼠标经过图像即设置主图像（当首次载入页时显示的图像）和次图像（当鼠标移过主图像时显示的图像）。鼠标经过图像中的这两个图像应大小相等；如果这两个图像大小不同，Dreamweaver 将自动调整第二个图像的大小与第一个图像等大。

创建鼠标经过图像的操作步骤如下：

Step1 在网页窗口中，将插入点放置在要显示鼠标经过图像的位置。选择"插入"→"图像对象"→"鼠标经过图像"命令，如图 3-24 所示。

Step2 在对话框中选择原图像和鼠标经过图像时要显示的图像（1.png 和 2.png），如图 3-25 所示。

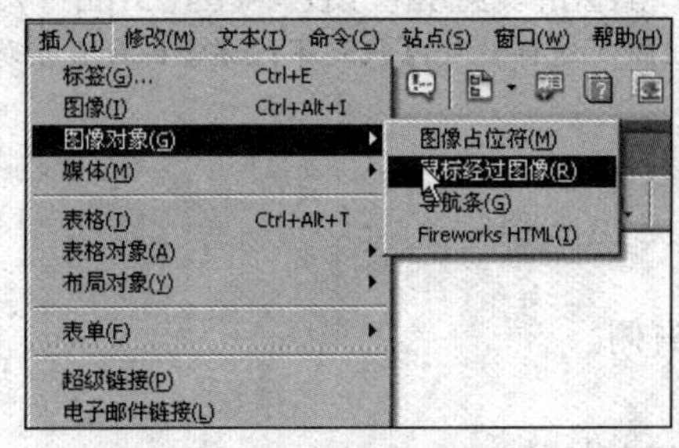

图 3-24 选择"鼠标经过图像"命令

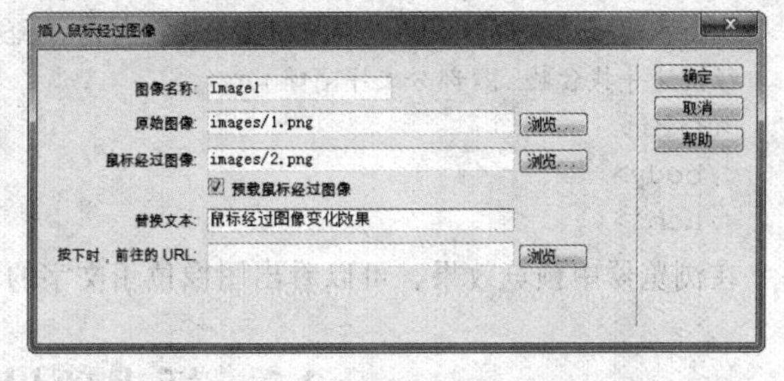

图 3-25 "插入鼠标经过图像"对话框

Step3 选择"文件"→"在浏览器中预览"命令，或按【F12】键浏览图像。在浏览器中，图 3-26 所示为鼠标未经过图像之前的效果，图 3-27 为鼠标经过图像时显示的效果。

图 3-26 原图像

图 3-27 鼠标经过图像后的效果

3.2.4 图文混排

所谓图文混排，就是将图像和文字进行混合排列，如图 3-28 所示。在网页中进行图文

混排时，图像和文字之间的对齐是通过图像（img 标记）的 align 属性来设定的。align 属性的取值有：图片顶端和文字顶端对齐（top）、居中（middle）、图片底端和文字底部对齐（bottom）、居左（left）、居右（right）。

语法如下：

```
<img src="图像文件的地址" align="文字的对齐方式"
/>
```

下面是图 3-28 的实现代码部分：

```
<html xmlns="http://www.w3.org/1999/xhtml">
<head>
<meta http-equiv="Content-Type" content="text/html; charset=utf-8" />
<title>无标题文档</title>
</head>
<body>
  <div style=" width:300px; height:200px; padding:2px; font-size:12px">
    ……;研究人员介绍说，这种现象其实是
  <img style="width:100px; margin:5px; padding:3px; height:100px;
    border:solid;
    border-width:1px; border-color:#666"  align="right"src="test.jpg" />
  由黏菌微生物群形成的。黏菌微生物群形可以自我组织，这样就可以找到穿过迷宫的最直接路
径快速寻找食物....(部分文字省略)
  </div>
</body>
</html>
```

研究人员介绍说，这种现象其实是由黏菌微生物群形成的。黏菌微生物群形可以自我组织，这样就可以找到穿过迷宫的最直接路径快速寻找食物，同时还可以避开光线的伤害。此外，研究人员在实验中还发现，黏菌似乎还能够记忆“危险区域”并提前避开。经过上亿年的进化，这种微生物似乎已懂得如何应对危险的环境。它们的这种能力已超越现代许多先进的计算机和软件的“信息处理”水平。大多数人似乎难以相信，这种单细胞生物竟然拥有如此强大的“信息处理”能力。

图 3-28　图文混排效果

在浏览器中预览效果，可以看出图像位于文字的右侧。

3.3　插入项目列表

3.3.1　有序列表的插入与设计

所谓有序列表，就是按照顺序进行编号的列表项目。

1. 创建有序列表

方法一：直接将已经输入的段落内容变为有序列表。操作步骤如下：

Step1 在文档窗口中，选择将要转化为有序列表的段落（必须是相互独立的多个段落），如图 3-29 所示。

Step2 在 Dreamweaver 下方，单击“属性”面板中的按钮，或者选择“格式”→“列表”→“编号列表”命令，产生图 3-30 所示的列表效果。

方法二：逐个输入创建有序列表。上面是将已经存在的内容转换为有序列表。在实际设计网页时，也可以一边输入一边创建有序列表。具体做法是，首先定位要创建列表的位置，然后通过设置有序列表，每输入一个列表项按一次【Enter】键即可。

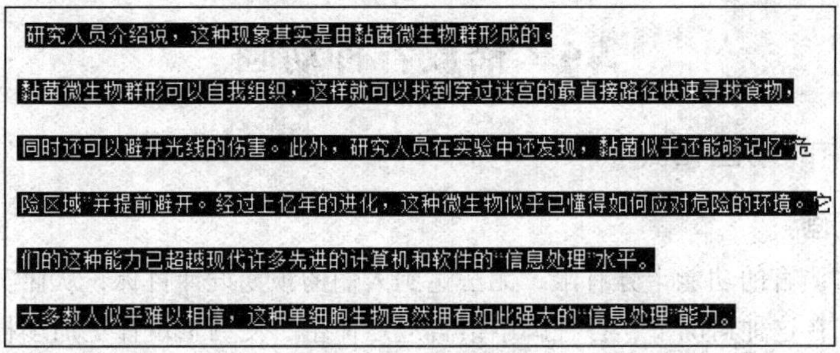

研究人员介绍说，这种现象其实是由黏菌微生物群形成的。
黏菌微生物群形可以自我组织，这样就可以找到穿过迷宫的最直接路径快速寻找食物，
同时还可以避开光线的伤害。此外，研究人员在实验中还发现，黏菌似乎还能够记忆"危
险区域"并提前避开。经过上亿年的进化，这种微生物似乎已懂得如何应对危险的环境。它
们的这种能力已超越现代许多先进的计算机和软件的"信息处理"水平。
大多数人似乎难以相信，这种单细胞生物竟然拥有如此强大的"信息处理"能力。

图 3-29　选择文本

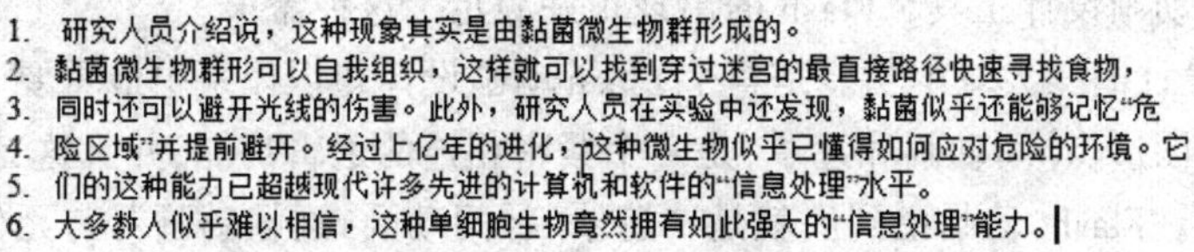

1. 研究人员介绍说，这种现象其实是由黏菌微生物群形成的。
2. 黏菌微生物群形可以自我组织，这样就可以找到穿过迷宫的最直接路径快速寻找食物，
3. 同时还可以避开光线的伤害。此外，研究人员在实验中还发现，黏菌似乎还能够记忆"危
4. 险区域"并提前避开。经过上亿年的进化，这种微生物似乎已懂得如何应对危险的环境。它
5. 们的这种能力已超越现代许多先进的计算机和软件的"信息处理"水平。
6. 大多数人似乎难以相信，这种单细胞生物竟然拥有如此强大的"信息处理"能力。

图 3-30　有序列表

2. **有序列表设置**

默认情况下，Dreamweaver 产生的是数字顺序的有序列表，而且是从 1 开始编号。在实际网页设计中，我们可能需要产生非数字化的有序列表，例如以字母为顺序的有序列表。另外，也可能需要进行列表嵌套，这时就要利用 Dreamweaver 的列表设置功能。

Dreamweaver 提供了一个设置列表属性的对话框，如图 3-31 所示，可以进行列表的各项设置，包括后面要介绍的无序列表。打开“列表属性”对话框的方法是：右击列表项元素，然后在弹出的快捷菜单中选择“列表”→“属性”命令，即可打开“列表属性”对话框。

列表属性
列表类型(T): 编号列表
样式(S): [默认]
开始计数(C):
(数字)
列表项目
新建样式(N): [默认]
重设计数(R):
(数字)
确定
取消
帮助

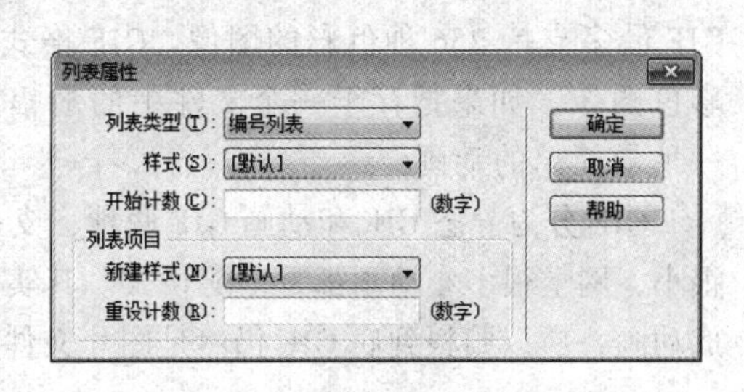

图 3-31　“列表属性”对话框

在这个对话框中，可以设置列表的类型，即设置有序列表或无序列表。当选择了有序列表时，在下方的“样式”下拉列表框中可以选择有序列表的编号方式（如数字方式编号或字母方式编号等）；如果选择了无序列表，则可以设置项目前面的符号形式。如果需要自定义列表项目前面的符号，需要用到样式表的特性，读者可以参考后面模块的内容。

3.3.2　无序列表的插入与设计

无序列表（又称项目列表）主要用于把文本内容设置为文本列表清单。插入编号列表的方法是：打开网页文档，将鼠标指针置于要插入编号列表的位置，选择“格式”→“列表”→“项目列表”命令，即可插入无序列表。

提示：单击“属性”面板中的“项目列表”按钮 ☰，即可插入项目列表。无序列表也可以设置列表元素前面的符号，在“列表属性”对话框中进行设置。但如果要自定义列表项前面的元素符号，则需要使用 CSS 样式表的功能。

3.4 播放各种动画

3.4.1 网页中的动画格式

1. Flash 动画

由于 HTML 语言的功能十分有限，无法达到人们的预期设计目标，从而实现令人耳目一新的动态效果，在这种情况下，各种脚本语言应运而生，使网页设计更加多样化。然而，程序设计总是不能很好地普及，因为它要求一定的编程能力，而人们更需要一种既简单直观又是有强大功能的动画设计工具，Flash 的出现正好满足了这种需求。

Flash 动画设计的三大基本功能是整个 Flash 动画设计知识体系中最重要、也是最基础的，包括绘图和编辑图形、补间动画和遮罩，是三个紧密相连的逻辑功能，并且这三个功能自 Flash 诞生以来就存在。Flash 动画说到底就是“遮罩+补间动画+逐帧动画”与元件（主要是影片剪辑）的混合物，通过这些元素的不同组合，可以创建千变万化的效果。

2. GIF 动画

GIF（Graphics Interchange Format）的原意是“图像互换格式”，是 CompuServe 公司在 1987 年开发的图像文件格式。GIF 文件的数据，是一种基于 LZW 算法的连续色调的无损压缩格式。其压缩率一般在 50%左右，它不属于任何应用程序。目前几乎所有相关软件都支持该格式，公共领域有大量的软件在使用 GIF 图像文件。GIF 图像文件的数据是经过压缩的，而且是采用了可变长度等压缩算法。所以 GIF 的图像深度从 1 bit 到 8 bit，也即 GIF 最多支持 256 种色彩的图像。GIF 格式的另一个特点是在一个 GIF 文件中可以存多幅彩色图像，如果把存于一个文件中的多幅图像数据逐幅读出并显示到屏幕上，就可构成一种最简单的动画。

GIF 分为静态 GIF 和动画 GIF 两种，支持透明背景图像，适用于多种操作系统，“体型”很小，网上很多小动画都是 GIF 格式。其实 GIF 是将多幅图像保存为一个图像文件，从而形成动画，所以归根到底 GIF 仍然是图片文件格式。

3.4.2 插入 Flash 动画

1. 插入动画

Flash 动画是网上最流行的动画格式，被大量用于网页中，深受广大浏览者的喜爱。下面将结合实例介绍如何在网页中插入 Flash 动画，操作步骤如下：

Step1 在 Dreamweaver 中打开配套素材文件\03\05 文件夹下的 01.html 网页文件，将光标定位到页面上部，如图 3-32 所示。

Step2 选择“插入”→“媒体”→“SWF”命令，如图 3-33 所示，弹出“选择图像源文件”对话框，选择要打开的 Flash 动画文件，如图 3-34 所示，这里选择配套素材文件\03\05\meitifiles 文件夹下的 flash1.swf 文件。

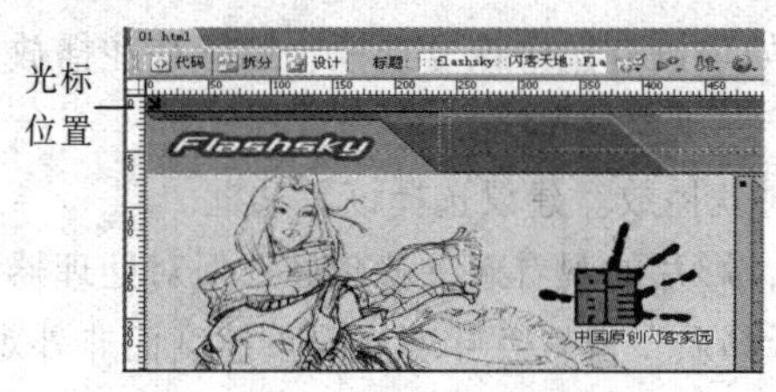

图 3-32　定位光标

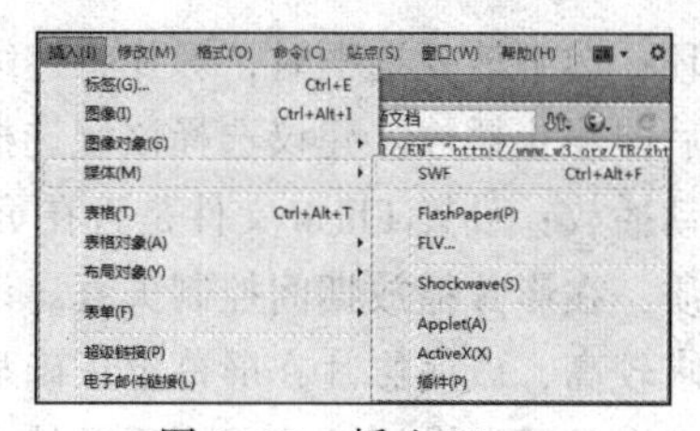

图 3-33　插入 Flash

Step3 单击“确定”按钮后，设计视图中并不会显示 Flash 动画，而是以一个带有字母 F 的灰色框来表示（见图 3-35），只有在浏览器中浏览网页时才会看到动画效果。

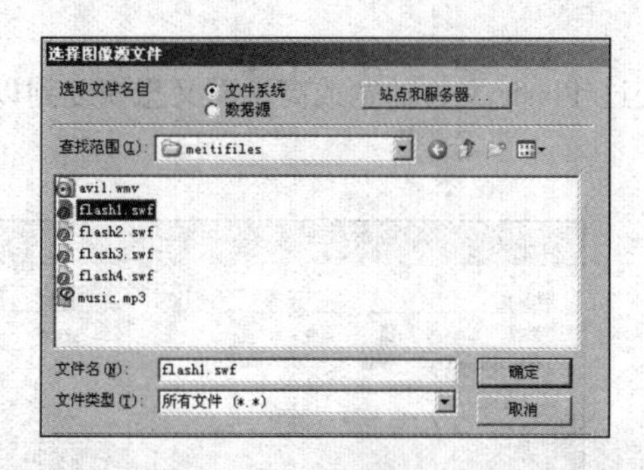

图 3-34　选择 Flash 文件

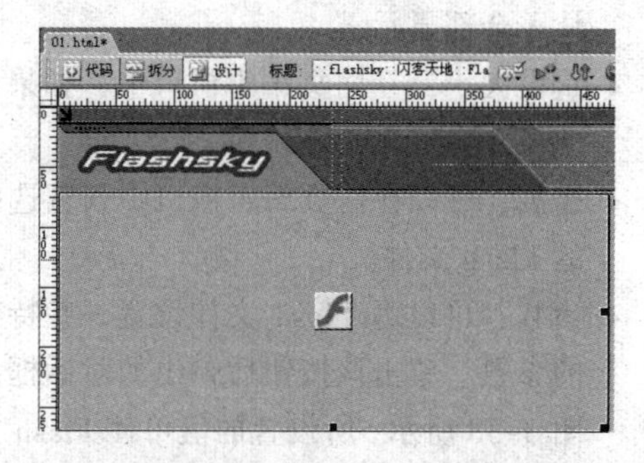

图 3-35　插入的 Flash

Step4 保存文件并按【F12】键在 IE 浏览器中预览，效果如图 3-36 所示。

图 3-36　Flash 预览

2. **动画设置**

插入 Flash 文件后，可以通过“属性”面板对其进行设置，如图 3-37 所示。

图 3-37　“属性”面板

- 循环：选中该复选框时，影片将连续播放；如果没有选中该复选框，则影片在播放一次后即停止播放。建议选择该复选框。
- 自动播放：设置 Flash 文件是否在页面加载时就播放。建议选择该复选框。
- 品质：在影片播放期间控制失真。设置越高，影片的观看效果就越好，但对处理器的要求较高，以使影片在屏幕上正确显示。“低品质”设置意味着更看重速度而非外观，而“高品质”设置意味着更看重外观而非速度。“自动低品质”意味着首先看重速度，但如有可能则改善外观。“自动高品质”意味着首先看重这两种品质，但根据需要可能会因为速度而影响外观。建议选择“高品质”。
- 比例：可以选择“默认（全部显示）”“无边框”“严格匹配”三个选项，建议选择“默认（全部显示）”。
- 重设大小：在网页编辑窗口中，如果改变过 Flash 文件的宽或高，而又想恢复到以前的尺寸，可单击该按钮。
- 播放：可以在网页编辑窗口中预览选中的 Flash 文件。
- 参数：可以为 Flash 文件设置一些特有的参数。单击该按钮后弹出的对话框如图 3-38 所示，所设置的值可使 Flash 文件背影变成透明。（CS5 中可直接通过“属性”面板设置是否透明）

图 3-38 “参数”对话框

3.4.3 插入 GIF 动画

在网页中插入 GIF 动画很简单，使用<img>标记就可以将图像插入到网页中。语法如下：

```
<img src=gif 文件的位置 alt="图像的说明">
```

3.4.4 插入滚动动画

使用< MARQUEE >标签不仅可以移动文字，还可以移动图片。

语法如下：

```
<MARQUEE scrolldelay ="120" direction="up">
   滚动文字或图像
</MARQUEE>
```

其中：

- scrolldelay：表示滚动延迟时间，默认值为 90 ms。
- direction：表示滚动的方向，默认为从右向左。可以取下面 4 个值：up、down、left、right，使用 direction 属性来设置文字或图片的滚动方向。

举例（素材见 03\06 文件夹）：

```
<html xmlns="http://www.w3.org/1999/xhtml">
<head>
<meta http-equiv="Content-Type" content="text/html;charset=utf-8"/>
<title>滚动字幕</title>
</head>
<body>
<MARQUEE scrolldelay="120">水平滚动</MARQUEE>
```

默认向左滚动，这里向上滚动

```
<MARQUEE scrolldelay ="300"  direction="up"
onmouseover="this.stop()"
onMouseOut="this.start()">
<A href="#"><IMG src="images/mei.jpg" border=
"0" align="middle">美妆优选</A><BR>
<A href="#"><IMG src="images/dao.jpg"  border=
"0" align="middle">导购指南</A><BR>
</MARQUEE>
</body>
</html>
```

上述示例在浏览器中的预览效果如图 3-39 所示。

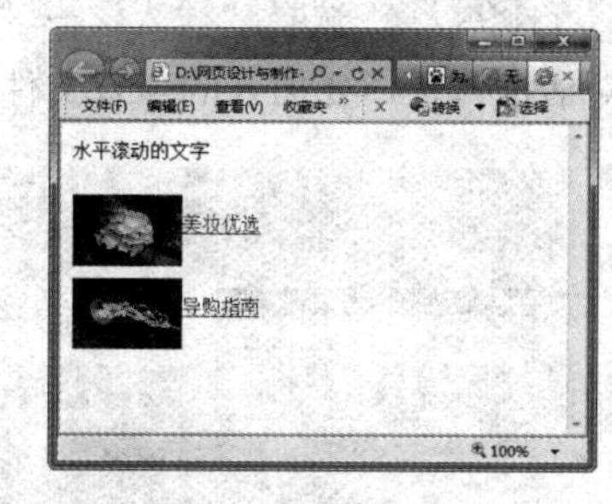

图 3-39　文字和图片的滚动效果

3.5　添加音乐播放功能

3.5.1　网页中常用的音频格式

在网页中可插入的声音格式很多，主要包括以下几种：

- WAV：这种格式的文件具有较高的声音质量，能够被大多数浏览器支持，并且不需要插件。
- MP3：是一种压缩的声音格式，可以令声音文件相对于 WAV 格式明显缩小。其声音品质非常好。
- MIDI 或 MID：是一种乐器声音的格式，它能被大多数浏览器支持，并且不需要插件。尽管其声音品质非常好，但根据浏览者声卡的不同，声音效果也会有所不同。很小的 MIDI 文件也可以提供较长时间的声音剪辑。
- RA 或 RAM、RPM 和 Real Audio：这种格式具有非常高的压缩度，文件大小小于 MP3。全部歌曲文件可以在合理的时间范围内下载。因为可以在普通的 Web 服务器上对这些文件进行“流式处理”，所以浏览者在文件完全下载完之前即可听到声音。前提是浏览者必须先要下载并安装 RealPlayer 辅助应用程序。

3.5.2　插入声音

使用“嵌入音频”的方法可以将声音直接并入网页中，前提是浏览者在浏览网页时必须具有所选声音文件的适当插件，声音才可以播放。在页面中嵌入声音的操作步骤如下：

Step1 在 Dreamweaver 中打开配套素材文件\03\05 文件夹下的 sound.html 文件，将光标定位到单元格中，如图 3-40 所示。

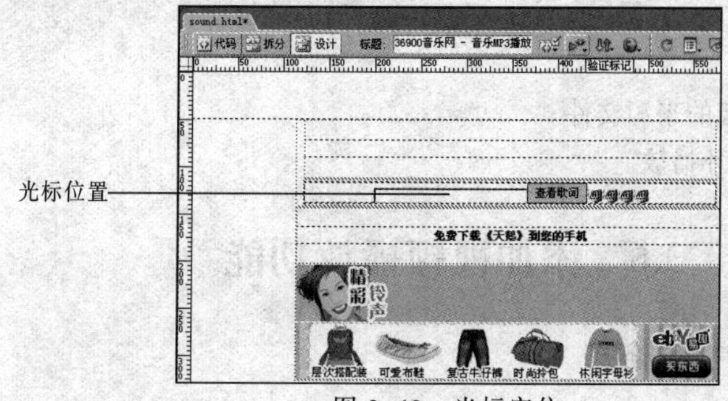

图 3-40　光标定位

Step2 选择“插入”→“媒体”→“插件”命令，如图 3-41 所示，弹出“选择文件”对话框，选择要插入的声音文件，如图 3-42 所示。

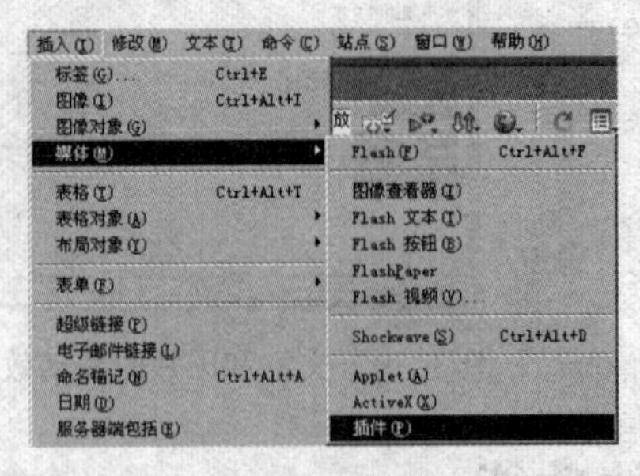

图 3-41 选择“插件”命令

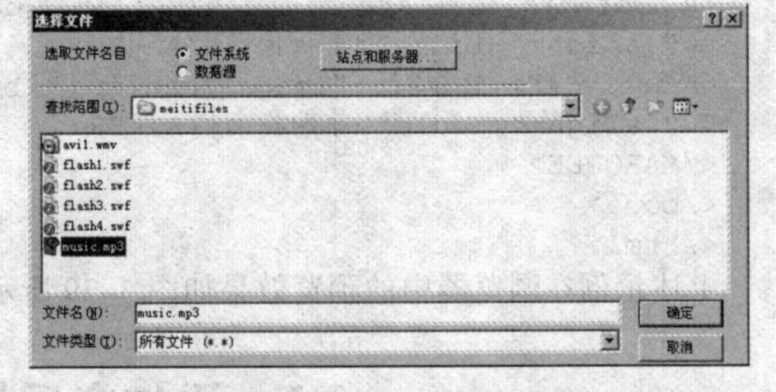

图 3-42 “选择文件”对话框

Step3 单击“确定”按钮，并调整到适当大小，插入后的声音文件如图 3-43 所示。保存文件并预览，效果如图 3-44 所示。

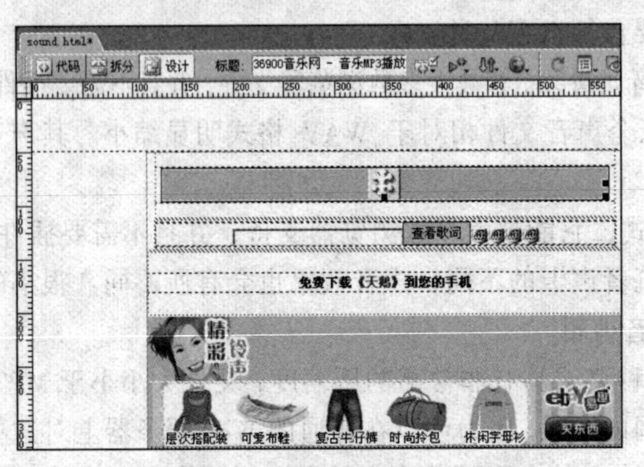

图 3-43 设计视图中的声音文件

图 3-44 预览声音文件

3.5.3 实现背景音乐效果

声音能极好地烘托网页的氛围，但要考虑到添加声音后会大大增加文件的大小，所以要谨慎使用音频文件。在 Dreamweaver 中添加背景音乐的方法有两种：一种是通过手写代码实现；另一种是通过“行为”实现。这里介绍通过代码实现的方法，可视化操作方式和前面的类似。

在 Dreamweaver 中打开网页文件，切换到拆分视图，将光标定位在<head>…</head>之间，然后添加如下代码：

```
<bgsound src="meitifiles/music.mp3"loop="true">
```

其中：

- src 属性：设置声音的来源文件。
- loop 属性：设置循环播放。

3.6 添加视频播放功能

3.6.1 网页中常用的视频格式

视频文件的格式非常多，常见的有 MPEG、AVI、WMV、RM 和 MOV 等。

- MPEG（或 MPG）：是一种压缩比率较大的活动图像和声音的视频压缩标准，它也是VCD所使用的标准格式。
- AVI：是一种 Microsoft Windows 操作系统所使用的多媒体文件格式。
- WMV：是一种 Windows 操作系统自带的媒体播放器 Windows Media Player 所使用的多媒体文件格式。
- RM：是 Real 公司推广的一种多媒体文件格式，具有非常好的压缩比率，是网上应用最广泛的格式之一。
- MOV：是 Apple 公司推广的一种多媒体文件格式。

3.6.2 插入视频

在页面中插入视频文件的操作步骤如下：

Step1 在 Dreamweaver 中打开配套素材文件\03\05 文件夹下的 01.html 文件，将光标定位到单元格中，如图 3-45 所示。

Step2 选择“插入”→“媒体”→“插件”命令，弹出“选择文件”对话框，选择要插入的视频文件，如图 3-46 所示。

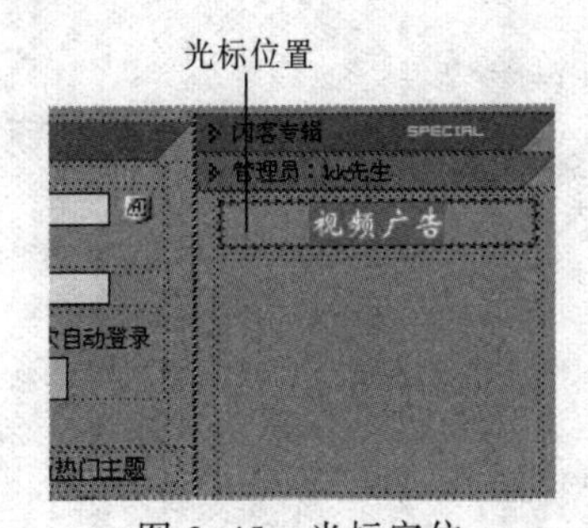

图 3-45 光标定位

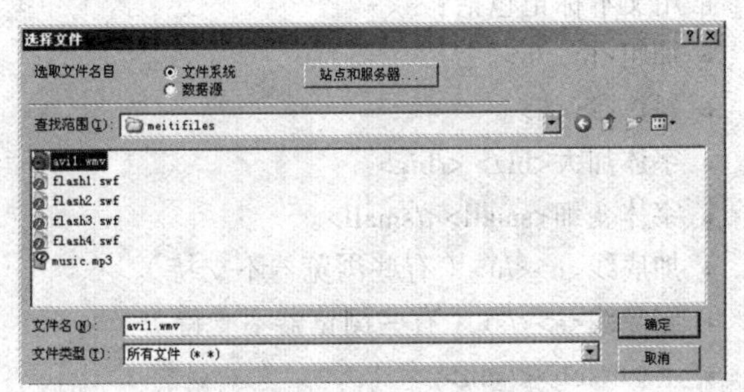

图 3-46 “选择文件”对话框

Step3 单击“确定”按钮，并调整到适当大小，插入后的视频文件如图 3-47 所示。保存文件并预览，效果如图 3-48 所示。

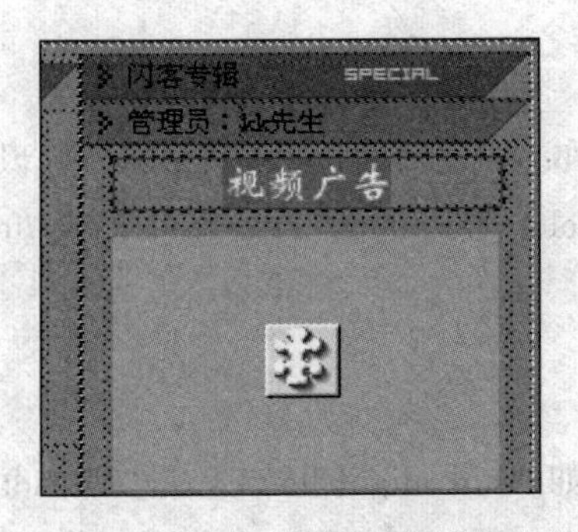

图 3-47 “设计”视图中的视频文件

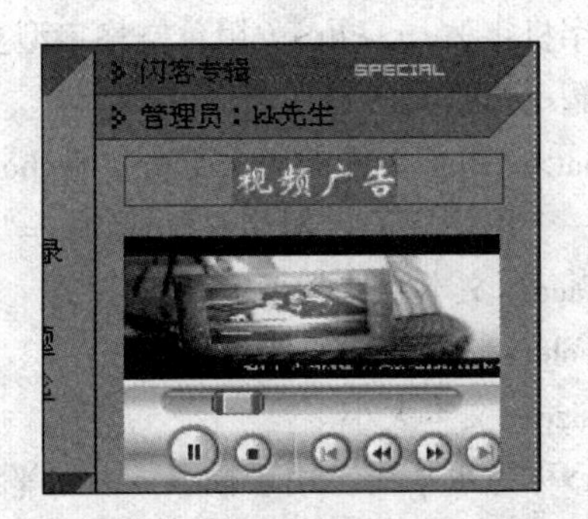

图 3-48 浏览器中的视频文件

3.6.3 播放控制

在网页中插入的多媒体文件，默认情况下，打开网页会直接播放，但也可以使用“属性”面板中的“参数”选项进行播放控制，操作步骤如下：

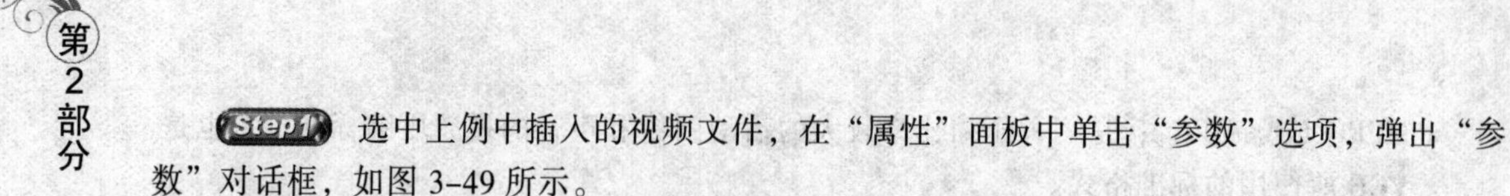

Step1 选中上例中插入的视频文件，在“属性”面板中单击“参数”选项，弹出“参数”对话框，如图 3-49 所示。

Step2 在其中进行图 3-50 所示的设置。

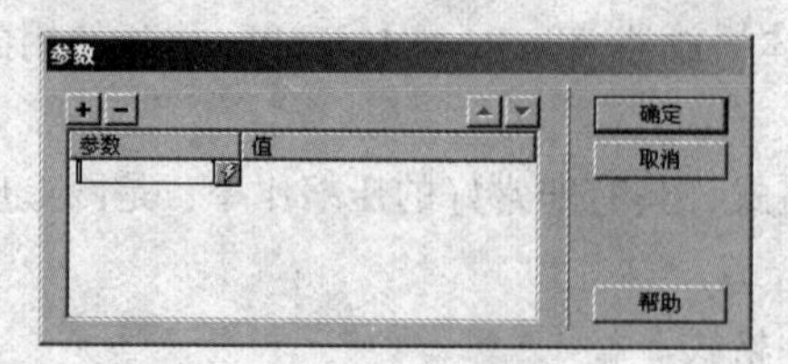

图 3-49 “参数”对话框

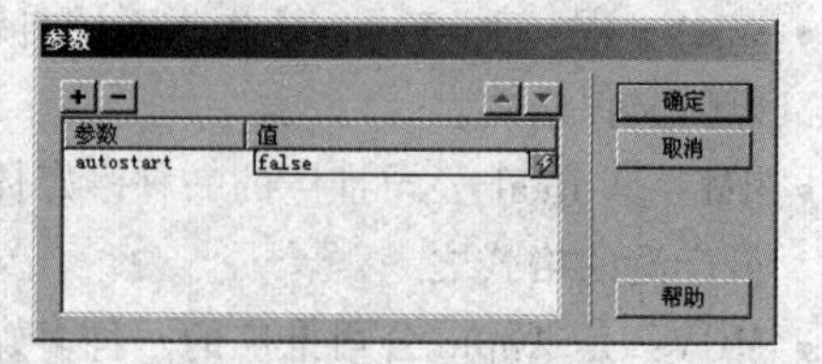

图 3-50 添加参数

Step3 单击“确定”按钮，保存并预览效果，此时视频文件不能自动播放。

3.7 HTML 标记

3.7.1 文本标记

常用文本标记包括：

- 加粗<b></b>。
- 斜体<i></i>。
- 字体加大<big> </big>。
- 字体变细<small></small>。
- 加底线<u></u>（有些浏览器不支持）。
- 删除线<s></s>（有些浏览器不支持）。
- 下标。
- 上标。
- 标题标记<h1> <h2> <h3> <h4> <h5> <h6>，由<h1>至<h6>变粗变大。每个标题标记所标识的文本将独占一行且上下留一空白行。
- 打字机字体<tt></tt>（用单空格字型显示）。
- 闪耀<blink></blink>。
- <font>应用于文件的内文部分，即<body>与</body>之间的位置，只影响所标识的文本，是一个围堵标记。例如，<font face="隶书" color="#FF0000" size="7">文本</font>。
  - face：文本字体类型。
  - color：文本颜色。
  - size：文本大小。
- <hr>称为水平线，用于插入一条水平线。例如，<hr align="left" size="2" width="70%" color="#0000ff" noshade>。
  - align="LEFT"：设置线条置放位置，可选择 left、right、center 三种设置值。
  - size="2"：设置线条厚度，以像素为单位，默认为 2。
  - width="70%"：设置线条长度，可以是绝对值（以像素为单位）或相对值，默认为 100%。

➢ color="#0000FF"只适用于 IE，设置线条颜色，默认为黑色。#0000FF 代表蓝色，也可以采用颜色的名称，即 text="blue"。

3.7.2 图像标记

<img>称图像标记，主要用于插入图片到网页中，其他用处如配合影片文件等的播放及影像地图（IMAGE MAP 或称一图多链接）等。<img>的一般参数设置如下：

```
<img src="Logo.gif" width=100 height=100 hspace=5 vspace=5 border=2
align="top" alt="Logoofpenpalsgarden" lowsrc="pre_Logo.gif">
```

- src="Logo.gif"：图片来源，接受 GIF、JPG 及 PNG 格式，若图片文件与该 HTML 文件同处一目录则只写文件名称，否则必须加上正确的路径，相对路径及绝对路径均可。
- width=100 height=100：设置图片大小，此宽度及高度一般采用像素作单位。通常只设为图片的真实大小以免失真，若要改变图片大小最好事先使用图像编辑工具。
- hspace=5 vspace=5：设置图片边缘空白，以免文字或其他图片过于贴近。hspace 是设置图片左右的空间，vspace 则是设置图片上下的空间，采用像素作为单位。
- border=2：图片边框厚度。
- align="top"：调整图片旁边文字的位置，可以控制文字出现在图片的上方、中间、底端、左右等，可选值为 top、middle、bottom、left 或 right，默认值为 bottom。
- alt="Logoofpenpalsgarden"：用以描述该图形的文字。若使用文字浏览器，由于不支持图片，这些文字会代替图片而被显示。若用于支持图片显示的浏览器，当鼠标移至图片上时文字也会显示。
- lowsrc="pre_Logo.gif"：设置先显示低品质图像图片，若所加入的是一张很大的图片，下载时间很长，这张低品质图像会先被显示，以免浏览者失去兴趣，通常是原图片灰阶版本。

3.7.3 媒体标记

多媒体对象插入标记<embed>的基本语法如下：

```
<embed src=#>…</embed>
```

其中 # 代表 url 地址。

1. 插入 Flash

代码如下：

```
<html>
<head>
<title>插入 Flash</title>
</head>
<body>
  <embed src="flash1.swf" width="294" height="94"></embed>
</body>
</html>
```

2. 插入声音

代码如下：

```
<html>
```

```
<head>
<title>插入声音</title>
</head>
<body>
  <embed src="music.mp3" width="294" height="94"></embed>
</body>
</html>
```

3. 插入视频

代码如下：

```
<html>
<head>
<title>插入视频</title>
</head>
<body>
  <embed src="avi1.wmv" width="294" height="94"></embed>
</body>
</html>
```

3.7.4 动画标记

1. GIF 动画格式

GIF 图像由于采用了无损数据压缩方法中压缩率较高的 LZW 算法，文件尺寸较小，因此被广泛采用。GIF 动画格式可以同时存储若干幅静态图像进而形成连续的动画，目前 Internet 上大量采用的彩色动画文件多为这种格式的 GIF 文件。很多图像浏览器如《豪杰大眼睛》等都可以直接观看此类动画文件。

2. FLIC（FLI/FLC）格式

FLIC 是 Autodesk 公司在其出品的 Autodesk Animator/Animator Pro/3D Studio 等 2D/3D 动画制作软件中采用的彩色动画文件格式，FLIC 是 FLC 和 FLI 的统称，其中，FLI 是最初的基于 320×200 像素的动画文件格式，而 FLC 则是 FLI 的扩展格式，采用了更高效的数据压缩技术，其分辨率也不再局限于 320×200 像素。FLIC 文件采用行程编码（RLE）算法和 Delta 算法进行无损数据压缩，首先压缩并保存整个动画序列中的第一幅图像，然后逐帧计算前后两幅相邻图像的差异或改变部分，并对这部分数据进行 RLE 压缩，由于动画序列中前后相邻图像的差别通常不大，因此可以得到相当高的数据压缩率。它被广泛用于动画图形中的动画序列、计算机辅助设计和计算机游戏应用程序。

3. SWF 格式

SWF 是 Macromedia 公司推出的产品 Flash 的矢量动画格式，它采用曲线方程描述其内容，不是由点阵组成内容，因此这种格式的动画在缩放时不会失真，非常适合描述由几何图形组成的动画，如教学演示等。由于这种格式的动画可以与 HTML 文件充分结合，并能添加 MP3 音乐，因此被广泛应用于网页上，成为一种“准”流式媒体文件。

4. AVI 格式

AVI 是对视频、音频文件采用的一种有损压缩方式，该方式的压缩率较高，并可将音频和视频混合到一起，因此尽管画面质量不是太好，但其应用范围仍然非常广泛。AVI 文件目前主要应用在多媒体光盘上，用来保存电影、电视等各种影像信息，有时也出现在 Internet 上，供用户下载、欣赏新影片的精彩片段。

5. MOV、QT 格式

MOV、QT 都是 QuickTime 的文件格式。该格式支持 256 位色彩，支持 RLE、JPEG 等领先的集成压缩技术，提供了 150 多种视频效果和 200 多种 MIDI 兼容音响和设备的声音效果，能够通过 Internet 提供实时的数字化信息流、工作流与文件回放，国际标准化组织（ISO）最近选择 QuickTime 文件格式作为开发 MPEG4 规范的统一数字媒体存储格式。

3.7.5 列表标记

1. 关于列表

在 HTML 页面中，列表可以起到提纲挈领的作用。列表分为两种类型，一是有序列表，一是无序列表。前者用项目符号来标记无序的项目，而后者则使用编号来记录项目的顺序。

- 所谓有序，指的是按照数字或字母等顺序排列列表项目。
- 所谓无序，是指以●、○、□等开头的，没有顺序的列表项目。

关于列表的主要标记如表 3-1 所示。

表 3-1 列表的主要标记

标　　记	描　　述
<ul>	无序列表
<ol>	有序列表
<dir>	目录列表
<dl>	定义列表
<menu>	菜单列表
<dt>、<dd>	定义列表的标记
<li>	列表项目的标记

2. 有序列表

有序列表使用编号，而不是项目符号来编排项目。列表中的项目采用数字或英文字母开头，通常各项目间有先后的顺序性。在有序列表中，主要使用<ol>和<li>两个标记以及 type 和两个 start 属性。

有序列表的标记为<ol>，基本语法如下：

```
<ol>
<li>项目一</li>
<li>项目二</li>
<li>项目三</li>
…
</ol>
```

3. 无序列表

无序列表的标记为<ul>，基本语法如下：

```
<ul>
<li>项目一</li>
<li>项目二</li>
<li>项目三</li>
…
</ul>
```

模块总结

本模块介绍了 Dreamweaver 中如何在网页中插入和编辑文本，如何使用 Dreamweaver 自带的工具来插入图像、设置和编辑图像，如何使用 Dreamweaver 可视化来插入列表。另外，为了给网页增添动感和悦耳的声音效果来吸引更多的浏览者，还介绍了如何在网页中插入各种动画、添加音乐播放和视频播放功能，并对 HTML 常用的标记进行了介绍。

任务实训　制作导航条

最终效果

案例最终效果如图 3-51 所示。

图 3-51　案例效果

实训目的

为网页制作导航条。

相关知识

“常用”面板中“导航条”按钮和“属性”面板的使用。

实训步骤

Step1 打开 Dreamweaver 窗口，新建一个空白页面。

Step2 选择“修改”→“页面属性”命令，弹出“页面属性”对话框，在“分类”列表框中选择“外观”选项，在“背景颜色”右侧的文本框中输入颜色值#99CCFF，如图 3-52 所示。

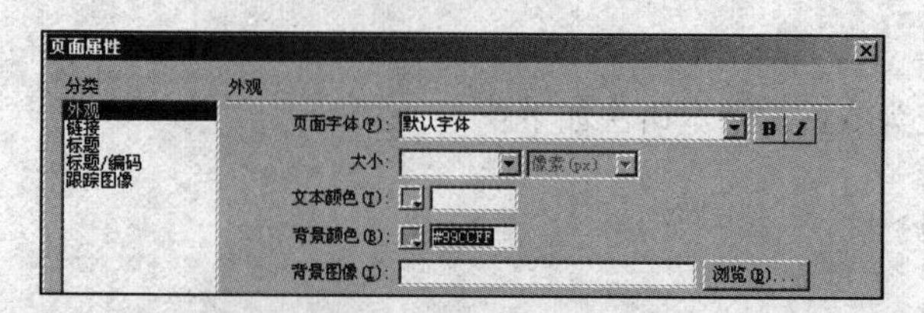

图 3-52　“页面属性”对话框

Step3 单击“确定”按钮，设置好页面的背景颜色。

Step4 打开配套素材文件\03\06 文件夹，找到准备好的两幅按钮图像，如图 3-53 所示。

（a）按钮图像及按钮按下时的图像

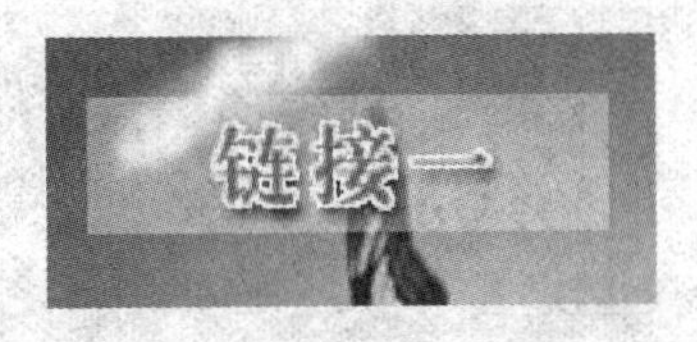

（b）鼠标指针悬停和鼠标再次经过时的图像

图 3-53　按钮图像

Step5 选择“插入”→“图像对象”→“导航条”命令，弹出“插入导航条”对话框，如图 3-54 所示。

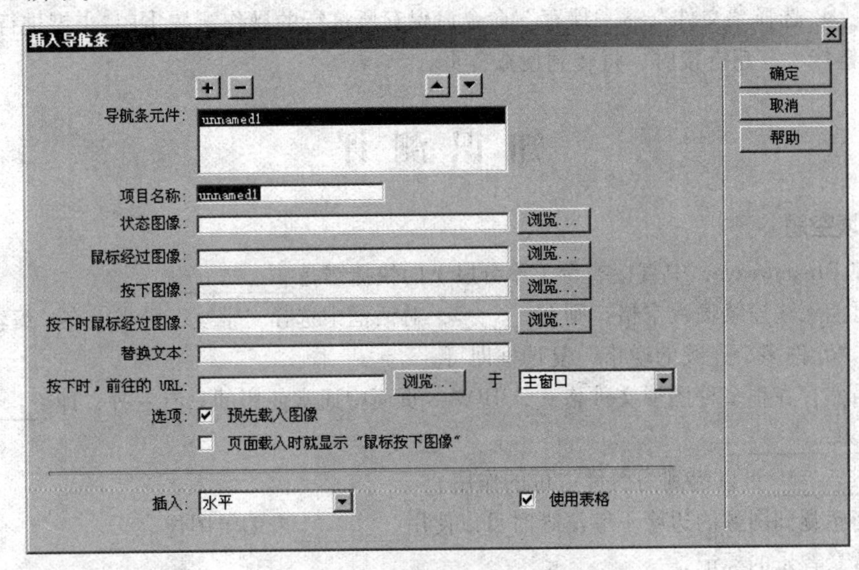

图 3-54　“插入导航条”对话框

Step6 在“插入导航条”对话框中对各项进行如下设置：

- 在“项目名称”文本框中输入按钮名称 but1_2。
- 在“状态图像”文本框中输入按钮图像文件名 but1_2.jpg。
- 在“鼠标经过图像”文本框中输入鼠标指针悬停时图像的文件名 but1_1.jpg。
- 在“按下图像”文本框中输入按钮按下后的图像文件名 but1_2.jpg。
- 在“按下时鼠标经过图像”文本框中输入鼠标指针再次经过时图像的文件名 but1_1.jpg。
- 在“替换文本”文本框中输入提示文本“链接一”。
- 在“按下时，前往的 URL”文本框中输入超链接地址。
- 在“选项”组中选择“页面载入时就显示‘鼠标按下图像’”复选框。
- 在“插入”下拉列表框中选择“水平”选项。

设置完上述选项后，单击对话框中的“添加项”按钮 + ，重复上面的过程再添加两个导航按钮。

Step7 所有需要设置的导航按钮都设置完后，单击“确定”按钮。

Step8 选择“文件”→“保存”命令，保存所有的操作，按【F12】键，使用浏览器预览该页面，并将鼠标移到按钮上测试导航条，效果如图 3-55 所示。

图 3-55 导航条效果图

Step9 重新返回 Dreamweaver 页面，选中导航条，选择“修改”→“导航条”命令，弹出“修改导航条”对话框，在“按下时，前往的 URL”文本框中输入 http://www.sohu.com，单击“确定”按钮。

Step10 选择“文件”→“保存”命令，保存所进行的操作，按【F12】键进行预览，当单击“链接一”超链接时，将转到搜狐首页。

知 识 测 评

一、填空题

1. 在 Dreamweaver 中直接换行（不分段）的快捷键是________。

2. 可能无法连续输入空格，则在________对话框中选择“常规”分类，在“编辑选项”组中选择“允许多个连续的空格”复选框即可。

3. 虽然存在很多种图形文件格式，但 Web 页面中通常使用的只有三种，即________、________和________。

4. ________可以起到为图像占位的作用。

5. 当感觉到图像的边缘不够清晰时可以使用________来编辑图像。

6. 背景音乐的标记是________。

7. 对多媒体进行播放控制的参数是________。

二、选择题

1. 编码指定文档中字符所用的编码，文档编码在文档头中的（　　）标签内指定。

A. meta　　B. body　　C. font　　D. br

2. <hr>为（　　）标记。

A. 段内换行　　B. 水平线　　C. 段落　　D. 字体

3. 多媒体插入的标记是（　　）。

A. flash　　B. embed　　C. src　　D. loop

4. 以下（　　）不属于音频格式。

A. MP3　　B. RM　　C. AVI　　D. MID

5. 以下（　　）内容不可以嵌入到网页中。

A. DVD　　B. Flash　　C. AVI　　D. MP3

三、简答题

1. 输入文本有几种方法？
2. 如何在网页中插入鼠标经过时变化的图像？
3. 如何在网页中用文字代替图像？
4. 图像标记有哪些属性？

链接网站内容

本模块将介绍如何将各个页面链接起来的方法，即建立超链接。

知识目标：

- 超链接的定义
- HTML 中的链接标记

技能目标：

- 文字上添加超链接
- 图像上添加超链接
- 地图式链接的创建
- 不同对象之间的链接
- 链接打开效果的设置

4.1 什么是超链接

每一个网站都不是由一张网页组成的，而是由多个网页相互链接构成的。链接又称超链接（Hyperlink），是网页之间的桥梁，使网页之间能够自由地切换，是网页制作中必不可少的元素之一。

4.2 在不同元素上创建超链接

4.2.1 在文字上添加超链接

“文字链接”即把文字作为链接的对象，是网页中最常使用的链接方式。具有文件小、制作简单和便于维护等优点。接下来将结合实例来讲解如何为文字建立“链接”，操作步骤如下：

Step1 准备好已制作完成的首页和各个栏目的页面（除了“链接”，其他内容都已经制作完成），打开素材文件 04 文件夹下的 01.html 文件，如图 4-1 所示。

Step2 在 01.html 的设计视图中选取“茉莉文学”作为链接的文字，在“属性”面板中单击“链接”文本框后面的“浏览”按钮，选择素材文件 04 文件夹下的 index1.htm 文件，如图 4-2 所示。

图 4-1　初始页面

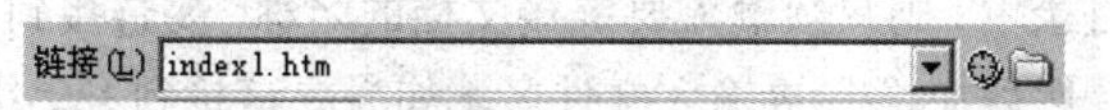

图 4-2　“链接”文本框

Step 3　在设计视图中，单击“在浏览器中预览与测试”按钮，选择下拉列表框中的“预览在 iexplore”选项或按【F12】键，便可预览页面，将鼠标指针指向页面中的超链接文本“茉莉文学”，当鼠标指针变成手状时单击，便可切换到所链接的页面，如图 4-3 所示。

技巧：在“链接”文本框中输入地址的其他方法如下所述：

- 拖动文本框后面的“指向文件”按钮到“文件”面板中要链接的网页文件，如图 4-4 所示。

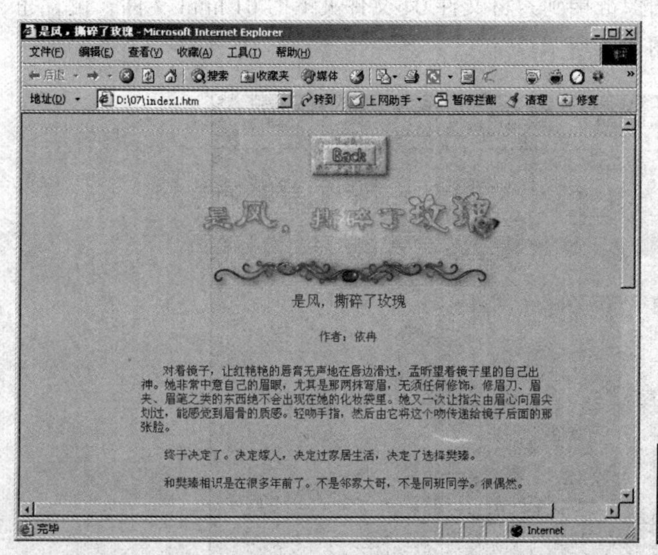

图 4-3　文字链接的目标网页

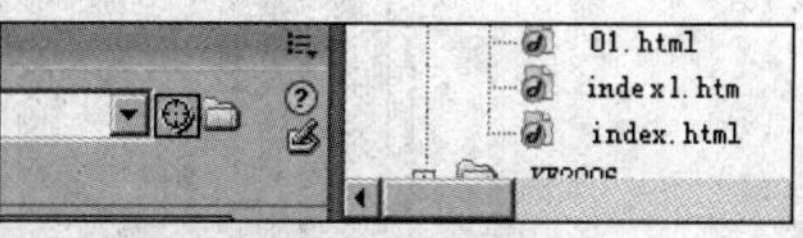

图 4-4　“指向文件”按钮

- 直接在“链接”文本框中输入网页的地址。

【相关知识】

对路径的正确理解是确保链接成功的先决条件，如果不能正确理解路径，可能会出现所设置的链接在本地能够正确链接，但是在别的计算机或到互联网中却不能正常链接并且网页中的部分图片也不能正确地显示出来，因此掌握路径的使用方法是至关重要的。

1. 绝对路径

绝对路径为文件提供完整的路径，包括使用的协议（如 http、ftp 等），如 http://www.sohu.com。当链接到其他网站中的文件时，必须使用绝对路径。绝对路径也会出现在尚未保存的网页上，如在未保存的网页上插入图片或添加链接，这时的地址是绝对路径，保存网页时，将会提示是否要将绝对路径转化为相对路径。

2. 相对路径

相对路径最适合网站的内部链接。只要是属于同一网站，即使不在同一个目录下，相对路径也非常适合。

如果链接到同一目录下，则只须输入要链接文档的名称。要链接到下一级目录中的文件，则需要先输入目录名，然后加“/”再输入文件名。如果要链接到一上级目录的文件，则先输入“../”，再输入目录名、文件名。

4.2.2 在图像上添加超链接

“图像”也是常被使用的链接媒体，它和文字链接非常相似。下面将继续使用上例给图像添加链接。

在 Dreamweaver 中打开素材文件 04 文件夹下的 index1.htm 文件，选择页面顶部的图像，观察“属性”面板，在“链接”文本框中输入链接文件的地址，可以使用之前讲到的“指向文件”和“选择文件”的方法。将图像链接到素材文件 04 文件夹下的 01.html 文件，设置完成后保存文件并预览链接效果，如图 4-5 所示。

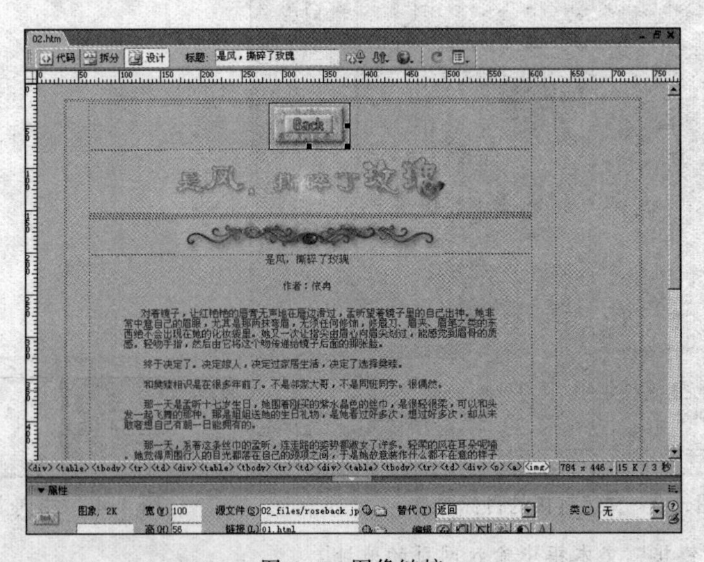

图 4-5　图像链接

4.2.3 创建地图式链接

除了对整张图片设置链接外，还可以为图片的某一部分设置链接，一张图片上不同的区域拥有不同的链接地址，这要通过热点链接来实现。“热点”可以被看做是一种在页面上专门应用链接的形状区域，又称为“热区”。

创建地图式链接的操作步骤如下：

Step1 在 Dreamweaver 中，打开素材文件 04 文件夹下的 01.html 文件，选择页面底部的图像，便可看到“属性”面板左侧“地图”下的热点工作按钮。

Step2 单击“矩形热点工具”按钮，当鼠标指针移到所选图像上变为十字形状时，框选设置链接的部分，此时被框选的部分以透明蓝色显示。

Step3 选中图像中的热点，在“属性”面板上为图像热点设置链接，这里链接到 02.html 文件，保存文件并预览效果，在浏览器中将鼠标指针指向设为热区的部分，鼠标指针会变为手状，此时单击便会到达 02.html 文件页面。

同样，在图片的其他部分还可以用热点工具设置不同的热区，以实现在一张图片中出现多个链接。

4.3 链接到不同对象

4.3.1 链接到其他网页

要链接到站内网页的具体位置需要用到锚点链接。所谓锚点链接，是指同一个页面或不同网页的指定位置的链接。锚点常常被用来实现到特定的主题或文档顶部的跳转链接，使浏览者能够快速浏览到选定的位置，加快信息检索的速度。

链接到其他网页的操作步骤如下：

Step1 在 Dreamweaver 中，打开素材文件 04 文件夹下的 01.html 文件，将光标定位在文章标题“茉莉飘香”前，选择“插入”→“命名锚记”命令，如图 4-6 所示。

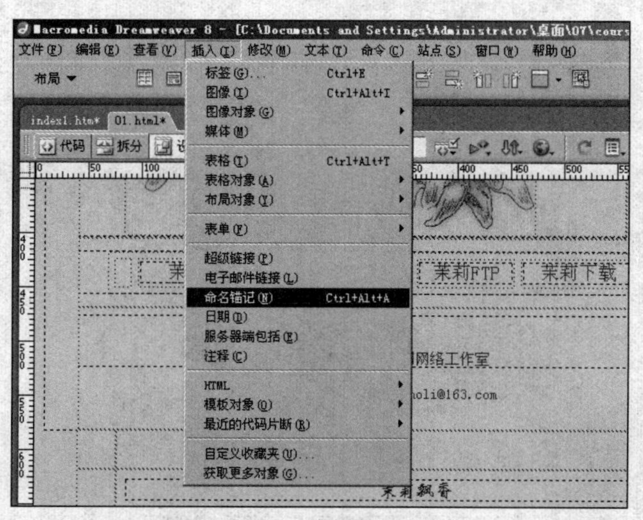

图 4-6 选择“命名锚记”命令

Step2 在弹出的“命名锚记”对话框中，输入锚记（锚点）名称，这里命名为“茉莉飘香”，如图 4-7 所示。

Step3 单击“确定”按钮后，名称为“茉莉飘香”的锚点即被插入到文档中相应的位置，如图 4-8 所示。

图 4-7 “命名锚记”对话框

图 4-8 插入页面的锚点

Step4 选择导航条中的文字“茉莉飘香”，如图 4-9 所示，在“属性”面板的“链接”文本框中输入一个符号（ # ）和锚记名称，这里输入“ # 茉莉飘香”，如图 4-10 所示。

图 4-9 选中文字

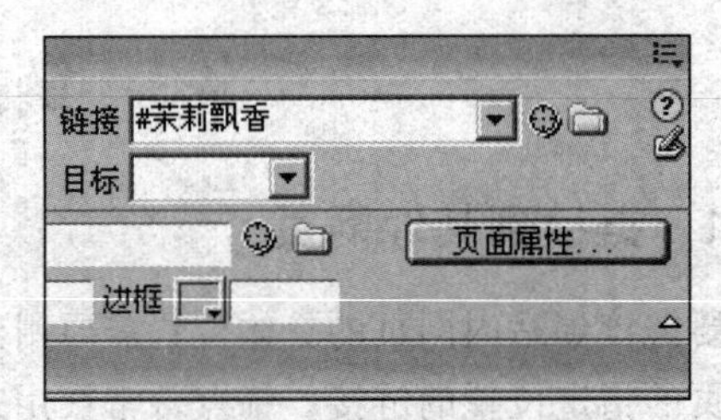

图 4-10 设置链接名称

Step5 保存文件并预览效果，在浏览器中单击导航条中的文字“茉莉飘香”，页面就会迅速跳转到“命名锚记”的位置，如图 4-11 和图 4-12 所示。

图 4-11 单击链接前

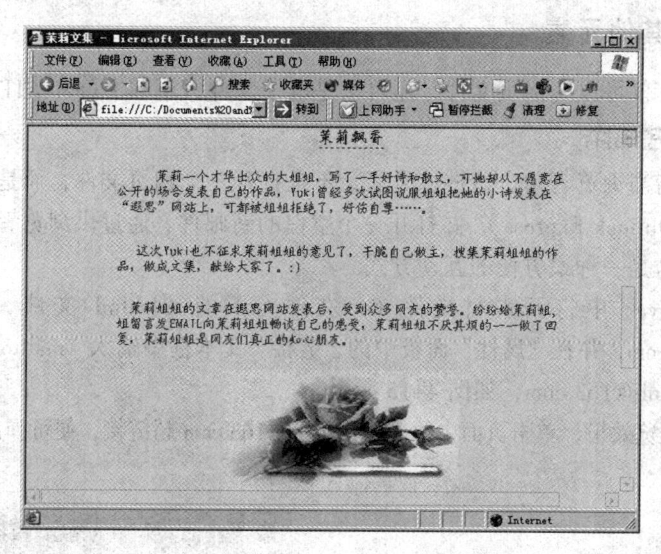

图 4-12　单击链接后

4.3.2　链接到其他网站

要直接链接到其他网站非常简单，只需要设置目标网站地址为超链接的目标即可，即选择创建超链接的对象（如图像或文本），然后在“属性”面板中的“链接”文本框中输入目标地址即可。

这里介绍一种链接到外部网站某网页具体位置的方法。要链接到站外网页的具体位置仍然需要用到锚点链接。

首先，将某站点下载到本地主机（与实例站点在不同的路径下），同时在下载站点主页的某位置上插入锚点，并命名为“t”。

在 Dreamweaver 中，打开素材文件 04 文件夹下的 01.html 文件，选择页面中的文字“茉莉公司网络工作室”，在“属性”面板的“链接”文本框中输入地址 file:///F|/xiasi/xiasi.html#t，如图 4-13 所示。

保存文件并预览，在浏览器中单击“茉莉公司网络工作室”，页面便会跳转到站外网页锚点定位的位置，如图 4-14 所示。

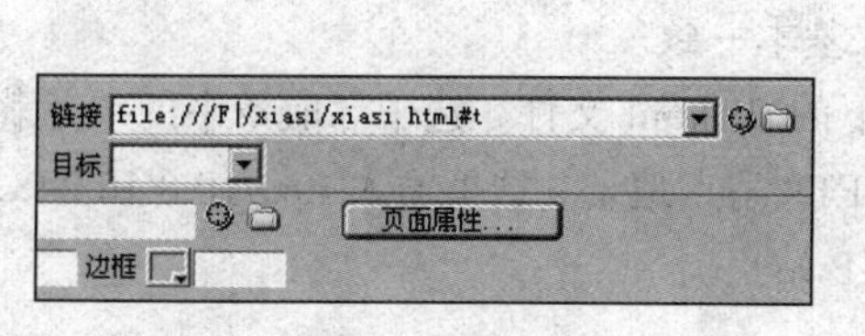

图 4-13　链接到站外网页的具体位置

图 4-14　站外网页目标位置

4.3.3 链接到其他元素

链接的对象不仅可以是网页文件，还可以是电子邮件、下载文件和 FTP 站点。

1. **链接到电子邮件**

邮件链接是指当浏览者单击该链接之后，不是打开一个网页文件，而是启动用户的邮件客户端软件（如 Outlook Express），并打开一个空白的新邮件，通过供浏览者撰写内容来与网站联系人联系，这是一种最方便的互动方式。

在 Dreamweaver 中打开素材文件 04 文件夹下的 01.html 文件，选中页面中的 E-mail:moli@163.com，并在“属性”面板中的“链接”文本框中输入“mailto:电子邮件地址”，这里输入 mailto:moli@163.com，如图 4-15 所示。

保存文件并预览效果，单击页面中的 E-mail:moli@163.com 超链接，便可弹出邮件撰写窗口，如图 4-16 所示。

图 4-15 输入邮件地址

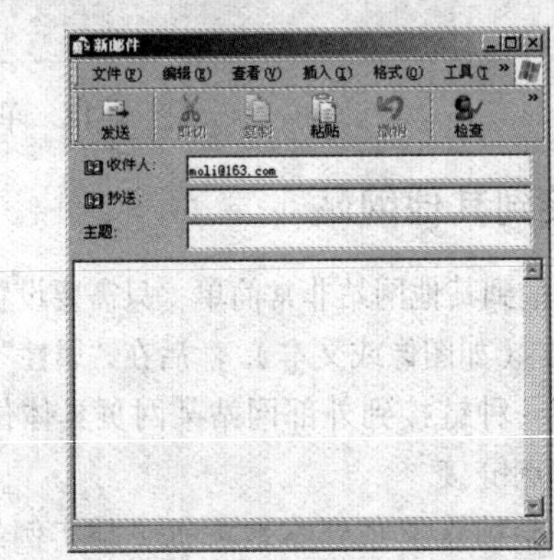

图 4-16 邮件撰写窗口

注意：用户在设置时还可以加入邮件的主题。方法是在输入的电子邮件地址后面加上“? subject=要输入的主题”的语句，例如“mailto:moli@163.com ? subject=网站的意见”。

2. **链接到下载文件**

链接到下载文件的方法和链接到网页的方法完全一样。当被链接的文件是.exe 文件或.rar 文件等浏览器不支持的类型时，这些文件会被下载，这就是从网上下载的方法。

在 Dreamweaver 中，打开素材文件 04 文件夹下的 01.html 文件，选中导航条中的“茉莉下载”，在“属性”面板中单击“链接”文本框后面的“浏览”按钮，在弹出的对话框中选择素材文件 04\index_files 文件夹下的 download.rar 文件，如图 4-17 所示。

保存文件并预览效果，单击页面中的“茉莉下载”超链接，弹出“另存为”对话框，如图 4-18 所示，提示用户保存下载文件。

3. **链接到 FTP 站点**

链接到 FTP 站点的方法与以上介绍的链接方法基本一致。

在 Dreamweaver 中，打开素材文件 04 文件夹下的 01.html 文件，选中导航条中的“茉莉 FTP”，在“属性”面板中的“链接”文本框中输入 FTP 站点地址，这里输入 ftp://10.8.10.248，如图 4-19 所示。读者也可自行尝试链接到其他 FTP 站点。

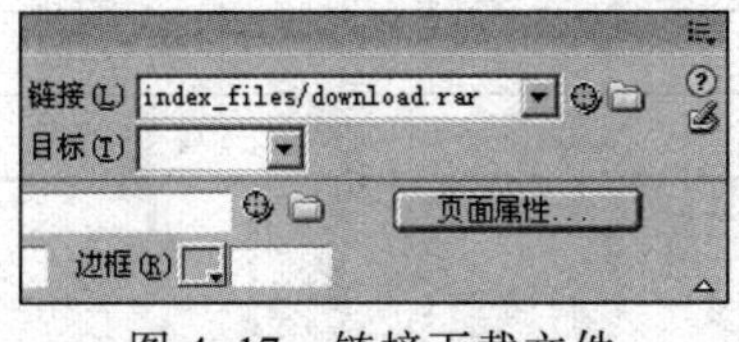

图 4-17　链接下载文件　　　　图 4-18　“另存为”对话框

保存文件并预览效果，单击页面中的“茉莉 FTP”超链接，便可打开 FTP 站点，如图 4-20 所示。

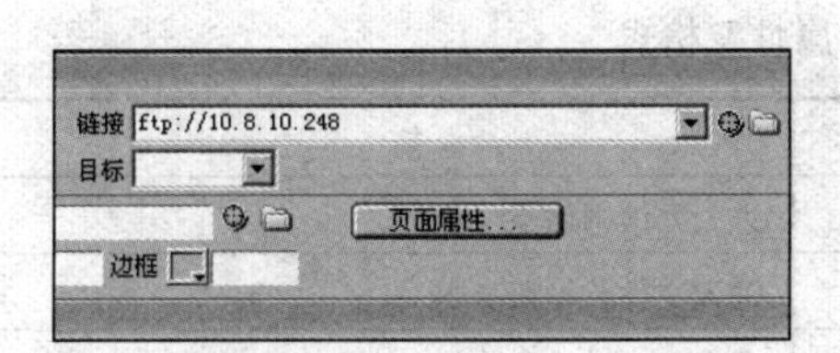

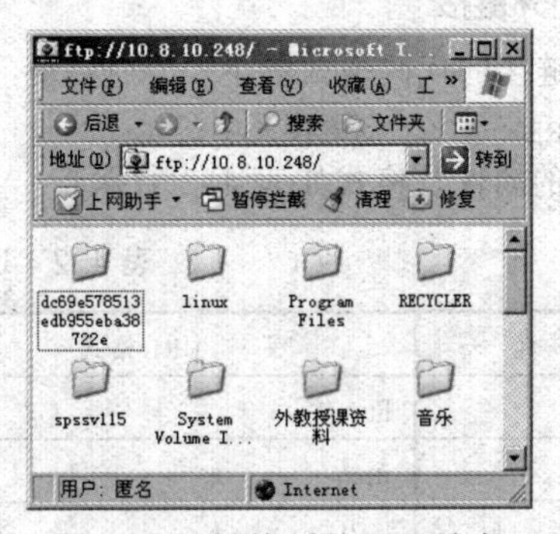

图 4-19　链接 FTP 站点　　　　图 4-20　链接到的 FTP 站点

4.4　链接的不同打开效果

在默认情况下，被链接的文档在当前窗口或框架中打开。要使被链接的文档显示在其他窗口或框架，需要从“属性”面板的“目标”下拉列表框中进行设置，如图 4-21 所示。

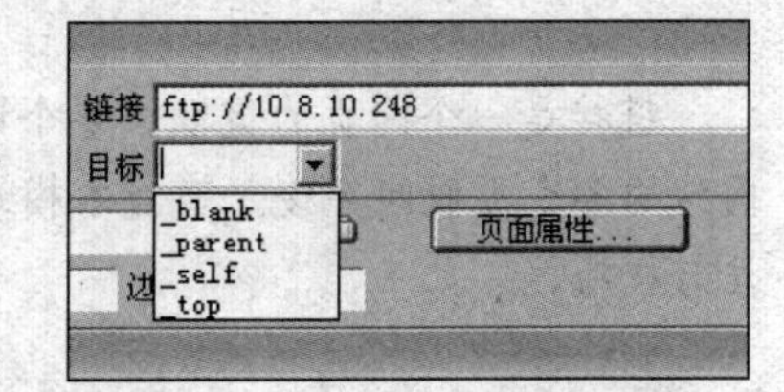

图 4-21　“目标”下拉列表框

- _blank：将链接的文档载入一个新的、未命名的浏览器窗口。
- _parent：将链接的文档载入该链接所在框架的父框架或父窗口。如果包含链接的框架不是嵌套框架，则所链接的文档载入整个浏览器窗口。
- _self：将链接的文档载入链接所在的同一框架或窗口。此选项是默认的，所以通常不需要指定它。
- _top：将链接的文档载入整个浏览器窗口，从而删除所有框架。

4.5　HTML 中的链接标记

链接标记只有一个，即<a>标记。该标记包括的属性如表 4-1 所示。

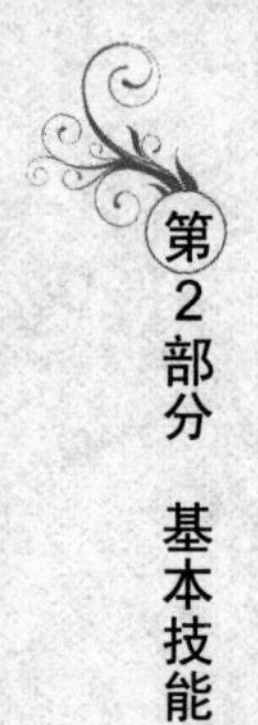

表 4-1 <a>标记的属性

属性	描述
HREF	指定链接地址
NAME	给链接命名
TITLE	给链接设置提示文字
TARGET	指定链接的目标窗口
ACCESSKEY	链接热键

1. **站内链接**

站内链接的代码格式如下：

```
<a HREF="文件名" TARGET="属性值">链接文字</a>
```

其中，TARGET 的“属性值”包括_blank、_parent、_self 和_top 四种。

2. **站外链接**

站外链接的代码格式如下：

```
<a HREF="URL">链接文字</a>
```

URL 的属性及格式如表 4-2 所示。

表 4-2 URL 的属性及格式

属性	URL 格式	描述
WWW	http://	进入万维网站点
FTP	ftp://	进入文件传输服务器
EMALL	mailto:	启动邮件

3. **锚点链接**

锚点链接的代码格式如下：

```
<a NAME="锚点名称">链接文字</a>
<a HREF="#锚点名称">链接文字</a>
```

模 块 总 结

链接是一个网页的灵魂，整个网站中链接的条理是否清晰，关系到浏览者能否方便地在网站的各个页面间穿梭。通过本模块的学习，读者应该掌握在网页中建立各种类型链接的方法与技巧。

任务实训 超链接制作汇总

案例最终效果如图 4-22 所示。

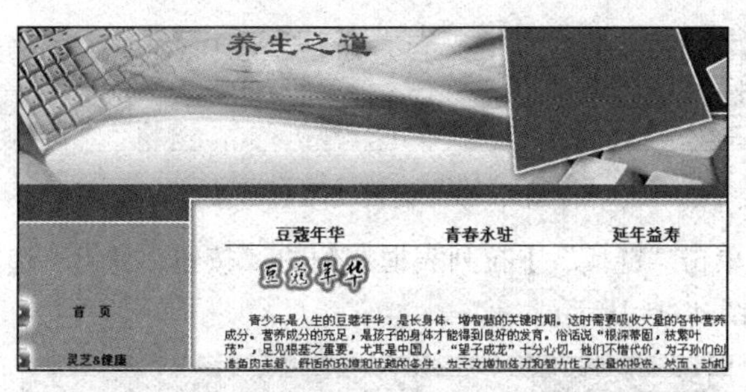

图 4-22　案例效果

实训目的

熟悉 Dreamweaver 中常用超链接的制作过程，主要包括文本超链接、电子邮件超链接、图片超链接及命名锚记。

相关知识

“属性”面板的使用。

实训步骤

Step 1 打开素材文件 04\01 文件夹下 model1.html 页面，并在其中进行操作。在页面中输入文本，可以是任意内容，也可参照 index1.html 页面中的内容。

Step 2 在页面中插入图片，文本和图片的布局如图 4-23 所示。

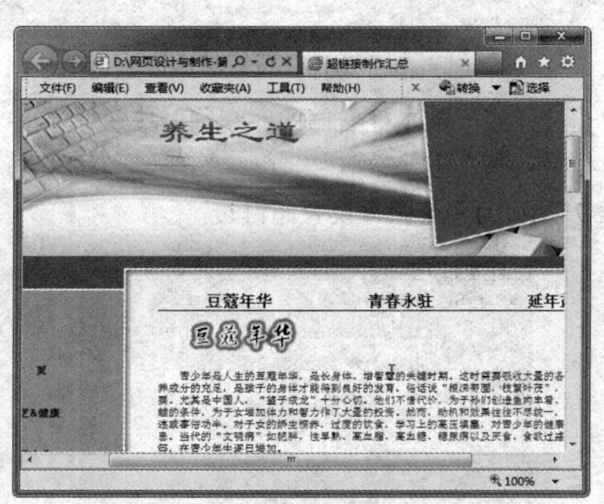

图 4-23　布局页面

先介绍文本超链接的制作过程。

Step 3 选中标题文字“首页”，在“属性”面板中的“链接”下拉列表框中选择已提前制作好的页面地址，如 index.html，如图 4-24 所示。或者直接在“链接”下拉列表框中输入#，为标题文字“首页”建立空链接。

图 4-24 设置文本超链接

Step4 还可以单击“链接”下拉列表框右侧的□按钮，弹出“选择文件”对话框，选择已保存的文件，如图 4-25 所示。

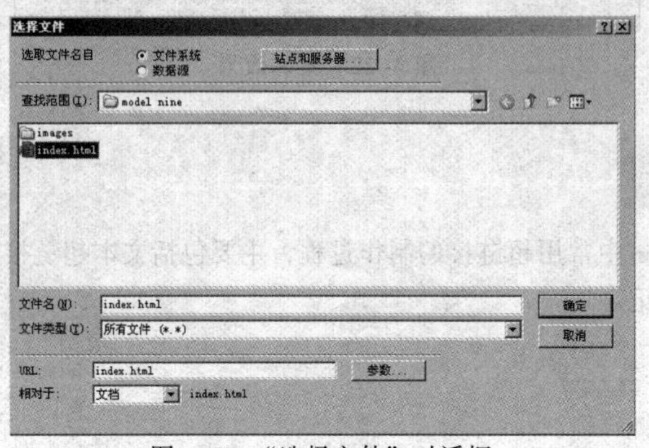

图 4-25 “选择文件”对话框

Step5 单击“确定”按钮，被选择的文件将显示在“链接”文本框中。

Step6 按照步骤 3～5 为其他标题文字设置超链接。

Step7 选中网页中的一幅图片“豆蔻年华”，在“属性”面板的“链接”文本框中直接输入要链接的文件，如输入素材文件 04 文件夹下的页面 01.htm，如图 4-26 所示。

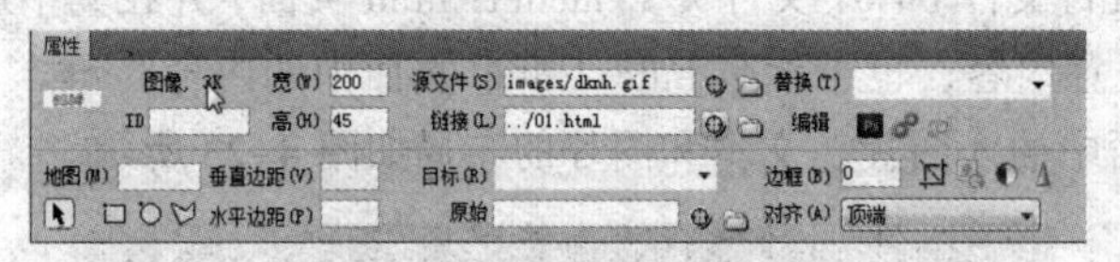

图 4-26 为图片设置超链接

Step8 也可以单击“链接”文本框右侧的“浏览”按钮，弹出“选择文件”对话框，选择一个文件，如图 4-27 所示。

Step9 重复步骤 7～8，为其他图片设置超链接。

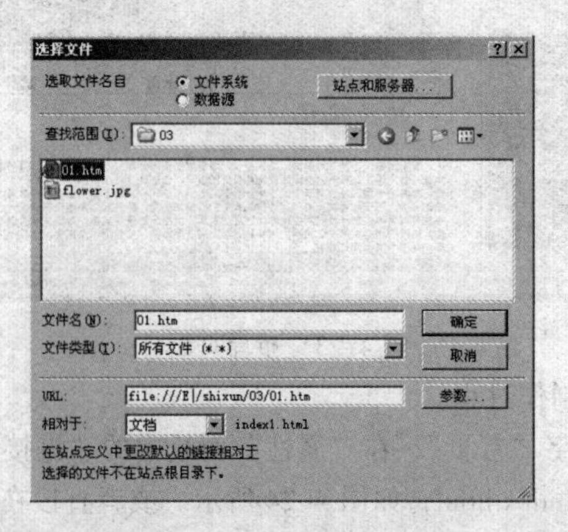

图 4-27 “选择文件”对话框

下面介绍电子邮件链接的制作过程。

Step10 选中在网页中输入的电子邮件，在“属性”面板的“链接”文本框中输入要链接到的邮件地址，如 mailto:wxjy2006@yahoo.com.cn，如图 4-28 所示。

图 4-28 输入邮件地址

注意：如果直接输入邮件地址，不要忘记在邮件地址前面加上 mailto:，否则系统不能正确链接到邮件地址。

最后介绍命名锚记的制作过程。

Step11 将光标定位在图片“绘制如花似玉的色彩”上，选择“插入”→“命名锚记”命令，在弹出的“命名锚记”对话框中输入锚记的名称 qingchun，如图 4-29 所示。

图 4-29 “命名锚记”对话框

注意：将光标定位在需要插入锚点的位置，按【Ctrl+Alt+A】组合键可以快速打开“命名锚记”对话框。

Step12 选中标题“青春永驻”，在“属性”面板的“链接”文本框中输入#qingchun，这样就建立了指向“青春永驻”这段文字的超链接。

Step13 重复步骤 11～12，为其他需要设置命名锚记的标题设置超链接。

下面介绍创建到其他文件中锚点的超链接方法。

Step14 打开素材文件 04\02 文件夹下的 index.htm 网页，在导航条的最左面创建锚点“lianjie”，如图 4-30 所示。

图 4-30 在页面 index.htm 中设置的锚点

Step15 再切换到页面 index1.htm，选中标题文字“链接到实训四”，在“属性”面板的“链接”文本框中输入../02/index.htm#lianjie，创建一个链接到“index.htm”页面中的超链接，如图 4-31 所示。

图 4-31 链接到 index.htm 页面的超链接

Step16 选择“文件”→“保存”命令，保存上面所有的操作，按【F12】键，使用浏览器预览网页效果，如图 4-32 所示。

要想改变超链接文本各种状态的文本颜色和样式，可以在“属性”面板中进行详细的设置。

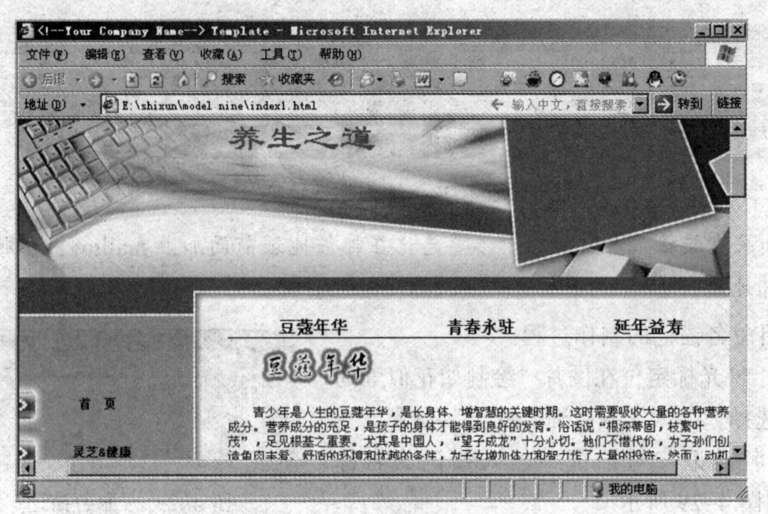

图 4-32　最终效果

注意：使用“常用”面板中的“超链接”按钮，可以快速地在所需的位置创建超链接。

知识测评

一、填空题

1. “属性”面板“目标”框中的_blank 表示________。
2. 能够在一张图片上实现多个链接的是________工具。
3. 创建锚点链接时，在“链接”文本框中应该输入________和锚点名称。

二、选择题

1. 链接使用的标记是（　　）。

   A. <body>　　B. <a>　　C. <table>　　D. <div>

2. 在建立邮件链接时，下列代码正确的是（　　）。

   A. mailto//xin3636@sohu.com　　B. mailto_ xin3636@sohu.com

   C. mailto:xin3636@sohu.com　　D. mailto://xin3636@sohu.com

3. 被链接的下载文件中，以下不正确的类型是（　　）。

   A. .zip　　B. .rar　　C. .exe　　D. .html

控制网页的整体布局

本模块将学习网页的整体布局,以使网站的布局合理，吸引浏览者。

知识目标：

- 网页布局控制的一般方法
- 框架
- HTML 中的布局标记

技能目标：

- 熟悉用表格显示数据
- 掌握用 Div 控制页面布局
- 掌握用框架实现后台管理布局

5.1 网页布局控制的一般方法

网页布局控制的一般方法有三种：传统的表格布局、当前流行的 Div+CSS 布局和用于网站后台管理页面的框架布局。

表格在网页布局方面起到举足轻重的作用，表格布局在网页设计初期是非常流行的，随着时间的推移，表格布局渐渐暴露出其弱点。例如，不能灵活地变动布局。使用表格设计网页布局，可以使网页看上去更加整齐，适用于一般比较正规的网站。网页中的表格是由若干行和列组成，每一行或者列又由多个单元格组成，每个单元格又可以反复地插入表格，以满足网页设计人员的布局需要。表格布局的优势在于它能对不同对象加以处理，而又不用担心不同对象之间互相影响。

Div+CSS 的布局形式可以使页面结构简洁,定位更加灵活。通常 XHTML 网站设计标准中，不再使用表格定位技术，而是采用 Div+CSS 的方式实现各种布局。在网页制作时采用 CSS 技术，可以有效地对页面的布局，如字体、颜色、背景和其他效果的实现有更加精确的控制。只要对相应的代码做一些简单的修改，就可以改变网页的外观和格式。

采用 CSS 布局的优点如下：

- 相对于别的布局方式，CSS 布局大大减少了页面代码，提高了页面浏览速度，缩减了带宽成本。
- 结构清晰，容易被搜索引擎查找。
- 可以同时更新多个网页的风格，也可以将站点上所有的网页风格都使用一个 CSS 文件进行控制，只要修改这个 CSS 文件中相应的代码，整个站点的所有页面都会随之发生变化。

框架是比较常用的网页技术。使用框架技术可以将不同的网页文档在同一个浏览器窗口中显示出来。框架的功能有点像 Windows 操作系统的资源管理器，在窗口的一边显示目录，另一边显示内容。因此，框架技术经常被用于实现网站后台管理布局或页面文档的导航，如图 5-1 所示。

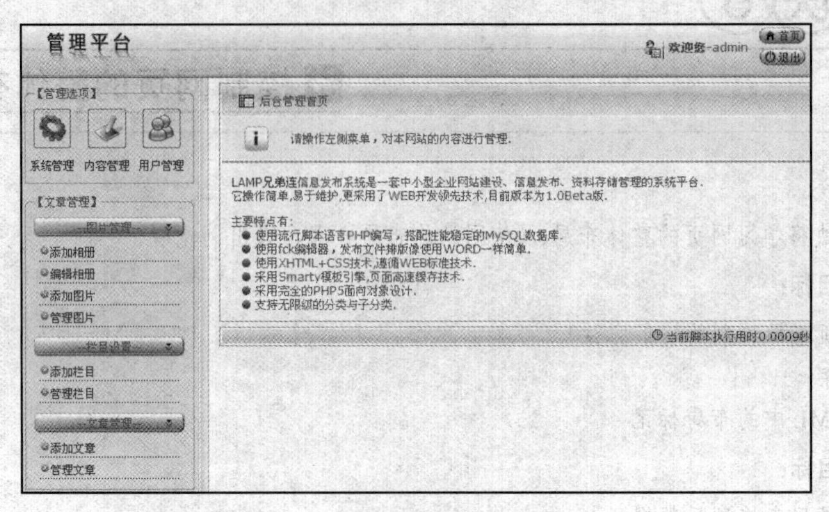

图 5-1　框架实现网站后台管理布局

用户可以直接通过导航条切换到想要浏览的页面，而不必每一次都翻一个页面，且各个框架之间不存在互相干扰的问题。

5.2　用表格显示数据

5.2.1　插入表格

在网页中插入表格的操作步骤如下：

Step1　在 Dreamweaver 中打开素材文件 05\01 文件夹下的 01.html 文件，并将光标定位在要插入表格的位置，如图 5-2 所示。

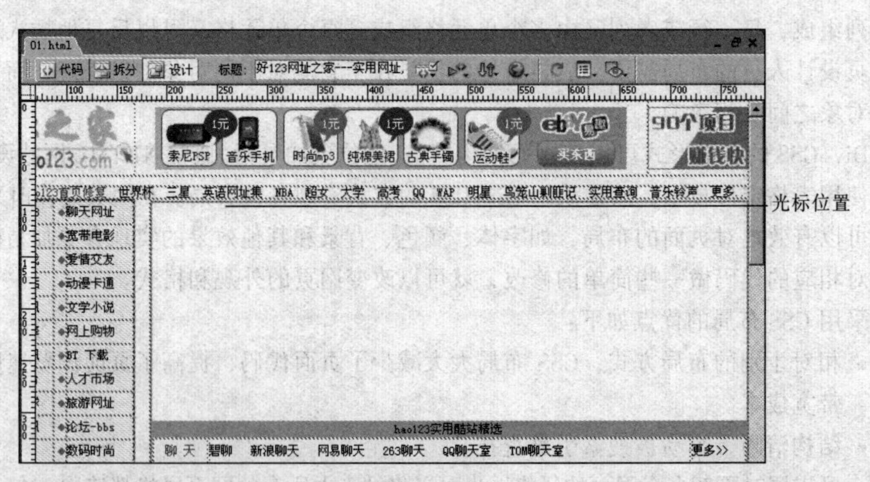

图 5-2　光标定位

Step2 选择“插入”→“表格”命令，弹出“表格”对话框（见图 5-3），本例中插入一个 6 行 5 列的表格，在该对话框中也可以对表格进行其他设置。

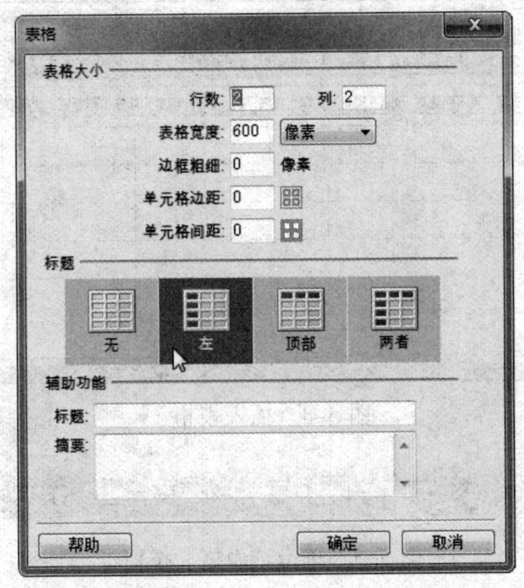

图 5-3 “表格”对话框

“表格”对话框包含“表格大小”、“页眉”、“辅助功能”三个选项组。在“表格大小”选项组中，可以完成对表格的基本设置：

- 行数：设置表格的行数。
- 列：设置表格的列数。
- 表格宽度：设置表格的宽度，以“百分比”或“像素”为单位。
- 边框粗细：设置表格边框的宽度，以像素为单位。
- 单元格边距：设置单元格内容与单元格边框之间的距离。
- 单元格间距：设置单元格与单元格之间的距离。

在“标题”选项组中，可对表格的页眉进行设置：

- 无：无表格标题。
- 左：将表格的第一列作为标题列，可为表格的每一行设一个标题。
- 顶部：将表格第一行作为标题行，可为表格的每一列设一个标题。
- 两者：使表格同时带有列标题和行标题。
- “辅助功能”：该选项组中可以完成对表格标题和表格摘要的设置。
- 标题：设置表格的标题，标题将显示在表格的外部。
- 摘要：设置表格的说明或标注。说明或标注的内容不会在用户的浏览器中显示，只在源代码中显示。

Step3 单击“确定”按钮，完成表格的插入操作，并调整到合适大小，如图 5-4 所示。

技巧：插入表格的另外一种方法是，单击“常用”工具栏中的“表格”按钮，如图 5-5 所示，也可以插入一个表格。

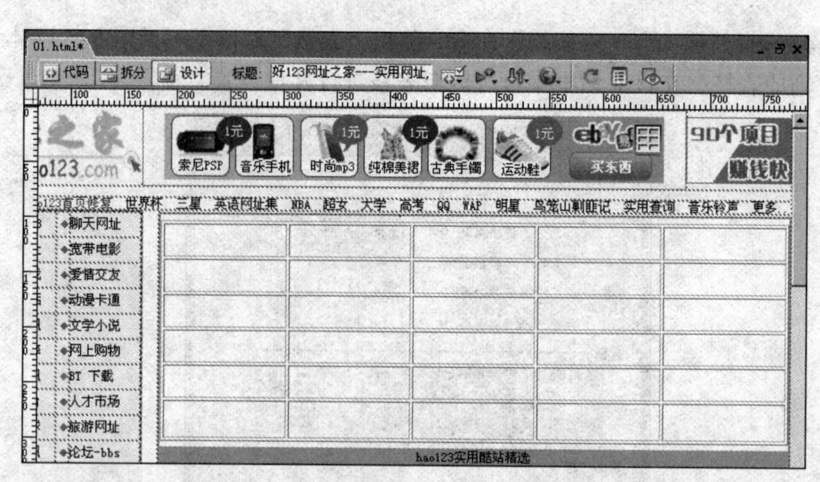

图 5-4　插入表格

图 5-5　单击“表格”按钮

5.2.2　表格设置

为了使表格达到更实用更美观的效果，对表格属性的设置是一项非常重要的操作，通过该设置可以实现对表格的准确定位和排版。

通过单击表格的边框线选中表格，再选择“窗口”→“属性”命令，打开表格“属性”面板，如图 5-6 所示，可进行表格的设置。

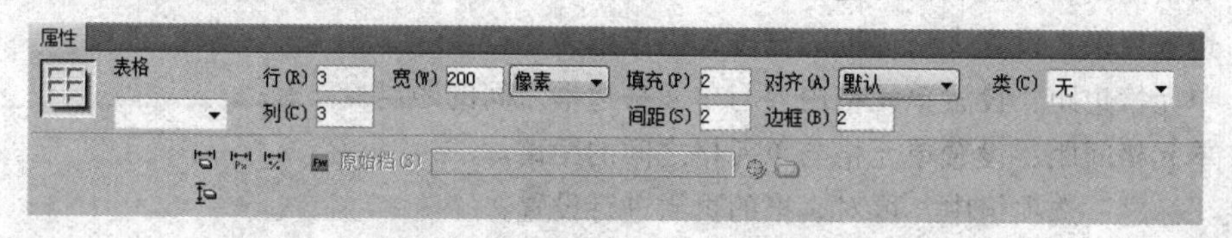

图 5-6　表格“属性”面板

- 表格 ID：面板最左侧的下拉列表框，对表格起标识作用。
- 行和列：设置表格的行数和列数。
- 宽和高：设置表格的宽度和高度，以像素或百分比为单位。
- 填充：设置单元格内容与单元格边框之间的距离。
- 间距：设置单元格与单元格之间的距离。
- 对齐：设置表格整体的对齐方式。
- 边框：指定表格边框的宽度，以像素为单位。
- 背景颜色：设置表格的背景颜色（Dreamweaver CS5 不支持）。
- 边框颜色：设置表格边框的颜色（Dreamweaver CS5 不支持）。

注意：如果在“表格”对话框中未指定边框粗细的值，则大多数浏览器按“边框粗细”设置为 1 以显示表格。若确保浏览器不显示表格边框，则需将“边框粗细”设置为 0。

5.3 使用 Div 控制页面布局

网页布局是控制网页中内容如何显示，如何划分成区块的。像一般网页布局的模板，一般都需要使用表格或 Div 标记在网页中实现布局。目前流行的做法是用 Div 标记进行控制。

5.3.1 规划 Div 布局

这里假设网页的布局结构如图 5-7 所示。可以看出，网页被划分成四块。这四块可用 Div 或表格实现。用表格方式来实现比较简单，但现在的 XHTML 网页标准中不再使用表格方式，而是采用 Div 定位方式。

图 5-7 Div 控制网页布局

根据上面定义的网页结构，用 Div 定义的代码如下：

```
1. <!DOCTYPE html PUBLIC "-//W3C//DTD XHTML 1.0 Transitional//EN"
"http://www.w3.org/TR/xhtml1/DTD/xhtml1-transitional.dtd">

2. <html xmlns="http://www.w3.org/1999/xhtml">

3. <head>  <!--网页头部设置-->
4. <meta http-equiv="Content-Type" content="text/html; charset=gb2312" />
5. <title>网页布局结构定义</title>
6. </head>

7. <body>
8. <div id="container">  <!--网页内容器-->
9. <div id="header">网页头部</div> <!--网页头部内容设计-->
10. <div id="mainContent">          <!--网页主体内容设计-->
11.      <div id="sidebar">网页左栏</div> <!--网页左侧内容设计-->
12.      <div id="content">网页右栏</div><!--网页右侧内容设计-->
13. </div>
```

```
14. <div id="footer">网页底部</div><!--网页底部版权设计-->
15. </div>
16. </body>
17. </html>
```

下面对以上的代码进行说明：

上面标记中的 id= “…” 是定义了一个 ID 选择器，即给该元素起了一个名字，方便 CSS 为其单独设置样式使用。

第 8 行，定义了包含全部网页内容的 Div 标记，这样做的好处是方便控制网页的宽度和背景效果，高度让其自动适应。

第 9 行，定义了用于存放网页顶部横幅的 Div 标记。

第 10 行，定义了网页主体内容部分，即顶部横幅以下，网页底部以上的部分。

第 11、12 行，分别定义了网页主体部分的左侧部分和右侧部分。

第 14 行，定义了用于存放网页底部版权信息的 Div 标记。

上面的代码可以用记事本或 Dreamweaver 等网页设计工具创建。完成后，保存到某个文件夹下建立一个网页文件（如 05\03\div-buju.html，注意，要去掉代码中的行号）。在浏览器中进行测试，发现只有几行文字，并没有上面的框架效果，原因是缺少布局控制的样式代码。若为每个板块的 Div 设置相应的样式，其效果会更加明显。

5.3.2 设计样式表

一旦定义好网页中各个板块的标记代码，接下来就需要用样式表语言（CSS）定义板块中各个部分的显示方式，包括大小、边框、字体、颜色等内容。在上面的 HTML 代码的 head 标记中加入<style type="text/css">和</style>标记对，具体内容如下（不包括左侧的行号）：

```
1. <head>  <!--网页头部设置-->
2. <meta http-equiv="Content-Type" content="text/html; charset=gb2312" />
3. <title>网页布局结构定义</title>

4. <style type="text/css">
5. <!--
6. body {font-family:Verdana; font-size:12px; margin:0;}
7. #container {margin:0 auto; width:900px;}
8. #header {height:100px; background:#6cf; margin-bottom:5px;}
9. #mainContent {height:500px; margin-bottom:5px;}
10. #sidebar {float:left; width:200px; height:500px; background:#9ff;}
11. #content {float:right; width:695px; height:500px; background:#cff;}
12. #footer {height:60px; background:#6cf;}
13. -->
14. </style>

15. </head>
```

上面的代码中：

第 6 行，通过设置某类标记的样式（标记选择器），这里为 body 标记设置样式，定义了该网页的默认字体为 Verdana，字体大小为 12 px，网页四周边界为 0 px。

第 7 行，通过设置有名称的网页元素（ID 选择器）的样式，定义网页内容区块的上下边界距离为 0 px，左右边界距离为自动对齐，宽度为 900 px。

第 8 行，也是用 ID 选择器定义样式设置网页头部板块的高度为 100 px，背景色为#6cf，底部外边距为 5 px。

第 9 行，用 ID 选择器方式定义了中间主体部分的高度为 500 px，底部外边距为 5 px。

第 10 行，用 ID 选择器方式定义了主体部分左侧内容区域整体向左靠，宽度为 200 px，高度为 500 px，背景色为#9ff。

第 11 行，用 ID 选择器方式定义了主体部分右侧内容区域整体向右靠，宽度为 695 px，高度为 500 px，背景色为#cff。

第 12 行，用 ID 选择器方式定义了底部版权部分的高度为 60 px，背景色为#6cf。

5.3.3 测试并完善 Div 布局

经过很多网页设计者调查统计发现，像一些知名网站，如新浪网、搜狐网、网易等网站的首页布局宽度为 950 px 左右。因此，我们的网站为了跟上知名网站布局的潮流，将其布局的宽度改为 950 px。在上节中，网站的布局宽度是 900 px，现在需要将其改为 950 px，其修改方式如图 5-8 所示。

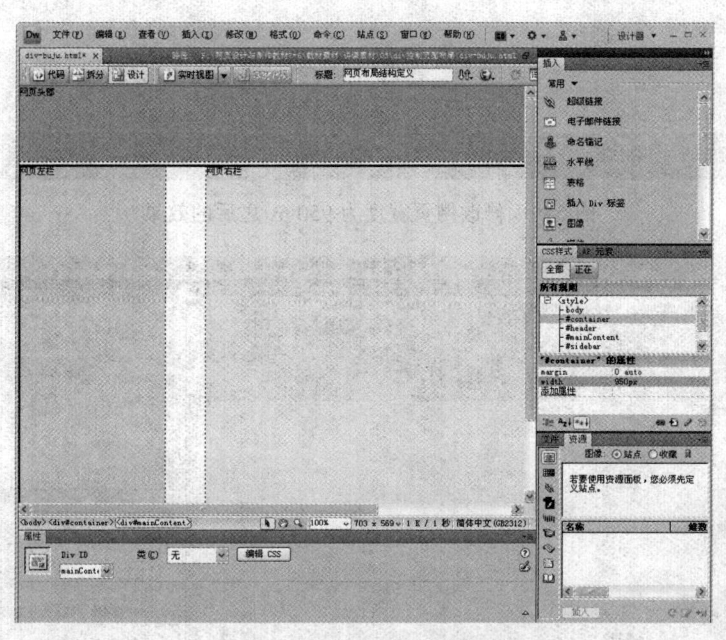

图 5-8 修改网页布局的宽度

首先，用 Dreamweaver 打开设置好样式后的 index.html 网页文件。

其次，在右侧中部，选择“CSS 样式”面板，并单击“全部”按钮，然后选择#container 样式名称，接着在其属性中修改 width 属性的值为 950 px 即可。

最后，在浏览器下预览修改之后的效果，如图 5-9 所示。

修改网页内容的宽度为 950 px 之后，在浏览器中预览，发现中间部分网页主体内容设计的左栏和右栏之间留有空白，这部分就是被浪费的空白区域，那如何利用此区域呢？也就是让空白部分能被充分地使用。通过分析，网页左栏的宽度为 200 px，而网页右栏的宽

度为 695 px，左右两栏的宽度之和为 895 px，比网页内容的宽度 950 px 少 55 px，因此，需要把此多出来的 55 px 利用起来，但网页左栏和网页右栏之间需要保留一定的空隙（因为不同浏览器对元素的默认边界和边框粗细是不一样的，所以这样做可以让网页保持浏览器的兼容性），一般此空隙为 10 px。所以，在网页左栏或网页右栏的宽度加入 55 px-10 px=45 px 即可，假如把网页右栏的宽度便宽 45 px，网页右栏的宽度便为 695 px+45 px=740 px，修改方法如图 5-10 所示。

图 5-9　修改网页宽度为 950 px 之后的效果

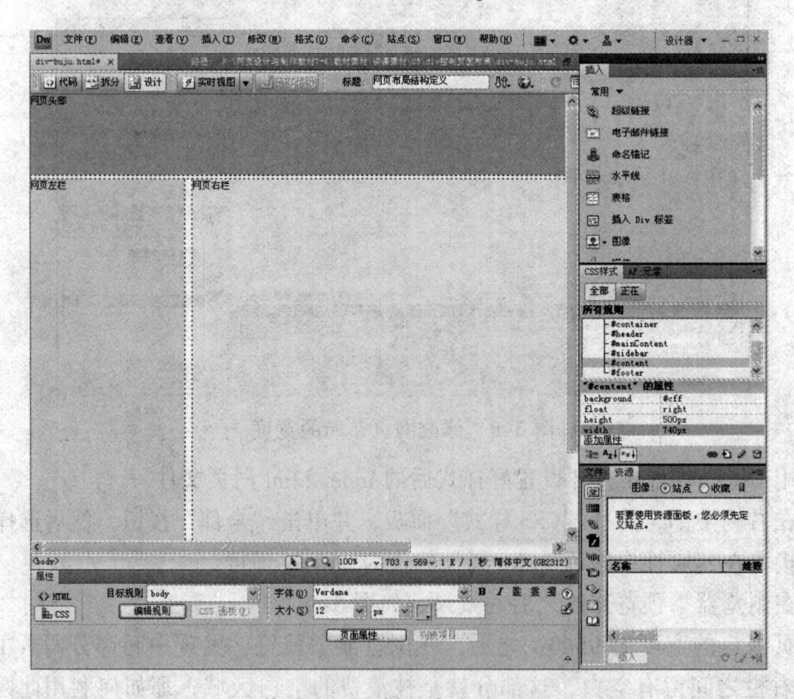

图 5-10　修改网页右栏的宽度为 695 px+45 px

5.3.4 Div 元素的定位技巧

在第 5.3.2 节中，设置网页主体内容左右两部分宽度时，采用的代码为#sidebar{ float:left; width:200px; height:500px; background:#9ff;}，#content { float:right; width:695px; height: 500px;background:#cff;}。

网页左栏宽度和网页右栏宽度两部分宽度加起来等于 200 px +695 px =895 px，少了 5 px，这主要是考虑有些浏览器会在 Div 中默认有几个像素的边界值。如果左右两部分加起来刚好等于 900 px，会导致右侧板块因为无法全部显示而被挤到下一行。这就是常见的板块“跑”了的现象。因此，一个外面的 Div 宽度应大于其里面的一行多个并列 Div 的宽度之和，否则，就会出现里面 Div 的板块“跑”了的现象。

5.4 用框架实现后台管理布局

5.4.1 插入和修改框架网页

1. 框架集和框架基础知识

框架集（HTML 标记为 frameset）是一个特殊的网页，它可以将一个浏览器窗口分成几个部分，每个部分是一个框架（HTML 标记为 frame），每个框架单独显示一个网页。所以，如果用框架集将网页划分为上下两个部分，如图 5-11 所示，则共需要 3 个网页，即 1 个框架集网页，2 个框架网页。读者在使用框架时一定要注意这点。

框架集在网站设计中主要用于网站的后台管理部分，一般的做法是左侧为管理项目导航，右侧是具体的管理内容，上方是网站横幅或导航等内容，如图 5-12 所示。

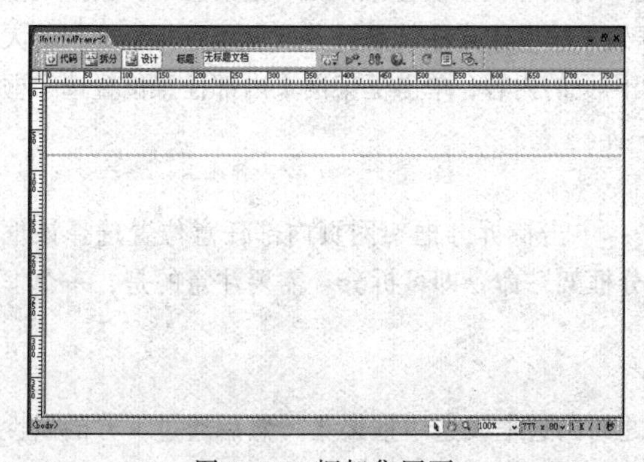

图 5-11 框架集网页

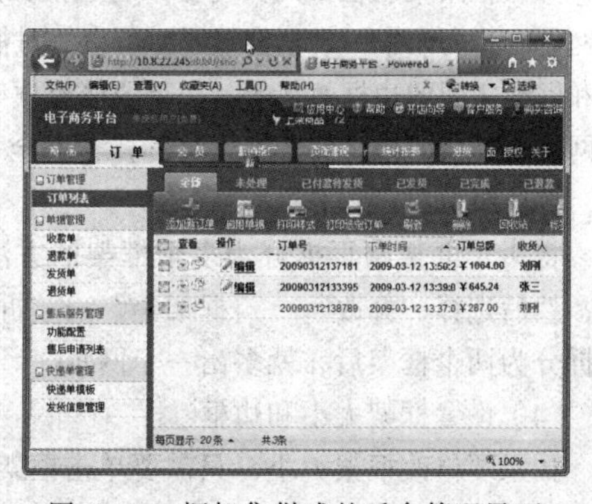

图 5-12 框架集做成的后台管理界面

2. 创建框架网页

在熟悉框架集的操作之前，首先要掌握插入框架集的方法。

在 Dreamweaver 中，选择“文件”→“新建”命令，弹出“新建文档”对话框，在“示例文件夹”选项卡中选择“框架页”选项，在右侧的列表框中选择其中的一种，这里选择“上方固定”框架，如图 5-13 所示。单击“创建”按钮，便可新建一个框架页，如图 5-11 所示。

3. 框架网页的操作基础

首先需要明确的是，框架集构成的网页是由几个网页组合显示在一个窗口中的。所以，创建一个框架集网页后，一定要明确一共包含几个网页。计算的方法很简单，一个框架集需要网页的总个数等于框架个数加 1。如果框架网页也包含框架集，则计算的方法是一样的。

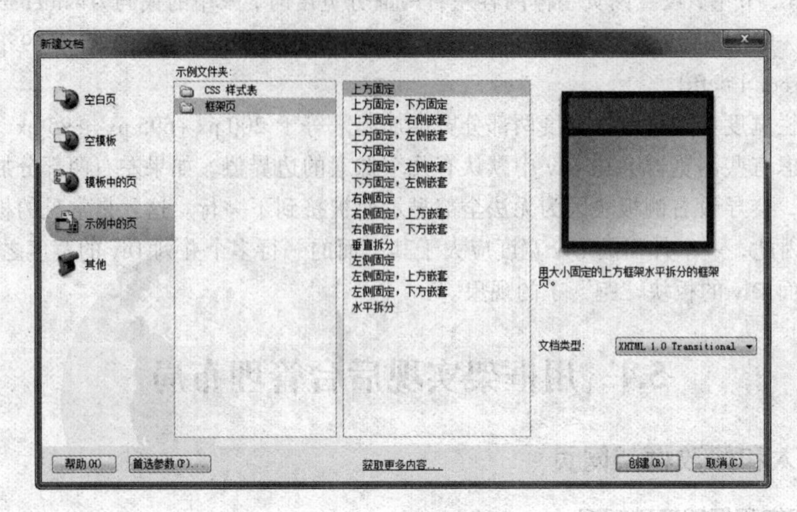

图 5-13　创建框架集

（1）保存框架集中的网页

创建框架之后，需要单独修改或保存框架集网页和框架网页。保存框架集网页的方法：通过单击框架集中某两个框架之间的边框来选择框架集网页，然后保存即可。保存框架的方法：单击需要保存的框架网页内部任意位置，然后保存即可。

（2）修改框架集或框架网页

修改框架集和框架网页与修改普通网页是一样的。但需要注意的是，框架集中一般只放框架网页，其余元素一般不会显示。所以，对框架集的操作往往就是拆分或者设置每个框架的大小和框架之间的边框效果等。如果要修改框架网页的内容，单击框架网页内部任意位置选中框架网页，其余的操作和普通网页的操作完全一样。

（3）拆分框架操作

将一个框架网页拆分为多个框架的方法：单击待拆分框架网页内部任意位置选择该框架，然后选择“修改”→“框架集”→“拆分框架”命令即可拆分。需要注意的是，一个框架拆分为两个框架后，就多出一个网页。

（4）设置框架大小和边框

如果要修改框架大小，只需要单击框架之间的边框线选中框架集，然后通过下方的属性面板设置框架的大小和边框属性。

（5）框架之间的超链接

如果左侧是后台管理的导航项目，则要通过左侧框架的一个项目创建链接，然后在右侧框架打开某个管理页面，只需要在左侧项中设置超链接，并设置打开窗口为右侧框架的名字即可。可以通过 Dreamweaver“属性”面板中的“目标”下拉列表框指定框架窗口。

5.4.2　嵌入式框架

嵌入式框架是一种特殊的框架技术，利用嵌入式框架，可以比普通框架更加容易控制网站的导航。

下面将继续进行上例的操作，在名为 mainFrame 的框架中插入一个嵌入式框架，操作步骤如下：

Step1 在 Dreamweaver 中，打开素材文件 05\02\html 文件夹下的 main.html 文件，切换到拆分视图，在层标记<div id="Layer1"></div>中间插入以下代码，如图 5-14 所示，即可在层中创建一个嵌入式框架，如图 5-15 所示。

```
<iframe width="705" height="378" name="iframe" src="iframe.html"> </iframe>
```

```
12      width:705px;
13      height:378px;
14      z-index:1;
15      background-color: #99CC99;
16  }
17  body {
18      margin-left: 0px;
19      margin-top: 0px;
20  }
21  -->
22  </style>
23  </head>
24
25  <body>
26  <div id="Layer1"><iframe width="705" height="378" name="iframe" src="iframe.html"></iframe>
    </div>
```

图 5-14　代码在拆分视图中的位置

图 5-15　嵌入式框架页面

Step2 在 Dreamweaver 中打开素材文件 05\02 文件夹下的 index.html 文件，在其 mainFrame 框架中设置源文件的路径为 html\main.html，在浏览器中预览 index.html 文件，效果如图 5-16 所示。

Step3 在 index.html 文件中，选择“九寨沟风景”文字并对其进行链接设置，将其链接到素材文件 02\html 文件夹下的 ima1.html，目标设置为 iframe，如图 5-17 所示。

Step4 使用同样的方法将其他文字分别链接到素材文件 02\html 文件夹下的 ima2.html、ima3.html、ima4.html、ima5. html，目标均设置为 iframe，设置完成后，框架网页即制作成功。

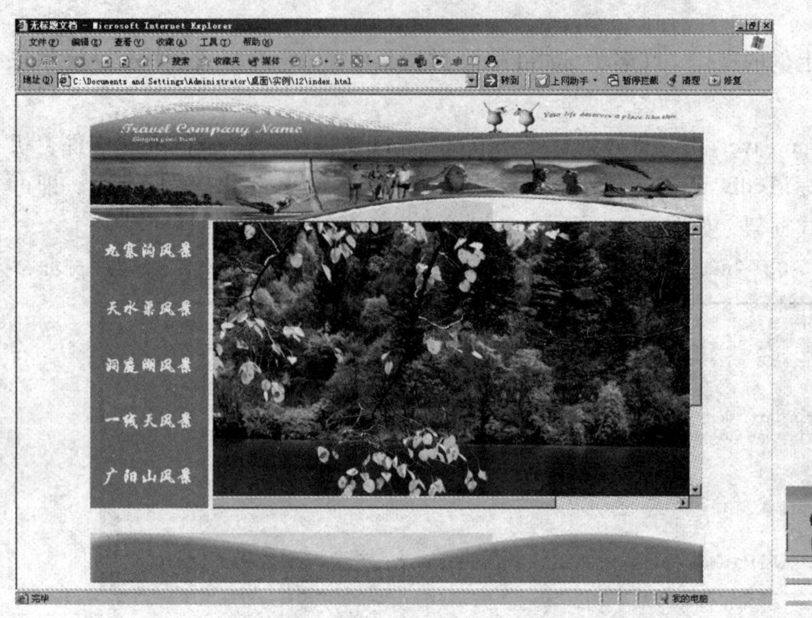

图 5-16 index.html 页面

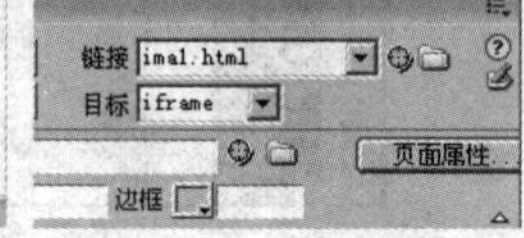

图 5-17 链接及目标设置

5.5 HTML 中的布局标记

5.5.1 表格标记

表格是用于排列页面内容的最佳手段，在网页中看到的整齐有序的内容大都是使用表格进行排版的。在 HTML 的语法中，表格是通过 3 个标记来构成的：表格标记、行标记和单元格标记。

1. 标记

- table：用于定义整个表格，表格内所有内容都应置于<table>和</table>之间。
- caption：用于定义表格的标题，表格的标题应置于<caption>和</caption>之间，该标记的 align 属性说明标题的位置，其取值如下：
  - top：标题置于表格上部中央（默认）。
  - bottom：标题置于表格下部中央。
  - left：标题置于表格上部的左侧。
  - right：标题置于表格上部的右侧。
- TR（table row）：定义表格的行，对于每一个表格行，都对应一个 TR 标记。
- TD（table data）：表格中的每一个单元格都对应一个 TD 标记。
- TH（table heading）：用来定义表格行或列标题所在的单元格。

2. 属性

- width 属性：设置表格的整体宽度。
- height 属性：设置表格的整体高度。

- align 属性：设置表格内容的水平对齐方法，在标记符<TR>、<TH>、<TD>内使用 align 属性进行设置，常取的值如下：
  - ➢ center：表示单元格内容居中对齐。
  - ➢ left：表示单元格内容左对齐（默认值）。
  - ➢ right：表示单元格内容右对齐。
- valign 属性：设置表格内容的垂直对齐方法，在标记符<TR>、<TH>、<TD>内使用 valign 属性进行设置，常取的值如下：
  - ➢ top：表示数据靠单元格顶部。
  - ➢ bottom：表示数据靠单元格底部。
  - ➢ middle：表示数据在单元格垂直方向上居中（默认值）。
- rowspan 属性：在<TD>或<TH>标记符内使用 rowspan 属性可以进行行合并，rowspan 的取值表示垂直方向上合并的行数。
- colspan 属性：在<TD>或<TH>标记符内使用 colspan 属性可以进行列合并，colspan 的取值表示水平方向上合并的列数。
- frame 属性：用于控制是否显示边框，以及如何显示边框，该属性的取值如下：
  - ➢ void：表示无边框（默认值）。
  - ➢ above：表示仅有顶部边框。
  - ➢ below：表示仅有底部边框。
  - ➢ hsides：表示仅有顶部和底部边框。
  - ➢ vsides：表示仅有左边框和右边框。
  - ➢ lhs：表示仅有左边框。
  - ➢ rhs：表示仅有右边框。
  - ➢ border：表示包含全部 4 个边框。
- rules 属性：用于控制是否显示以及如何显示单元格之间的分隔线，取值可以是以下几种：
  - ➢ none：表示无分隔线（默认值）。
  - ➢ rows：表示仅有行分隔线。
  - ➢ cols：表示仅有列分隔线。
  - ➢ all：表示具有所有分隔线。
- border 属性：用于设置边框的宽度，其值为像素。如果设置 border="0"，则意味着 frame="void"，rules="none"（除非另外设置）；如果设置 border 为其他值（如使用不指定值的单独一个 border，相当于 border="1"），则意味着 frame="border"，rules="all"（除非另外设置）。
- cellspacing 属性：在 table 标记符中使用 cellspacing 属性可以控制单元格之间的空白，使用 cellpadding 属性可以控制表格分隔线和单元格中数据之间的距离，这两个属性的取值通常都采用像素。

学生登记表

系别	班级	姓名
电子系	电商054	王凯
服装系	服装051	李涛
汽车系	汽销052	张浩男

图 5-18　表格效果图

下面通过举例说明使用表格标记制作一个 4 行 3 列的表格，效果如图 5-18 所示，代码如下：

```
<HTML>
  <HEAD>
    <TITLE>制作表格</TITLE>
  </HEAD>
  <BODY>
    <TABLE border="2" width="400"  frame= "hsides" cellpadding="10">
      <CAPTION><B>学生登记表</B></CAPTION>
      <TR>
        <TH><CENTER>系别</CENTER></TH>
        <TH><CENTER>班级</CENTER></TH>
        <TH><CENTER>姓名</CENTER></TH>
       </TR>
      <TR>
        <TD><CENTER>电子系</CENTER></TD>
        <TD><CENTER>电商 054</CENTER></TD>
        <TD><CENTER>王凯</CENTER></TD>
      </TR>
      <TR>
        <TD><CENTER>服装系</CENTER></TD>
        <TD><CENTER>服装 051</CENTER></TD>
        <TD><CENTER>李涛</CENTER></TD>
      </TR>
      <TR>
        <TD><CENTER>汽车系</CENTER></TD>
        <TD><CENTER>汽销 052</CENTER></TD>
        <TD><CENTER>张浩男</CENTER></TD>
      </TR>
     </TABLE>
  </BODY>
</HTML>
```

5.5.2 Div 标记

Div 是一个 HTML 标记，用于表示一块可显示 HTML 信息的区域。

如果不使用任何 CSS 样式设置，Div 标记的效果与分段标记 p 基本相同。

```
<div>第一段文字</div>
<div align="center">第二段文字</div>
*****使用 Div+CSS 可以实现结构化的页面布局：
```

例：

```
<html>
<head>
<title>CSS+Div 实现简单页面布局</title>
<style type="text/css">
/*星号表示通配符，指任何元素，margin 指的是元素之间的空隙*/
/*padding 指的是元素与边框的空隙*/
*{margin:0px;
padding:0px;
}
body{font-size:20px;}
.main{width:800px;
```

```
background:blue;
}
.main.top{
    width:800px;
    height:40px;
    background:#ffaaff;
    border:1px solid #dddddd;
}
.main.nav{
    float:left;
    width:100px;
    height:300px;
    background:#bbeeff;
    border:1px solid #dddddd;
}
.main.content{
    float:left; /*float表示可以飘浮*/
    width:700px;
    height:300px;
    background:#ffeeaa;
    border:1px solid #dddddd;
}
</style>
</head>
<body>
<div class="main">
<div class="top">页面标题内容</div>
<div class="nav">导航内容</div>
<div class="content">主体内容</div>
</div>
</body>
</html>
```

HTML 元素按其显示方式可以分为“块级（block）”元素和“行内（inline）”元素两种。

- 块级元素：前后换行，可设定块大小（宽度和高度）、块的定位、块边框、块间距、块内和块边框间空隙等。如 body、p、tr、td、div 等。
- 行内元素：位于当前行中，前后不换行，不单独定位，如 span 元素。

例：

```
<html>
<head>
<title>使用 span 标记</title>
</head>
<body>
<p>
一段文字中的一部分显示效果有所不同，如：
<span style="font-size:20pt;color:red">
可以采用 span 元素来实现。
</span>
```

```
</p>
</body>
</html>
```

可以使用 CSS 的 display 属性设置/修改元素的显示方式，其常用属性取值为 blook、inline 和 none。

例：

```
<html>
<head>
<title>使用 CSS 的属性</title>
</head>
<body>
<p>
一段文字中的一部分显示效果有所不同，如：
<span style="display:inline;font-size:40pt;color:red">
可以采用 span 元素来实现。
</span>
</p>
<hr>
<p>
```


5.5.3 框架标记

框架标记为<FRAME>。

例：

```
<frame name="top" src="a.html" marginwidth="4" marginheight="3" scrolling=
"Auto" frameborder="0" noresize framespacing="5" bordercolor= "#0000FF">
```

属性说明如下：

- name="top"：设置这个窗口的名称，这样才能指定框架进行链接。
- src="a.html"：设置此窗口中要显示的网页文件名称，每个窗口一定要对应一个网页文件。
- marginwidth=4：表示框架宽度部分边缘所保留的空间。
- marginhight=3：表示框架高度部分边缘所保留的空间。
- scrolling="auto"：设置是否要显示滚动条，yes 表示显示滚动条，no 表示不显示滚动条，auto 表示由浏览器决定。
- frameborder=0：设置框架的边框，其值只有 0 和 1，0 表示不显示边框，1 表示显示边框。
- noresize：设置不让浏览者改变这个框架的大小，若没有设置此参数，浏览者可随意拖动框架改变其大小。
- framespacing="5"：表示框架与框架之间保留空白的距离。
- bordercolor="#0000FF"：设置框架的边框颜色。

注意：当别人使用的浏览器版本太低，不支持框架功能时，将看到一片空白。为了避免这种情况，可使用<noframes>这个标记，当使用者的浏览器看不到框架时，就会看到<noframes>与</noframes>之间的内容，而不是一片空白。

在<frameset> 标记范围加入</noframes>标记，例如：

```
<frameset rows="80,*">
<noframes>
```

```
<body>
    很抱歉，您使用的浏览器不支持框架功能，请采用新版本的浏览器。
</body>
</noframes>
<frame name="top" src="a.html">
<frame name="bottom" src="b.html">
</frameset>
```

模 块 总 结

一个网站的布局是否合理主要看其网页布局，到目前为止，网页布局的一般方法有三种：传统的表格布局、当前流行的 Div+CSS 布局和用于网站后台管理页面的框架布局。通过本模块的学习，读者应该根据网站中不同页面设计的实际情况，来采用不同的页面布局。

任务实训　用表格控制页面布局

最终效果

案例最终效果如图 5-19 所示。

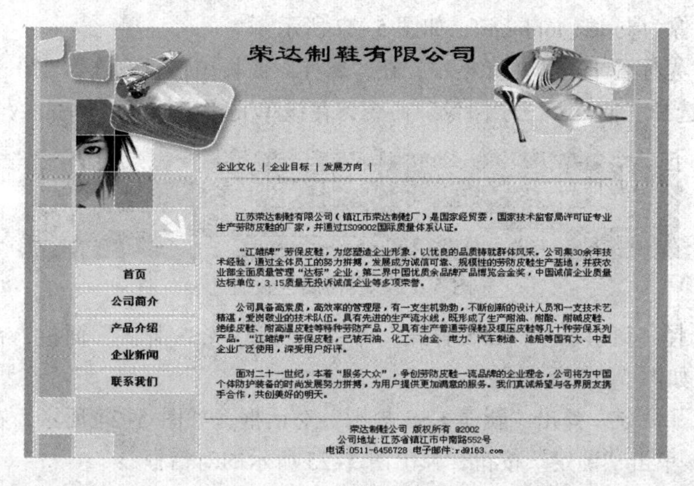

图 5-19　案例效果图

实训目的

学习网页设计中布局控制的方法和技巧，主要是掌握使用表格控制网页布局的基本技巧。

相关知识

Dreamweaver 中表格创建和控制布局的基本技巧。

实训步骤

Step1 为了方便设计，将素材文件05\04\images文件夹中的素材图片复制到网站的当前目录中。新建一个空白的页面，单击“属性”面板中的“页面属性”按钮，弹出“页面属性”对话框，如图5-20所示，将页面的背景颜色设为#99CC99，左、右、上、下边距均设为0 px。

Step2 在页面中插入一个1行2列的表格，选择“插入”→“表格”命令，弹出“表格”对话框，将表格宽度设为778 px，边框粗细、单元格边距、单元格间距均设为0 px，如图5-21所示。

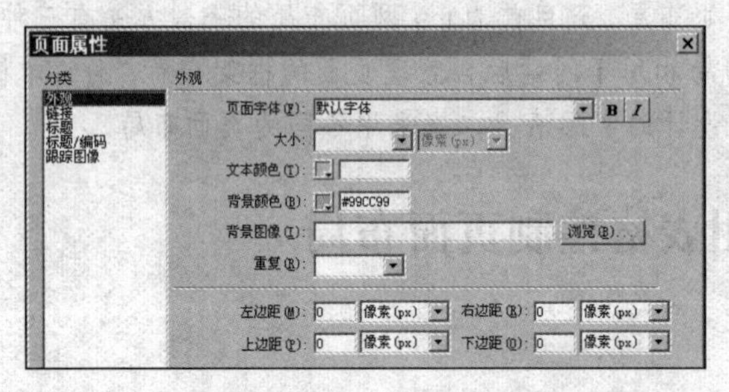
图5-20 “页面属性”对话框

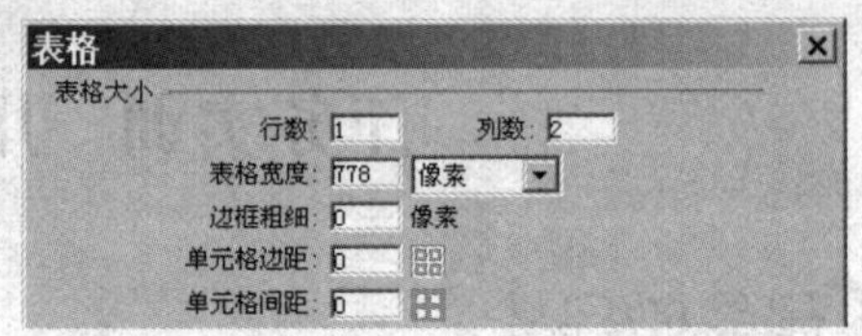
图5-21 “表格”对话框

Step3 选中页面中刚创建的表格，在其“属性”面板中设置表格的高度为180 px，居中对齐，背景图像为index_topbg.gif，如图5-22所示。

Step4 将光标置于右边单元格中，在“属性”面板中设置宽度为210 px，背景图像为index_top2.gif，选择“插入”→“图像”命令，在该单元格中插入图片index_ right.gif。

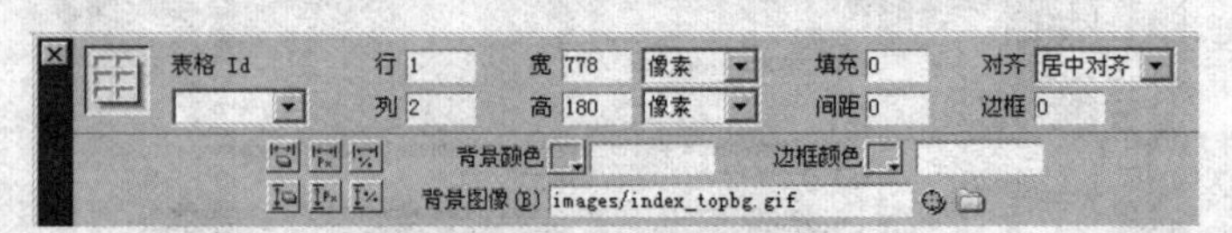
图5-22 表格属性设置

Step5 选择“窗口”→“CSS样式”命令，打开“CSS样式”面板，在面板中右击，弹出快捷菜单，如图5-23所示。

选择“新建”命令，弹出“新建CSS规则”对话框，如图5-24所示，在“名称”文本框中输入topbg，单击“确定”按钮，弹出图5-25所示的对话框。

图5-23 “CSS样式”面板

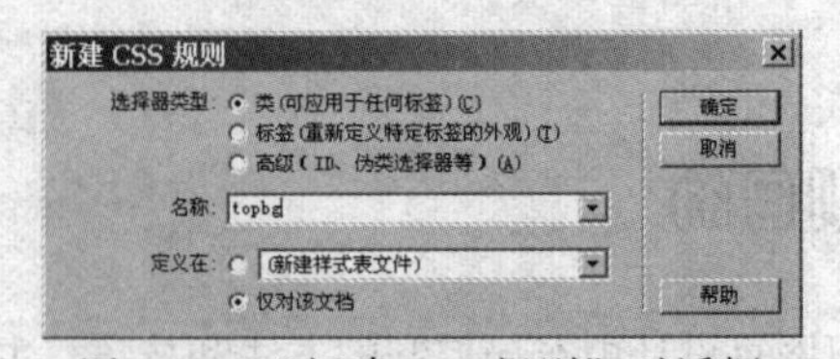
图5-24 “新建CSS规则”对话框

在图5-24所示对话框的“分类”列表框中选择“背景”选项，设置背景图像为index_top1.gif，重复方式为“不重复”。

Step6 将光标置于左边单元格中，在“属性”面板中设置“垂直”方向为“顶端”对齐，“样式”设为topbg，如图5-26所示。

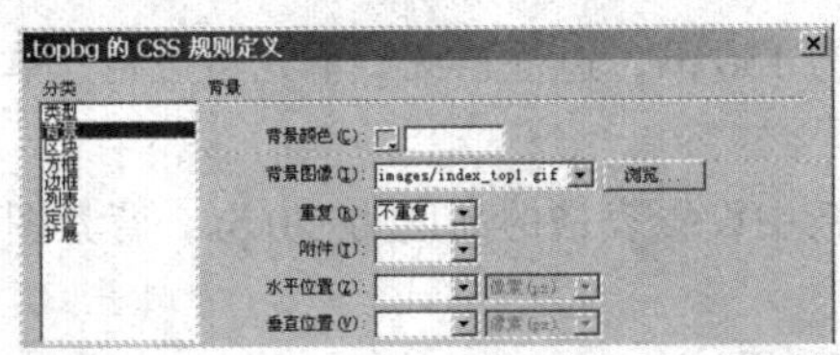

图 5-25 “.topbg 的 CSS 规则定义”对话框

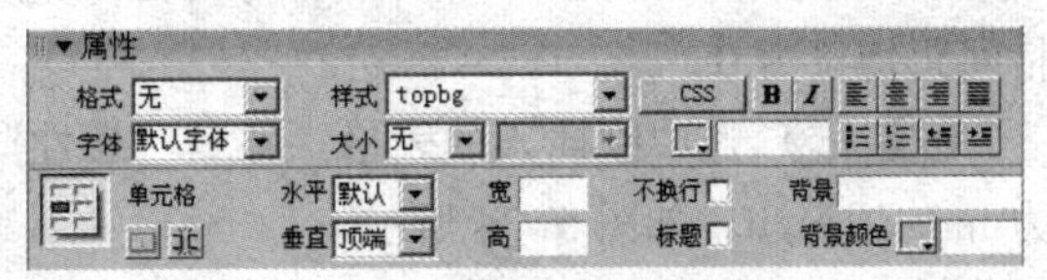

图 5-26 单元格属性设置

Step7 在左边单元格中插入一个 2 行 1 列的表格，选择“插入”→“表格”命令，将表格的宽度设为 317 px，边框粗细、单元格边距、单元格间距均设为 0，如图 5-27 所示。

Step8 选中刚插入表格的第 2 行，将其高度设为 36 px，并输入文字“荣达制鞋有限公司”，文字字体设为“隶书”，大小为 36 px。至此，页面顶部设计完毕，如图 5-28 所示。

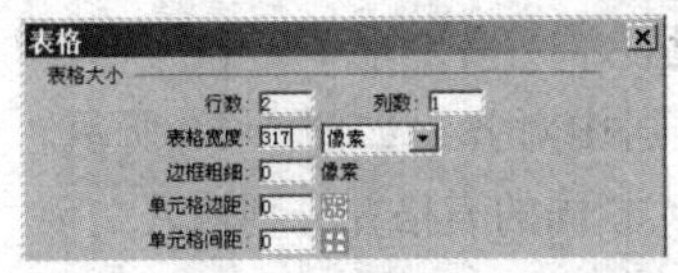

图 5-27 插入 2 行 1 列的表格

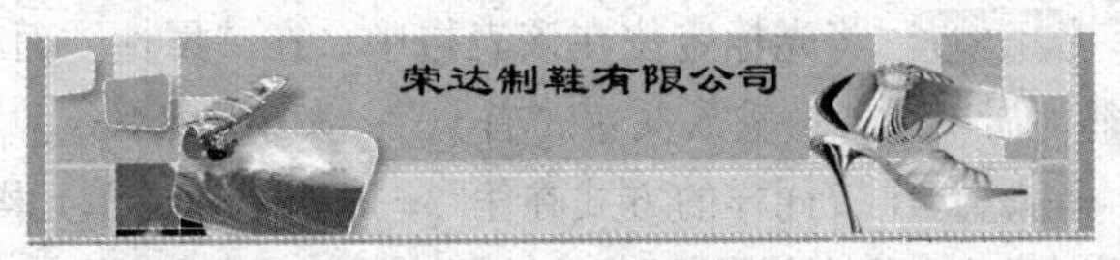

图 5-28 页面顶部效果

Step9 在页面中插入一个 1 行 3 列的表格，选择“插入”→“表格”命令，将表格的宽度设为 778 px，边框粗细、单元格边距、单元格间距均设为 0，如图 5-29 所示。

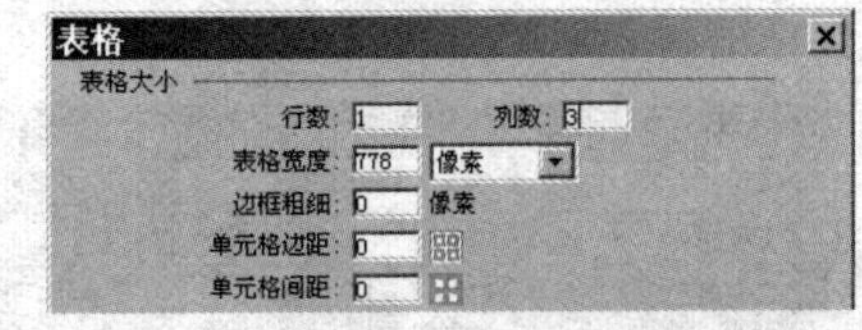

图 5-29 插入 1 行 3 列的表格

Step10 选中页面中刚创建的表格，在其“属性”面板中设置表格的对齐方式为“居中对齐”，背景颜色为#DBF3D7，并将“表格 Id”设为 tmain，如图 5-30 所示。

Step11 选中左边单元格，在其“属性”面板中设置宽度为 215 px，背景图片设为 index_leftbg.gif。选中右边单元格，在其“属性”面板中设置宽度为 40 px，背景图像为 index_rightbg.gif。

图 5-30 表格属性设置

Step12 将光标定位到左边单元格中，选择“插入”→“图像”命令，插入图片 index_lmtop.gif。选择“插入”→“表格”命令，插入一个 6 行 2 列的表格，将表格的宽度设为 215 px，边框粗细、单元格边距、单元格间距均设为 0，如图 5-31 所示。

Step13 将刚插入的表格第 2～6 行右边的单元格高度设为 36 px，宽度设为 162 px，如图 5-32 所示。

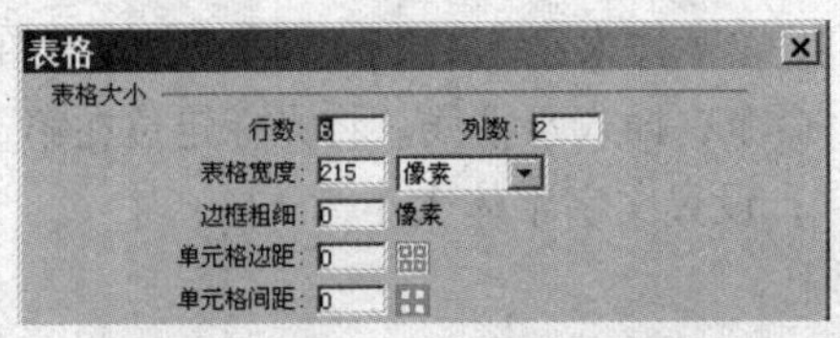

图 5-31 插入 1 行 2 列的表格

图 5-32 单元格属性设置

Step14 将光标定位在第 2 行右边的单元格，选择“插入”→“表格”命令，插入一个

1行1列的表格，如图5-33所示，将表格的宽度设为150 px，边框粗细、单元格边距、单元格间距均设为0。

Step15 选中刚插入的表格，在其“属性”面板中设置表格的高度为 30 px，背景图像为index_lm.gif，如图5-34所示。

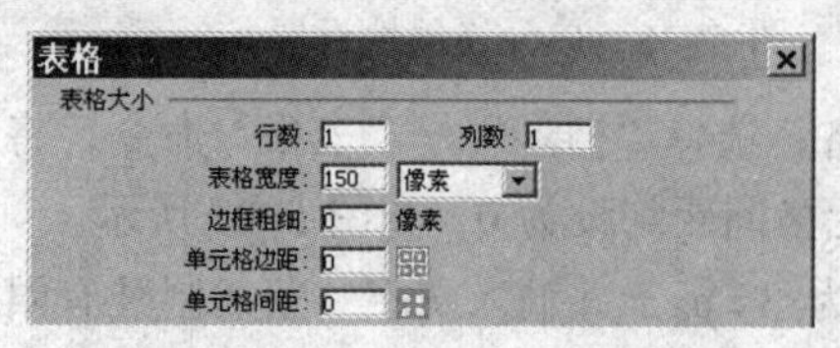

图5-33 插入1行1列的表格

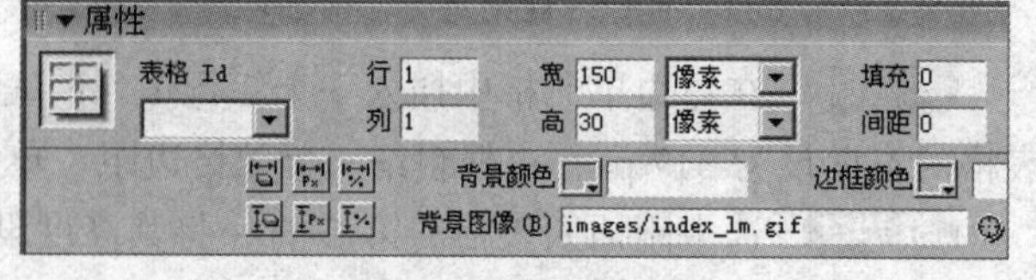

图5-34 表格属性设置

Step16 将光标定位在该表格中，在“属性”面板中设置单元格“水平”和“垂直”方向都为居中对齐，输入文字“首页”，大小为14 px、加粗、居中对齐，如图5-35所示。

Step17 按同样的方式在第3～6行右边的单元格中插入相同的表格并分别输入文字“公司简介”“产品介绍”“企业新闻”“联系我们”，效果如图5-36所示。

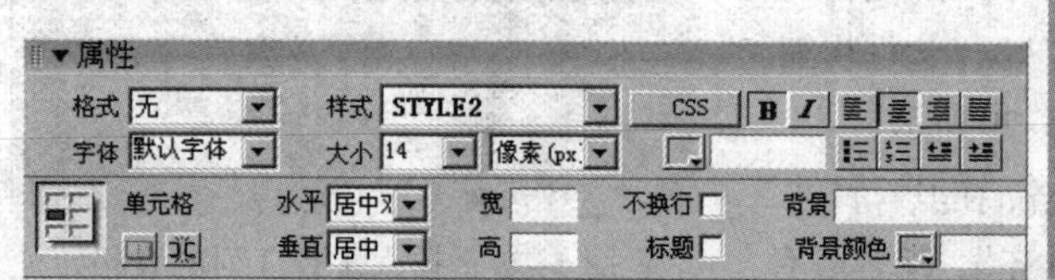

图5-35 单元格属性设置

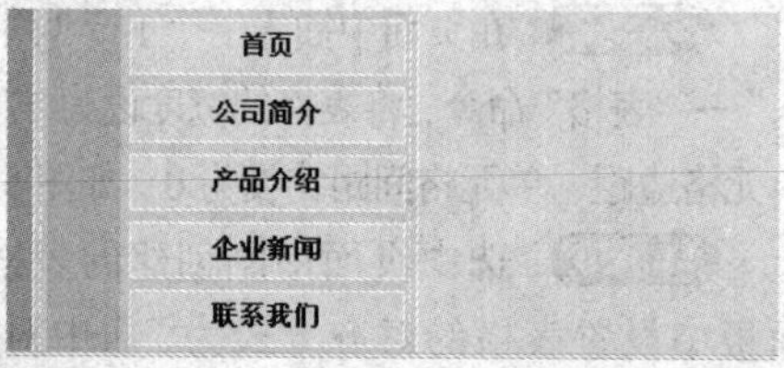

图5-36 页面左侧导航效果图

Step18 将光标定位到表格tmain左边的单元格中，选择“插入”→“图像”命令，在6行2列的表格下方插入图片index_lmbottom.gif。

Step19 将光标定位到表格tmain中间的单元格中，在“属性”面板中设置“垂直”方向为“顶端”对齐，选择“插入”→“表格”命令，插入一个3行1列的表格，设置表格的宽度为94%，边框粗细、单元格边距、单元格间距均设为0，如图5-37所示。

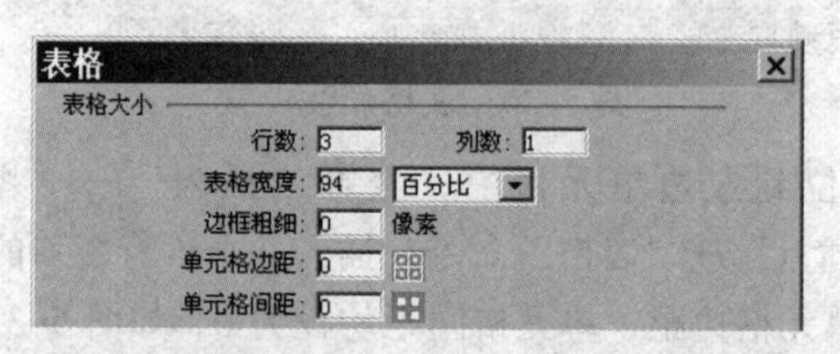

图5-37 插入3行1列的表格

Step20 选中刚插入的表格，设置其对齐方式为“居中对齐”。将光标定位在该表格第1个单元格中，输入文字“企业文化|企业目标|发展方向|”，字体大小为 12 px。将光标定位在第2个单元格中，选择“插入”→HTML→“水平线”命令，插入水平线。将光标定位在第3个单元格中，输入文字“江苏荣达制鞋有限公司……”，设置文字字体大小为12 px。

Step21 在表格下方再插入一条水平线，方法同上。

Step22 选择“插入”→“表格”命令，在水平线下面插入一个1行1列的表格，设置表格的宽度为94%，边框粗细、单元格边距、单元格间距均设为0，如图5-38所示。在该表格的“属性”面板中设置其对齐方式为“居中对齐”。

Step23 将光标定位到刚插入的表格中，输入企业的联系方式，字体大小为 12 px，居中对齐。

Step24 至此整个页面设计完成，效果如图 5-39 所示。

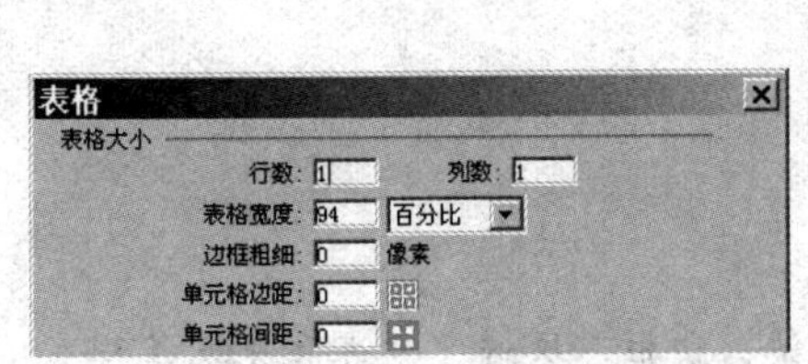

图 5-38 插入 1 行 1 列的表格

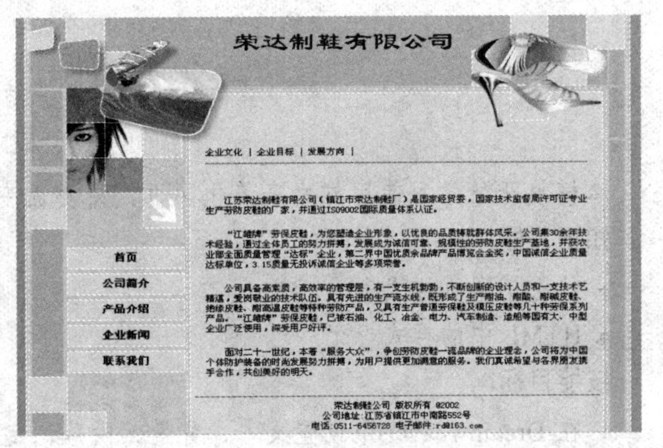

图 5-39 最终效果图

注意：将整个网页划分成几个部分放到不同的表格中，可以加快浏览器读取页面的速度，因为浏览器是在读完整个表格后才显示其内容的。

知 识 测 评

一、填空题

1. 如果在“表格”对话框中没有指定边框粗细的值，则大多数浏览器按“边框粗细”设置为________显示表格。若在浏览器中不显示表格边框，应将“边框粗细”设置为________。

2. 当表格整体属性和单元格属性设置冲突时，将优先使用________中设置的属性。

3. 要指定表格单元格中的内容与表格单元格边框之间的空间大小，需要设置表格“属性”面板中的________。

4. ________标记用于定义表格的标题。

二、选择题

1. 在 HTML 代码中，(　　) 标记用来创建表格中的行。

A. TR　　B. TD　　C. TC　　D. TH

2. 当选择多个不连续的单元格时，需要使用 (　　) 键。

A. 【Shift】　　B. 【Alt】　　C. 【Ctrl】　　D. 【Tab】

3. 关于布局表格和布局单元格的说法正确的是 (　　)。

A. 在布局单元格中可以绘制布局表格

B. 布局单元格可以重叠

C. 在布局表格中可以绘制布局单元格

D. 布局表格的右侧可以再绘制布局表格

用样式表美化网页

本模块开始学习使用样式表美化网页，使页面变得更加漂亮和协调。

知识目标：

- 什么是网页样式表
- HTML 中的样式标记

技能目标：

- 在 Dreamweaver 中设置文本、背景、段落、定位、边框、区域、列表和光标等样式
- 编写代码实现高级的滤镜样式
- 如何使用内联、外联、嵌入和导入样式表

网页版式美观漂亮，内容规范整齐，其实是样式表的功能。现代网页设计中，往往将网页要显示的内容和内容的显示形式分开，要显示的内容，就是我们一般看到的文字、图像、动画和视频等，而这些内容的显示形式，则由样式表来控制。通过样式表的控制，完全可以让同样的内容以不同的形式表现出来。这样，就可以让网页表现出更多的魅力。

利用 CSS 样式可以同时控制多个网页中元素的格式，可以大大减少网页设计的工作量，进而使网页具有整齐、美观和统一的效果。通过本模块的学习，读者能在网页中应用 CSS 样式制作出图 6-1 所示的网页效果。

图 6-1 “CSS 样式”效果

6.1　什么是样式表

样式表 CSS（Cascading Style Sheet）实际上就是一组用于设置网页内容显示形式的“样式”的集合。样式表的作用是可以在同一页面里设置不同内容的不同表现形式。另外，用样式功能仅仅改变一个样式就可以改变数百个网页的外观（即我们常听说的“皮肤”），或者改变一个单独的样式就能影响到网站的所有文字大小。在一些特别纪念的日子里，很多网站突然变成黑白色，这就是样式表的功能。

6.2　如何使用样式

CSS 样式的定义格式是由三部分构成：即选择符（selector）、属性（properties）和属性值（value）。“属性：属性值”构成的一对也称为属性对。基本格式是：selector{ property: value;}，即：选择符{属性:值;}，多个属性对之间要用分号隔开，如 Body{font-size:12px;border:1px;}。下面，我们介绍几种常见样式的使用方法。

6.2.1　通过内联样式表设计样式

内联样式表是指通过 style 标记直接将样式设置在网页的 head 标记中。可以直接指定某个 html 标记的样式（标记选择器样式）、某个具体网页元素的样式（ID 选择器样式）或用于不同网页元素的样式（类选择器样式）。在网页中引用样式时，直接在 HTML 标记中设置 id="ID 样式名"（ID 选择器样式）或 class="类样式名"（类选择器样式）的方式引用样式。类样式的有效范围是在当前整个网页中有效，即网页中所有的标记都可以应用当前页面顶部定义的内联样式。

下面是一个内联样式表的例子：

```
…
<head>
<style type="text/css">
    /*下面定义一个 ID 标签名样式，只针对定义 ID 为 a1 的 html 标记有效*/
    #a1
    {
        background-color:blue;
        font-size:12px;
    }
    /*下面定义一个类样式，对那些包含 class=a2 的 html 标记有效*/
   .a2
   {
        background-color:red;
        font-size:14px;
   }
   /*下面定义一个标记样式，对当前网页中的所有 div 标记都有效*/
   div
   {
        background-color:red;
        font-size:14px;
   }
```

```
</style>
</head>
<body>
    <div id="a1">样式为 div</div>
    <div class="a2">样式为类样式 a1</div>
    <div>样式为类样式标记 div 样式</div>
</body>
```

6.2.2 通过外联样式表设计样式

所谓外联样式表，是指当前网页中要引入的样式来自外部的样式表文件。这种方法是将样式表定义成一个.CSS 文件，然后链接到网页中。样式表文件的内容，包含的就是前面<style></style>标记中间的内容，不包含 style 标记本身。CSS 文件的引用是在 HTML 的<head>…</head>之间使用如下语句引入：

```
<link href="style.css" rel="stylesheet" type="text/css" />
```

其中：

- href 的属性值表示要设置引用的样式表文件名。
- rel 表示引用文件和当前页面的关系，一般值是 stylesheet。
- type 表示样式表的文本类型。

一旦引入了样式表文件，就可以像内联样式表一样给当前网页的相关元素设置样式。可以使用标记样式、ID 样式、类样式等。

6.2.3 直接给标记嵌入样式

设计样式的第三种方式是嵌入样式，这种方法比较简单，在需要应用样式的 HTML 标记内写上 CSS 属性即可。这种方法主要用于对具体的标记进行特定的调整，作用范围只限于本标记内。它并没有很好地体现出 CSS 的优势，即将内容和外观设计相分离的原则，建议少用。嵌入样式使用格式如下：

```
<font style="font:small;font-family:Arial">设置字体样式</font>
```

6.3 各种样式的具体操作实践

要把 CSS 样式应用到网页中，首先必须掌握创建 CSS 样式的方法，同时还必须熟悉“CSS 样式”面板。

6.3.1 新建样式

要在网页中新建一个样式，可以选择“窗口”→“CSS 样式”命令，打开“CSS 样式”面板，如图 6-2 所示。

打开“CSS 样式”面板之后，就可以在网页中新建 CSS 样式，操作步骤如下：

Step1 在“CSS 样式”面板中右击，弹出快捷菜单，选择“新建”命令，如图 6-3 所示。

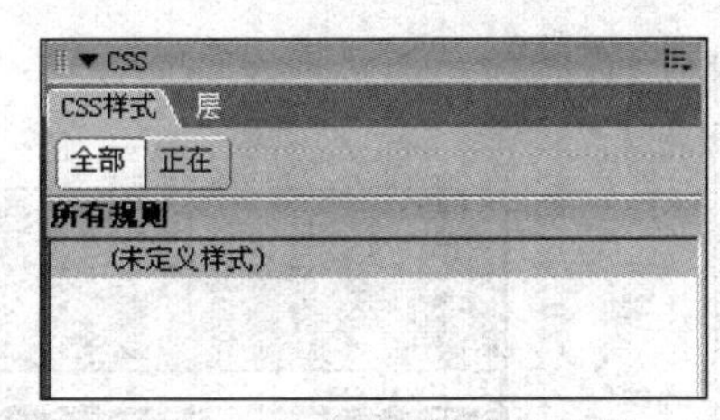

图 6-2　“CSS 样式”面板

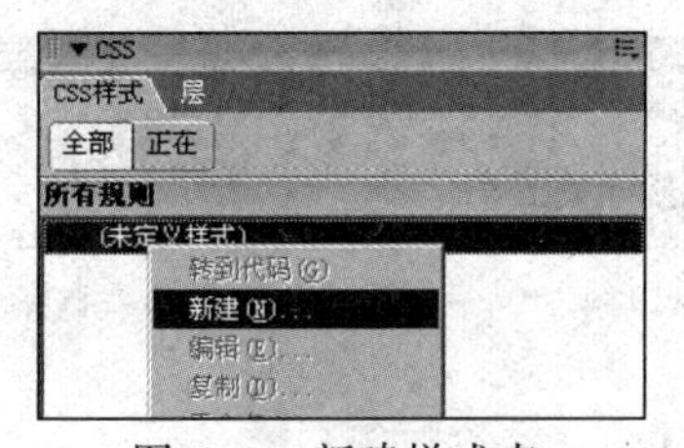

图 6-3　新建样式表

Step2 弹出“新建 CSS 规则”对话框，如图 6-4 所示。该对话框中的一些选项说明如下：

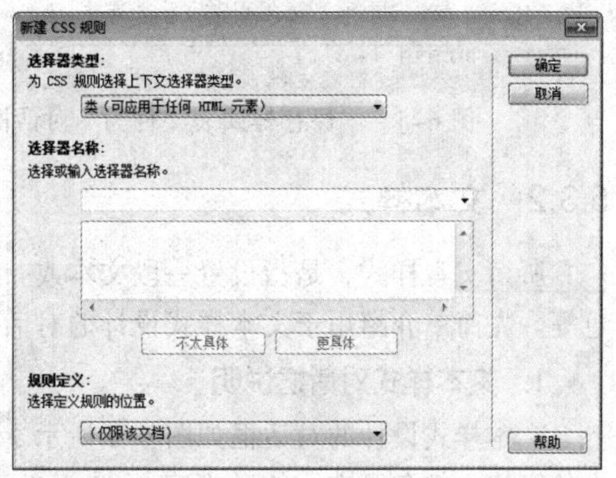

图 6-4　“新建 CSS 规则”对话框

① 选择器类型：

- 类：类选择器是可以用于任何 html 元素的样式，它的样式名前有个点。如.big{font-size: 12px}，这里的.big 就是类选择器，而 big 是类选择器的名字。在具体的 html 元素中通过添加 class="类选择器名字"的方式设置类选择器样式。
- 标签：就是直接在现有的 html 标记上设置样式。该样式设置完后就直接应用到当前页面中的所有名称为该 html 标签的元素上，而无须另外设置。
- 复合内容：复合内容主要是针对超链接的样式进行特别设置，包括以下四种可设置的样式。
  - ➢ a:active：设置当前选中超链接的样式。
  - ➢ a:hover：设置当前光标悬停在其上方时的超链接样式。
  - ➢ a:link：设置超链接一般样式，即没有鼠标选择，也没有鼠标悬停状态时的样式。
  - ➢ a:visited：设置已经访问（点击）过的超链接的样式。

② 选择器名称：设置选择器的名称。只有当选择器类型选择为 ID 选择器或类选择器时才需要设置选择器的名称。而如果选择器的类型为标签选择器，则该处将变成一个下拉列表，可以从中选择要设置的 html 标签。如果上面的选择器类型为复合内容，则这里可以选择设置超链接的四种状态的样式。

③ 规则定义：是指新设计的样式是作为当前网页的内嵌样式方式引用还是作为外部样式文件的链接方式应用。建议使用外部链接样式表方式，便于后期维护管理。一旦设置好了样式，就可以执行下面的步骤。

Step3 单击“确定”按钮，弹出“保存样式表文件为”对话框，如图 6-5 所示，对新建的样式表文件进行保存。

技巧：编辑已有的样式。

对于已经创建好的样式，如果需要重新修改，则可以在“CSS 样式”面板中右击已有的样式，在弹出的快捷菜单中选择“编辑”命令，如图 6-6 所示，即可进入该样式中进行编辑和修改。

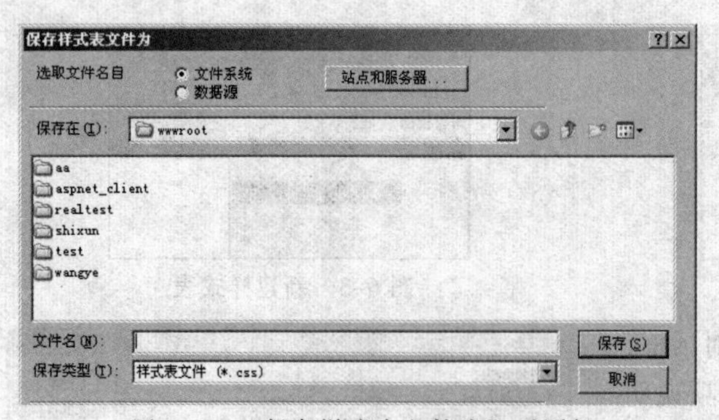

图 6-5 “保存样式表文件为”对话框

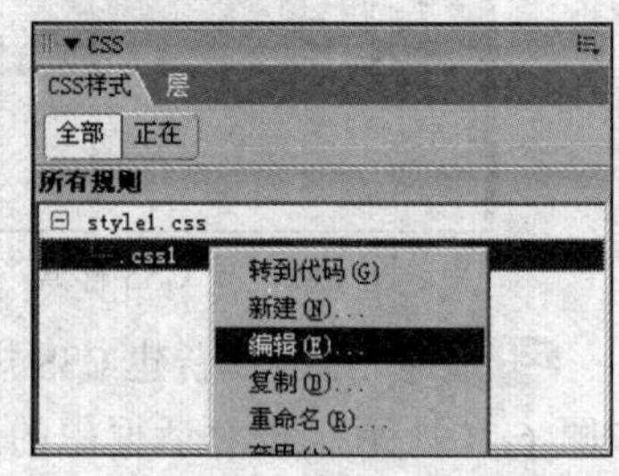

图 6-6 编辑 CSS 样式

6.3.2 文本样式

所谓文本样式，是指设置一段文本或一部分文本的外观效果，如文字的大小、间距、颜色等。先简单介绍用于文本样式设计的对话框，然后再举例说明使用方法。

1. 文本样式对话框说明

文本样式设计的对话框如图 6-7 所示。该对话框的“类型”项，就是用于定义网页中文本的字体、颜色及字体的样式等。

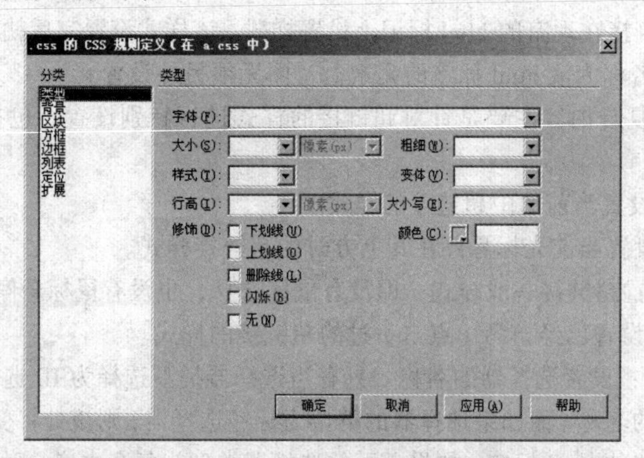

图 6-7 “css 的 CSS 规则定义”对话框

- 字体：用于指定文本的字体。
- 大小：用于指定文本的字号。
- 粗细：用于设置字体的粗细效果。
- 样式：用于设置字体的风格，包括“正常”“粗体”“特粗”“细体”等。
- 变体：可以将正常文字缩小一半尺寸后大写显示。
- 行高：用于控制行与行之间的垂直距离。
- 大小写：用于控制字母的大小写。
- 修饰：用于控制链接文本的显示形态。
- 颜色：用于设置文字的颜色。

2. 文本样式设计实践

以一个实例说明文本样式设计的方法。在 Dreamweaver 中，打开素材文件 06\文件夹下的

01.htm 文件，如图 6-8 所示。以该网页为例，在其中应用各种类型的文本样式，使网页最终达到整齐、美观的效果。

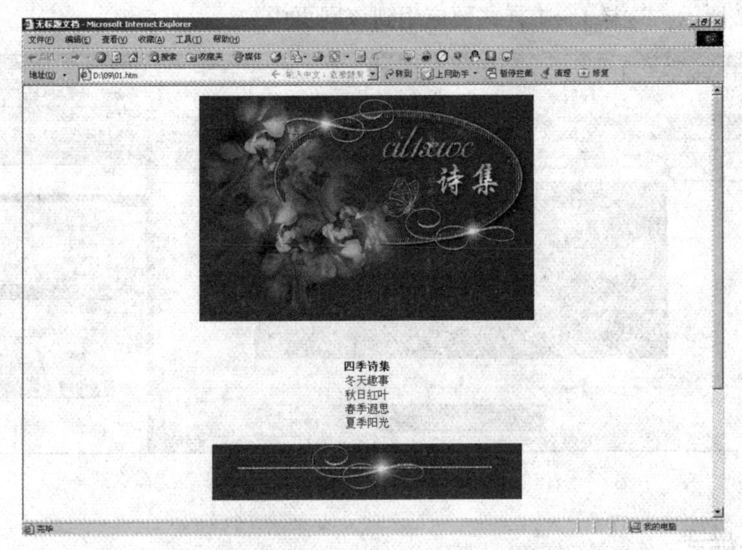

图 6-8 初始网页

首先新建一个 CSS1 样式，如图 6-9 所示，外部样式表文件命名为 style1.css，如图 6-10 所示。在 CSS1 样式的“类型”属性中进行设置，如图 6-11 所示。

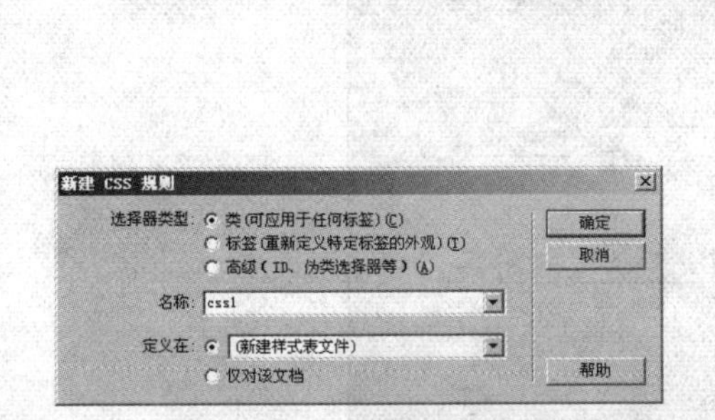

图 6-9 新建 CSS1 样式

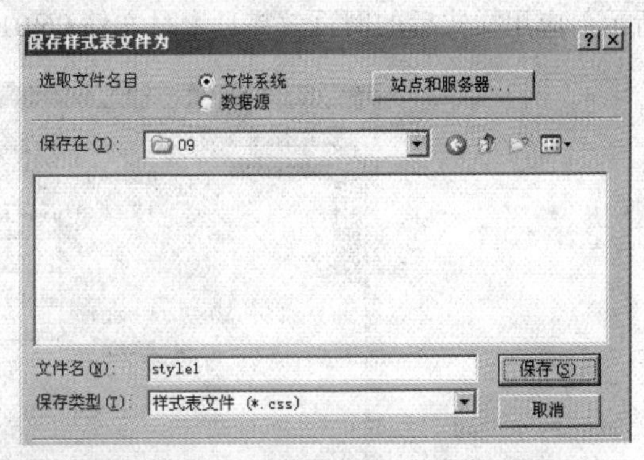

图 6-10 “保存样式表文件为”对话框

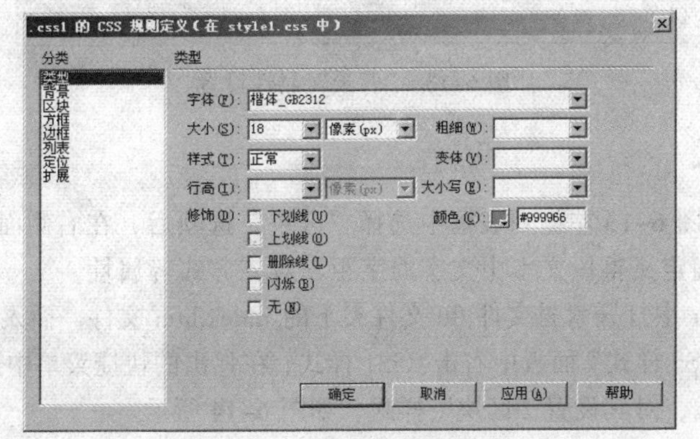

图 6-11 “类型”属性设置

这时，在“CSS 样式”面板中会出现 style1.css 外部样式表文件，选择设计视图左下角的<body>标签，在“CSS 样式”面板中右击 CSS1 样式，在弹出的快捷菜单中选择“套用”命令，如图 6-12 所示。这样 CSS1 样式便应用到该网页中。

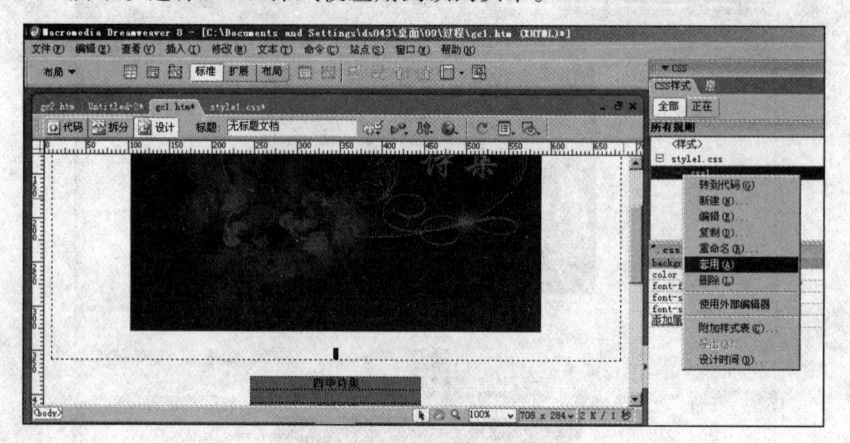

图 6-12 套用 CSS1 样式

6.3.3 背景样式

“背景”样式的功能是在网页中加入背景颜色或背景图像。继续上例编辑 CSS1 样式，设置其“背景”属性，单击“背景图像”下拉列表框右侧的“浏览”按钮进行选择，如图 6-13 所示。应用样式后的网页效果见素材文件 06\01-index.htm。

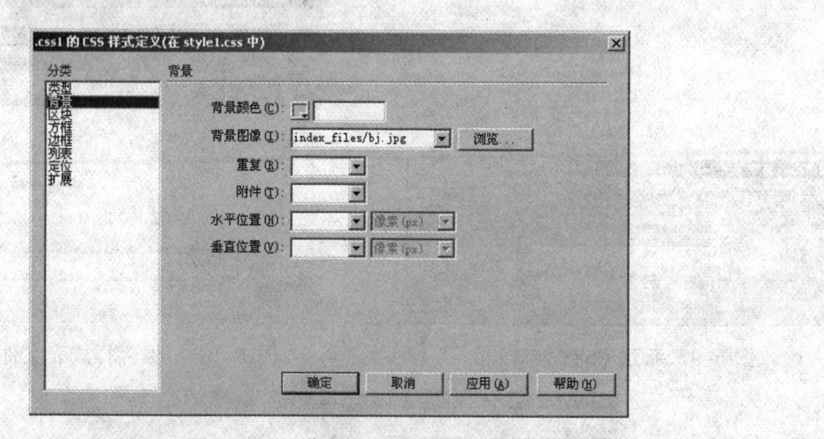

图 6-13 “背景”属性设置

6.3.4 段落样式

段落设置是在图 6-13 左侧列表框中选择“区块”选项后，在右侧面板中设置完成的。“区块”样式是精确定义整段文本中文字的字距、对齐方式等属性。

在 Dreamweaver 中打开素材文件 06 文件夹下的 index.htm 文件，插入一个层，在层中添加一段文字，在“CSS 样式”面板中右击 CSS1 样式，在弹出的快捷菜单中选择“新建”命令，新建名为 CSS2 样式，对其设置“区块”样式，如图 6-14 所示。

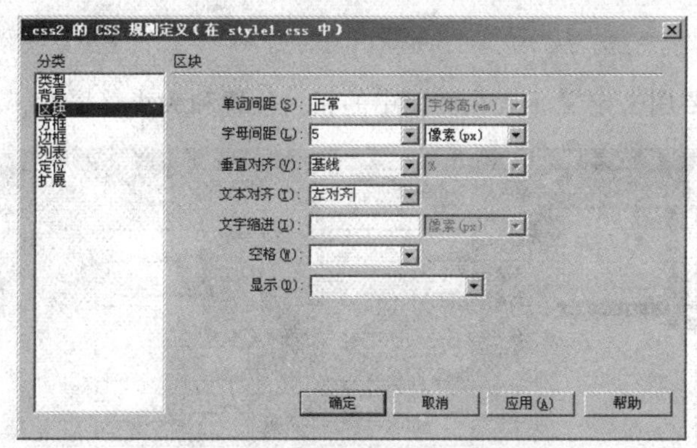

图 6-14 “区块”属性设置

- 单词间距：设置英文单词之间的距离。可以设置为“正常”选项，也可以设置为数值和单位结合的形式，使用正值为增加单词间距，使用负值则为减小单词间距。
- 字母间距：设置英文字母间距。使用正值为增加字母间距，使用负值则为减小字母间距。
- 垂直对齐：用于控制文字或图像相对于其母体元素的垂直位置，包括“基线”“下标”“上标”“顶部”“文本顶对齐”“底部”“文本底对齐”和“值”8 个选项。
- 文本对齐：设置块的水平对齐方式，包括“左对齐”“右对齐”“居中”“两端对齐”4 个选项。
- 文字缩进：用于控制块的缩进程度，中文文字的首行缩进就是由它来实现的。
- 空格：对源代码文字空格的控制。若选择“正常”选项，则忽略源代码文字之间的所有空格；若选择“保留”选项，将保留源代码中所有的空格形式；若选择“不换行”选项，则设置文字不自动换行。
- 显示：指定是否显示元素以及如何显示元素。

在设计视图中，选中刚添加的文字，按照上例的方法套用 CSS2 样式，在设计视图中另存文件为 02-index.htm 并预览网页，效果如图 6-15 所示。

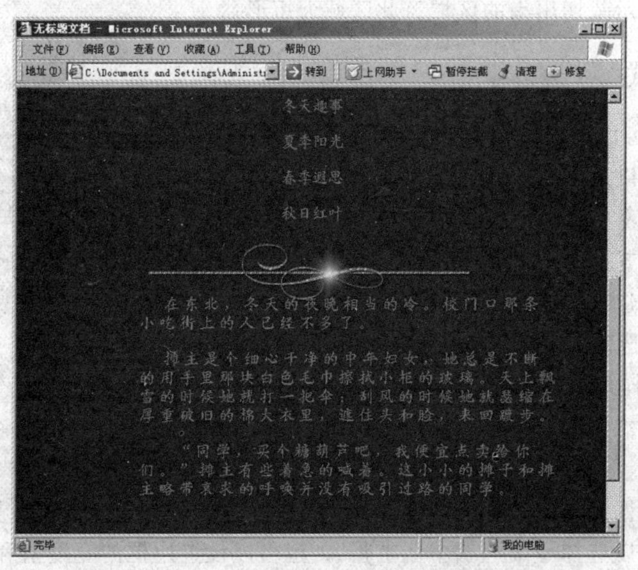

图 6-15 设置区块后的效果

6.3.5 定位样式

“定位”样式主要用来定义元素在页面中的相关位置和大小等属性，如图 6-16 所示。

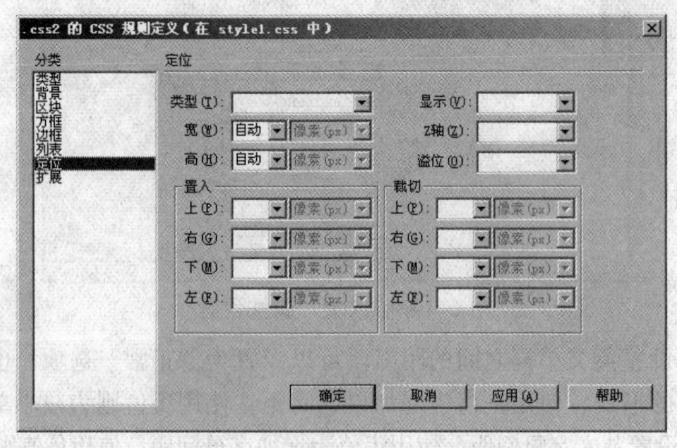

图 6-16 “定位”属性设置

- 类型：用来设置层的定位方式。包括“绝对”“固定”“相对”和“静态”四个选项。
- 显示：用于将网页中的元素隐藏，包括“继承”“可见”和“隐藏”三个选项。
- Z 轴：决定层的先后顺序和覆盖关系。
- 溢位：设置层内对象超出层所能容纳范围时的处理方式。若选择“可见”选项，则无论层的大小、内容都会显示出来；若选择“隐藏”选项，则会隐藏超出层大小的内容。若选择“滚动”选项，则不管内容是否超出层的范围，都会为层添加滚动条；若选择“自动”选项，则只在内容超出层的范围时才显示滚动条。
- 宽和高：若选择“自动”选项，层会根据内容的大小自动调整；也可以使用值和单位来设置层的大小。
- 置入：为元素确定了绝对定位的类型后，该组属性决定元素在网页中的具体位置。
- 裁切：只显示裁切出来的区域，此区域为矩形。

6.3.6 边框样式

“边框”样式可以给对象添加边框，设置边框的颜色、粗细以及样式。在“CSS 样式”面板的 style1 样式表文件中，新建样式 CSS3，设置其“边框”样式，如图 6-17 所示。

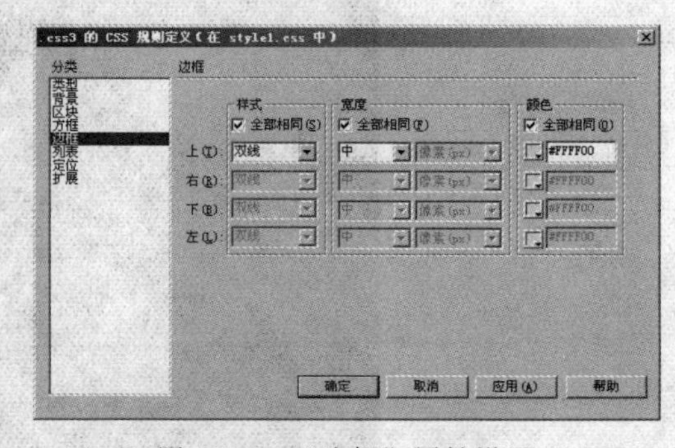

图 6-17 “边框”属性设置

- 样式：设置边框的样式，如果选择“全部相同”复选框，其他方向设置与“上”相同。方向样式包括“无”“点画线”“虚线”“实线”“双线”“槽状”“脊状”“凹陷”“凸出”等选项。
- 宽度：设置四个方向边框的宽度，如果选择“全部相同”复选框，则只需设置“上”的样式。可以选择“细”、“中”、“粗”，也可以设置边框的宽度值和单位。
- 颜色：设置对应边框的颜色，如果选择“全部相同”复选框，其他方向设置与“上”相同。

在设计视图中，选中添加的文字层，套用 CSS3 样式，在设计视图中保存为 03-index.htm 文件并预览网页，效果如图 6-18 所示。

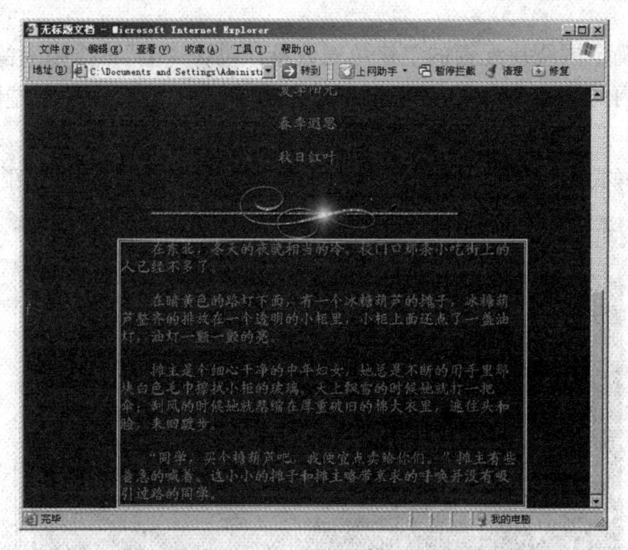

图 6-18　设置边框后的效果

6.3.7　方框样式

“方框”样式是定义特定元素的大小及其与周围元素的间距等属性。在 CSS3 样式中设置方框样式，如图 6-19 所示。

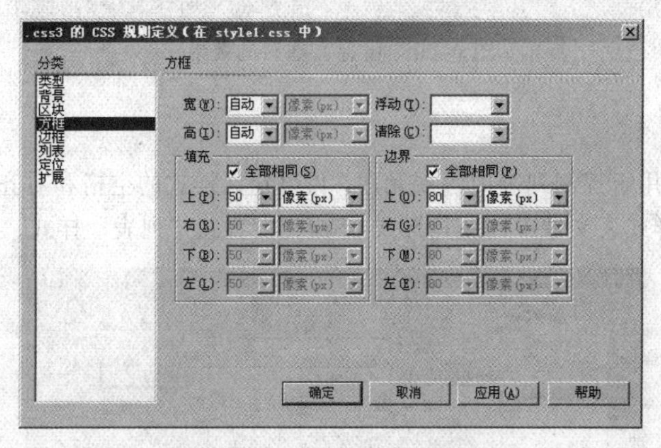

图 6-19　“方框”属性设置

- 宽/高：设置对象的宽度和高度。
- 浮动：设置文字等对象的环绕效果。若选择“左对齐”选项，对象居左，文字等内容从另一侧环绕对象；若选择“右对齐”选项，对象居右，文字等内容从另一侧环绕对象；若选择“无”选项，将取消环绕效果。
- 清除：规定对象的一侧不许有层。若选择“左对齐”或“右对齐”选项，选择不允许出现层的一侧；若选择“两者”选项，则左右都不允许出现层；若选择“无”选项，则不限制层的出现。

- 填充：用于控制围绕边框的边距大小，包括“上”（控制上边距的宽度）、“右”（控制右边距的宽度）、“下”（控制下边距的宽度）、“左”（控制左边距的宽度）四个选项。
- 边界：用于确定围绕块元素的空格填充数量，包含“上”（控制上留白的宽度）、“右”（控制右留白的宽度）、“下”（控制下留白的宽度）、“左”（控制左留白的宽度）四个选项。

设置“方框”样式后，保存 03-index.htm 文件并预览网页，效果如图 6-20 所示。

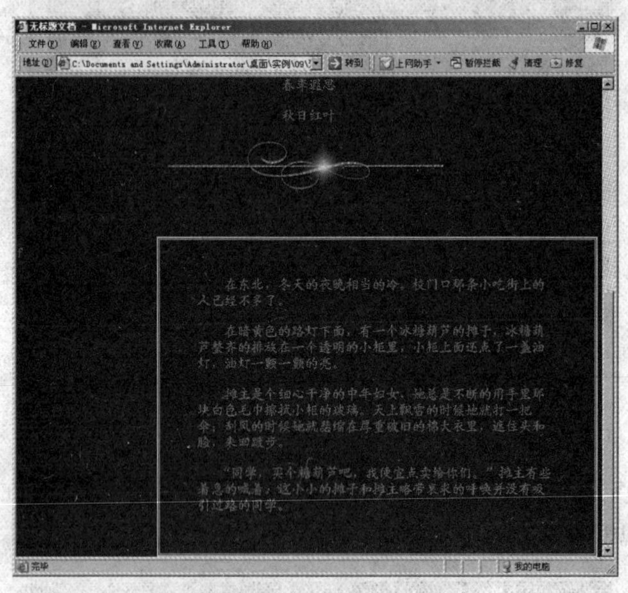

图 6-20　设置方框后的效果

6.3.8　列表样式

“列表”样式是用于控制列表内各项元素，可以定义样式的空格和对齐方式。在“CSS 样式”面板的 style1 样式表文件中，新建样式 CSS4，设置其“列表”样式，如图 6-21 所示。

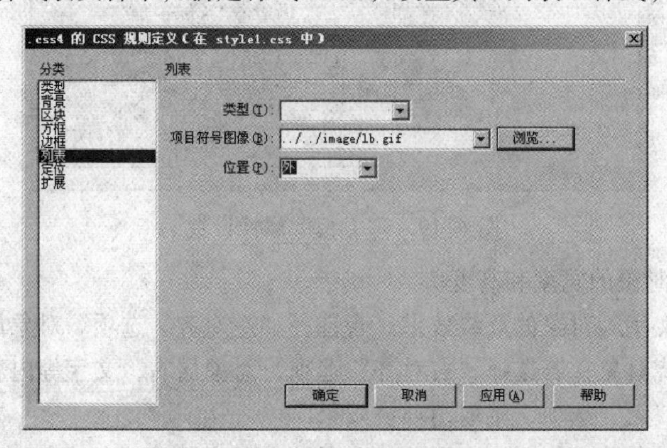

图 6-21　“列表”设置

- 类型：设置列表项目的符号类型。可以选择“圆点”“圆圈”“方块”“数字”“小写罗马数字”“大写罗马数字”“小写字母”“大写字母”和“无”等符号选项。

- 项目符号图像：可以选择图像作为项目符号。
- 位置：决定列表项目缩进的程度。若选择“外”选项，列表贴近左侧边框；若选择“内”选项，列表缩进。

在设计视图中，选中网页上部的文字，套用CSS4样式，在设计视图中保存为04-index.htm文件并预览网页，效果如图6-22所示。

图6-22 设置列表后的效果

技巧：要应用列表样式的元素，在应用样式之前，必须在“属性”面板中设置成列表的形式。

6.3.9 光标样式

“光标”样式可以指定在某个元素上要使用的光标形状，在“CSS样式”面板的style1样式表文件中，新建样式CSS 5，在“扩展”样式中设置“光标”选项，如图6-23所示。

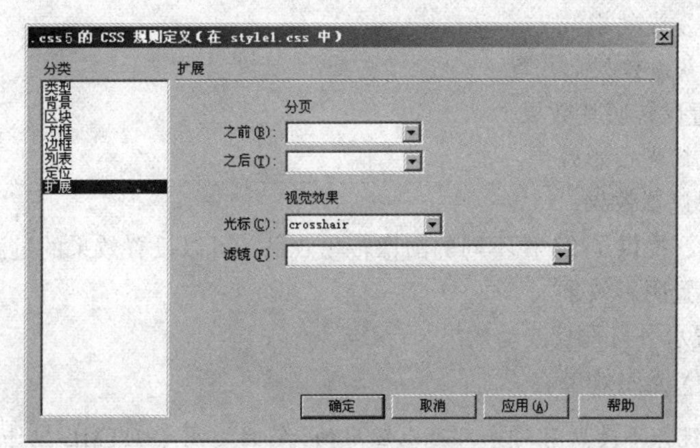

图6-23 “光标”属性设置

在设计视图中，选中网页上部的文字“冬天趣事”，套用CSS5样式，在设计视图中保存为05-index.html文件并预览网页，效果如图6-24所示。

图6-24 设置光标后的效果

6.3.10 滤镜样式

“扩展”样式中的“过滤器”选项可以为网页中的元素施加各种奇妙的过滤器效果。单击“滤镜”下拉按钮，可以选择以下各种滤镜：

- Alpha：设置透明效果。
- Blur：设置模糊效果。
- Chroma：将指定的颜色设置为透明。
- DrapShadow：设置投影阴影。
- FlipH：进行水平翻转。
- FlipV：进行垂直翻转。
- Glow：设置发光效果。
- Gray：产生灰度效果。
- Invert：设置反转底片效果。
- Light：设置灯光投影效果。
- Mask：设置遮罩效果。
- RevealTrans：提供了24种不同的图像转化效果，可以设置效果的过滤类型。
- Shadow：设置阴影效果。
- Wave：设置水平与垂直波动效果。
- Xray：设置X光照效果。

注意：CSS滤镜并不是所有对象都可以应用的，它只适用于HTML控件对象，例如图像、表格、按钮和层等。

1. Alpha 滤镜

Alpha 滤镜可以设置元素的透明层次。Opacity 代表透明度值为 0～100，0 代表完全透明，100 代表不透明。Finishopacity 在设置渐变透明效果时指定结束的透明度值。StartX 和 StartY 代表透明效果开始的 x、y 坐标。FinishX 和 FinishY 代表透明效果结束的 x、y 坐标。

在“CSS 样式”面板的 style1 样式表文件中，新建样式 CSS6，在“扩展”样式的“过滤”选项中设置如下代码：

```
Alpha(Opacity=30,FinishOpacity=100,Style=2,StartX=20,StartY=20,FinishX=
100, FinishY=100)
```

在设计视图中，插入一图层并添加 09\image\fei5.gif 图像文件，然后选中图片套用 CSS6 样式，保存为 06-index.html 文件并预览网页，设置前后的效果如图 6-25 和图 6-26 所示。

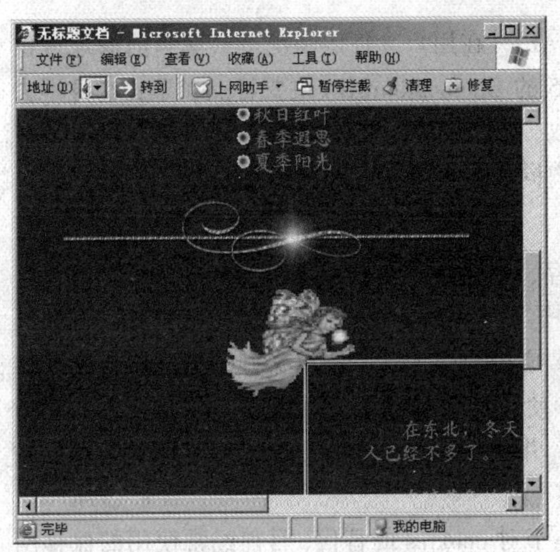

图 6-25　设置前的效果

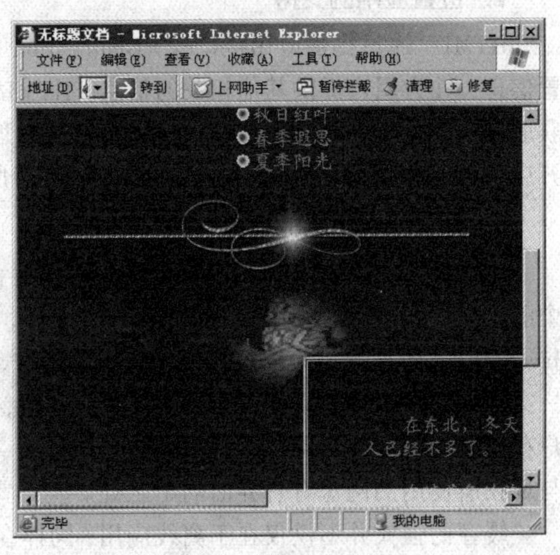

图 6-26　设置后的效果

2. Blur 滤镜

Blur 滤镜可以设置元素的模糊效果。例如，设置如下代码，效果如图 6-27 所示：

```
Blur(Add=true,Direction=45,Strength=20);
```

其中 Add 是一个布尔判断，值为“true（默认）”或者“false”，指定图片是否被改变成印象派的模糊效果；Direction 是用来设置模糊的方向，0° 代表垂直向上，每 45° 为一个单位，默认值是向左 270° 。

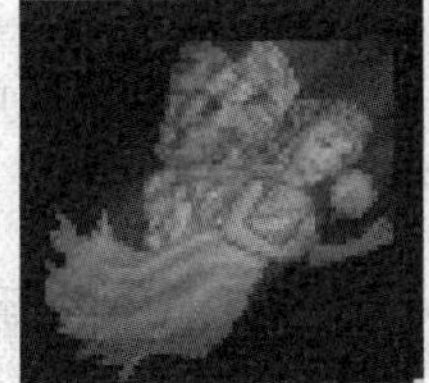

图 6-27　模糊效果

到此为止，CSS 样式全部设置完成，最终效果如图 6-1 所示。

6.4　关于 HTML5 和 CSS3

6.4.1　HTML5 的新功能

HTML5 的发布其实是关于图像、位置、存储、速度的优化和改进，下面进行简单介绍。

1. 图像方面的改进

HTML5 引入了 canvas 标签，通过 canvas 可以动态地生成各种图形图像、图表以及动画。不仅如此,HTML5 也赋予图形图像更多的交互功能,HTML5 的 canvas 标签还能配合 JavaScript 利用键盘控制图形图像,这无疑为现有的网页游戏提供了新的选择和更好的维护性和通用性，脱离了 Flash 插件的网页游戏必然能获得更大的访问量，更多的用户。一些统计数据表格也可以通过使用 canvas 标签达到与用户交互的目的。

通过 HTML5 对图形图像的新特性，未来可能会有在线绘图的工具和应用，人们将不再需要安装 Painter 这类基本的绘图软件，而直接使用基于浏览器的应用。而对用户体验人员和开发者来说，将能够在用户毫不知情的情况下收集和生成用户鼠标的浏览轨迹，从而生成一部分可用的热点图，这对于找出网站的不足，提升用户体验有着重要的作用。

2. 位置应用的支持

HTML5 通过提供应用接口——Geolocation API，在用户允许的情况下共享当前的地理位置信息，并为用户提供其他相关的信息。HTML5 的 Geolocation API 主要特点在于：本身不去获取用户的位置，而是通过其他三方接口来获取，如 IP、GPS、WIFI 等方式；用户可以随时开启和关闭，在被程序调用时也会首先征得用户同意，保证了用户的隐私。

3. 网络存储方面的支持

HTML5 的 Web Storage API 采用了离线缓存，会生成一个清单文件（Manifest File），这个清单文件实质上是一系列的 URL 列表文件，这些 URL 分别指向页面中的 HTML、CSS、JavaScrpit、图片等相关内容。使用离线应用时，应用会引入这一清单文件，浏览器会读取这一文件，下载相应的文件，并将其缓存到本地，使得这些 Web 应用能够脱离网络使用，而用户在离线时的更改也同样会映射到清单文件中，并在重新连线之后更改返回应用，工作方式与现在所使用的网盘有着异曲同工之处。

缓存的强大并不仅仅在于离线应用，同样在于对 cookies 的替代，目前经常使用的保存网站密码使用的就是 cookies 将密码信息缓存到本地，当需要时再发送至服务器端。然而，cookies 有其本身的缺点——4 KB 的大小限制和反复在服务器和本地之间传输，无法被加密实现安全传输。对于 cookies 的反复传输，不仅浪费了使用者的带宽、供应商服务器的性能，更增加了信息被泄露的危险。

感兴趣的读者，可以访问 http://www.w3school.com.cn/html5 这个网站，学习更多 HTML5 的特性和功能。

6.4.2 CSS3 的新功能

CSS3 到底带来了哪些新特性呢？简单的说，CSS3 把很多以前需要使用图片和脚本来实现的效果，只需要短短几行代码就能搞定，如圆角、图片边框、文字阴影和盒阴影等。CSS3 不仅能简化前端开发工作人员的设计过程，还能加快页面载入速度。

1. 选择器

CSS 选择器是个强大的工具：它们允许在标签中指定特定的 HTML 元素而不必使用多余的 class、ID 或 JavaScripts。而且它们中的大部分并不是 CSS3 中新添加的，而是没有被得到应有的广泛应用。如果你在尝试实现一个干净的、轻量级的标签以及布局结构与内容表现更好的分离，高级选择器是非常有用的。它们可以减少在标签中的 class 和 ID 的数量并让设计师更方便地维护样式表。

有三个新的属性选择器被添加到 CSS3 中：

[att^="value"]：匹配包含以特定的值开头的属性的元素。

[att$="value"]：匹配包含以特定的值结尾的属性的元素。

[att*="value"]：匹配包含含有特定的值的属性的元素。

2. 连字符

CSS3 中唯一新引入的连字符是通用的兄弟选择器（同级），它针对一个元素的有同一个父级结点的所有兄弟级别元素。比如，给某个特定的 Div 同级的图片添加一个灰色的边框（Div 和图片应该有同一个父级结点），在样式表中定义下面的样式即可：

```
div~img {border:1px solid #ccc;}
```

3. 伪类

或许在 CSS3 中增加最多的就是新的伪类了，下面介绍一些比较有用的伪类：

:nth-child(n)：基于元素在父结点的子元素的列表位置来指定元素。可以是用数字、数字表达式或 odd 和 even 关键词（对斑马样式的列表很完美）。

:last-child：匹配一个父结点下的最后一个子元素，等同于:nth-last-child(1)。

:checked：匹配选择的元素，如复选框。

:empty：匹配空元素（没有子元素）。

4. 伪元素

在 CSS3 中唯一引入的伪元素是::selection，它可以让用户指定被用户高亮（选中）的元素。

5. RGBA 和透明度

RGBA 不仅让设计者可以设定色彩，还能设定元素的透明度。一些浏览器尚不支持它，所以最好在 RGBA 前面设定其他浏览器支持的没有透明的颜色属性。当设定一个 RGBA 色彩时，必须依次设定红、蓝和绿色的值，可以是 0～255 或百分数。透明值应该在 0.0 ~ 1.0 之间，例如 0.5 代表 50%的透明度。RGBA 和 Opacity 之间的不同是前者只会应用到指定的元素上，而后者会影响我们指定的元素及其子元素。

6. 多栏布局

新的 CSS3 选择器可以不必使用多个 Div 标签就能实现多栏布局。下面是 CSS3 的多栏布局例子：

```
.index #content div {
    -webkit-column-count:4;
    -webkit-column-gap:20px;
    -moz-column-count:4;
    -moz-column-gap:20px;
}
```

可以通过这个选择器定义三件事情：栏数（column-count）、栏宽（column-width）和各栏之间的空白/间距（column-gap）。如果 column-count 未设定，浏览器会在允许的宽度内设置尽可能多的栏目。

为了在各栏目之间添加一个数值的分隔，可以使用 column-rule 属性，其功能和 border 属

性类似：

```
div {column-rule:1px solid #00000;}
```

7. 多背景图片

CSS3 允许使用多个属性，如 background-image、background-repeat、background-size、background-position、background-originand、background-clip 等在一个元素上添加多层背景图片。

在一个元素上添加多背景图片最简单的方法是使用简写代码，可以指定上面的所有属性到一条声明中，最常用的是 image、position 和 repeat 属性：

```
div {
    background: url(example.jpg) top left no-repeat,
    url(example2.jpg) bottom left no-repeat,
    url(example3.jpg) center center repeat-y;
}
```

第一个图片将是离用户“最近”的图片。该属性一个更复杂的版本可以是这样的：

```
div {
    background:url(example.jpg) top left (100% 2em) no-repeat,
    url(example2.jpg) bottom left (100% 2em) no-repeat,
    url(example3.jpg) center center (10em 10em) repeat-y;
}
```

这里，(100% 2em) 是 background-size 的值；第一个背景图片将会出现在左上角并被拉伸至该 Div 的 100%宽度和 2em 的高度。

8. 自动换行

word-wrap（自动换行）属性用来防止太长的字符串溢出。可以用两个属性值 normal 和 break-word。normal 值(默认的)只在允许的断点截断文字，如连字符。如果使用了 break-word，文字可以在任何需要的地方截断以匹配分配的空间并防止溢出。

9. 文字阴影

text-shadow（文字阴影）在 CSS2 中是一个未被广泛应用的 CSS 属性，但在 CSS3 中被广泛采用。这个属性给设计师一个新的跨浏览器的工具来为设计添加一个维度以使文字醒目。

10. @font-face 属性

尽管是最被期待的 CSS3 特性，@font-face 在网站上仍然没有像其他 CSS3 属性那样被广泛采用。这主要是因为字体授权和版权问题：嵌入的字体很容易从网站上下载，这是字体厂商的主要顾虑。

要想在网站中使用嵌入式字体，必须单独创建每个使用到该嵌入式字体的样式（如 normal、bold 和 italic），并确保客户端浏览器能根据需要自动从服务器上下载安装嵌入式字体到本地。

在定义了@font-face 规则之后，就可以用普通的 font-family 属性引用该字体：

```
p
{
 font-family:"DroidSans";
}
```

11. 圆角（边框半径）

Border-radius无须背景图片就能给HTML元素添加圆角。现在，它可能是使用最多的CSS3属性了，使用圆角不会对设计和可用性产生冲突。不同于添加 JavaScript 或多余的 HTML 标签，仅仅需要添加一些 CSS 属性即可实现。而且可以让设计者省去花费几个小时来寻找精巧的浏览器方案和基于 JavaScript 圆角。

12. 边框图片

border-image 属性允许在元素的边框上设定图片，从通常的 solid、dotted 和其他边框样式中解放出来。该属性可以让设计师方便地定义设计元素的边框样式，比 background-image 属性（对高级设计来说）或枯燥的默认边框样式更好用。也可以明确地定义一个边框可以被如何缩放或平铺。

13. 盒阴影

box-shadow 属性可以对 HTML 元素添加阴影而不用额外的标签或背景图片。类似 text-shadow 属性，它增强了设计的细节；通过一些属性的选择设置即可实现美妙的阴影效果。

14. 盒子大小

根据 CSS 2.1 规范，在计算盒子的总大小时，元素的边框和 padding 应该被加入宽度和高度中。但众所周知，旧的浏览器却以它们自己非常有“创意”的方式来解释这个规范。box-sizing 属性允许指定浏览器如何计算一个元素的宽度和高度。

15. 媒体查询

媒体查询（media queries）可以为不同的设备基于设备特性定义不同的样式。比如，在可视区域小于 480 px 时，我们可能希望网站的侧栏显示在主内容的下边，这样它就不会以传统的默认方式显示在右侧了。

16. 语音

CSS3 的语音模块可以为屏幕阅读者指定语音样式，也可以控制语音的不同设置：

- voice-volume：使用 0～100 的数字（0 即静音）、百分数或关键词（silent、x-soft、soft、medium、loud 和 x-loud 等）来设置音量。
- voice-balance：控制来自哪个声道（如果用户的音箱系统支持立体声）。
- speak：指示屏幕阅读器阅读相关的文字、数字或标点符号。可用的关键词为 none、normal、spell-out、digits、literal-punctuation、no-punctuation 和 inherit。
- pauses and rests：在一个元素被读完之前或之后设定暂停或停止。可以使用时间单位（如 2 s 表示 2 秒）或关键词（如 none、x-weak、weak、medium、strong 和 x-strong）。
- cues：使用声音限制特定元素并控制其音量。
- voice-family：设置特定的声音类型和声音合成（就像 font-family）。
- voice-rate：控制阅读的速度。可以设置为百分数或关键词（x-slow、slow、medium、fast 和 x-fast）。
- voice-stress：指示应该使用的任何重音（强语气），使用不同的关键词（有 none、moderate、strong 和 reduced。

例如，告诉屏幕阅读器使用男声读取所有的 h2 标签，用左边的扬声器，并按照指定的声音播放，可以这样指定样式：

```
h2 {
   voice-family:female;
   voice-balance:left;
   voice-volume:soft;
   cue-after:url(sound.au);
  }
```

在 CSS3 标准没有指定之前，如果想要实现圆角效果，需要花费很多时间去实现。一方面需要照顾大多数的低版本 IE 用户，一方面还需要兼容各种浏览器的私有属性。在 CSS3 标准推出后，网页设计者可以使用 border-radius 轻松实现圆角效果。下面以“圆角边框”实例来说明 CSS3 的新功能（实例文件：素材文件 06\html5\index.htm）：

```
<!DOCTYPE html PUBLIC "-//W3C//DTD XHTML 1.0 Transitional//EN" "http:
//www.w3.org/TR/xhtml1/DTD/xhtml1-transitional.dtd">
<html xmlns="http://www.w3.org/1999/xhtml">
<head>
<meta http-equiv="Content-Type" content="text/html; charset=utf-8" />
<title>html5+css3 实例</title>
/*下面代码为链接一个外部样式表文件 CSS.CSS*/
<link href="css.css" rel="stylesheet" type="text/css" />
</head>
<body>
<div id="box">
<div id="Logo"><img src="images/logo.jpg" /></div>
<div id="banner"><img src="images/banner.jpg" /></div>
<div id="nav">
<ul>
<li>网点首页</li>
<li>公司介绍</li>
<li>公司介绍</li>
<li>公司介绍</li>
<li>公司介绍</li>
<li>公司介绍</li>
<li>公司介绍</li>
<li>公司介绍</li>
</ul>
</div>
<div id="main">
<div id="product">
<div id="title">产品展示</div>
<div id="xian"><img src="images/xian.jpg" /></div>
<div id="pic">
<div id="pic1"><img src="images/1.gif" /></div>
<div id="pic2"><img src="images/2.gif" /></div>
<div id="pic3"><img src="images/3.gif" /></div>
</div>
</div>
<div id="news">
<div id="title">公司新闻</div>
<div id="xian1"><img src="images/xian.jpg" /></div>
```

```
<div id="list">
<ul>
<li>公司新闻公司新闻公司新闻公司新闻公司新闻公司新闻[2013-01-01]</li>
<li>公司新闻公司新闻公司新闻公司新闻公司新闻公司新闻[2013-01-01]</li>
<li>公司新闻公司新闻公司新闻公司新闻公司新闻公司新闻[2013-01-01]</li>
<li>公司新闻公司新闻公司新闻公司新闻公司新闻公司新闻[2013-01-01]</li>
<li>公司新闻公司新闻公司新闻公司新闻公司新闻公司新闻[2013-01-01]</li>
</ul>
</div>
</div>
</div>
</div>
<div id="bxian"></div>
<div id="copyright">版权所有：北京阿林顿建材有限责任公司<span style="margin:0
10px;"></span> 冀ICP备10017104号</div>
</body>
</html>
```

外部样式表文件（实例文件：素材文件06\html5\css.css）

```
@charset "utf-8";
/* CSS Document */
*{
  margin:0;
  padding:0;
}
body{
  font-size:12px;
  background-image:url(images/bg1.jpg);
  background-repeat:repeat-x;
  background-color:#ccc;
}
#box{
  width:800px;
  height:auto;
  margin:0 auto;
}
#logo{
  margin-top:30px;
}
#banner{
  border:4px solid white;
}
ul{
  margin:0;
  padding:0;
}
#nav{
  color:#FFF;
}
#nav li{
```

```
  width:100px;
  height:40px;
  line-height:40px;
  text-align:center;
  list-style-type:none;
  float:left;
  text-shadow:2px 2px 6px red; /*左边样式为定义导航文字为阴影效果，此属性为 CSS3
                                 新增功能*/
}
#main{
  margin-top:10px;
  width:800px;
  clear:both;
  height:auto;
}
#product{
  margin-top:10px;
  width:350px;
  float:left;
  background-color:#9CF;
  border:1px solid #f0f0f0;
  padding:0 4px 10px 4px;
  border-top-left-radius:20px; /*左边样式为定义上边框和左边框的圆角半径为 20px;
                                 此属性为 CSS3 新增功能*/
  border-bottom-right-radius:20px; /*左边样式为定义下边框和右边框的圆角半径为
                                     20px; 此属性为 CSS3 新增功能*/
  border-left-width:4px;
  margin-bottom:10px;
}
#product #title,#news #title{
  line-height:30px;
  height:30px;
  font-weight:bold;
  background-image:url(images/list.gif);
  background-repeat:no-repeat;
  background-position:left center;
  padding-left:20px;
  margin-left:5px;
}
#pic{
  margin-top:10px;
}
#pic1,#pic2,#pic3{
  width:100px;
  float:left;
  border:3px solid #f0f0f0;
  margin-left:7px;
}
#news{
```

```
  width:400px;
  margin-top:10px;
  float:left;
  margin-left:22px;
  background-color:#CCF;
  border:1px solid #FFF;
  padding:0 4px;
  border-radius:10px; /*左边样式为定义四周边框的圆角半径为 10px; 此属性为 CSS3
                        新增功能*/
  padding-bottom:10px;
  margin-bottom:10px;
}
#list{
  width:400px;
  margin-top:10px;
}
#list li{
  line-height:25px;
  margin-left:20px;
}
#bxian{
  clear:both;
  height:10px;
  background-image:url(images/bg2.jpg);
  background-repeat:repeat-x;
}
#copyright{
  height:40px;
  line-height:40px;
  text-align:center;
}
```

在 Firefox 浏览器中浏览的效果如图 6-28 所示（必须在 Firefox 浏览器中浏览，IE 不支持），可以看到网页中，“产品展示”和“公司新闻”两个栏目显示时以圆角边框形式显示。

图 6-28 “圆角边框”效果

在 CSS3 中，使用 border-radius 属性定义边框的圆角效果大大降低了圆角开发成本。Border-radius 的语法格式如下：

```
Border-radius:none|<length>{1,4}[/<length>{1,4}]?
```

其中，none 为默认值，表示元素没有圆角。<length>表示由浮点数字和单位标识符组成的长度值，不可为负值。另外可以使用 border-top-right-radius(定义右上角圆角)、border-bottom-right-radius（定义右下角圆角）、border-bottom-left-radius（定义左下角圆角）、border-top-left-radius（定义左上角圆角）这四种属性为相应的边框设置圆角。

模块总结

本模块主要介绍了 CSS 样式表的基本知识及应用方法，包括如何建立 CSS 样式表、各类样式如何设置，以及如何用 CSS 样式美化网页。

任务实训　页面美化

最终效果

案例最终效果如图 6-29 所示。

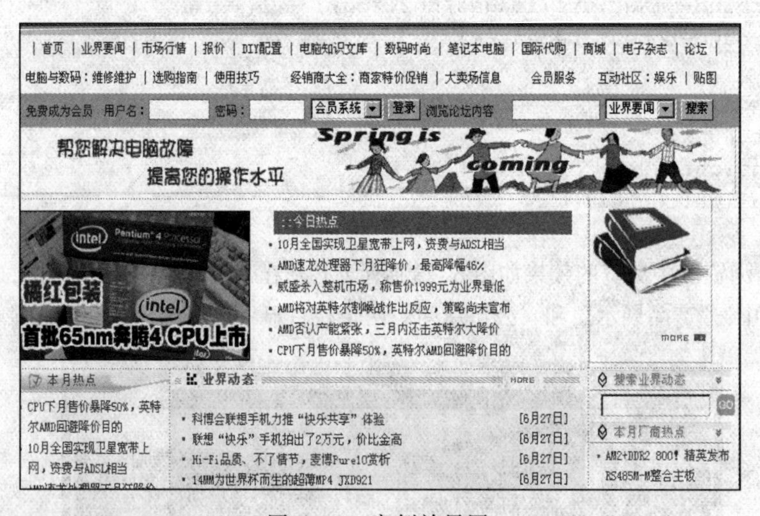

图 6-29　案例效果图

实训目的

通过本实训的设计，熟悉 CSS 样式的基本运用方法，学会利用 CSS 样式对页面进行美化。

相关知识

“CSS 样式”面板、建立 CSS 样式。

实训步骤

Step1 在浏览器中打开本书素材文件 06\01 文件夹中的初始页面 index.htm，其效果如图 6-30 所示。本实训将运用 CSS 样式对该页面进行美化，在 Dreamweaver 中打开该页面。

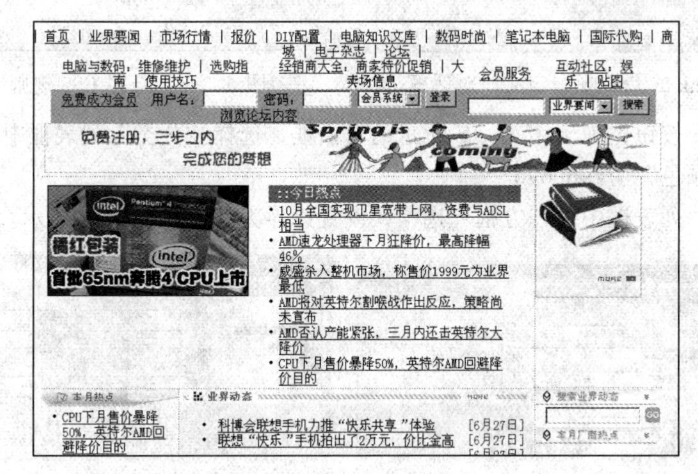

图 6-30　页面初始效果

Step2 选择“窗口”→“CSS 样式”命令，打开“CSS 样式”面板，如图 6-31 所示。

Step3 在“CSS 样式”面板中右击，在弹出的快捷菜单中选择“新建”命令，弹出图 6-32 所示的对话框，将“选择器类型”设为“高级（ID、伪类选择器等）”，在“选择器”下拉列表框中选择 a:link 选项，在“定义在”选项组中选择“仅对该文档”单选按钮，在当前文档中重新定义 a:link。

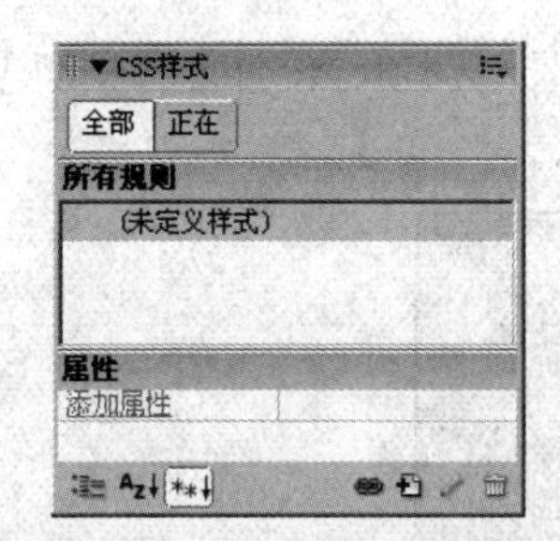

图 6-31　“CSS 样式”面板

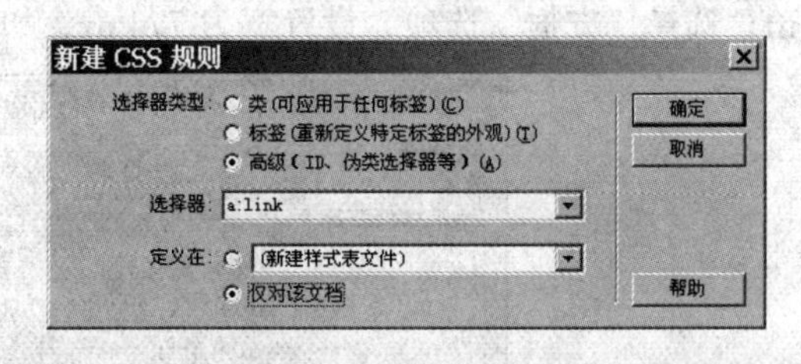

图 6-32　重定义 a:link

Step4 单击“确定”按钮，弹出图 6-33 所示的对话框，设置颜色为#616161、字体大小为 12 px、修饰为无。

Step5 按同样的方式分别对 a:visited、a:active、a:hover 进行重定义，其中，将 a:visited 重定义，设置字体大小为 12 px、颜色为#272727、修饰为无；将 a:active 重定义，设置字体大小为 12 px、颜色为#ff4400、修饰为无；将 a:hover 重定义，设置字体大小为 12 px、颜色为#ff4400、修饰为无。

Step6 在“CSS 样式”面板中新建 CSS 样式，如图 6-34 所示，将名称定义为.bg，并将该样式定义在当前文档中。

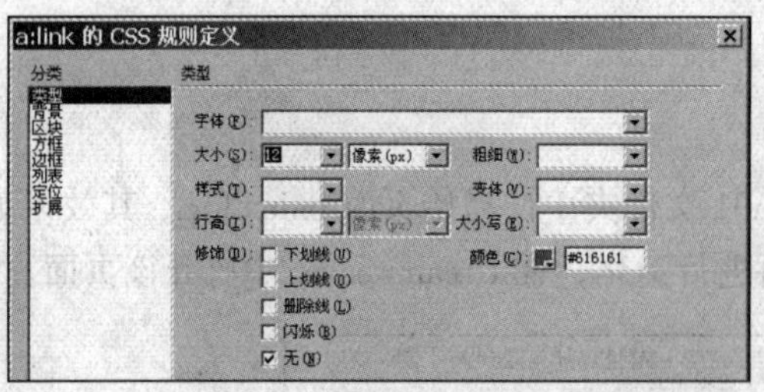

图 6-33 “a:link 的 CSS 规则定义”对话框

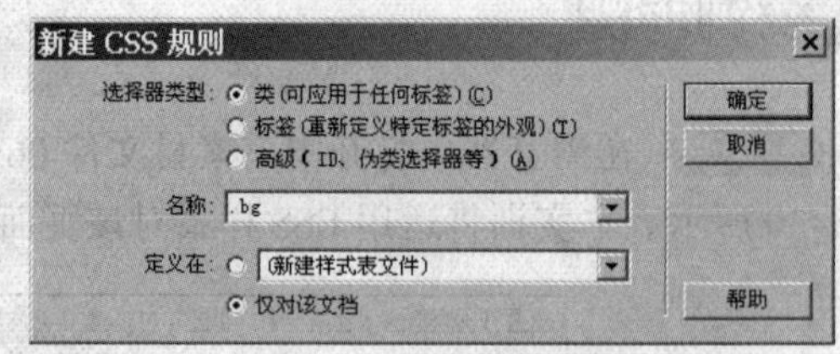

图 6-34 “新建 CSS 规则”对话框

单击“确定”按钮，弹出图 6-35 所示的对话框，选择“分类”列表框中的“背景”选项，设置“背景颜色”为#969696。

选择“分类”列表框中的“方框”选项，设置边界为 0，如图 6-36 所示。

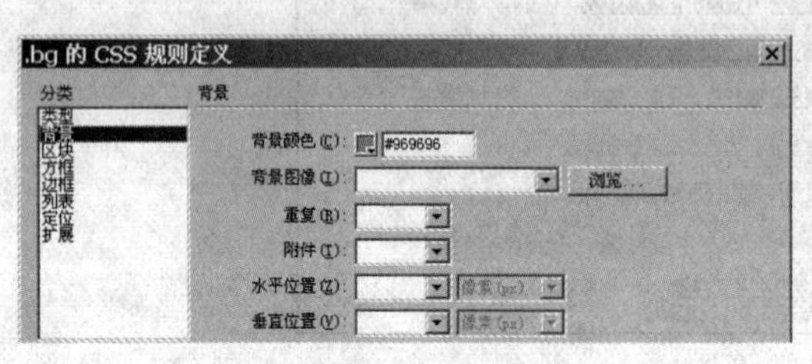

图 6-35 设置背景

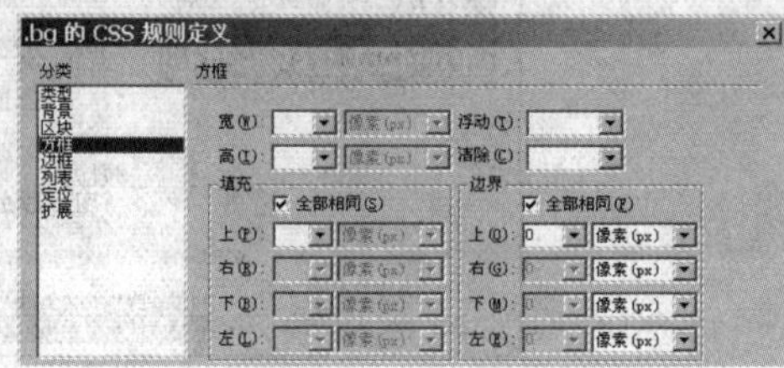

图 6-36 设置边界

Step7 选中设计视图底部的<body>标签，在其“属性”面板中将“样式”设为 bg，如图 6-37 所示。

图 6-37 设置样式

Step8 新建样式 tablebg，在“分类”列表框中选择“背景”选项，设置“背景颜色”为#ffffff；选择“方框”选项，设置宽为 774 px，如图 6-38 所示。

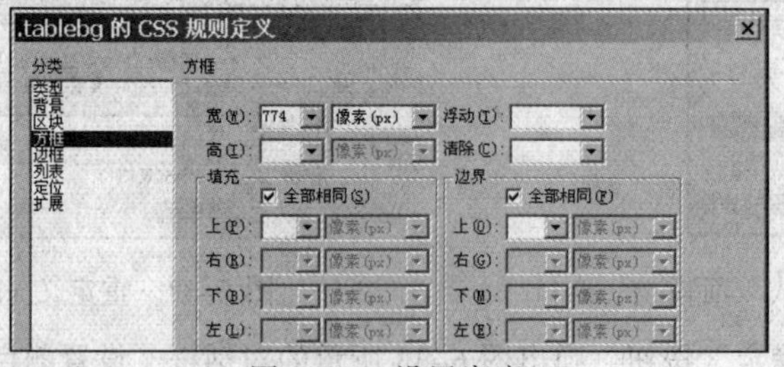

图 6-38 设置宽度

Step9 在设计视图中分别选中表格 ttop1、ttop2、tlogin、timage、thot、tnews、tbottom，在其“属性”面板中设置类为 tablebg，如图 6-39 所示。

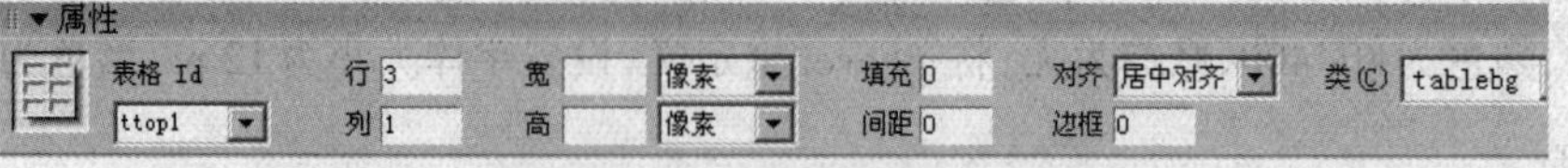

图 6-39 设置表格样式

Step10 至此，页面的主体修饰完毕，效果如图 6-40 所示。

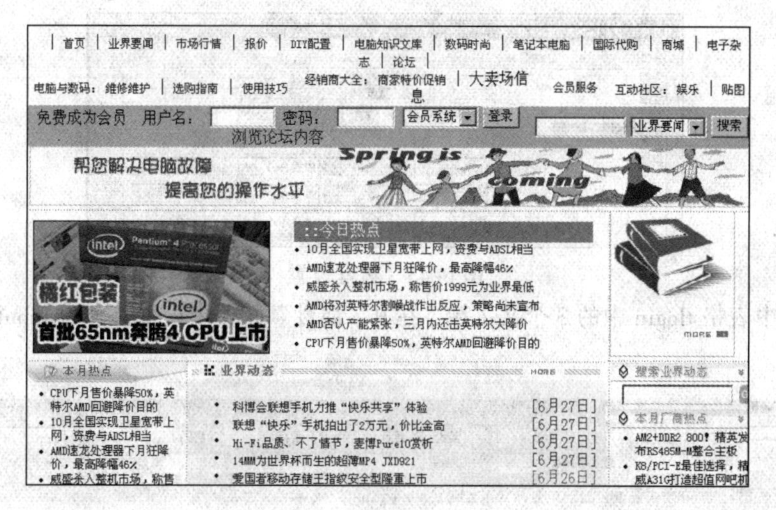

图 6-40　初步效果

Step11 接着对页面的局部进行修饰。在“CSS 样式”面板中新建样式 fontm，设置该样式字体大小为 12 像素，如图 6-41 所示。分别选中页面中的文字，在其“属性”面板中设置样式为 fontm。

图 6-41　设置字体样式

Step12 此时，页面内容比较整齐，最后需要对页面顶部的表格 ttop1 和表格 tlogin 中的表单元素进行美化。

在“CSS 样式”面板中新建样式 orangebg，然设置该样式的背景颜色为#feac0c；将光标定位在表格 ttop1 的第 1 个单元格中，在其“属性”面板中设置样式为 orangebg，如图 6-42 所示。

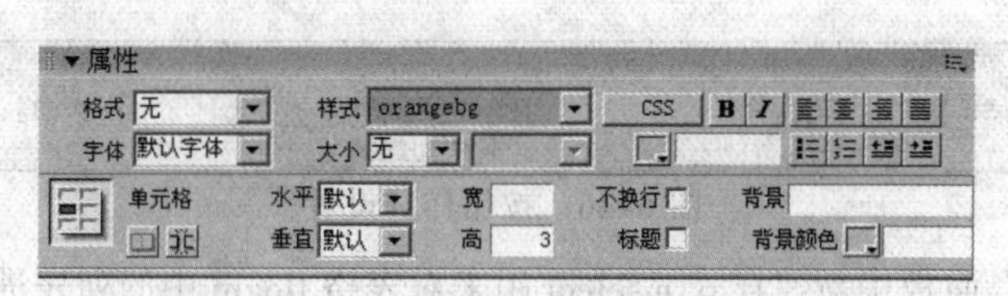

图 6-42　单元格样式设置

在“CSS 样式”面板中新建样式 yellowbg，设置该样式的背景颜色为#ffdf52；将光标定位在表格 ttop1 的第 2 个单元格中，在其“属性”面板中设置样式为 yellowbg。

Step13 在“CSS 样式”面板中新建样式 input 用来对表格 tlogin 中的文本域进行修饰，设置样式 input 的背景颜色为白色，边框为实线、宽度为 1 px、颜色为#e17f00，选择“全部相同”复选框，如图 6-43 所示。

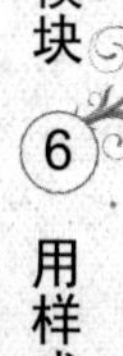

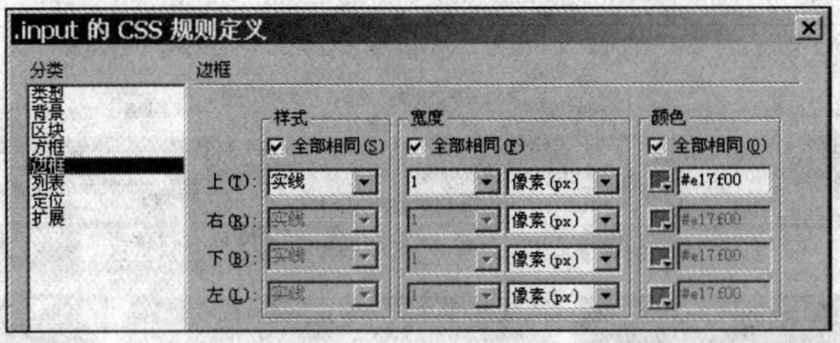

图 6-43 边框设置

分别选中表格 tlogin 中的 3 个文本域，在其“属性”面板中设置其类为 input，如图 6-44 所示。

图 6-44 文本域样式设置

Step14 在“CSS 样式”面板中新建样式 button 用来对表格 tlogin 中的按钮进行修饰，设置样式 button 的字体大小为 12 px，背景颜色为#cccccc，边框为“脊状”（全部相同）、宽度为 1 px（全部相同）、颜色为#ffffff（上边框和左边框为#ffffff，右边框和下边框不设置），如图 6-45 所示。

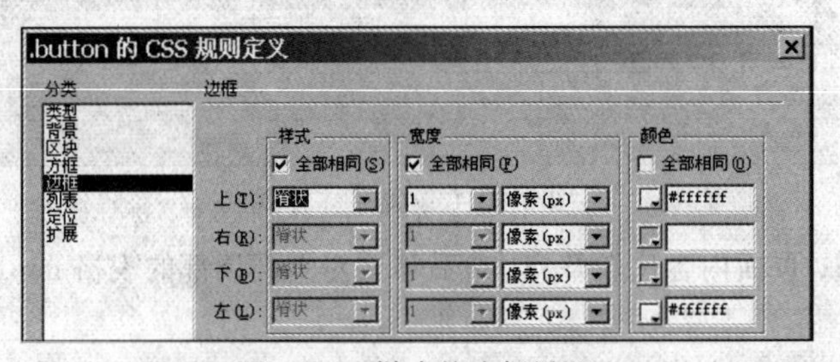

图 6-45 样式的边框设置

分别选中表格 tlogin 中的两个按钮，在其“属性”面板中设置其类为 input，如图 6-46 所示。

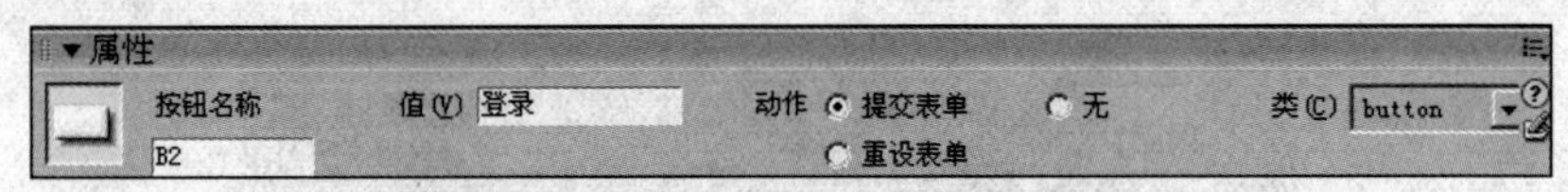

图 6-46 按钮样式设置

在“CSS 样式”面板中新建样式 mselect 用来对表格 tlogin 中的列表进行修饰，设置样式 mselect 的字体大小为 12 px。分别选中表格 tlogin 中的两个列表，在其“属性”面板中设置其类为 mselect，如图 6-47 所示。

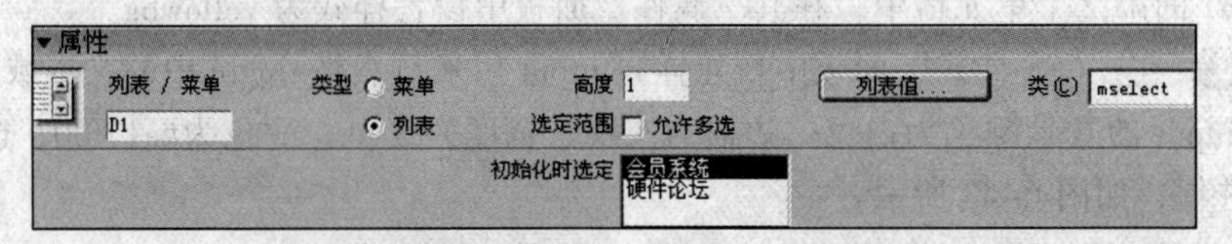

图 6-47 列表样式设置

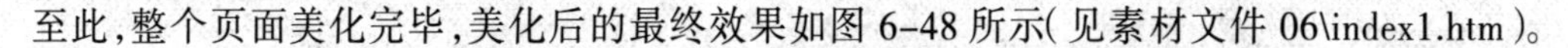
至此,整个页面美化完毕,美化后的最终效果如图 6-48 所示(见素材文件 06\index1.htm)。

图 6-48　最终效果

知 识 测 评

一、填空题

1. CSS 的定义由三个部分构成，包括________、________和________。
2. 网页中使用样式的方法包括内联样式表、________、________和________。
3. ________滤镜能使目标元素产生透明效果。
4. ________样式是精确定义整段文本中文字的字距、对齐方式等属性。

二、选择题

1. 在下列选项中，(　　)滤镜能使目标元素产生模糊效果。

   A. Glow　　B. Alpha　　C. Blur　　D. Gray

2. 内联样式表是把定义 CSS 样式的语句放在 HTML 文件的(　　)中。

   A. <head>　　B. <body>　　C. <title>　　D. <table>

3. 下列说法中，正确的是(　　)。

   A. 滤镜对所有对象都可以应用
   B. 滤镜只能应用在图层上
   C. 各种滤镜参数的值可以任意设置
   D. 滤镜不是所有对象都可以应用的

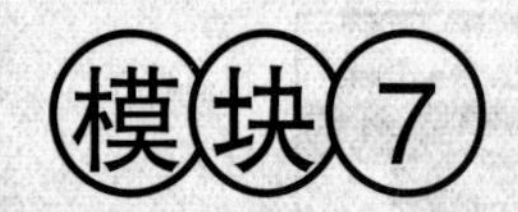

使用 JavaScript 添加特效

本模块学习网页设计师岗位常用到的 JavaScript 脚本，用来给网页增添一些常见的特效，提高网站的可欣赏性。

知识目标：

- 网页特效的定义
- JavaScript 语言基础
- HTML 中的 JavaScript 标记

技能目标：

- 掌握浮动广告特效的实现方法
- 掌握导航类特效的实现方法
- 掌握滚动内容特效的实现方法

7.1 什么是网页特效

网页特效是用程序代码在网页中实现的特殊效果或者特殊功能的一种技术，它为网页活跃了气氛。网页设计师一般使用脚本语言（JavaScript 或 VBScript）来设计网页特效。脚本语言是介于 HTML 和编程语言之间的一种解释性的语言。本书主要讲解应用更广泛的 JavaScript 脚本语言。

常见的网页特效包括时间日期类、页面背景类、页面特效类、图形图像类、按钮特效类、鼠标事件类、Cookie 脚本、文本特效类、状态栏特效、代码生成类、导航菜单类、页面搜索类和在线测试类等。

丰富多彩的网页特效为网页增加了很不错的效果。初学网页设计者按照说明也能成功地为网页添加网页特效。同时，学会添加网页特效也能使网页设计初学者更加了解 HTML 语言的结构。

7.2 JavaScript 语言基础

JavaScript 是一种基于对象（Object）和事件驱动（Event Driven）并具有相对安全性的脚本语言。无论在客户端还是服务器端，JavaScript 应用程序都可以将对象和资源连接在一起。

7.2.1 基本语法入门

1. 数据类型

在 JavaScript 中，数据类型可以划分为两类：基本数据类型和复合数据类型。基本数据类型主要有数值（整数和实数）型、字符串型、布尔型、null 类型和 undefined 类型，复合数据类型主要有对象、数组、函数。

（1）整型

整型数据分为正整数、0 或者负整数，可以使用十六进制、八进制和十进制表示。

（2）实型

实型即是通常所说的浮点型，表示浮点型数有两种方法：一种是普通表示法，就是将浮点数全部写出来，如 18.8 和 38.6；一种是科学计数法，就是通过包含一个“e”（大小写均可，在科学计数法中表示“10 的幂”）来表示浮点数，如 2.8E-8 和 6e8。

（3）字符串型

使用单引号（'）或双引号（"）括起来的一个或几个字符，如"Welcome to study JavaScript"、"654123.com"、'bt'等。

（4）布尔型

布尔型常量只有两种状态：true 或 false。它代表一种状态或标志，用来控制操作流程。在这一点上，JavaScript 与 C 语言是不一样的。C 语言可以用 1 或 0 表示布尔值，而 JavaScript 只能用 true 或 false 表示布尔值。

（5）null 数据类型

null 值就是没有任何值，什么也不表示。

（6）undefined 类型

一个为 undefined 的值就是指变量创建后但未赋值以前所具有的值。

2. 变量

在程序运行中可以改变的量称为变量。

（1）变量的命名

JavaScript 中变量的命名必须符合以下几个规则：

- 第一个字符必须是字母（大小写均可）、或下画线（_）或美元符号（$）。其后续的字符可以是字母、数字、下画线或美元符号。
- 变量名不可以是关键字。
- 变量名的长度不受限制。
- 变量名区分大小写。
- 变量名不能有空格或其他符号。

合法的变量名：如 A98_23、_abc、$USdollars。

非法的变量名：如 A-4、3_1、>the、Boolean、true、null。

（2）变量的类型

在 JavaScript 中，变量可以用关键字 var 进行声明，也可以不用说明直接使用。变量一般分为以下四种类型：

- 整型变量：如 var i=8；j=22 等。

- 实型变量：如 var i=0.667；cost=19.5 等。
- 布尔型变量：如 xy= true；var flag=false 等。
- 字符串变量：如 var s="I love JavaScript"；ss="125"等。

（3）变量的作用域

变量的作用域说明变量在程序中的什么范围内可以使用，在 JavaScript 中有全局变量和局部变量。全局变量是定义在所有函数体之外，其作用范围是所有函数；而局部变量是定义在函数体之内，只对该函数内部有效，对其他函数则无效。

3. 常量

在程序运行中始终不能被改变的量称为常量，常量具有一个固定不变的值，JavaScript 中的常量通常又称字面常量。

4. 运算符和表达式

（1）运算符

在 JavaScript 中，主要包括以下几种类型的运算符：

- 算术运算符：+、–、*、/、%。
- 比较运算符：<、>、<=、>=、==、!=。
- 逻辑运算符：!、&&、||。
- 赋值运算符：=及其扩展赋值运算符。

（2）表达式

在定义完变量后，就可以对它们进行赋值、改变、计算等一系列操作，这一系列操作通常让表达式来完成，可以说它是变量、常量、布尔值及运算符的集合。JavaScript 的表达式可以分为算术表达式、字符串表达式、赋值表达式以及逻辑表达式等。例如，算术表达式：x+y，字符串表达式：We+"love JavaScript"，赋值表达式：y=true，逻辑表达式：x==y。

5. 流程控制语句

流程控制语句用于控制程序的执行顺序。在 JavaScript 中，流程控制语句主要分为五类：if 语句、switch 语句、循环语句、continue 语句、break 语句。

（1）if 语句

条件控制语句包括 if 语句和 switch 语句。if 语句基本格式：

```
if(表达式)
{语句段 1; }
else
{语句段 2; }
```

使用基本的 if-else 语句时，应该注意以下问题：

- 表达式是任意一个返回布尔型数据的表达式。
- 如果表达式的值为 true，则执行紧跟着的语句段 1；如果表达式的值为 false，则执行 else 后面的语句段 2。
- 每条语句后都必须有分号。
- if 语句可以嵌套使用。若 if 后的语句段有多行，则必须使用花括号将其括起来。
- else 子句是任选的，不能单独作为语句使用，它必须和 if 语句配对使用，并且总是与离它最近的 if 配对。

（2）switch 语句

switch 语句也属于条件控制语句。switch 根据一个变量的不同取值采取执行不同的语句段。

基本格式：

```
switch(表达式)
{ case 常量值1:语句段1;
  case 常量值2:语句段2;
  case 常量值3:语句段3;
  …
  default:语句段4;
}
```

使用基本的 switch 语句时，应该注意以下问题：

- 判断值必须是常量，而且所有的判断值是不同的。
- 语句段不需要{}。
- 如果表达式取的值同程序中提供的任何一条语句都不匹配，将执行 default 中的语句。

（3）循环语句

① for 语句：

基本格式：`for(表达式1;表达式2;表达式3){语句段;}`

使用基本的 for 语句时，应该注意以下问题：

- for 语句头部分由三部分组成，彼此间必须用分号相隔。
- 表达式 1 负责完成变量的初始化值。
- 表达式 2 是返回值为布尔型的表达式，称为循环条件。
- 表达式 3 的作用是控制变量在每次循环时的变化方式。
- 执行过程：首先执行表达式 1，完成初始化工作，然后计算表达式 2 的值，若值为 true，则执行循环体，否则退出循环；执行完循环体，最后计算表达式 3 的值，以便改变循环控制变量，这样一次循环结束。第二次循环从执行表达式 2 开始，循环重复执行，直至表达式 2 为假，结束循环。

② for...in 语句：

基本格式：`for(变量 in 对象或数组名){语句段;}`

for...in 语句与 for 语句的区别在于：它的循环范围是一个对象所有的属性或者是一个数组的所有元素。循环变量的赋值由 JavaScript 解释器决定，无法指定循环的顺序。

③ while 语句：

基本格式：`while(条件){语句段;}`

当条件为真（true）时，重复循环，否则退出循环体。

④ do...while 语句：

基本格式：`do {语句段;}while(条件);`

在完成了一次循环后进行条件检测，以决定是否要再次执行循环体，如果条件成立，继续循环，否则退出循环体。与 while 语句相比，区别在于 do...while 语句无论条件是否满足，循环部分至少要执行一次。

（4）continue 语句和 break 语句

continue 语句和 break 语句属于控制循环的语句。break 语句用于中断当前的循环操作，

跳到循环体后面的语句执行。continue 语句用于中断当前当次的循环操作，它与 break 语句不同的是：continue 语句只能中止某一次的循环，并会进入下一轮循环。

6. 数组

数组是用来表达一组同类型有序数据的集合，它里面可以包含多个元素，这些元素可以通过数组名加数组下标进行访问。在 JavaScript 中，数组的下标是从 0 开始。

（1）声明和创建数组

使用数组前必须先声明数组，声明之后可以使用 new Array 创建一个数组，如下三种语法都是正确的：

```
var arrayObj=new Array();
//先声明数组，然后创建一个数组
var arrayObj=new Array(size);
//先声明数组，然后创建一个数组并指定长度，注意不是上限，是长度
var arrayObj=new Array(element0,element1,…,elementN);
//先声明数组，然后创建一个数组并赋值
```

需要说明的是，虽然第 2 种方法创建数组指定了长度，但实际上所有情况下数组都是变长的，也就是说，即使指定了长度为 8，仍然可以将元素存储在规定长度以外的空间里（注意：这时长度会随之改变）。

例如，创建一个名称为 array_kong 的空数组，代码如下：

```
var array_kong=new Array();
```

例如，创建一个名称为 array_yishi，有 10 个元素的数组，代码如下：

```
var array_yishi=new Array(10);
```

例如，创建一个名称为 array_name，有 5 个元素的数组，各元素的值依次为"black"、"黑客"、3.14、8、-10，代码如下：

```
var array_name=new Array("black","黑客",3.14,8,-10);
```

（2）数组的初始化

创建数组后，为数组元素初始化有两种方式：第 1 种是使用一条赋值语句一次性进行赋值，如上面创建数组的第三种方法；第 2 种是使用循环语句按一定规律为数组元素赋值。

（3）数组元素的使用

一维数组通过数组名和数组下标访问数组的元素，如 Array_name[0]、Array_name[1]等，需要注意的是下标从 0 开始。

7. 标识符和关键字

（1）标识符

用来标识变量名、方法名、数组名、对象名、文件名的有效字符系列称为标识符。简单地讲，标识符就是一个名字，便于 JavaScript 解释器的识别。

（2）关键字

关键字是 JavaScript 语言已经被赋予特定意义的一些单词，是 JavaScript 语言本身所使用的标识符，如 Array、var。

8. 函数

（1）什么是函数

在 JavaScript 中，函数是可以完成某种特定功能的一系列代码的集合，在函数被调用前

函数体内的代码并不执行，即独立于主程序。函数分为自定义函数和内置函数。内置函数是系统定义好的，而自定义函数是用户根据需要自己定义的。

（2）函数的定义

函数定义的语法格式如下：

```
function 函数名（参数列表）
{
   函数的执行部分;
   return  表达式;
}
```

说明：

- function 是关键字。
- 函数名必须是唯一的，并且大小写是有区别的。
- 函数的参数可以是常量、变量或表达式。
- 当使用多个参数时，参数之间用逗号隔开。
- 如果函数值需要返回，则使用关键字 return 将值返回。

（3）函数的调用

函数调用的格式有两种：

格式 1：varname=函数名(参数值)

格式 2：函数名(参数值)

说明：若函数调用有返回值，而且需要保存该返回值，则采用格式 1 的调用方法；若不需要保存函数返回的值，或者需要直接使用函数的返回值，或者函数仅是实现某项特殊的功能，没有明确的返回值时，通常采用格式 2 来调用。

9. 基于对象技术

在 Java 语言中，使用的是完全面向对象的编程技术。而 JavaScript 语言是一种基于对象（object-based）的语言，所有的东西几乎都是对象，但它的语法中并没有类（class）。在 JavaScript 中可以定义对象、创建对象实例以及使用对象。虽然 JavaScript 内部和浏览器本身的功能已十分强大，但 JavaScript 还是提供了创建一个新对象的方法，使其不必像超文本标识语言那样必须求助于其他多媒体工具才能完成许多复杂的工作。

7.2.2 简单特效实现

学习 JavaScript 与学习其他编程语言方法一样，要多看相关的书籍、多观摩别人的程序、多写代码、多实践。所以后面的每一个范例，建议读者在弄懂的基础上亲自编写。首先可以利用任何编辑器（如 Dreamweaver 等）来创建 HTML 文档；然后在 Web 页面内加入 JavaScript 程序。JavaScript 程序嵌入在 HTML 文档中的<Script Language="JavaScript">与</Script>标记之间；最后 HTML 文档文件保存时的扩展名必须是.html 或.htm。

下面为名为 01.htm 的网页（素材 07\01 文件夹下）中实现自动弹出对话框的 JavaScript 源代码：

```
…
<script Language ="JavaScript">
    //JavaScript 在这里出现
```

```
    alert("欢迎你进入 JavaScript 精彩世界!");
    alert("我们将共同学习 JavaScript 知识! ");
</script>
```

alert 方法独立生成一个小窗口，显示一个“确定”按钮和消息内容。出现对话框时，程序暂停运行，直到浏览者单击“确定”按钮；消息内容是字符串值，HTML 标签不会被解析。如果需要格式，使用转义字符\n 或\t。

在浏览器中运行后，自动弹出“欢迎你进入 JavaScript 精彩世界!”的对话框，单击“确定”按钮，就可以关闭此提示对话框（见图 7-1）。随后会自动弹出“我们将共同学习 JavaScript 知识!”的对话框，单击此“确定”按钮，可关闭此对话框。

图 7-1　一个简单的 JavaScript 程序

7.3　给网页添加常见特效

7.3.1　浮动广告特效

除了普通的 Gif Banner、Flash 外，浮动广告也是时下网上较为流行的广告形式之一。当拖动浏览器的滚动条时，这种在页面上浮动的广告，可以跟随屏幕一起移动。这种效果对于广告展示有相当的实用价值。

做出浮动式广告的效果并不困难。如果有 JavaScript 基础，可自己编写，也可以到网上下载一个特效工具，按提示粘贴代码即可以。不过，要想真正了解它是如何做出来的，则需要掌握一些 JavaScript 知识。

以下这段代码（素材 07\02\01\index.htm）可放在<body></body>之间，其间笔者加入了一些注释：

```
<div id="AdLayer" style="position:absolute; width:85px; height:82px; left:
637px; top:534px;" name="AdLayer">
<img src="images/pic.gif" width="80" height="80">
</div>

 <script language="JScript">
 <!--
 //超简单的js浮动代码
 function MoveLayer() {
        var ly=document.all.AdLayer;
        var x=document.body.clientWidth-145;
                                                  //浮动广告层固定于浏览器的 x 方向位置
        var y=100;                                //浮动广告层固定于浏览器的 y 方向位置
        var diff =(document.body.scrollTop+y-ly.style.posTop)*.70;
        y=document.body.scrollTop + y-diff;
        ly.style.posTop=y;
        ly.style.posLeft=x;
        setTimeout(MoveLayer, 50);         //设置 50 毫秒后再调用函数 MoveLayer()
 }
 document.onload=MoveLayer();
```

```
//-->
</script>
```

在这里， x、y 的初值用来设定浮动广告层的目标位置；y=document.body.scrollTop+y-diff 用来设定浮动广告层的当前位置；setTimeout(MoveLayer,50)中的值 50 为希望调用 MoveLayer() 的时间间隔。需要注意的是，使用的图片最好为透明背景的 GIF 格式的图片，以使图片的背景颜色不至于遮住后面的内容。

制作网页时要慎用浮动式广告，考虑使用特效的同时，还要考虑浏览者的感觉，不能滥用。

7.3.2 导航类特效

菜单是网站中最常见的导航工具，每一个菜单项都可以对应一个页面或一级子菜单。通过菜单可以将网站的结构很直观地显示出来，帮助用户浏览网站。常见的菜单有下拉式菜单、导航条菜单、弹出式菜单等。

1. 下拉式菜单的制作

下拉式菜单（见图 7-2）是网页中常见的导航形式。在 Dreamweaver 中，下拉式菜单的制作方法有很多，原理也很简单。以图 7-2 所示的下拉式菜单为例，其制作过程可以分几个步骤来进行，首先建立一个导航条，它用来放置首先显示出现的主菜单；然后再利用层制作初始隐藏的下拉子菜单；接着，进行最关键的一步，为主菜单和下拉子菜单添加隐藏和显示层的效果；最后，对菜单进行美化修饰即可得到最终的效果。代码见素材 07\03\index.htm。

图 7-2　下拉式菜单示例

下拉式菜单的制作步骤如下：

Step 1 制作导航条，并设计出各主菜单项。选择“修改”→“页面属性”命令，弹出“页面属性”对话框，如图 7-3 所示，将上、下、左、右边距都设置为 0 px。将字体大小设为 14 px，字体颜色为白色。

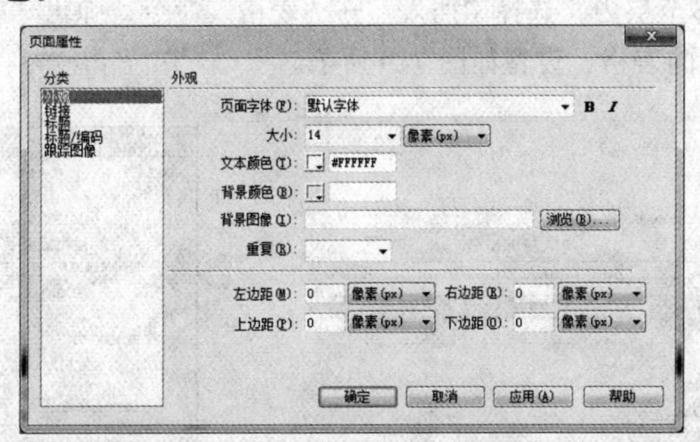

图 7-3　“页面属性”对话框

Step 2 选择“插入”→“布局对象”→“层”命令（Dreamweaver 8、CS1～CS4 版本是这个菜单，如果是 CS5 版本则需要选择 AP Div 命令），插入一个层，在网页中单击该图层的边框选中该层，打开“属性”面板，分别设置其层编号、左边距、上边距、宽度、高度及背景颜色等属性，如图 7–4 所示。

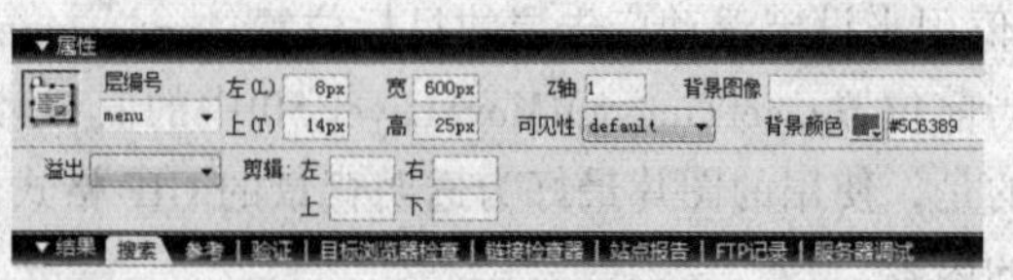

图 7–4　层属性设置

Step3　将光标移至层内，选择“插入”→“表格”命令，弹出“表格”对话框，插入 1 行 5 列无标题的表格，设置如图 7–5 所示。

表格插入后的效果如图 7–6 所示。

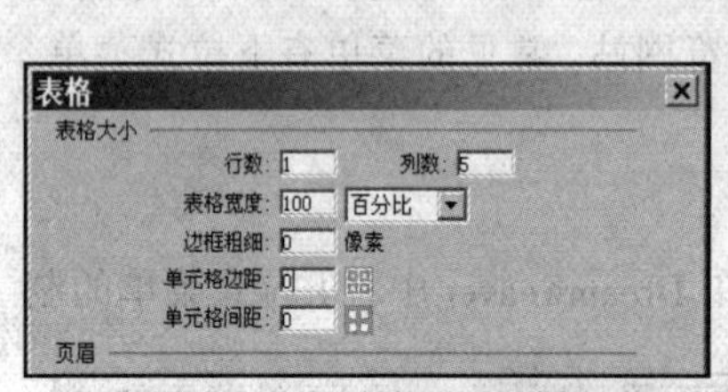

图 7–5　“表格”对话框

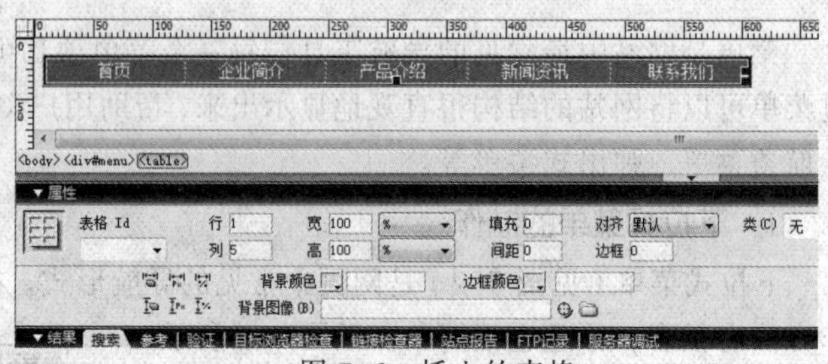

图 7–6　插入的表格

Step4　按住【Ctrl】键选择表格的五个单元格或者在表格元素内拖动，然后设置其宽度均为 120 px，水平对齐方式为居中对齐，垂直对齐方向为居中，并分别在五个单元格中输入文字作为主菜单各项的名称，如图 7–7 所示。

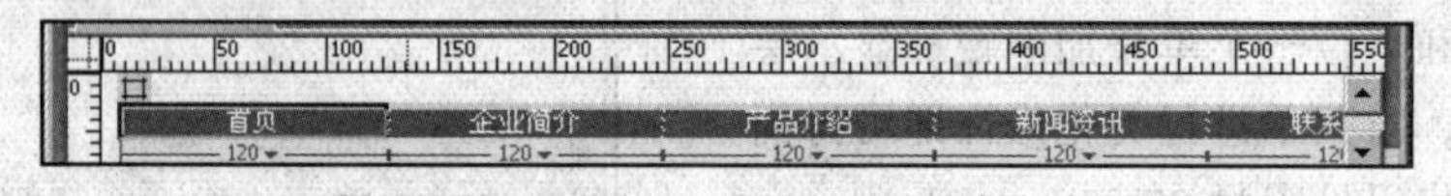

图 7–7　主菜单效果

Step5　先给“企业简介”菜单项添加下拉子菜单。选择“企业简介”，再选择“插入”→“布局对象”→“层”命令，插入一个层，选中该层，打开“属性”面板，分别设置其层编号（menu1）、左边距、上边距、宽度、高度及背景颜色等属性，如图 7–8 所示。

Step6　将光标移至层内，选择“插入”→“表格”命令，弹出“表格”对话框，在层 menu1 中插入 4 行 1 列的表格，设置如图 7–9 所示。

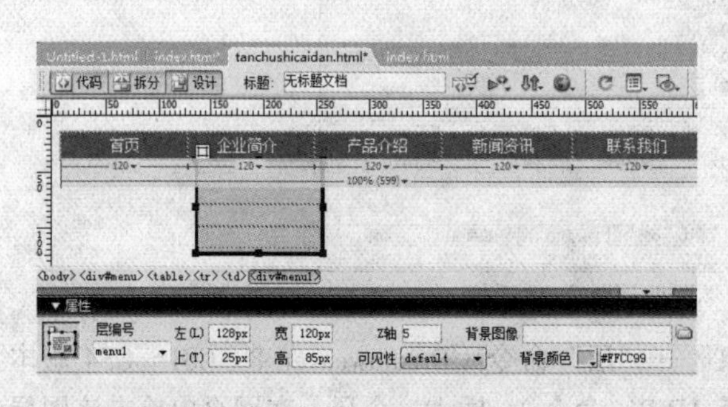

图 7–8　层属性设置

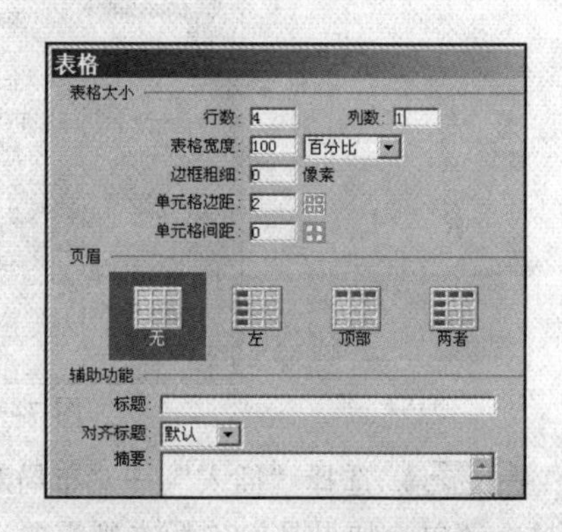

图 7–9　“表格”对话框

Step7 按住【Ctrl】键选择表格的四个单元格，设置其高度均为 20 px，字体大小为 12 px，水平对齐方式为居中对齐，垂直对齐方式为居中，如图 7-10 所示。

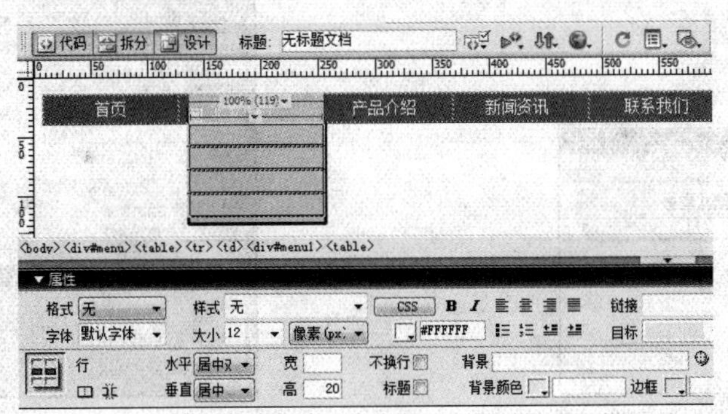

图 7-10　单元格属性设置

Step8 分别在 4 个单元格中输入文字作为各子菜单项的名称，如图 7-11 所示。

Step9 按同样的方式给主菜单项“产品介绍”和“新闻资讯”也分别加上子菜单，“产品介绍”主菜单项所对应的子菜单层命名为 menu2，“新闻资讯”主菜单项所对应的子菜单层命名为 menu3，如图 7-12 所示。

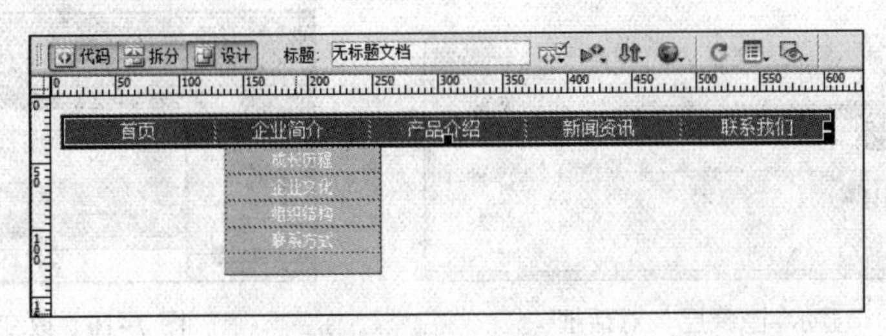

图 7-11　子菜单

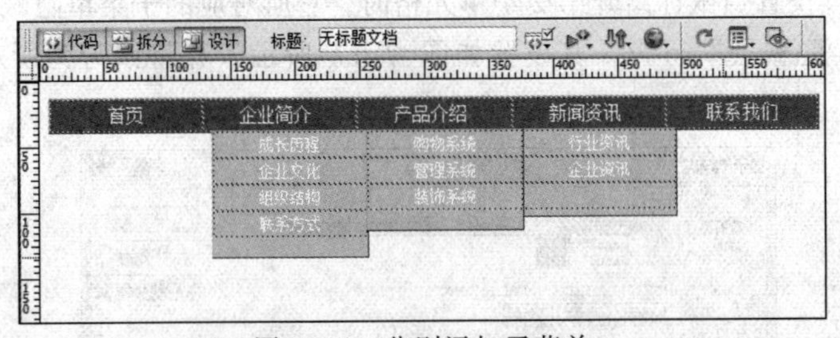

图 7-12　分别添加子菜单

Step10 制作子菜单的显示与隐藏效果。本步骤分为两部分：对导航条中的主菜单添加控制显示隐藏的命令和给下拉子菜单本身添加显示隐藏的命令。首先选择图层 menu1，然后选择“窗口”→“层”（CS5 中称为 AP 面板）命令或按【F2】键打开“层”面板（AP 元素），单击层列表中层左侧眼睛下方空白处将 3 个子菜单所对应的层 menu1、menu2、menu3 都隐藏起来，如图 7-13 所示。

Step11 设置当鼠标经过第 2 个单元格时，它所对应的子菜单显示出来，选中主菜单中表格的第 2 个单元格，选择“窗口”→“行为”命令或按【Shift+F4】组合键打开“行为”面板，给该单元格添加“显示-隐藏层”行为，如图 7-14 所示。

图 7-13　全部子菜单

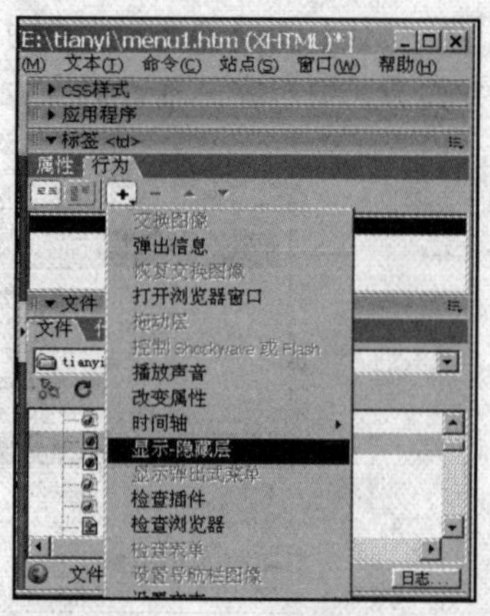

图 7-14　“行为”面板

Step12 在图 7-14 中，选择“显示-隐藏层”命令，弹出图 7-15 所示的对话框，将层 menu2 和 menu3 设为隐藏，将层 menu1 设为显示，单击“确定”按钮。

Step13 再次选中主菜单中表格的第 2 个单元格，在“行为”面板中将刚添加的行为对应的事件改为 onMouseOver，即表示当鼠标滑过时，其余菜单隐藏，如图 7-16 所示。

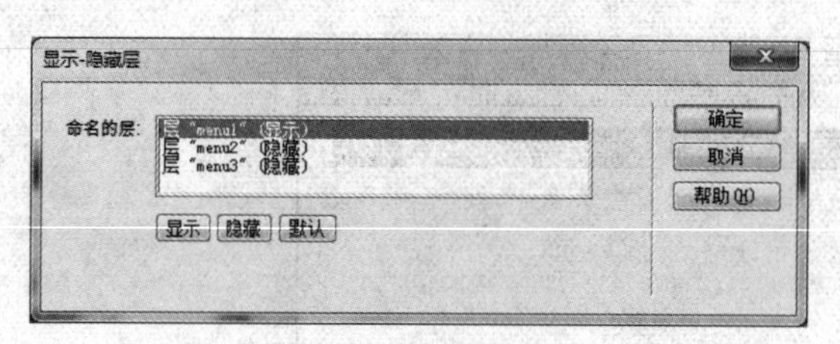

图 7-15　“显示-隐藏层”对话框

图 7-16　改变事件

Step14 继续设置当鼠标离开第 2 个单元格时，它所对应的子菜单隐藏起来。按同样的方式添加“显示-隐藏层”行为，其设置如图 7-17 所示，并将该行为所对应的事件改为 onMouseOut。

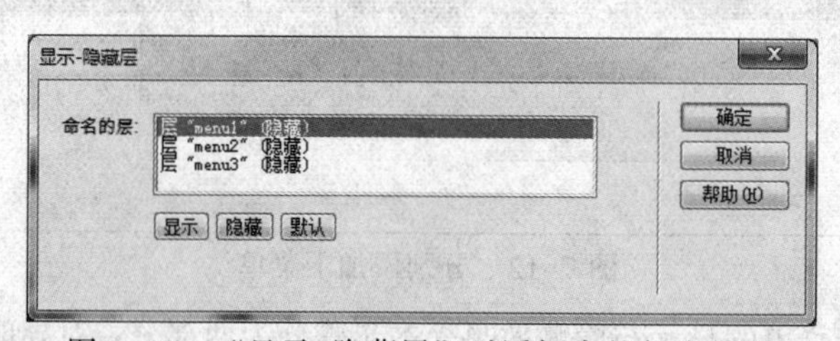

图 7-17　“显示-隐藏层”对话框中的行为设置

Step15 按同样的方式分别给主菜单中的第 3 个单元格和第 4 个单元格添加“显示-隐藏层”行为，其中，当鼠标指针指向第 3 个单元格时，层 bmenu2 显示；当鼠标指针离开第 3 个单元格时，层 menu2 隐藏；当鼠标指针指向第 4 个单元格时，层 menu3 显示；当鼠标指针离开第 4 个单元格时，层 menu3 隐藏。

Step16 主菜单设置好之后，设置各子菜单的行为。先给第 1 个子菜单设置效果，当鼠标指针指向第一个子菜单时显示层 menu1，当鼠标指针离开第 1 个子菜单时隐藏层 menu1。在“层”面板中选择层 menu1，在“行为”面板中添加两次“显示-隐藏层”行为，分别对应

onMouseOver 事件和 onMouseOut 事件。OnMouseOver 事件对应的行为如图 7-18 所示。onMouseOut 事件对应的行为如图 7-19 所示。

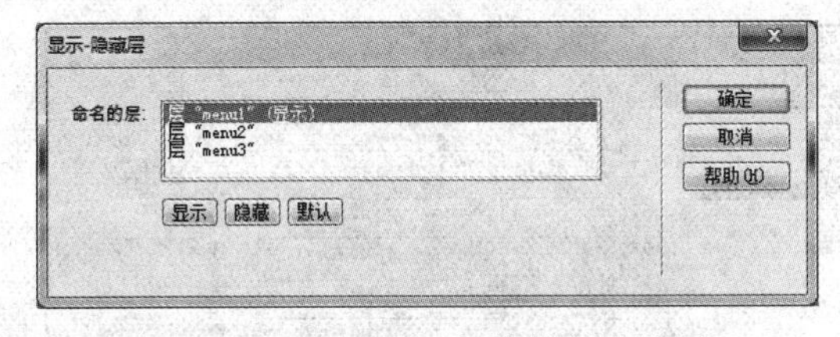

图 7-18　onMouseOver 事件的行为设置

图 7-19　onMouseOut 事件的行为设置

Step17 第 2 个和第 3 个子菜单的设置与此类似，可按同样的方式设置。给每一个菜单项加上相应的链接（或空链接#）。至此，下拉式菜单基本形成。

Step18 最后需要完成的是对菜单进行美化修饰，对超链接的样式进行设置。选择“窗口”→“CSS 样式”命令，打开“CSS 样式”面板，在面板中对超链接的样式进行重新定义。在“CSS 样式”面板中右击，在弹出的菜单中选择“新建”命令，弹出图 7-20 所示的对话框，选择“高级（ID、伪类选择器等）”单选按钮，在“选择器”下拉列表框中选择 a:link，对超链接的默认状态进行设置，单击“确定”按钮，弹出图 7-21 所示的对话框，设置“修饰”项为“无”，颜色为白色。

Step19 回到“CSS 样式”面板中，新建样式，在图 7-20 所示对话框的“选择器”下拉列表框中选择 a:hover，对指向超链接文本时的状态进行设置，单击“确定”按钮，弹出图 7-21 所示的对话框，设置“修饰”项为“无”，字体大小改为 10 pt，颜色为红色，则当鼠标指向超链接文字时，文字大小和颜色就会发生变化。

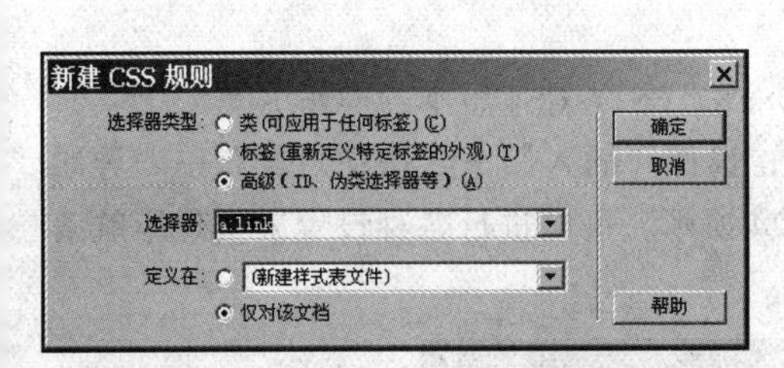

图 7-20　“新建 CSS 规则”对话框

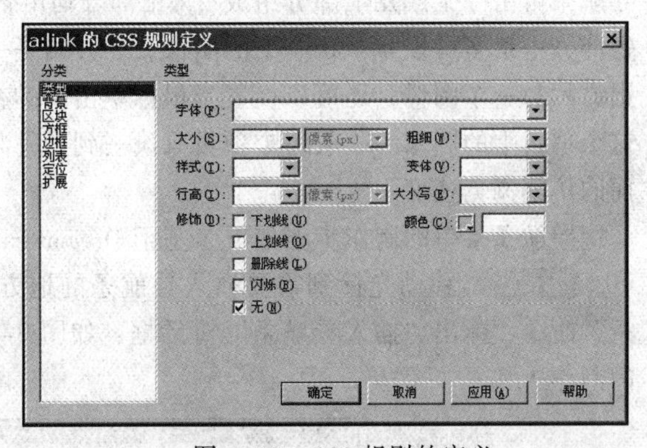

图 7-21　CSS 规则的定义

Step20 再回到“CSS 样式”面板中，新建样式，在图 7-20 所示对话框的“选择器”下拉列表框中选择 a:visited，对访问过的超链接的状态进行设置，单击“确定”按钮，弹出图 7-21 所示的对话框，设置“修饰”项为“无”，颜色设为蓝色，则当该链接项目被访问过后，文本颜色变为蓝色。

Step21 对表格边框进行修饰，在“CSS 样式”面板中新建一个样式，对 table 标签进行重定义，如图 7-22 所示。

Step22 在图 7-22 所示的对话框中将选择器类型设为“标签（重新定义特定标签的外观）”，在“标签”下拉列表框中选择 table，单击“确定”按钮，弹出图 7-23 所示的对话框。

Step23 在图 7-23 所示的对话框中，选择“分类”列表框中的“边框”选项，设置边框样式为“虚线”，宽度为 1px，颜色为黑色。

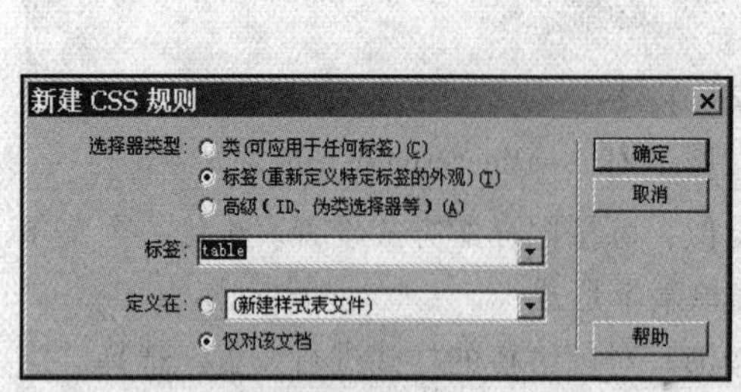

图 7-22 “新建 CSS 规则”对话框

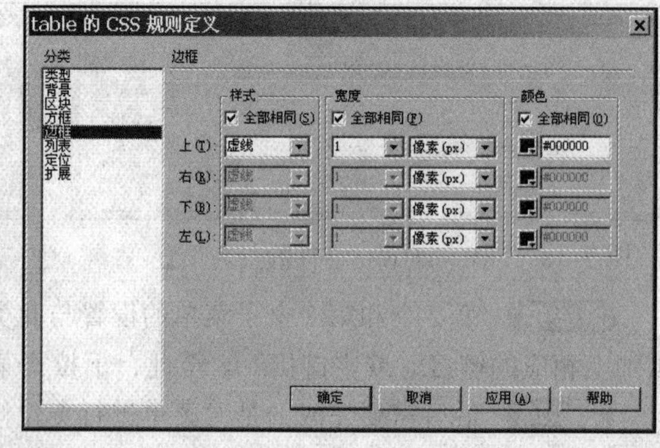

图 7-23 边框设置

Step24 菜单修饰完毕，按【F12】键预览效果，如图 7-2 所示。

2. 导航条菜单的制作

一个网站的不同页面通常要使用同一导航条，通过采用统一导航条的方法，可以实现网站风格的统一，同时也方便浏览者在不同页面间进行跳转。

使用 Dreamweaver 可制作出各种导航条，本节将介绍一种利用 Dreamweaver 制作导航条的简单方法，即利用“插入”→“图像对象”→“导航条”命令来制作导航条，这种方式只需要准备好素材图片即可，其他工作 Dreamweaver 会帮助设计者完成。利用这种方式制作的导航条可由一个或几个部分组成，每个部分均由各种图像构成，可以链接到不同的网页页面，每部分中最多可设 4 个状态下的图像，一开始是一个初始图像，当鼠标移到导航条部位上时则显示另一个图像，还可以设置当鼠标单击后的初始图像，以及鼠标单击后当鼠标再次移到这个项目上的图像。一般每个项目只设一到两种状态的图像，如果图像太多，会影响网页页面的访问浏览速度。

导航条菜单的制作步骤如下（基于 Dreamweaver 8、CS1～CS4 版本的操作）：

Step1 移动光标到需要插入导航条的地方，选择“插入”→“图像对象”→“导航条”命令，弹出“插入导航条”对话框，如图 7-24 所示，可以进行各种设置来实现导航条的制作。

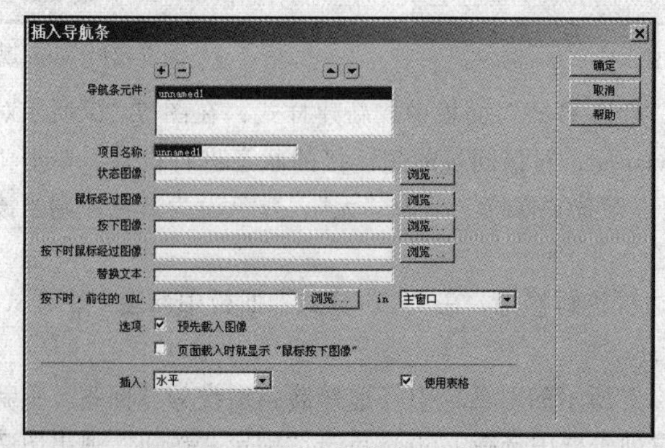

图 7-24 “插入导航条”对话框

- 导航条元件：显示的是各项的名称及相关信息。
- 项目名称：该文本框填入该项目的名称，如果不填，Dreamweaver 将自动给它命名。在导航条中每部分中最多可设 4 个状态下的图像。
- 状态图像：是该项目的初始图片，在其后文本框中输入已准备好的图片的位置及文件名，或单击右边的“浏览”按钮来选择图片。
- 鼠标经过图像：是鼠标移到该项目上方时显示的图像。
- 按下图像：是鼠标单击该项目后显示的初始图像。
- 按下时鼠标经过图像：是鼠标单击后当鼠标再次移到该项目上时显示的图像。

每个项目可只设置“状态图像”项，后面的“鼠标经过图像”“按下图像”和“按下时鼠标经过图像”三项可以不设置。

另外，还可给每个项目设置超链接，“按下时，前往的 URL”文本框输入链接到的文件地址，或单击“浏览”按钮选择。“按下时，前往的 URL”文本框后有一个下拉列表框，用来设置超链接打开的方式。

Step2 接着是设置“选项”选项组，若选择“预先载入图像”复选框，则浏览者浏览页面时，所有图像将在页面下载的同时全部下载，整个页面打开的速度会较慢，但图像间的转换不会有延迟；反之，不选择“预先载入图像”复选框时，页面下载的同时只下载初始图像，其他图像按顺序下载，整个页面打开的速度较快，但图像间转换会有延迟。

若选择“页面载入时就显示‘鼠标按下图像’”复选框，则将“按下图像”设为初始图像。此时，“按下时鼠标经过图像”选项改为鼠标移到这个部位上时显示的图像，“状态图像”选项改为鼠标单击该项目后显示的初始图像，“鼠标经过图像”选项改为鼠标单击后当鼠标再次移到这个项目上时显示的图像。

最下面是“插入”下拉列表框，其中有“水平”和“垂直”两个选项，选择“水平”选项则导航条在水平方向展开，选择“垂直”选项则导航条在垂直方向展开。选择“使用表格”复选框选后，Dreamweaver 自动将导航条各项目用表格隔开。

Step3 当一个项目设置完成后，要添加其他项目，可单击对话框上方的“+”按钮，可按上面的步骤进行新项目的设置。要删去某一个项目，在“导航条元件”列表框中先选中该项目，再单击对话框上方的“-”按钮即可。

另外，使用设置导航条图像中的高级功能可改变文档中基于当前按钮下的其他项目的图像。在默认状态下，当鼠标单击或指向某项目时，其他项目不发生变化，如果想突出当前项目，可使其他项目发生变化，利用导航条设置的高级功能即可实现，方法如下：在“行为”面板中单击“+”按钮，在弹出的菜单中选择“设置导航条图像”命令，弹出“设置导航条图像”对话框，选择“高级”选项卡，如图 7-25 所示，对导航条图像的高级属性进行设置。

Step4 在图 7-25 所示对话框中，若选择“鼠标经过图像或点击时鼠标经过图像”选项，则当鼠标经过图片时显示其上面的图片，并在“同时设置图像”下拉列表框中选择需要改变的项目，然后在“变成图像文件”文本框中选择要显示的图片，同时在其下面的“按下时，变成图像文件”文本框中选择当鼠标按下时要显示的图片；若选择“单击图像”选项，则当浏览者单击所选图像后，显示后面设置的图片。

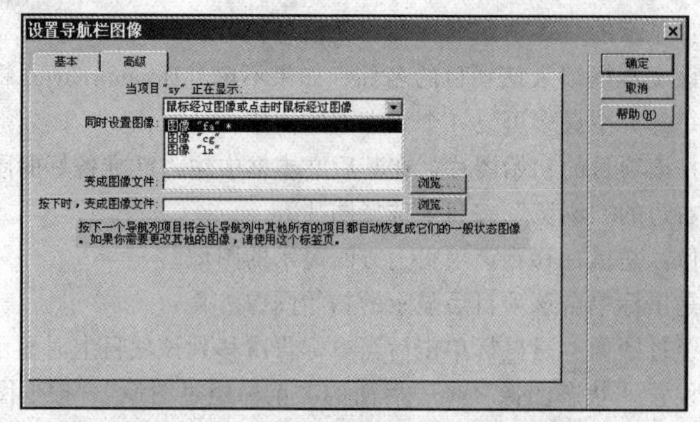

图 7-25　对导航条图像进行高级设置

图 7-26 所示的效果就是上述操作制作出的导航条。

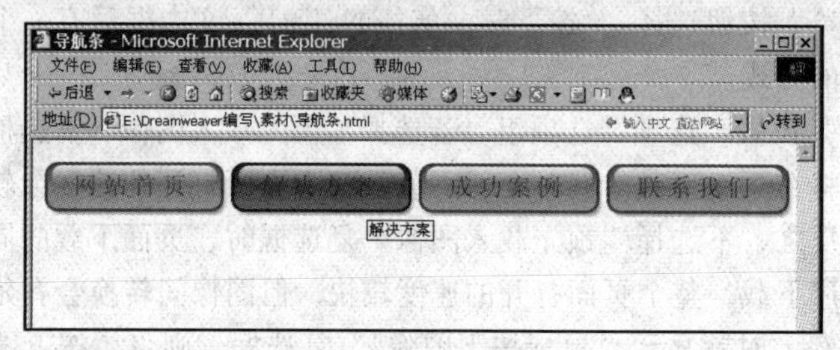

图 7-26　效果图

在 CS5 下，提供了一个新的创建导航的功能，名为 spry 菜单。操作也很简单，选择“插入”→“布局对象”→“spry 菜单栏”即可很快制作各种菜单，包括下面的弹出菜单。

3. 弹出式菜单的制作

当网站栏目众多并且有多级分类时，对于不太熟悉该网站的用户来说就不太容易找到想查看的栏目。使用弹出式菜单可以让初次访问的浏览者快速了解网站的目录结构，直接找到想要查看的栏目。

利用 Dreamweaver 自带的行为可以很方便地制作出具有多级结构的弹出式菜单，其效果如图 7-27 所示。

应用 Dreamweaver 自带的行为制作显示弹出式菜单的步骤如下（基于 Dreamweave 8、CS3～CS4 版本）：

Step1 先在 Dreamweaver 中新建一个页面，插入一个 4 行 1 列的表格，设置表格的属性如图 7-28 所示。每个单元格的属性设置如图 7-29 所示。

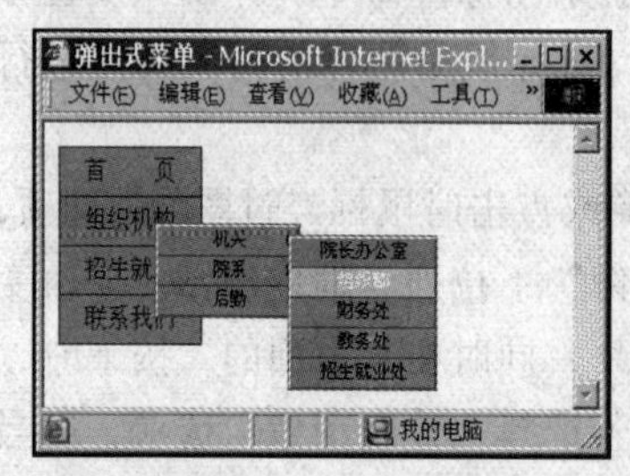

图 7-27　弹出式菜单的效果

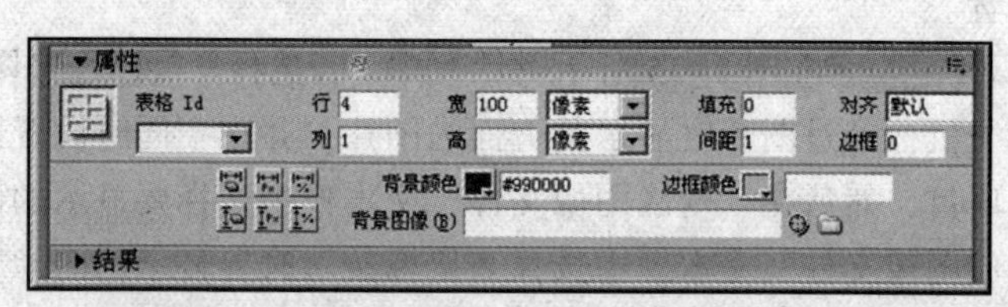

图 7-28　表格属性设置

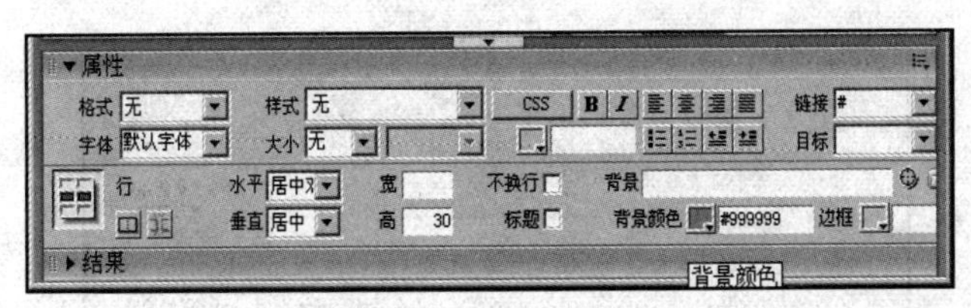

图 7-29　单元格属性设置

在每个单元格中输入相应的文字，并加上链接，如图 7-30 所示。其效果如图 7-31 所示。

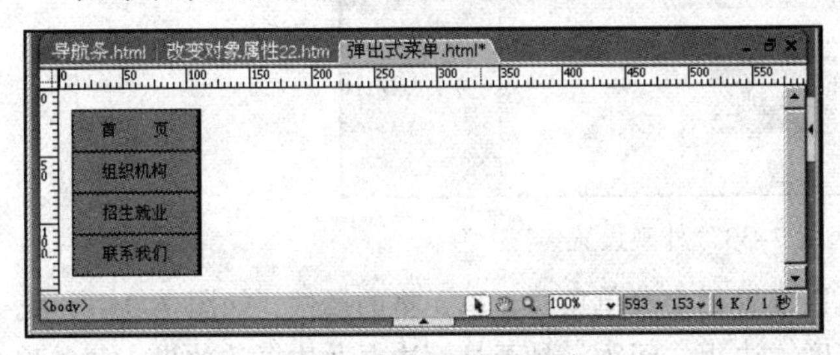

图 7-30　垂直导航条

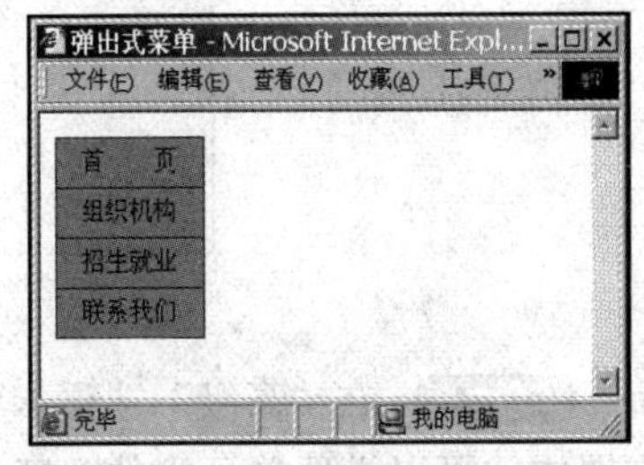

图 7-31　预览效果图

Step2 选取第 2 个单元格的文字“组织机构”，打开“行为”面板，单击“+”按钮，选择“显示弹出式菜单”命令，弹出“显示弹出式菜单”对话框，如图 7-32 所示。在该对话框中有 4 个选项卡，分别为“内容”“外观”“高级”“位置”。

在“内容”选项卡中编辑菜单项目，可通过“菜单”后面的 6 个小按钮来添加项目、删除项目、提高项目级别、降低项目级别、向上移动位置、向下移动位置。

在“文本”文本框中输入菜单项的名称；在“目标”下拉列表框中选择打开链接目标的方式；在“链接”文本框中输入目标链接，可以是一个页面文档，也可以是一个外部网址。本例的设置如图 7-32 所示。

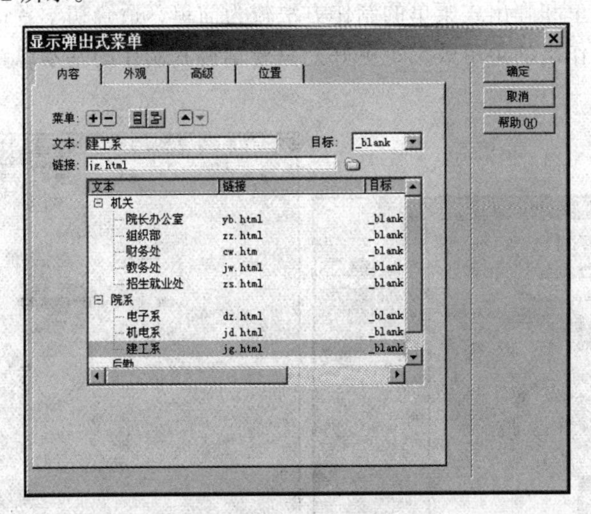

图 7-32　“显示弹出式菜单”对话框

Step3 在“外观”选项卡中可以设置弹出式菜单的外观，如图 7-33 所示，在图中可以设置该菜单是垂直菜单还是水平菜单、菜单的字体效果和菜单的一般状态及鼠标滑过时的状态，本例的设置如图 7-33 所示。

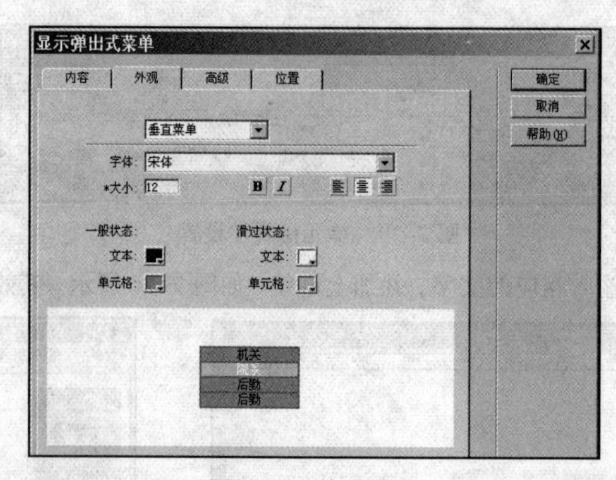

图 7-33　外观设置

Step4 在“高级”选项卡中可以设置每个菜单项所在单元格的属性，如图 7-34 所示。在图中，可以设置单元格的宽度、高度、边距、间距，是否显示边框及边框的效果，菜单项的延迟时间及文本缩进等。

Step5 在“位置”选项卡中可以设置整个弹出式菜单弹出时所处的起始位置，如图 7-35 所示，可单击“菜单位置”后面的 4 个按钮并结合 X 和 Y 值进行设置，如果选择“在发生 onMouseOut 事件时隐藏菜单”复选框，则当鼠标离开该菜单时，菜单会自动隐藏起来。

Step6 保存结果，按【F12】键预览，效果如图 7-27 所示。

本小节主要介绍了常见菜单的制作方式，对于一些内容栏目较少的网站，可直接利用 Dreamweaver 中插入导航条的功能制作出简单的导航条式菜单；对于内容栏目较多的网站则可结合本节介绍的弹出式菜单和下拉式菜单的制作方法来设计。

其中，导航条菜单和弹出式菜单的制作方法较为简单，适合初学者；而下拉式菜单的制作方法则较复杂，制作出的菜单效果也更好，只要掌握其制作的基本思路就可以设计出比较复杂的菜单。

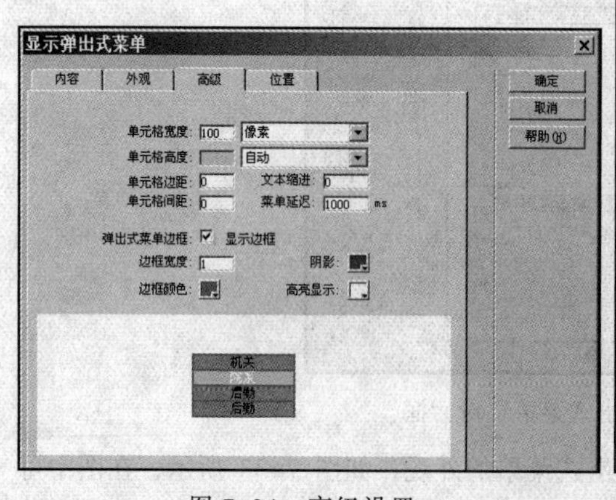

图 7-34　高级设置

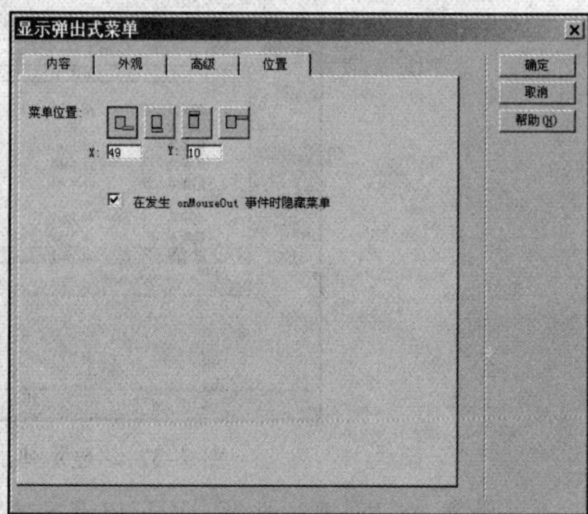

图 7-35　位置设置

7.3.3 滚动内容特效

图 7-36 网页滚动公告

本案例将为一个网页添加滚动公告栏，用于显示网站要闻。本案例最终效果如图 7-36 所示。

1. <marquee>标签的使用

<marquee>标签通常用于设置单元格中文本或图像的滚动效果，以达到醒目、个性的显示效果，同时，使用<marquee>标签创建滚动字幕公告，可以提高网页显示区域的利用率，即用较小的空间显示尽可能多的信息。

2. 语法

<marquee>比较简单，在使用时，在标记中间放置要滚动的文本即可。如：

```
<marquee>这是一段滚动文本。</marquee>
```

但在实际应用中，<marquee>标签通常需要搭配其属性使用，以调整滚动速度、频率、滚动范围大小，否则，预览后的滚动效果既快又不连贯。

3. 案例实现

在网页中添加滚动内容的步骤如下：

Step1 打开目标网页后，切换工作区到“拆分视图”，将光标定位到目标位置。

Step2 写入要滚动的文本，调整文本字号为 12 px。

Step3 在代码视图中，在文本两端写入如下代码：

```
<marquee direction="up" scrollamount="1"
    width="90%" height="150" onmouseover ="this.stop()" onmouseout="this.
    start()">
    公告栏中的文本内容:
</marquee>
```

Step4 按【F12】键预览页面。通常使用 scrollamount 和 scrolldelay 两个属性调整文本的滚动效果。默认情况下，scrollamount 值为 6，scrolldelay 值为 0。本案例中为了使滚动文本更平滑，调整 scrollamount 属性值为 1，使滚动速度变慢。见素材 07\04\index.htm。

在单元格中使用<marquee>标签时，要注意 width 属性和 height 属性的调整。<marquee>默认宽度为其父元素的宽度，本例中为外层单元格宽度。如果 marquee 位于没有指定宽度的<td>内，就需要明确设置<marquee>的宽度。如果<marquee>和<td>的宽度都没有指定，那么滚动字幕就将限定于 1 px 宽。

7.3.4 其他特效

1. 窗口类特效

在设计或维护网站有时网站要进行重大的变动，或者需要声明时就要用到弹出窗口，这时只要用户进入这个页面，就会弹出一个窗口来声明一些公告。要制作这样的弹出窗口非常容易，只要在该页面的 HTML 代码中加入一段 JavaScript 代码即可实现。

下面两个网页代码（素材文件 07\05）是一个实现网站公告功能的实例。以下是 01.htm 的网页中实现弹出窗口部分的 JavaScript 源代码：

```
…
<script language="JavaScript">
<!--
  var popup=null;
  var over="Launch Pop-up Navigator";
  popup=window.open('', 'popupnav',
   'width=200,height=300,resizable=0,scrollbars=auto');
  if(popup!=null){
  if(popup.opener==null) {
          popup.opener=self;  }
          popup.location.href='02.htm'; }
//-->
</script>
…
```

另一个被调用的网站公告牌文档02.htm的源代码如下：

```
<html>
<head>
<title>网站公告</title>
</head><body>
    <TABLE style="WORD-BREAK: break-all" cellSpacing=0
    cellPadding=0 width="100%"  border=0>
    <TBODY>
    <TR>
    <TD height=24 align=left bgcolor="#D4D0C8"><strong>这里，您
    可以建设自己的家园！</strong></TD>
    </TR>
    <TR>
    <TD align=left vAlign=top bgcolor="#D4D0C8"><P><strong>欢迎
    访问电子工程系为大家提供的BLOG空间，目前每个人提供30MB空间。
    如果时机成熟，可能举办BLOG大赛，欢迎广大学生积极参与。欢迎
    老师们也能积极参与进来...<BR>
    访问地址1：<A href=http://dzx.3322.org/blog/
     target=_blank>http://dzx.3322.org/blog/</A></strong></P></TD>
     </TR>
     <TR>
     <TD align=middle vAlign=top bgcolor="#D4D0C8"><P>wzq6688<BR>
     2006年3月23日</P>
     </TD>
     </TR>
    </TBODY>
    </TABLE>
    <BR>
</body>
</html>
```

应该把这两个文件（01.htm和02.htm）放在同一个目录下，然后在浏览器测试中可以看

到图 7-37 所示的结果。

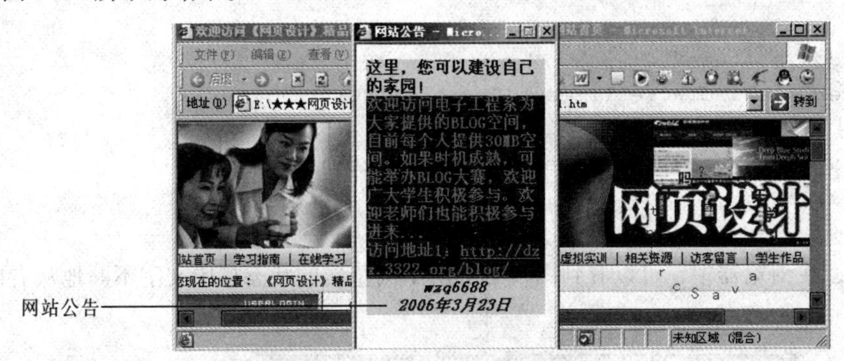

图 7-37　网站公告

2. **状态栏类特效**

状态栏是浏览器最底部的页面元素，也是用户容易注意到的部分之一。所以如果能在状态栏中适时地显示出一些有用的动态信息，就会使网页更加生动有特色。下面介绍一个跑马灯效果的实例，即一串文字从某个方向跑出来，相当动感有趣。

以下是实现跑马灯效果的 JavaScript 源代码，将这些代码放入目标页面的<head>标记或者<body>标记均可实现跑马灯效果（素材文件 07\06\01.htm）：

```
…
<script language=JavaScript>
1  function scroll(count){
       var s1="欢 迎 光 临"
       var s2="电子工程系电子论坛"   //声明两个字符串型变量
2      var msg=s1+" "+s2;
       var out=" ";
       var c=1;
3  if(count>100){
       count--;
4      var cmd="scroll("+count+")";
5      timerTwo=window.setTimeout(cmd,80);}
6      else  if(count<=100&&count>0){
       for (c=0 ; c<count;c++)  {
       out+=" ";       }
       out+=msg;
       count--;
7      var cmd="scroll("+count+")";
8      window.status=out;
       timerTwo=window.setTimeout(cmd,100);}
9  else  if(count<=0){
       if(-count<msg.length){
       out+=msg.substring(-count,msg.length);
       count--;
       var cmd="scroll("+count+")";
       window.status=out;
```

```
        timerTwo=window.setTimeout(cmd,100);  }
10   else{
        window.status=" ";
        timerTwo=window.setTimeout("scroll(100)",7);
          }}}
11       timerONE=window.setTimeout('scroll(100)',50);
</script>
…
```

运行该例子，在浏览器中，可以看到图 7-38 所示浏览器的状态栏中文字不断地从右向左移动的效果。

图 7-38　在状态栏中显示跑马灯动态文字效果

7.4　HTML 中的 JavaScript 标记

JavaScript 作为一种脚本语言，可以嵌入 HTML 文件中。在 HTML 中嵌入 JavaScript 脚本的方法有两种：<script>标记和 javascript:语句。

7.4.1　<script>标记

使用<script>标记是在 HTML 中嵌入 JavaScript 脚本的常用方法。

语法格式如下：

```
<script language="javascript">
…
</script>
```

应用<script>标记是直接执行 JavaScript 脚本最常用的方法，大部分含有 JavaScript 的网页都采用这种方法，其中，通过 language 属性可以设置脚本语言的名称和版本。

注意：如果在<script>标记中未设置 language 属性，Internet Explorer 浏览器和 Netscape 浏览器将默认使用 JavaScript 脚本语言。

下面的例子实现在 HTML 中嵌入 JavaScript 脚本，这里直接在<script>和</script>标记中间写入 JavaScript 代码，用于弹出一个提示对话框，实例代码如下：

```
<html>
<head>
<title>在 HTML 中嵌入 JavaScript 脚本</title>
</head>
<body>
   <script language="javascript">
```

```
        alert("我很想学习 php 编程，请问如何才能学好这门语言！");
    </script>
</body>
</html>
```

在上面的代码中，<script>与</script>标记之间调用 JavaScript 脚本语言 Window 对象的 alert 方法，向客户端浏览器弹出一个提示对话框。这里需要注意的是，JavaScript 脚本通常写在<head>…</head>标记和<body>…</body>标记之间。写在<head>标记中间一般是函数和事件处理函数；写在<body>标记中间的是网页内容或调用函数的程序块。

在 IE 浏览器中打开 HTML 文件，运行结果如图 7-39 所示。

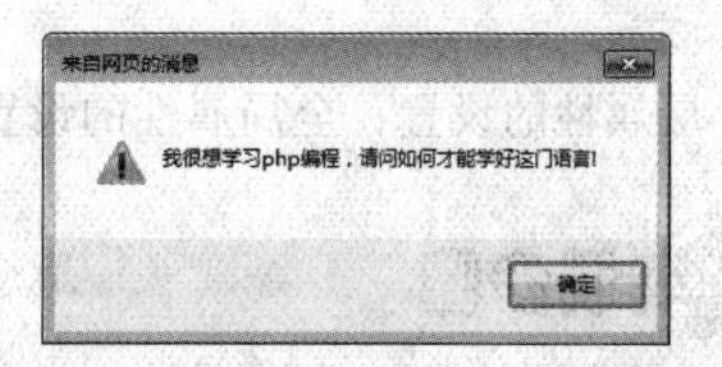

图 7-39　在 HTML 中嵌入 JavaScript 脚本

7.4.2　javascript:语句

在 HTML 标记中通过"javascript:"可以调用 JavaScript 的方法。例如，在页面中插入一个按钮，在该按钮的 onClick 事件中应用 javascript:调用 Window 对象的 alert 方法，弹出一个警告提示框，代码如下：

```
<input type="submit" name="Submit" value="单击这里"
      onClick="javascript:alert('您单击了这个按钮！')">
```

模 块 总 结

本模块主要向读者介绍了 JavaScript 的基础知识以及常用的实用网页特效的制作，主要包括 JavaScript 语言简介、JavaScript 语法基础和常用的网页特效的实现，这些都是做出漂亮的动态网页必须掌握的核心知识。

要成为一个 Web 页面制作高手，掌握网页特效的制作是必需的，通过本模块的学习可以为网页的制作起到锦上添花的作用。

任务实训　使用 ul 列表制作纵向弹出式菜单

最终效果

案例最终效果如图 7-40 所示，鼠标经过菜单项颜色变化并弹出二级菜单（素材 07\07\index.htm）。

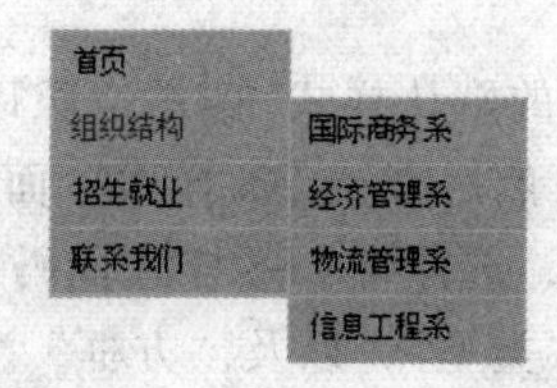

图 7-40　鼠标经过时二级菜单的弹出效果

实训目的

通过本实训的设计，熟悉 HTML+CSS 的设计模式，掌握样式表的设置方法及利用 ul 列表设计纵向二级弹出式菜单的方法。

相关知识

层属性的设置；全局属性的设置；派生选择器。

实训步骤

目前，在 HTML+CSS 模式下使用 ul 列表设计菜单是前端设计师普遍的做法，这种方法更符合 Web 标准的要求。

Step1 新建一个页面，选择“插入”→“布局对象”→“Div 标签”命令，插入一个 ID 为 leftmenu 的 Div，然后在设计视图中选中文字，单击工具栏的 ul 图标，即会自动插入 ul 和 li，然后修改文字内容为“首页”，然后按【Enter】键添加其他列表项，如图 7-41 所示。

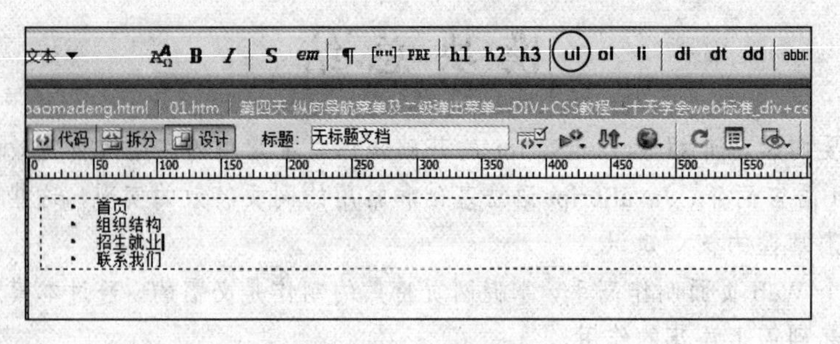

图 7-41 设置效果

切换到代码视图，生成如下代码：

```
<div id="leftmenu">
<ul>
<li>首页</li>
<li>组织结构</li>
<li>招生就业</li>
<li>联系我们</li>
</ul>
</div>
```

Step2 使用样式表清除列表的默认样式（四周空隙以及项目符号）。在设计视图下，选中列表项目后，单击<ul>标签，然后在“CSS 样式”面板中点击“新建 CSS 规则”按钮，如图 7-42 所示。为简单起见，选择将 CSS 样式代码保存在当前文档中，如图 7-43 所示。然后设置“列表”分类中“类型”，以及“方框”分类中“填充”和“边界”，分别如图 7-44 和图 7-45 所示。

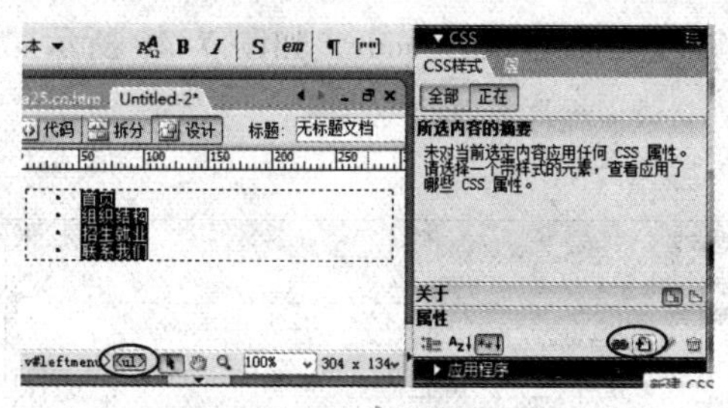

图 7-42　添加样式

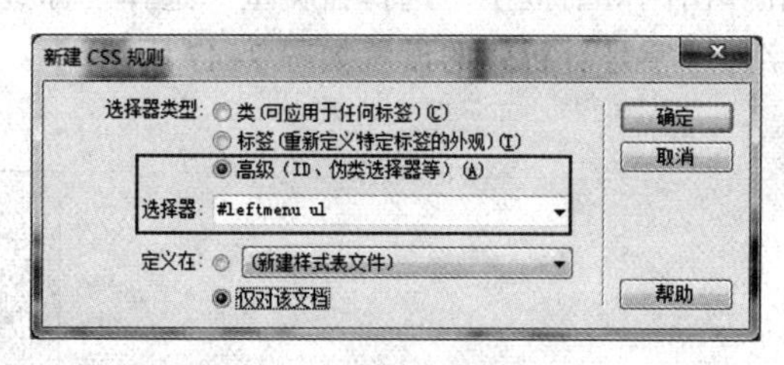

图 7-43　定义选择器和位置

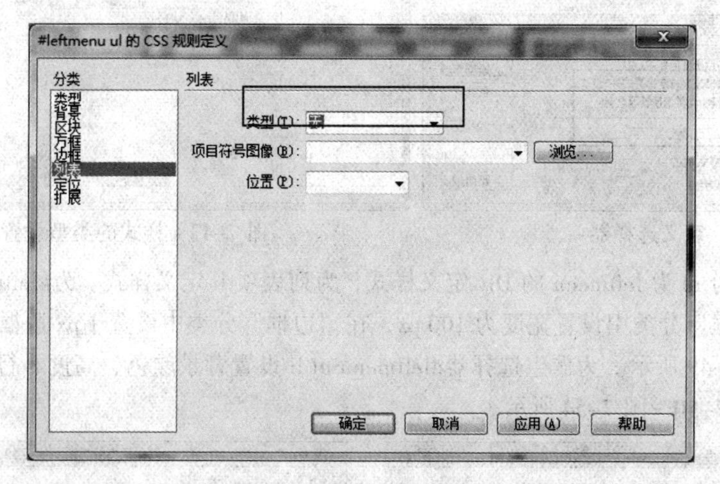

图 7-44　设置列表类型

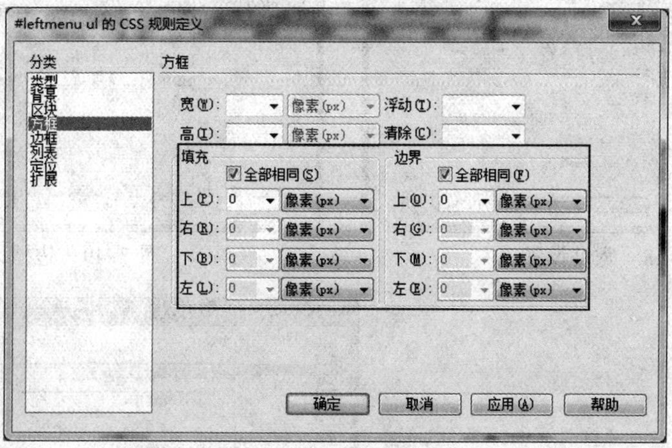

图 7-45　设置内边距和外边距

切换到代码视图，在 head 标签中生成如下代码：

```
<style type="text/css">
<!--
#leftmenu ul {margin:0px;padding:0px;  list-style-type:none;}
-->
</style>
```

Step3 定义 body 标签全局样式。单击“CSS 样式”面板上的“新建 CSS 规则”按钮，在弹出的对话框中“选择器类型”选择“标签”，“标签”名称设为 body，如图 7-46 所示。字体、字号、行距的设置如图 7-47 所示。

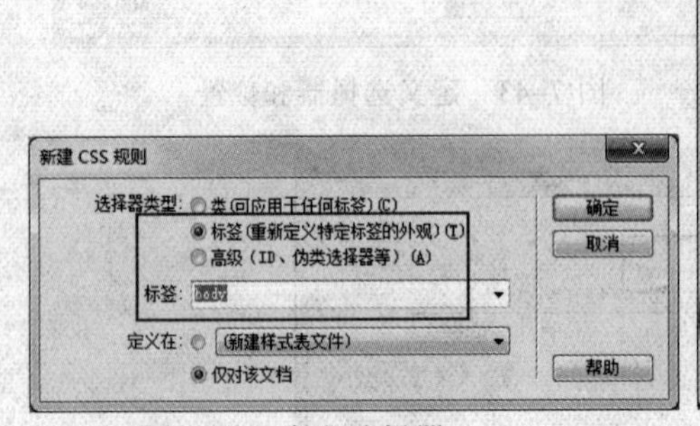

图 7-46 定义选择器

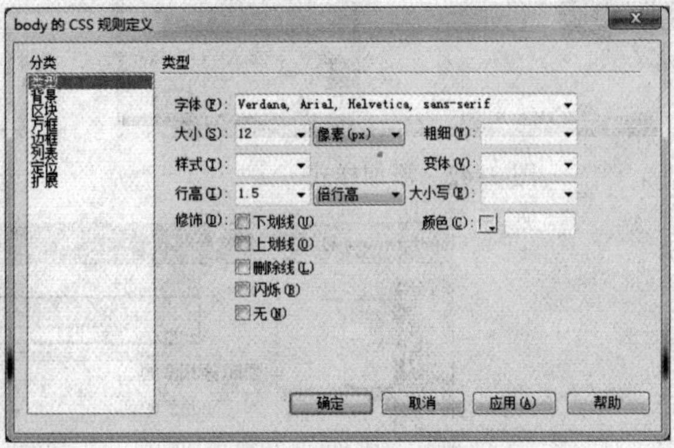

图 7-47 样式的类型设置

Step4 为 id 为 leftmenu 的 Div 定义样式，为列表项 li 定义样式。为#leftmenu 新建 CSS 规则，在“方框”分类中设置宽度为 100 px，在“边框”分类中设置 1 px 边框灰色边框，如图 7-48 和图 7-49 所示。为派生选择器#leftmenu ul li 设置背景颜色、高度、行高、内边距、下边框，如图 7-50～图 7-54 所示。

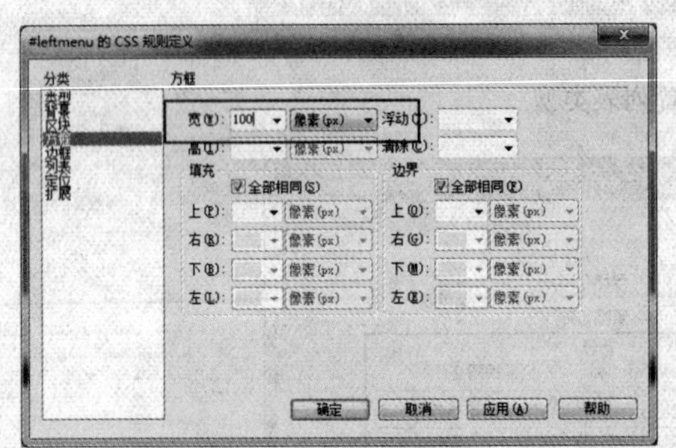

图 7-48 宽度设置

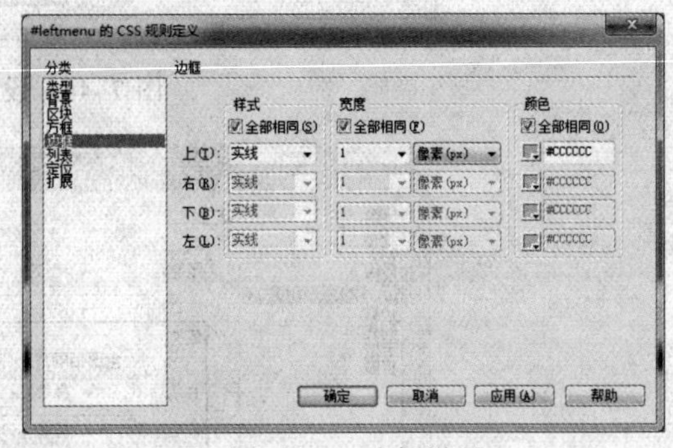

图 7-49 边框设置

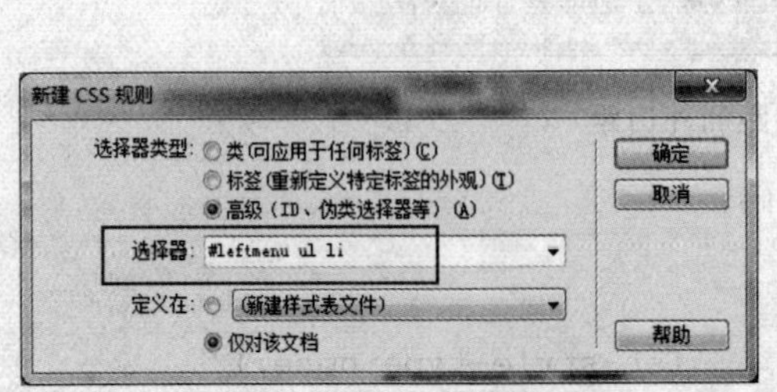

图 7-50 派生选择器设置

图 7-51 背景颜色设置

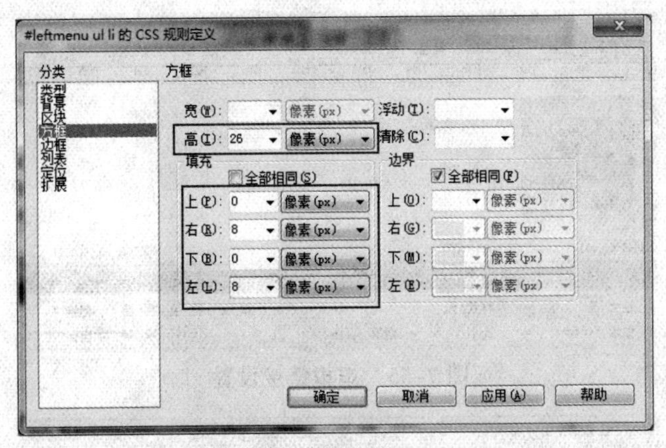

图 7-52　高度和内边距设置

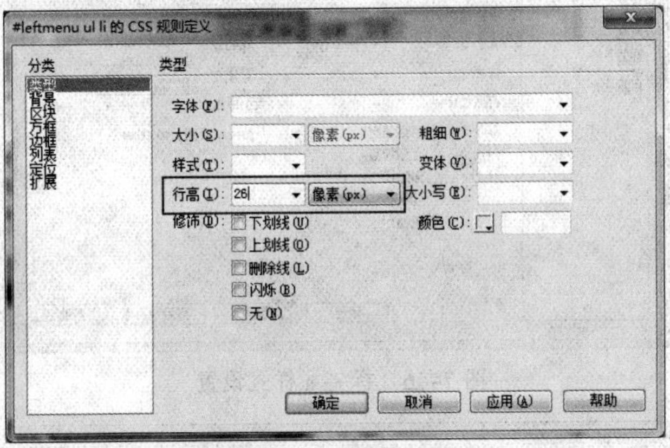

图 7-53　行高设置

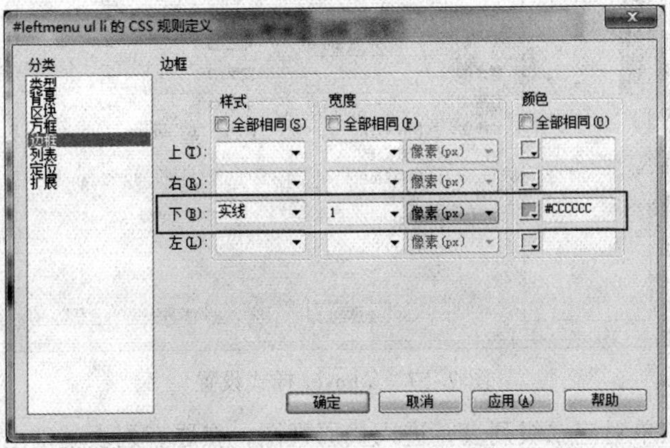

图 7-54　下边框设置

注意：高度和行高设置相同值，是保证文字垂直方向居中对齐。

Step5 为每个菜单项添加虚拟链接。选择要添加链接的文字，然后在“属性”面板的“链接”文本框中输入#，不指向任何页面，如图 7-55 所示。如果有了需要指向的页面，再把#换掉，不会影响显示效果。定义超链接标签 a 的样式和鼠标划过 a:hover 样式，如图 7-56 和图 7-57 所示。

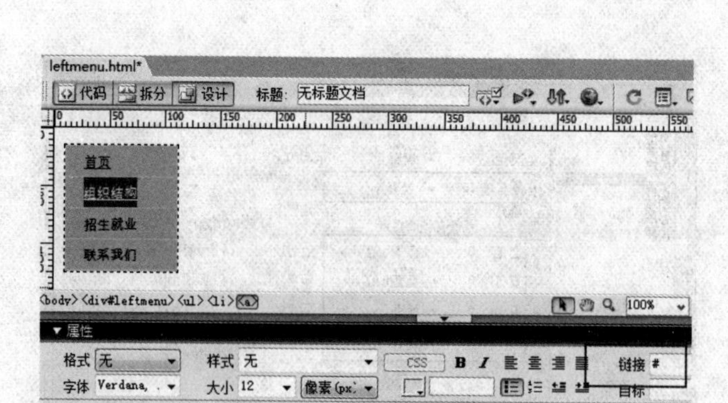

图 7-55　虚拟链接设置

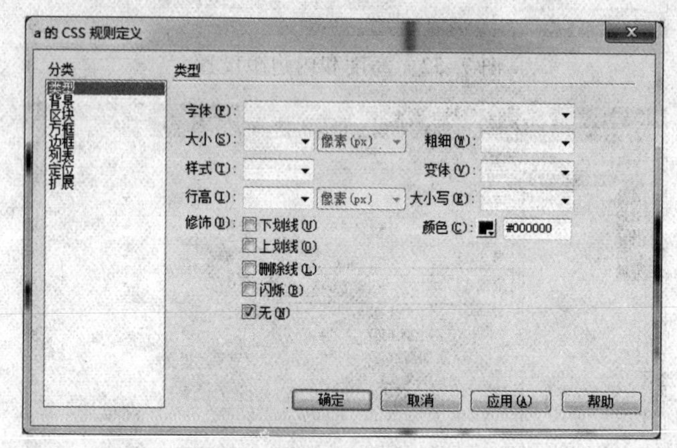

图 7-56　标签 a 样式设置

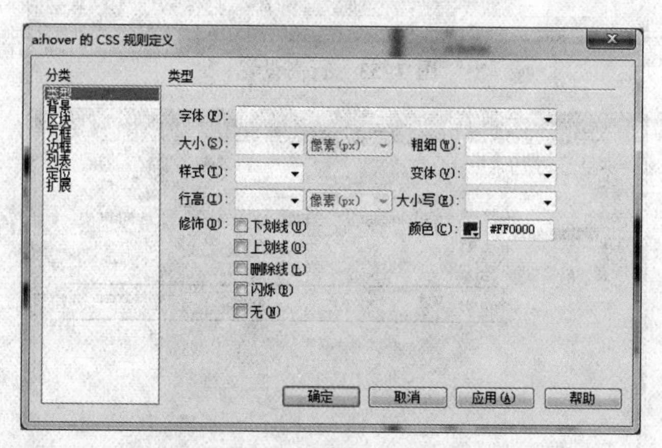

图 7-57　a:hover 样式设置

Step6 二级菜单对应二级列表，进入代码视图，在原有列表基础上添加二级列表，注意添加位置，代码如下：

```
<div id="leftmenu">
  <ul>
    <li><a href="#">首页</a></li>
    <li><a href="#">组织结构</a>
      <ul>
      <li><a href="#">国际商务系</a></li>
      <li><a href="#">经济管理系</a></li>
```

```
      <li><a href="#">物流管理系</a></li>
      <li><a href="#">信息工程系</a></li>
      </ul>
     </li>
    <li><a href="#">招生就业</a>
      <ul>
      <li><a href="#">招生信息</a></li>
      <li><a href="#">就业信息</a></li>
      <li><a href="#">招聘会</a></li>
      </ul>
     </li>
    <li><a href="#">联系我们</a></li>
  </ul>
</div>
```

Step7 修改#leftmenu ul li，为其增加一个相对位置属性，如图 7–58 所示。

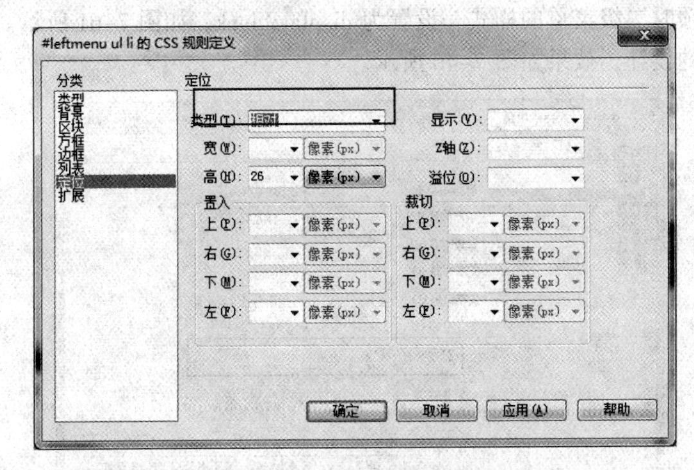

图 7–58　相对位置属性设置

Step8 然后定义派生选择器#leftmenu ul ul 样式，边框设置如图 7–59 所示；定位设置如图 7–60 所示；并在“区块”分类中设置“显示”为无。

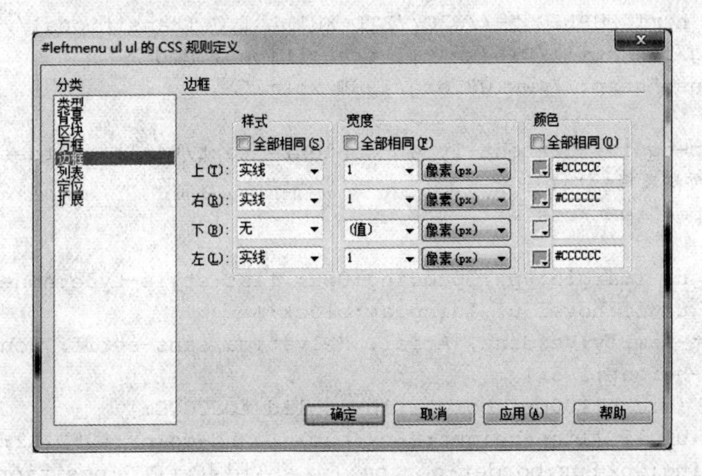

图 7–59　边框设置

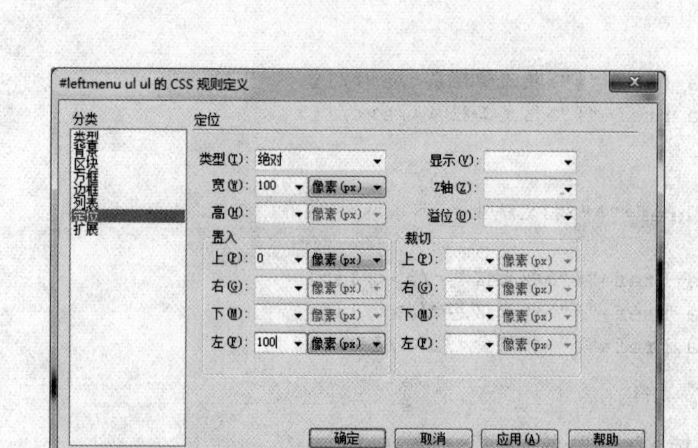

图 7-60 位置设置

Step9 设置当鼠标划过一级菜单项时显示二级菜单的样式。#menu ul li:hover ul 表示鼠标滑过一级菜单项时二级菜单的样式，设置为 display:block，如图 7-61 所示。即可完成纵向二级弹出式菜单的设计，效果如图 7-40 所示。

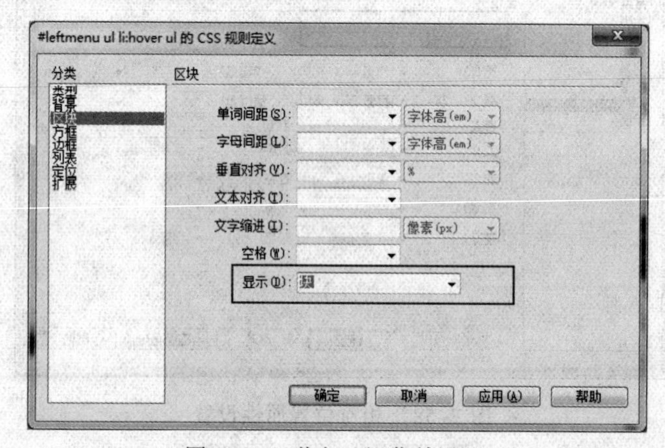

图 7-61 弹出二级菜单设置

生成的代码如下：

```
<!DOCTYPE html PUBLIC "-//W3C//DTD XHTML 1.0 Transitional//EN" "http://
www.w3.org/TR/xhtml1/DTD/xhtml1-transitional.dtd">
<html xmlns="http://www.w3.org/1999/xhtml">
<head>
<meta http-equiv="Content-Type" content="text/html; charset=gb2312" />
<title>无标题文档</title>
<style type="text/css">
<!--
#leftmenu ul {margin:0px; padding:0px; list-style-type:none;}
#leftmenu ul li:hover ul {display:block;}
body {font-family:Verdana, Arial, Helvetica,sans-serif; font-size:
12px;line-height:1.5;}
#leftmenu {width:100px; border:1px solid #CCCCCC;}
#leftmenu ul li {line-height:26px;background-color:#95D2A2;height:
26px;padding:0px 8px;border-bottom:1px solid #CCCCCC;position: relative;}
a {color:#000000; text-decoration:none;}
```

```
a:hover {color:#FF0000;}
#leftmenu ul ul {display:none; position:absolute; width:100px;
  left:100px; top:0px; border:1px solid #CCCCCC;
}
-->
</style></head>
<body>
<div id="leftmenu">
  <ul>
    <li><a href="#">首页</a></li>
    <li><a href="#">组织结构</a>
      <ul>
      <li><a href="#">国际商务系</a></li>
      <li><a href="#">经济管理系</a></li>
      <li><a href="#">物流管理系</a></li>
      <li><a href="#">信息工程系</a></li>
      </ul>
  </li>
    <li><a href="#">招生就业</a>
      <ul>
      <li><a href="#">招生信息</a></li>
      <li><a href="#">就业信息</a></li>
      <li><a href="#">招聘会</a></li>
      </ul>
  </li>
    <li><a href="#">联系我们</a></li>
  </ul>
</div>
</body>
</html>
```

知 识 测 评

一、选择题

1. 下述说法中，（　　）是正确的。
   A. 可以将 JavaScript 的保留字作为变量名称
   B. JavaScript 代码可以在 HTML 文档任何标记中书写
   C. JavaScript 没有提供书写注释的方法
   D. JavaScript 代码对各种标识符、关键字区分大小写
2. 下面（　　）变量的声明是正确的。
   A. var true=0　　B. var How much=88.66
   C. var postCode="054000"　　D. var 2#myTel="12345678920"
3. 如果 a 的值等于 3，下列程序段被执行后，c 的值是（　　）。

```
c=1;
if(a>0) if(a>3) c=2;else c=3;else c=4;
```

   A. 1　　B. 2　　C. 3　　D. 4

4. 下面有关函数的说法中，（　　）是不正确的。
   A. 函数是完成一项任务并返回一个值的一组代码
   B. 在使用函数之前，必须首先定义函数
   C. 在同一个程序中，可以在多个位置调用同一个函数
   D. Function 是定义函数的关键字
5. 如果要将文档的背景颜色动态修改为橙色，那么在 JavaScript 程序中应该使用（　　）语句。
   A. document.bgColor="orange"　　B. document.fgColor="orange"
   C. document.bgColor="lime"　　D. document.fgColor="coral"

二、简答题

1. 什么是脚本语言？常用的脚本语言有哪些？
2. JavaScript 语言有哪些主要特点？
3. JavaScript 有哪些数据类型？
4. for 循环与 while 循环有什么不同？

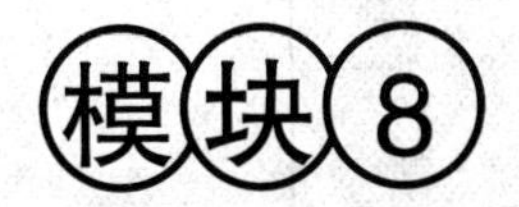

使用表单实现网页的交互

本模块学习表单的交互式应用。

知识目标：

- 表单的基础知识
- 表单元素
- 表单验证的基本原理
- 表单标记

技能目标：

- 插入表单及表单元素的方法
- 掌握表单验证的基本方法

8.1 表单与动态网页基础知识

1. 表单的基本知识

表单常用来收集用户的信息和反馈意见，是网站管理者与浏览者之间沟通的桥梁。表单包括以下两个部分：

- 一部分是客户端，通过 HTML 源代码实现，用于描述表单（如单选按钮、复选框、列表框和文本框等）的外观。
- 另一部分则是客户端脚本或服务器端应用程序，它们是用于处理表单提交的信息。

所以，表单的设计中需要两个步骤，第一步是设计表单界面，如图 8-1 所示，第二步是编写提取表单信息或者操作表单的代码。

表单由文本域、复选框、单选按钮、列表/菜单、文件地址域和按钮等表单对象组成，所有的部分都包含在一个由 HTML 的 form 标记构成的表单结构中。表单的种类有注册表、留言簿、站点导航条和搜索引擎等，如图 8-1 所示。

表单是实现交互性网站必要的途径。前面提到过，用表单实现交互性的功能需要两个步骤，即表单界面设计和操作表单的交互代码设计。交互代码的设计又分为服务器端和客户端。服务器端主要是通过 ASP、PHP、JSP 或 ASP.NET 等实现，这些已经超出本书的范围，感兴趣的读者可以参考相关书籍。为了节约服务器资源，表单在提交给服务器端之前一般先经过客户端脚本（JavaScript 或 VBScript）的验证，即我们平时所说的“表单的客户端验证”，然后才将有效信息提交给服务器端。本模块主要以客户端脚本实现表单的应用——表单的验证和表单的操作。

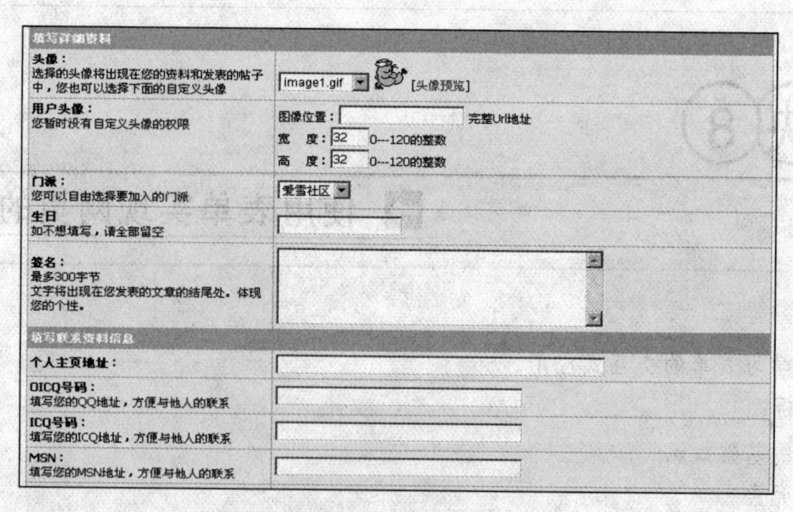

图 8-1 表单样例

2. 动态网页的基础知识

动态网页指采用动态网站技术（ASP、PHP、JSP、ASP.net 等）生成的网页。这里的“动态”，指的是与数据库的交互，与网页上的各种动画、滚动字幕等视觉上的“动态效果”没有直接关系。动态网页也可以是纯文字内容的，也可以是包含各种动画的内容，这些只是网页具体内容的表现形式。

从网站浏览者的角度来看，无论是动态网页还是静态网页，都可以展示基本的文字和图片信息，但从网站开发、管理、维护的角度来看就有很大的差别。

动态网页的特征如下：

- 动态网页一般以数据库技术为基础，可以大大降低网站维护的工作量。
- 采用动态网页技术的网站可以实现更多的功能，如用户注册、用户登录、在线调查、用户管理、订单管理等。
- 动态网页实际上并不是独立存在于服务器上的网页文件，只有当用户请求时服务器才返回一个完整的网页。

8.2 在网页中插入表单元素

8.2.1 插入表单元素

1. “表单”工具栏

在插入表单前，首先熟悉一下 Dreamweaver 提供的“表单”工具栏。如图 8-2 所示，通过选择，显示“表单”工具栏，如图 8-3 所示。“表单”工具栏包括的按钮有表单、文本字段、隐藏域、文本区域、复选框、单选按钮、单选按钮组、列表/菜单、跳转菜单、图像域、文件域、按钮、标签和字段集等。

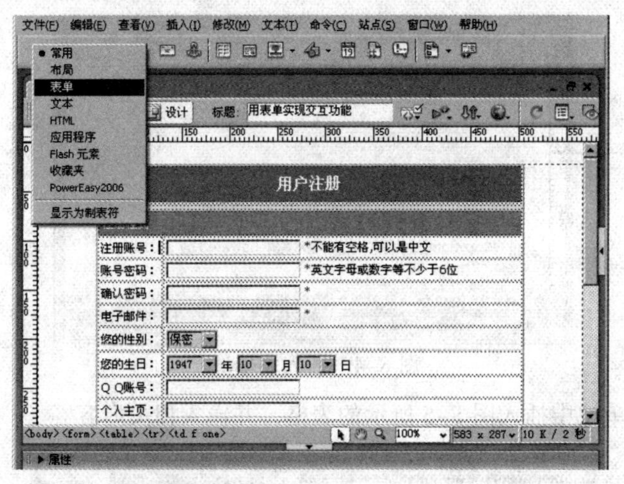

图 8-2　切换到“表单”工具栏

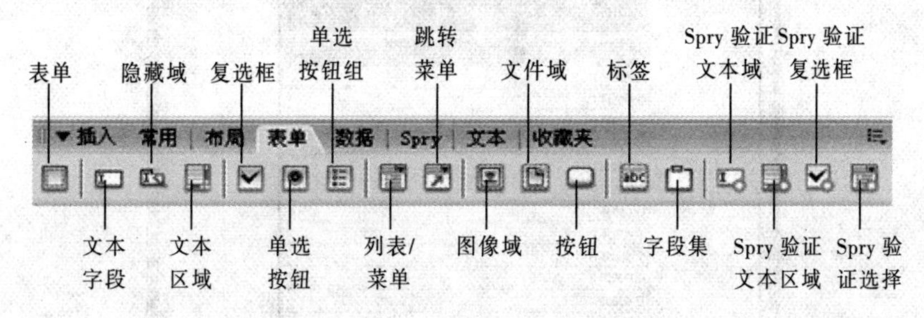

图 8-3　“表单”工具栏

- 表单：是一个隐藏的特殊标记。所有表单元素必须放在表单域中。
- 文本字段：用来接收单行输入，如用户名、密码等信息。
- 隐藏域：用来隐藏一些不需要显示，但又必须有的内容。
- 文本区域：用来接收大段信息内容，如用户简介等。
- 复选框：提供多项选择的功能。
- 单选按钮：提供类似单项选择功能的应用。
- 单选按钮组：提供一组单选的按钮列表。
- 列表/菜单：提供一组下拉列表，供用户选择，如用户的城市等。
- 跳转菜单：提供一组链接，单击选择项即可跳转到相关位置。
- 图像域：提供类似按钮功能，只不过是用图像来实现的。
- 文件域：提供在文件上传中接收客户端文件地址信息的功能。
- 按钮：提供提交表单的按钮，或者操作表单的按钮。
- 字段集：可以根据需要把表单元素进行群组，主要是美观协调。

2. **插入表单域**

操作步骤如下：

Step1 打开素材文件 08\01 文件夹（本模块素材全部在该文件夹）下的 1.html，单击“表单”工具栏中“表单”按钮，然后在设计界面的选择位置单击，出现图 8-4 所示的红色区域，这就是表单域。

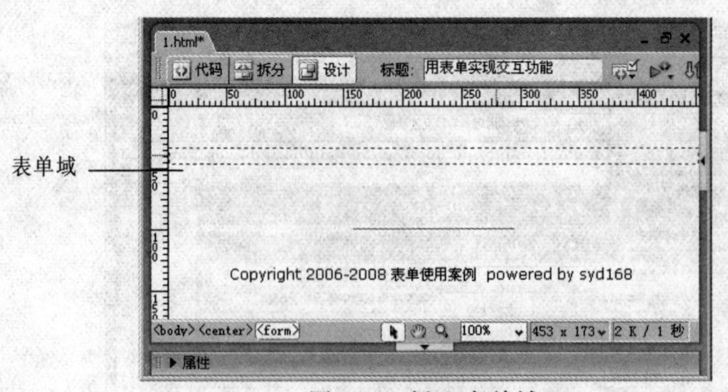

图 8-4　插入表单域

Step2 在表单域中插入图 8-5 所示的表格，并输入相关内容。

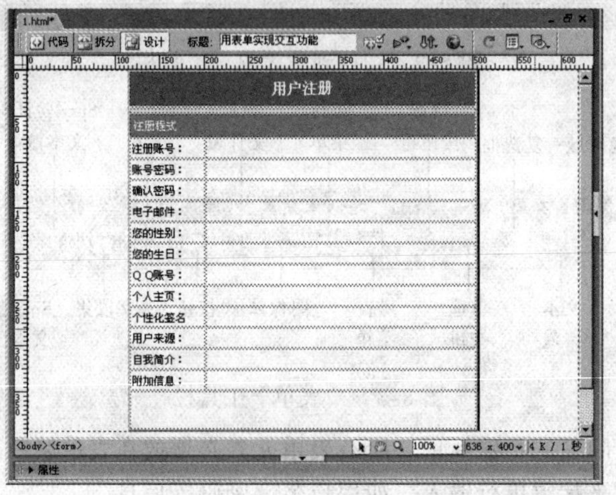

图 8-5　在表单域中插入表格

注意：

① 实际上，如果直接在网页中插入表单元素，Dreamweaver 也会提示是否插入表单域，只要选择“是”即可。

② 插入表单域的方法也可以通过选择“插入”→“表单”命令（CS5 中是选择“插入”→“表单”→“表单”命令）插入，效果是一样的。当然，熟悉了 HTML 代码，可以直接在代码视图中写入代码，即将表单对象代码编写在<form>与</form>之间即可。

3. 插入文本字段

操作步骤如下：

Step1 将光标定位到图 8-5 所示表格的第 1 行，单击“表单”工具栏中的 按钮，弹出图 8-6 所示的“输入标签辅助功能属性”对话框，直接单击“确定”按钮或“取消”按钮即可。

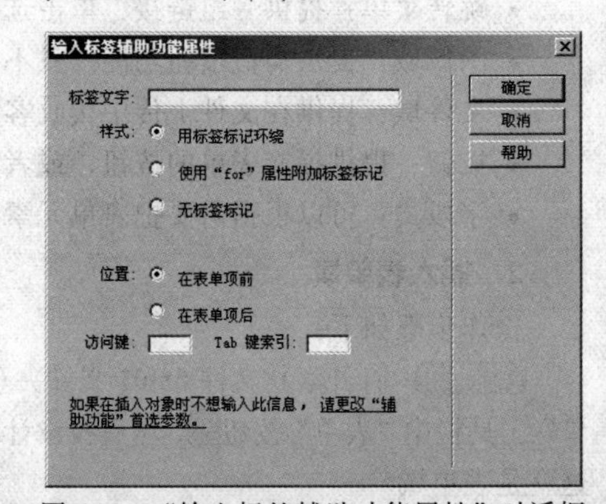

图 8-6　“输入标签辅助功能属性”对话框

Step2 选择刚插入的文本框，通过设计窗口最下方的“属性”面板设置其属性，如图 8-7 所示。

- 文本域：这里设置为 username，是表单中表示该元素的名称。

- 字符宽度：表示文本框的宽度，这里是指可显示的字符数。
- 最多字符数：表示文本框中最多可容纳的字符数。
- 类型：表示文本框的类型，可以设置为单行、多行或密码。单行为文本框，可以输入字符；多行为文本区域，可以输入多行内容；如果需要用户输入密码，设置为密码即可，输入的信息都显示为*。
- 初始值：表示文本框一出现时，其中包含的内容。

Step3 用类似的方法插入其他几个文本框，结果如图 8-8 所示。

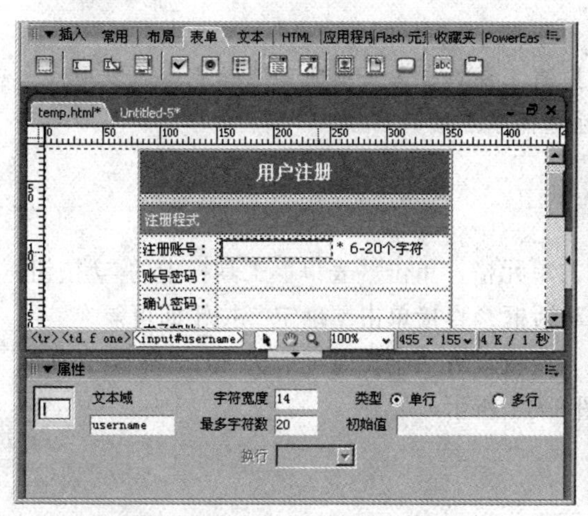

图 8-7　文本框属性设置

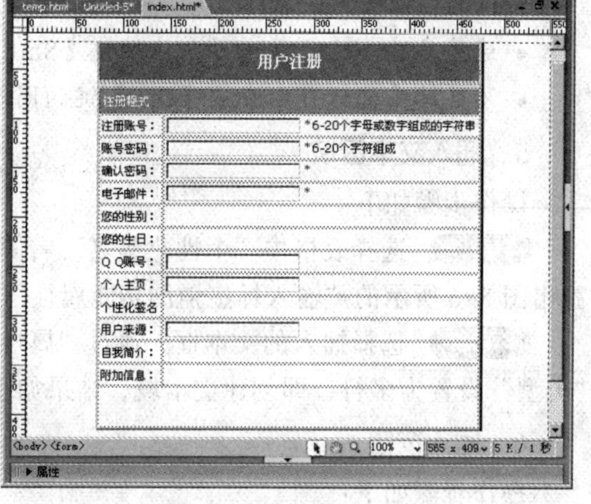

图 8-8　插入文本框

4. 插入列表

操作步骤如下：

Step1 选择表格中“您的生日”右侧的单元格，单击“表单”工具栏中的按钮，即可插入下拉列表。

Step2 选择插入的列表，在“属性”面板中设置其名称为 regbirthyear，并单击“属性”面板中的“列表值”按钮，在弹出的“列表值”对话框中单击+按钮，添加图 8-9 所示的列表值。

Step3 添加列表值后，单击“确定”按钮，返回编辑界面。按照同样的方法，添加月和日列表，最终完成的效果如图 8-10 所示。

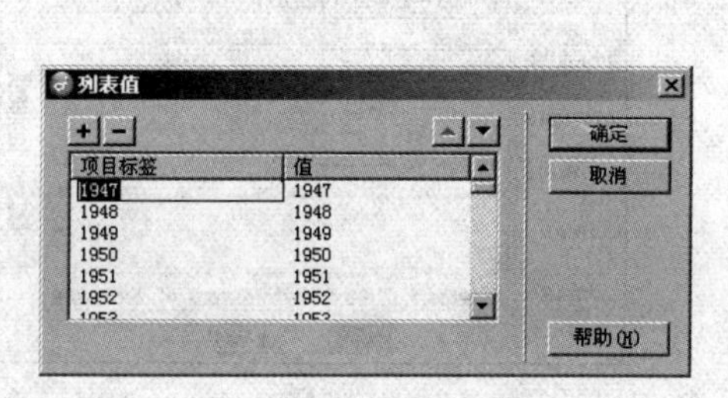

图 8-9　“列表值”对话框

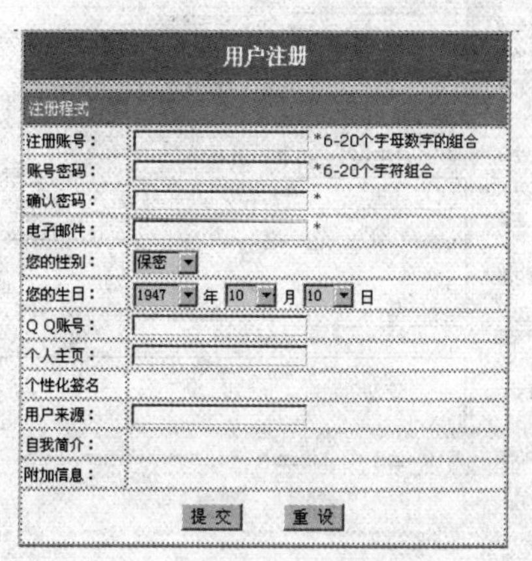

图 8-10　在表单中添加列表

注意：

① 列表值中“项目标签”显示在运行结果的列表中，而“值”表示选择某项所代表的具体值。实际应用中，列表项标签和列表值往往相同，也可以不同。

② 列表分为下拉菜单和列表框。前面创建的是下拉菜单。列表框可以直接创建，也可以将已经存在的下拉菜单转化为列表框。具体过程是，首先在合适的位置添加下拉菜单，然后选择插入的下拉菜单，修改“属性”面板中的“类型”为“列表”，并设置列表的高度（表示列表中可以看见的行数）。“属性”面板中的“允许多选”表示是否允许运行时支持多选。

多选的方法如下：

- 连续多选：选择第一项，然后按【Shift】键，再单击另一项即可选择连续的多项。
- 不连续多选：可以在按【Ctrl】键的同时选择不连续的多项。

5. **插入文本区域**

操作步骤如下：

Step1 选择表格中“个性化签名”右侧的单元格，单击“表单”工具栏中的按钮，弹出图8-6所示的“输入标签辅助功能属性”对话框，直接单击“确定”按钮即可。

Step2 选择插入的文本框，通过“属性”面板设置“字符宽度”为50，“高度”为4，“类型”设置为多行，即创建文本域，结果如图8-11所示。

6. **插入按钮**

操作步骤如下：

Step1 单击“表单”工具栏中的按钮，在表格最后一行单击，即可插入一个按钮。

Step2 选择刚刚插入的按钮，通过“属性”面板设置其名字为regsubmit，值为“提交”，“动作”为“提交按钮”，表示单击该按钮将提交该表单的内容。

Step3 重复步骤1，插入另一个按钮，如图8-12所示，选择插入的按钮，通过“属性”面板设置其名字为 reset，值为“重设”，“动作”为“重设表单”，表示单击该按钮将恢复表单所有元素的值为最初状态。

图8-11 在表单中添加文本域

图8-12 在表单中添加按钮

注意：按钮分为提交按钮、复位按钮、普通按钮和图像按钮几种。提交按钮是专用于提交表单信息的。当填写完表单，单击其中某个按钮时，就将填写的信息提交给代码处理，这个按钮就是提交按钮；有时，发现填写的表单信息有错误，需要重新填写，如果逐个删除信息重新填写，就比较麻烦，可以直接单击“复位”按钮将该表单所有元素的值恢复到设计时的状态；普通按钮不具备提交功能，也不具备复位功能，常用在通过脚本操作表单元素或者通过脚本提交表单信息；图像按钮实际上也是一种按钮，只是改变了按钮的显示效果。要将一个按钮变为图像按钮，只需要设置其 type 属性为 image，并通过其 src 属性为该按钮制定一个图像即可。

一个表单中，可以有多个提交按钮，要区分是单击了哪个按钮，就必须在处理代码中进行识别。

7. 插入单选按钮与复选框

操作步骤如下：

Step1 单击“表单”工具栏中的☑按钮，在表格最后一行单击，即可插入一个复选框。

Step2 选择刚刚插入的复选框，通过“属性”面板设置其名字为 shareMail，值为 yes。

Step3 重复步骤 1，插入另一个复选框，设置其名字为 shareInfo。

Step4 单击“表单”工具栏中的◉按钮，在表格最后一行单击，即可插入一个单选按钮。

Step5 选择刚刚插入的单选按钮，通过“属性”面板设置其名字为 regMail，值为 1。

Step6 重复步骤 1，插入另一个单选按钮，设置其名字为 regInfo。

完成以上步骤后保存为 index.html，并在浏览器中测试。

8.2.2 使用 JavaScript 访问表单元素

表单的主要功能就是实现交互式的应用。通过表单，客户可以填写注册信息、选择信息、查询信息等。但这些交互功能大多都需要动态脚本语言（如 ASP、JSP 等）的支持。这已经超出了本书的范围，感兴趣的读者可以参考相关书籍。但并不是说没有动态脚本语言就不能使用表单的交互功能。其实，JavaScript 提供了很好的表单操作功能。利用 JavaScript 可以操作表单元素的值，实现类似 Windows 窗口的操作特性。

8.3 表单交互应用实践

8.3.1 表单验证的基本思路

在网络上注册信息时，如果没有填写某些必须填写的信息，在提交表单时会提示“请填写……信息”。这种在提交之前对填写信息的完整性进行的验证就是表单的验证。这样验证的目的是保证提交的信息是符合要求的。例如，可以通过表单验证限制注册用户名必须是 4～20 个字符长度，密码也必须是 4～20 个字符长度，并可以简单验证注册时填写的电子邮件地址是否正确，验证填写的年龄是否是数字等。下面，将通过几个具体的实例演示表单验证的基本方法和技巧。数据验证的基本思路如下：

- 确定要验证的内容，即要确定要验证哪个表单元素或那些表单元素的什么内容，是验证填写的数据格式还是数据长度。
- 给表单添加 onsubmit 事件，该事件在提交表单前发生，正好适合验证数据。用 onsubmit=return checkform();将验证函数和验证事件相关联，如图 8-13 中的 53 行代码所示。即提交表单前，要首先执行 checkform()函数，只有该函数返回 true，表单才被提交，否则都将被取消。

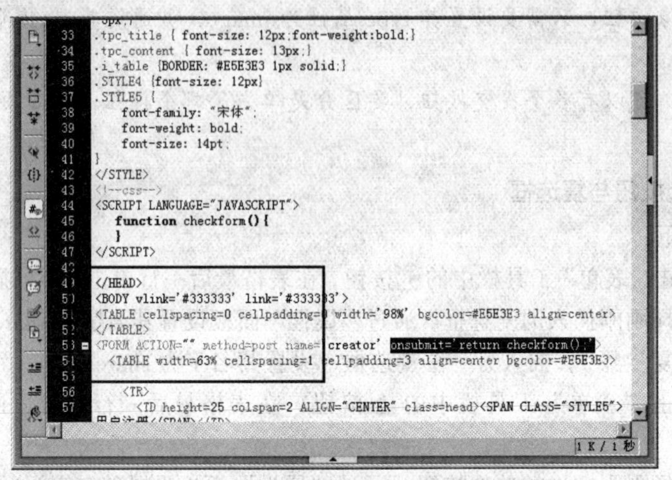

图 8-13　关联表单的验证代码和 submit 事件

- 在代码窗口的<head>标记中编写 checkform()函数，如图 8-13 方框中的代码，根据要验证的项目和内容编写相应的代码。代码可以使用 JavaScript 或 VBScript 编写。建议使用 JavaScript 编写，因为它受到更多浏览器的支持，而 VBScript 只有 IE 支持。
- 运行网页，单击“提交”按钮，测试验证代码，如果出现错误，重新修改验证代码，直到满足需要。

8.3.2　表单验证的常用项目举例

1．验证是否填写了数据

在填写表单时，有些项目是要求客户必须填写的。那么如何判断客户是否填写呢？很简单，只要判断表单元素的 value 属性是否为空即可。下面的代码是判断用户是否在注册表单中填写了账号、密码和邮件地址：

```
<SCRIPT LANGUAGE="JAVASCRIPT">
function checkform(){
    //下面代码是判断网页中第一个表单中的 username 元素的值是否为空
    //如果为空，就返回 false，表单的 onsubmit 事件得到该返回值就取消提交
    //后面的几个验证是类似的
    if(document.forms[0].username.value=="") {
        window.alert("请填写注册账号！");return false;
    }
    if(document.reguser.password.value==""){
        window.alert("请填写账号密码！");return false;
    }
```

```
    if(reguser.email.value==""){
        window.alert("请填写电子邮件! ");return false;
    }
}
</SCRIPT>
```

用以上代码替换代码窗口<head>标记中前面声明的checkform()函数部分。保存网页（素材 08\01\index.htm）并在浏览器中测试，不在表单中填写任何信息，直接单击“提交”按钮，就会弹出图 8-14 所示的错误信息。

图 8-14　错误信息

注意：访问表单中的元素，要注意其名字的写法。document.forms[0].username 表示当前网页中的第一个表单（表单的顺序按从上到下计算，第一序号为 0）中的 username 元素。以下几种访问表单元素的方法都具有相同的效果：

```
document.forms[0].username.value=…   //用数组确定表单
document.regform.username.value=…    //直接指定表单名
regform.username.value=…             //缺省 document
regform.elements[0].value=…          //用 elements 指定元素名
```

2. 验证填写的是否是数字

要验证表单中填写的是否是数字，调用 isNaN()函数验证表单元素的 value 属性即可。下面的代码就是验证 QQ 号码是否为数字：

```
var temp;
temp=document.forms[0].regqq.value
if(isNaN(temp))
{
    window.alert("QQ 号码必须为数字! ");return false;
}
```

将上面的代码添加到 checkform()函数中，就可以验证用户填写的 QQ 号码是否是数字。

3. 验证是否是邮件地址

如果在表单填写中涉及电子邮件地址信息，一般都要进行验证，防止用户随意填写。一般的商务网站常常是只验证地址格式是否正确，有些商务网站要求邮箱验证。这里只讲解如何验证邮箱地址格式是否正确。如何验证邮件地址的正确性，目前为止没有绝对准确的方法。因为即使格式正确的邮件地址也不一定存在。

要验证邮件地址是否正确，一般验证地址中是否包含“@”和“.”，而且要满足如下要求：

- 必须且只包含一个“@”。
- 至少包含一个“.”。
- “.”和“@”均不能为第一个字符。
- “.”和“@”不能为最后一个字符。
- “@”必须在.之前出现。
- 不能有连续两个或多个“.”出现。

下面的代码是实现上述验证的部分：

```
temp=document.forms[0].email.value;//取得用户填写的邮件
if(!(temp.indexOf("@")>0&&temp.lastIndexOf("@")==temp.indexOf("@")))
```

```
    { window.alert("邮件地址格式不正确！");return false;}
if(temp.indexOf("@")==temp.length-1)
    { window.alert("邮件地址格式不正确！");return false;}
if(temp.indexOf("@")>temp.indexOf("."))
    { window.alert("邮件地址格式不正确！");return false;}
if(temp.indexOf(".")==0|| temp.indexOf(".")==temp.length-1)
    { window.alert("邮件地址格式不正确！");return false;}
if(temp.indexOf("..")>=0)
    { window.alert("邮件地址格式不正确！");return false;}
```

4. 验证是否只包含某些字母

有时候，要求用户填写的信息必须由指定的字符集组成，例如账号必须由字母和数字组成。这种要求的验证方法是对用户提交的信息进行逐个验证，看每个字符是否包含在指定的字符集中。下面的代码就是验证的代码：

```
var s;
s="abcdefghijklmnopqrstuvwxyz0123456789";
temp=reguser.username.value;
for(i=0;i<temp.length;i++)
{
    if(s.indexOf(temp[i])<0)
    {
        window.alert("账号必须由字母和数字组成！");return false;
    }
}
```

5. 验证是否是汉字

验证代码如下：

```
if(reguser.username.value.charCodeAt(0)<256)
    {window.alert("用户名必须是中文！");return false;}
```

6. 验证是否符合长短要求

验证代码如下：

```
temp=reguser.username.length
if(temp>20||temp<4)
    {window.alert("用户名必须由4～20个字符组成！");return false;}
```

7. 验证数值是否在某个范围之内

验证代码如下：

```
temp=reguser.userage.pareseInt
if(temp<20||temp>100)
    {window.alert("年龄必须在20～100之间！");return false;}
```

8.4 HTML 中的表单标记

表单标记主要包括<form>、<input>、<select>、<option>和<textarea>，input 提供的表单类型主要有 text、radio、checkbox、password、submit/reset、image、file、hidden 和 button 等。

8.4.1 表单标记

<form>标记属于一个容器标记，其他表单标记需要在它的包围中才有效，<input>便是最常用的一个，用以设置各种输入资料的方法。

格式如下：

```
<form action="" method="POST">
```

属性说明：

- 参数 action 是用以指明处理表单数据的服务器程序（ASP、JSP 和 CGI 等）的 URL 地址，所说提交表单实际上就是将表单提交给 action 指定的程序去处理。
- method="POST"指定信息传递给处理程序的方式，可选值为 POST 或 GET。POST 允许传送大量数据信息，但 GET 则只接受小于 1 KB 的数据信息，而且 GET 方式传送的信息会显示在浏览器的地址栏中，安全性较低。

8.4.2 表单元素标记

1. input 标记

（1）单行文本与密码框

格式如下：

```
<input type="text" name="X" value="X" align="X" size="X" maxlength="X">
```

上面的 X 表示需要填写的值，以下遇到的含义相同，相同的属性也不再重复说明。

属性说明：

- type 为 text，表示为单行文本域，只能输入单行文字，上限为 255 字节；type 为 password，表示为密码框，会自动出现掩码。
- name 为单行文本框的名称。
- value 表示初始值。
- align 表示对齐方式，可选的有 top、middle、bottom、left、right 等。
- size 表示显示的字符个数，它决定了单行文本域的长度，若采用中文要注意能不能全部显示。
- maxlength 表示允许输入的最大字符数。

注意：只要将 type 修改为 password，该文本框就自动变为密码框，输入的内容会自动显示为*。

（2）单选按钮与复选框

格式如下：

```
<input type="radio" name="X" value="X" align="X" checked>
```

属性说明：

- type 为 radio，表示为单选按钮；type 为 checkbox，表示为复选框。
- checked 表示该单选按钮被选中。

技巧：单选按钮是用于唯一选择的。实现唯一选择的方法就是将相关的单选按钮设置相同的名字。如果在一个表单中有多个单选需求，如职称、学位等不同的单选需求，将它们分别用不同的名字实现即可。

下面是一个单选按钮应用的例子：

```
<form action=" " method="POST">
请选性别:
<input type="Radio" name="gender" value="Female">女性
<input type="Radio" name="gender" value="Male" checked>男性
<br>你喜欢吗:
<input type="Radio" name="like" value="Yes">喜欢
<input type="Radio" name="like" value="No">不喜欢
<input type="Radio" name="like" value="Notsure">不确定
</form>
```

上述代码生成的界面效果如图 8-15 所示。

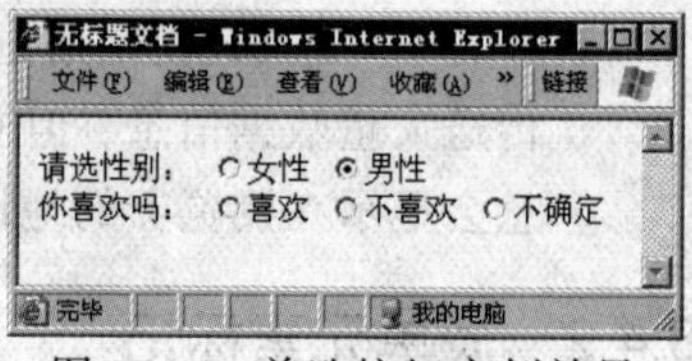

图 8-15　单选按钮实例效果

说明：只要将 type 设置为 checkbox，单选按钮便转化为复选框，并支持多项选择。

（3）各种按钮

格式如下：

```
<input type="submit" name="X" value="X"  src="X">
```

属性说明：type 表示按钮类型，可以设置为 submit（提交按钮）、reset（复位按钮）、button（一般按钮）和 image（图像按钮）。如果设置为图像按钮，必须同时通过 src 属性为其指定一个显示在按钮上的图片。

（4）文件选择框

文件选择框专用于上传文件时在本地选择文件。

格式如下：

```
<input type="File" name="upload" size="X" accept="text/html">
```

属性说明：

- type=file 表示为文件选择框。

注意：如果表单用于上传文件，form 标记要添加 enctype 属性，并将其设置为 enctype="multipart/form-data"。至于文件如何上传，请参考相关书籍。

（5）隐藏域

隐藏域是表单应用中非常常见的一个元素。很多情况下需要后台传递一个不需要显示的参数，即可使用隐藏域。隐藏域的 type 为 hidden，主要使用的它的 name 属性和 value 属性，其他与可视效果相关的属性都无效。

2. 列表框标记

列表框标记由<select>和<option>组成。前者表示为列表框，后者表示列表框中的一项。

格式如下：

```
<select name="where"  size="6"  multiple>
<option value=010>北京</option>
<option value=021>上海</option>
<option value=022>天津</option>
<option value=023>重庆</option>
<option value=0319>兰州</option>
```

```
<option value=029>西安</option>
</select >
```

上面的列表框显示为图 8-16（a）所示的效果。如果去掉其中的 multiple 和 size，则显示为图 8-16（b）所示的效果。而且设置了 mutiple 后，列表框支持多选。size 属性规定列表中可见选项的数目。

（a）效果 1　　（b）效果 2

图 8-16　列表框效果

3. 文本域标记

<textarea>是一个支持多行输入的文本框。可接收的文本远远多于单行文本，常用于填写大段内容的场合。

格式如下：

```
<textarea name="comments" cols="40" rows="4">
```

属性说明：

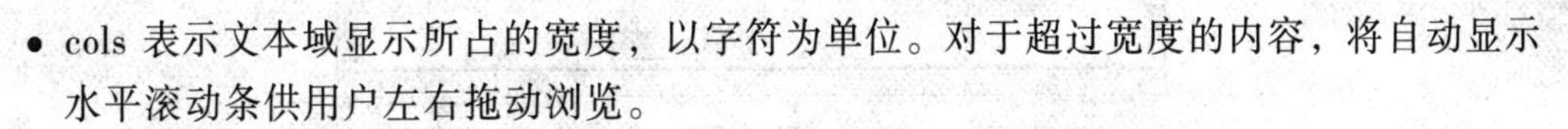

- cols 表示文本域显示所占的宽度，以字符为单位。对于超过宽度的内容，将自动显示水平滚动条供用户左右拖动浏览。
- rows 表示文本域显示的行数。对于超过的行，将自动显示上下滚动条供用户拖动浏览。

模 块 总 结

本模块介绍了网页设计中最常用的元素之一——表单。内容主要包括表单的建立，在表单中如何插入元素和设置其属性，以及表单的布局。并通过实例对如何验证表单进行了详细的讲解。相信读者能够从中学到所需知识。另外，本模块还介绍了与表单相关的标记知识，这些知识对于从事网页设计是必不可少的。

需要注意的是，本模块对表单的介绍都是基于静态语言的，并没有讲解与表单交互的动态语言技术，感兴趣的读者可以参考动态语言的相关知识。

任务实训　制作和验证客户表单

最终效果

案例最终效果如图 8-17 所示。

实训目的

掌握表单的制作方法，并能进行简单的验证。

相关知识

“表单”面板和“行为”面板的使用（素材文件 08\02 文件夹下）。

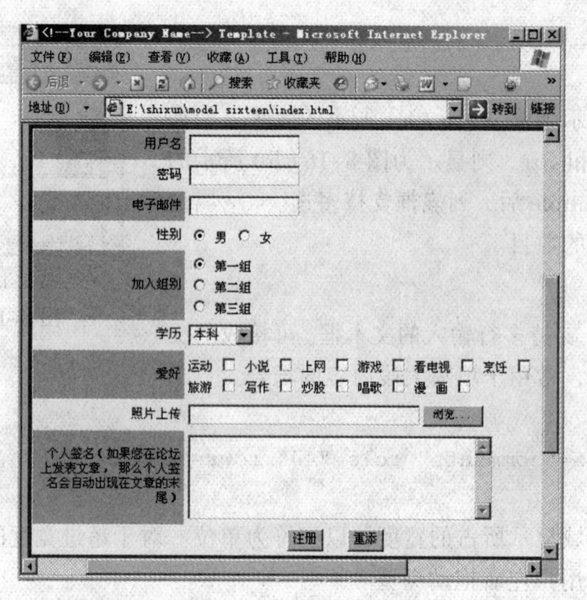

图 8-17 案例效果图

实训步骤

Step1 打开 Dreamweaver 程序，新建一个空白页面选择“插入”→“表单”命令，打开“表单”工具栏如图 8-18 所示。

图 8-18 “表单”工具栏

Step2 在“表单”工具栏中单击“表单”按钮，在页面中插入一个表单。

Step3 在表单中插入一个 10 行 2 列的表格，如图 8-19 所示，然后在各单元格中插入表单的各元素。

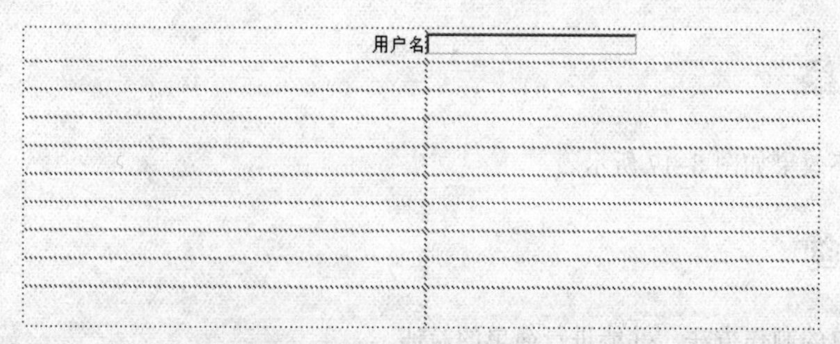

图 8-19 插入用户名和文本字段

Step4 在第 1 行的第 1 个单元格中输入文本“用户名”，设置其对齐方式为“右对齐”；把光标停在第 1 行第 2 个单元格，单击“表单”工具栏中的“文本字段”按钮，插入一个新的文本框。

Step5 选中插入的文本框，在“属性”面板中对它进行设置，如图 8-20 所示。

图 8-20 name 文本域的属性面板

Step6 在第 2 行的第 1 个单元格中输入文本“密码”，在第 2 个单元格中插入一个文本字段，操作过程和第 1 行中的过程相同，唯一不同的是密码不能被人看到，所以在文本字段的“属性”面板的“类型”选项组中选择“密码”单选按钮，设置如图 8-21 所示。

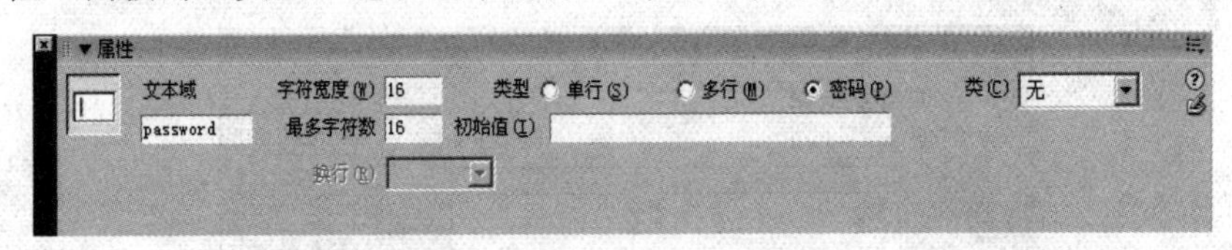

图 8-21 password 文本域的属性面板

Step7 在第 3 行的第 1 个单元格中插入“电子邮件”文本，在第 2 个单元格中插入一个文本字段，各项参数的设置如图 8-22 所示。

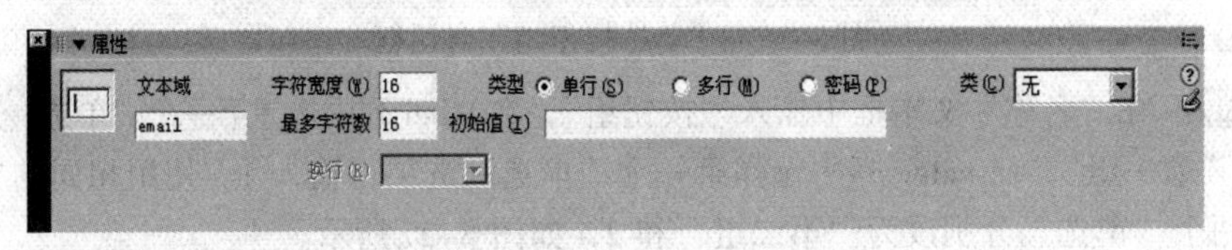

图 8-22 email 文本域的属性面板

Step8 在第 4 行的第 1 个单元格中输入“性别”，设置方式同上，将光标停在第 2 个单元格，单击“工具栏”面板中的按钮，插入两个单选按钮，并在每个单选按钮后面分别插入文本“男”“女”，如图 8-23 所示。

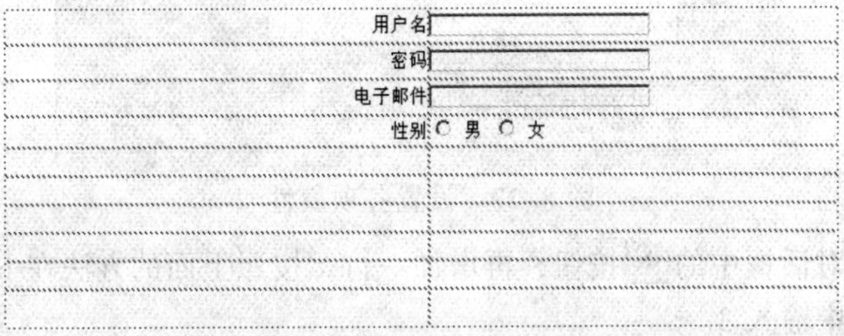

用户名
密码
电子邮件
性别 男 女

图 8-23 放置两个单选按钮和文本

选中第 1 个单选按钮，在“属性”面板中进行设置，如图 8-24 所示。选中第 2 个单选按钮，在“属性”面板中进行设置，如图 8-25 所示。

图 8-24 第 1 个单选按钮“属性”面板的设置

图 8-25　第 2 个单选按钮“属性”面板的设置

Step9 在第 5 行的第 1 个单元格中插入文本“加入组别”，将光标停在第 2 个单元格，单击“表单”工具栏中的“单选按钮组”按钮，插入一组单选按钮，并弹出“单选按钮组”对话框，如图 8-26 所示。

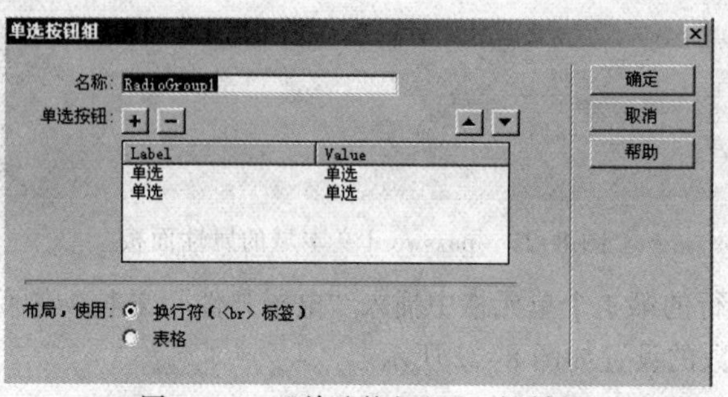

图 8-26　“单选按钮组”对话框

Step10 在“名称”文本框中输入“按钮组”，在 label 列中选择第一个“单选”选项，把它改名为“第一组”，在 value 列中选择第一个“单选”选项，输入 1。使用相同的方法把第 2 行中的两个“单选”分别改为“第二组”和 2，如图 8-27 所示。

单选按钮组

名称: 按钮组

单选按钮:

Label	Value
第一组	1
第二组	2

确定　取消　帮助

布局，使用: 换行符（
 标签）　表格

图 8-27　设置各项属性

Step11 单击对话框中的 按钮，再增加一行，按照上面的方法在 label 列中输入“第三组”，在 value 列中输入 3。

Step12 在“布局，使用”选项组中选择“表格”单选按钮，单击“确定”按钮，结果如图 8-28 所示。

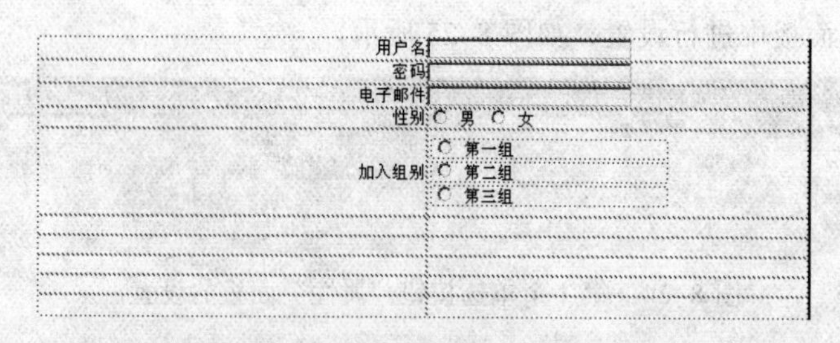

图 8-28　“单选按钮组”制作效果图

Step13 在第 6 行的第 1 个单元格中输入文本“学历”，单击“表单”工具栏中的“列表/菜单”按钮，在第 2 个单元格中插入一个列表，在表单“属性”面板中将其命名为 select，设置“类型”为“列表”，单击“列表值”按钮，弹出“列表值”对话框，如图 8-29 所示。

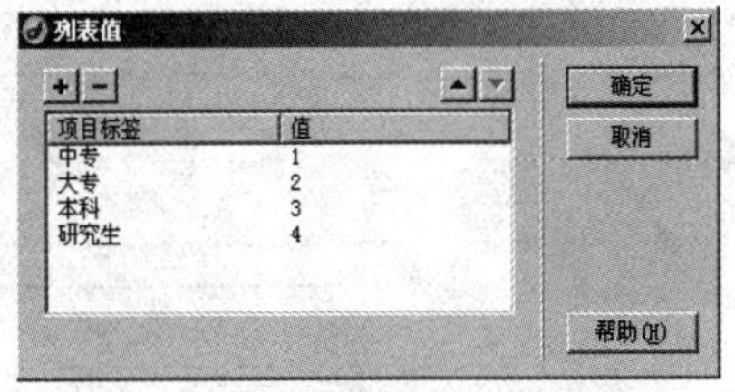

图 8-29 “列表值”对话框

Step14 在“列表值”对话框的“项目标签”列中输入“中专”，该值将显示在屏幕中，在“值”列中输入 1，该值在表单被提交时作为数据发送到接收方。再单击+按钮添加一个新的列表数值，在第 1 列中输入“大专”，第二列中输入 2，按照同样的方法输入后面两行，单击“确定”按钮，完成设置，如图 8-30 所示。

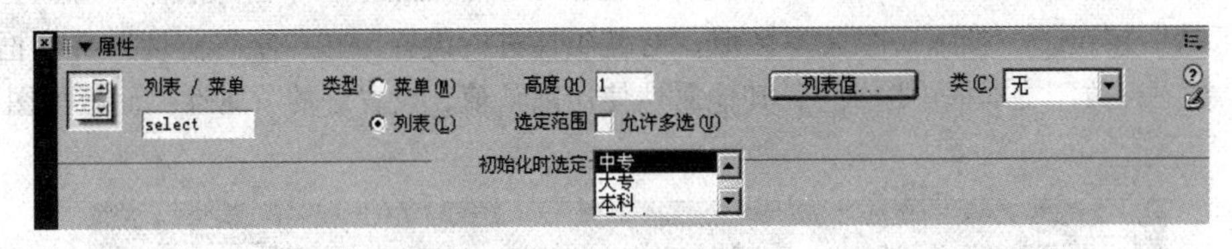

图 8-30 设置好的属性面板

Step15 在第 7 行的第 1 个单元格中插入文本“爱好”，设置其对齐方式为“右对齐”，在第 2 个单元格中分别插入文本“运动”“小说”“上网”“游戏”等，将光标定位在文本“运动”后，单击“表单”工具栏中的“复选框”按钮，插入一个复选框，在“属性”面板中设置复选框名称为 sport，选定值为 basketball，如图 8-31 所示。

使用同样的方法在其他文本后面分别插入复选框，在“属性”面板中分别设置其“复选框名称”和“选定值”，这里不一一给出。

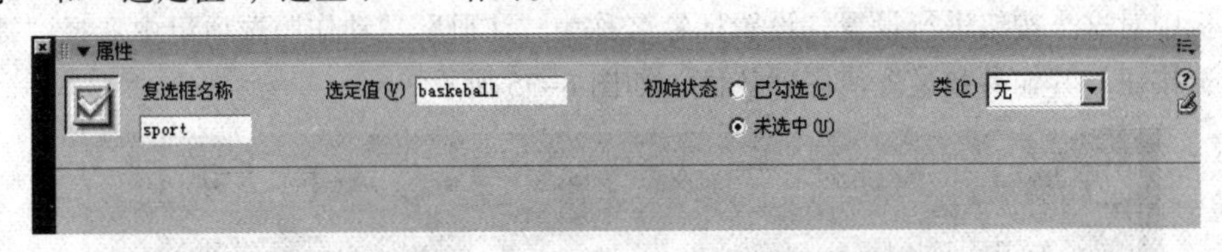

图 8-31 复选框的“属性”面板设置

Step16 在第 8 行第 1 个单元格中插入文本“照片上传”，把光标定位在第 2 个单元格，单击“表单”工具栏中的“文件域”按钮，插入一个文件域，打开“属性”面板，设置文件域的名称为 filefield，其他参数的设置使用默认值，如图 8-32 所示。

图 8-32 文件域的“属性”面板设置

设置好的页面如图 8-33 所示。

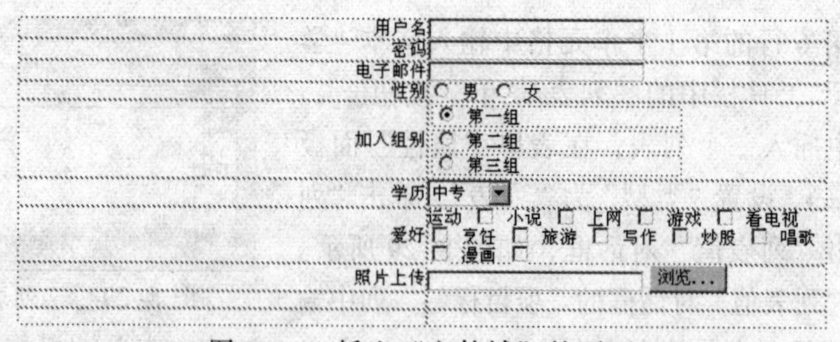

图 8-33 插入“文件域”的页面

Step17 在第 9 行第 1 个单元格中输入文本“个人签名（如果论坛上中发表文章，个人签名就会自动出现在文章的末尾）”，将光标停在第 2 个单元格中，单击“表单”工具栏中的“文本区域”按钮，插入一个文本区域，对其属性进行设置，在“字符宽度”文本框中输入 40，在“行数”文本框中输入 5，其他属性使用默认值，设置好的“属性”面板如图 8-34 所示。

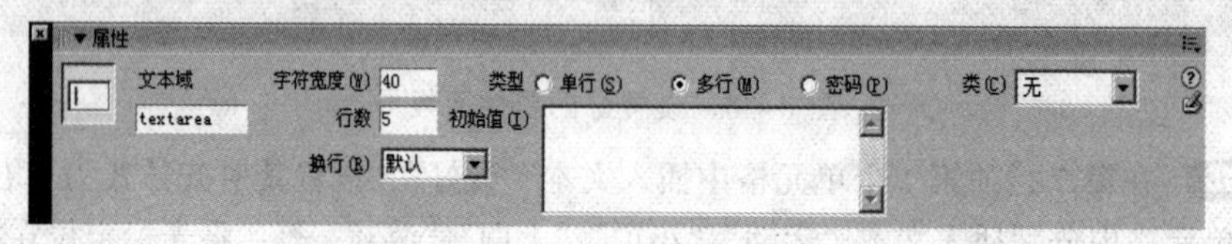

图 8-34 设置好的文本区域属性面板

Step18 选中第 10 行的两个单元格，单击“属性”面板中的“合并所选单元格，使用跨度”按钮，将这两个单元格合并；选中第 10 行单元格，单击“属性”面板中的“居中对齐”按钮。单击“表单”工具栏中的“按钮”按钮，在第 10 行插入一个按钮，在“属性”面板中对这个按钮进行设置，设置标签名称为“注册”，“动作”选项组中选择“提交表单”单选按钮，其他参数设置使用默认值，如图 8-35 所示。

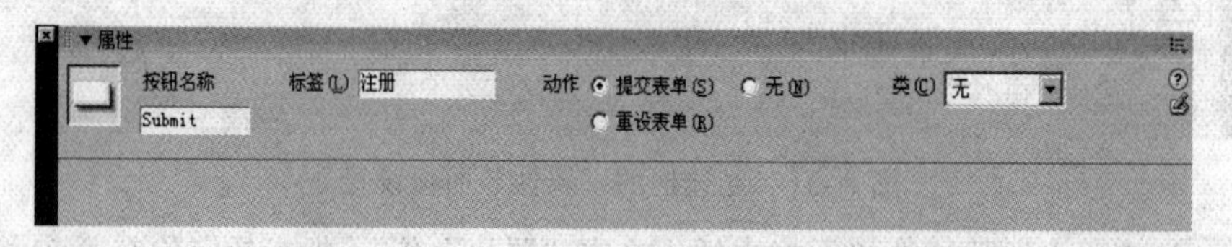

图 8-35 “注册”按钮的“属性”面板设置

按照相同的方法再插入一个按钮，按钮名称为 reset，在“标签”文本框中输入“重填”，“动作”选项组中选择“重设表单”单选按钮，其他参数使用默认设置。

至此，注册会员页面设置完毕。

一个注册会员页面一般有其自身的填写规范，如果填写者不清楚这个规范，表单的内容填写出现错误时，必须等到服务器的 CGI 程序处理完填写的信息后才能知道填写是否有错误，这就在时间和资源上造成了一些不必要的浪费。从这个角度出发，在网页中提醒访问者避免一些简单的错误是很有必要的。

Step19 选择“窗口”→“行为”命令，打开“行为”面板，对“注册”按钮添加检验表单的交互行为。要添加交互行为，应当能在访问者单击“注册”按钮时校验这个表单的正确性。

Step20 单击“注册”按钮，在“行为”面板中单击“添加行为”按钮，在弹出的菜单中选择“检查表单”命令，弹出“检查表单”对话框，如图 8-36 所示。

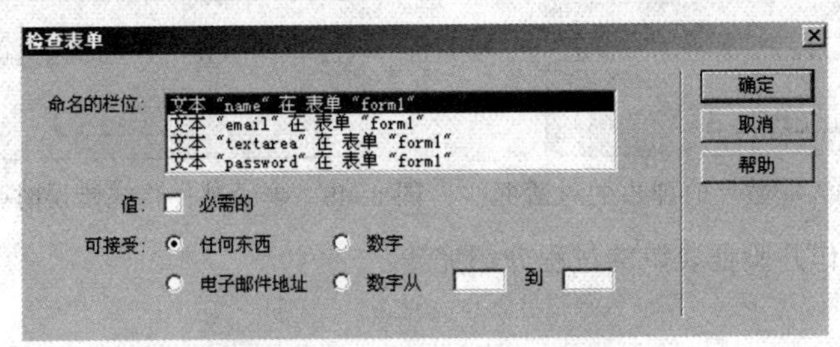

图 8-36 “检查表单”对话框

Step21 在“命名的栏位”列表框中显示了页面中表单的各个元素，选中 name 文本域，在下面的“值”选项组中选择“必需的”复选框，在“可接受”选项组中选择“任何东西”单选按钮。

下面设置 password 域校验的要求，在“检查表单”对话框的“命名的栏位”列表中选中 password 域，在下面的“值”选项组中选择“必需的”复选框，在“可接受”选项组中选择“数字”单选按钮。

按照上面的方法将各个表单元素的校验要求都设置好后，单击“确定”按钮，关闭这个对话框，这时“行为”面板中便添加了一个“检查表单”的交互行为，将其事件设置为 onClick。

Step22 选择“文件”→“保存”命令保存文件，并按【F12】键预览，效果如图 8-37 所示。

如果用户在没有填写表单内容时单击“注册”按钮，系统将弹出一个对话框，提示上面的一些域必须填写，如图 8-38 所示。

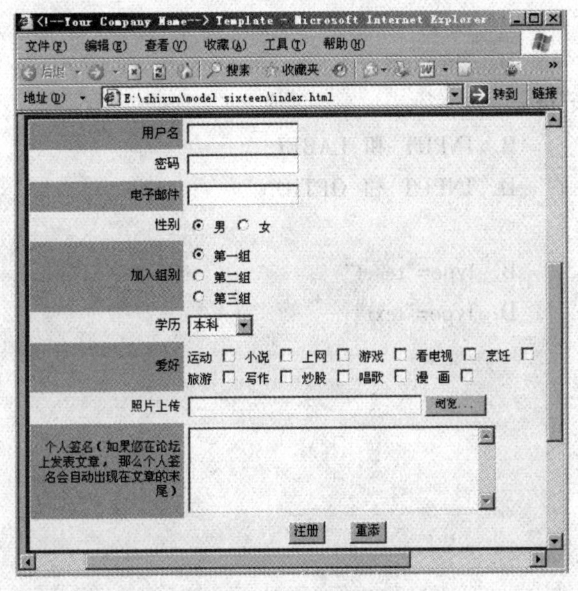

图 8-37 效果图

图 8-38 “提示”对话框

如果没有按照表单的要求填写时单击“注册”按钮，系统会弹出提示对话框，提示上面一些表单项的填写是错误的。如密码输入的不是数字时，系统弹出的对话框如图 8-39 所示；当填写的电子邮件格式不是要求的格式时弹出的对话框如图 8-40 所示。

图 8-39 密码输入非数字时弹出的对话框

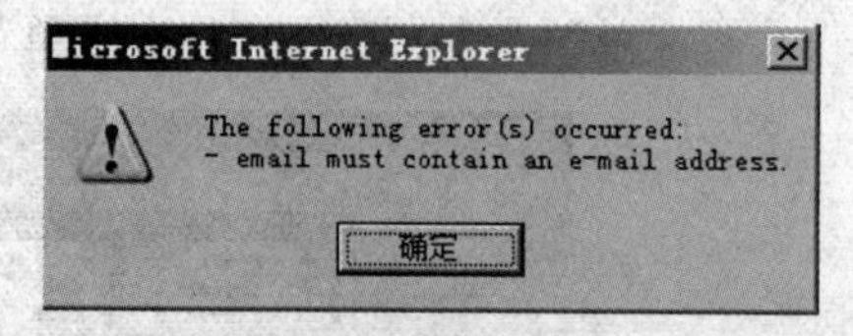

图 8-40 电子邮件格式错误时弹出的对话框

至此，一个制作并验证表单的过程介绍完毕。

知 识 测 评

一、填空题

1. ________常用来收集用户的信息和反馈意见,是网站管理者与浏览者之间沟通的桥梁。
2. 列表分为________和________。

二、选择题

1. 下面的（　　）标记不是容器标记。
   - A. input　　B. form
   - C. select　　D. option
2. 如果要在表单里创建一个普通文本框，以下写法中正确的是（　　）。
   - A. <input>　　B. <input type="password">
   - C. <input type="checkbox">　　D. <input type="radio">
3. 在指定单选框时，只有将以下（　　）属性的值指定为相同，才能使它们成为一组。
   - A. type　　B. name
   - C. value　　D. checked
4. 创建列表菜单应使用（　　）标记符。
   - A. SELECT 和 OPTION　　B. INPUT 和 LABEL
   - C. INPUT　　D. INPUT 和 OPTION
5. 下列（　　）项表示的不是按钮。
   - A. type="submit"　　B. type="reset"
   - C. type="image"　　D. type="text"

使用模板构建风格一致的网站页面

学习使用模板构建统一布局、统一色调的网站页面。

知识目标：

- 了解模板的定义
- 熟悉模板的使用

技能目标：

- 能够创建模板页面
- 会应用模板到其他网页
- 会修改已经套用的模板

对于一个网站而言，为了使整个网站的风格保持一致，很多页面的版式结构都相同，譬如有相同的页眉、导航条和页脚，甚至很多页面的标题、导航和版权声明都是相同的，但如果重新设计相同的版式结构和许多相同的内容就会很麻烦，而且很费时，若借助模板功能，就可以大大简化操作，提高工作效率。

其实模板的功能就是将版式和内容的设计分离，先设计版式布局并存为模板，然后对于相同布局版式的网页就可以用前面定义的模板来创建，在新的页面中只修改部分内容就可以快速制作成功，而且可以保证页面风格的一致性，一般是指有相同的页眉、导航条和页脚。

9.1 使用 Dreamweaver CS5 提供的模板技术

在创建模板之前，先了解什么是模板。假设网站有很多页面，有些页面含有相同的页眉、导航条和隐私条例说明、版权标题。现在要做一个小改动，比如说在版权文本中加一些内容，就必须分别打开每个页面，并做必要的修改，这样是不是非常耗时耗力，而且容易出错？设计 HTML 的人早为我们想到了，多个页面中相同的部分可以制作成一个文件，这就是模板。使用模板，工作就变得轻松多了，在模板中进行修改，应用了该模板的所有页面都将自动更新。

9.1.1 创建模板页面

创建模板的方法有两种：一种是将现有的 HTML 文档保存为模板；另一种是在空白 HTML 文档中从头开始创建。

最简单的方法是先打开一个创建好的网页，然后将它用作模板。另一个方法是从头开始创建，然后在其中添加图像、表格和文本。最后必须决定哪些区域是可以修改的（内容），然后保存为模板，这样就可以开始创建其他页面了。Dreamweaver 使用标准的 HTML 注释来确定使用了哪个模板和哪些区域可以编辑。模板将自动保存在 Templates 文件夹中，该文件夹位于站点的本地根文件夹下。

下面分别介绍用两种不同的方式来创建模板。

第一种：将现有文档保存为模板

操作步骤如下：

Step1 选择“文件”→“打开”命令，弹出“打开”对话框。

Step2 在“打开”对话框中，选择“源代码\09\01\Templates\index_Templates.html”文件作为要创建为模板的现有文档。

Step3 单击“确定”按钮，该文档将出现在“文档”窗口中，如图 9-1 所示。

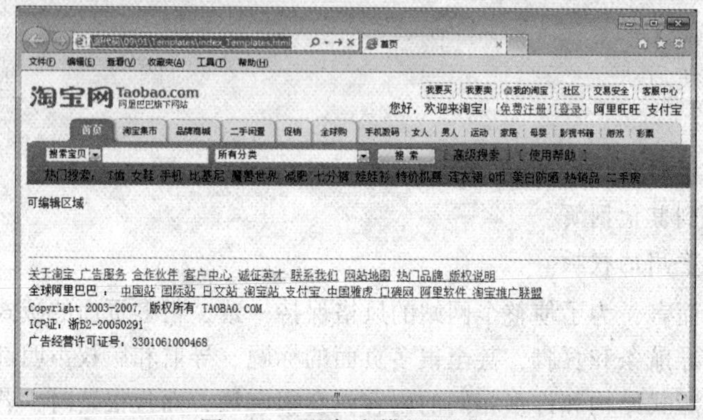

图 9-1 要存为模板的页面

Step4 选择“文件”→“另存为模板”命令，弹出“另存模板”对话框。

Step5 从“站点”下拉列表框中选择要保存模板的站点，在“另存为”文本框中输入模板的名称，如图 9-2 所示。

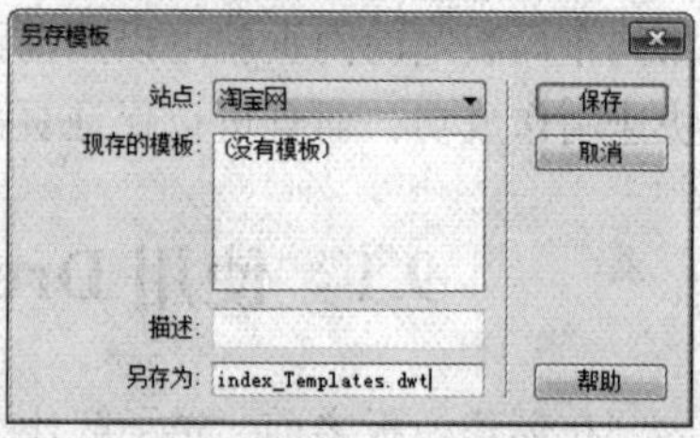

Step6 单击“保存”按钮。

文档将以.dwt 为扩展名保存在“……/Templates”文件夹下。

图 9-2 “另存模板”对话框

第二种：创建全新的模板

可以按如下操作步骤进行（源代码\09\01 文件夹）：

Step1 选择“窗口”→“资源”命令，打开图 9-3 所示的“资源”面板。

Step2 单击面板上的“模板”按钮，打开图 9-4 所示的面板，在这里可以创建模板文档。

图 9-3 “资源”面板

图 9-4 创建模板文档

Step3 单击右下角的“新建模板”按钮，或者单击面板右上角的按钮，在弹出的下拉菜单中选择“新建模板”命令，这时在面板上新建了一个名为 Untitled 的模板，如图 9-5 所示。

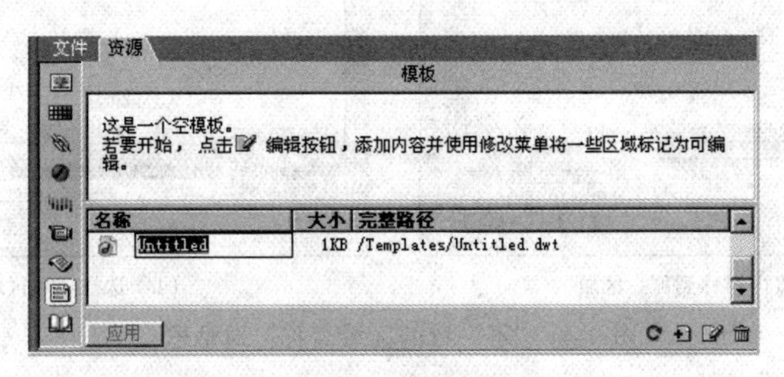

图 9-5 新建模板

Step4 新的模板被添加到模板列表中，选择该模板，在“名称”文本框中输入新的名称，例如新模板，按【Enter】键确定。

至此，一个新的空模板创建完成，选中该模板，并单击“资源”面板中右下角的编辑按钮或直接双击模板，可打开该模板进行编辑。

注意：Dreamweaver 会自动将模板保存到站点根目录下的 Templates 子目录下，如果该目录不存在，Dreamweaver 会在第一次保存模板时自动创建该目录。

9.1.2 应用模板页面

设计好模板之后，就可以将模板应用于文档中，操作步骤如下：

Step1 打开“源代码\09\01\制作模板页\weiyingyong_tempalte.html”或创建一个未应用模板的文档 weiyingyong_tempalte.html，如图 9-6 所示。

Step2 选择“修改”→“模板”→“应用模板到页”命令，弹出“选择模板”对话框，如图 9-7 所示。

图 9-6 打开未应用模板的文档

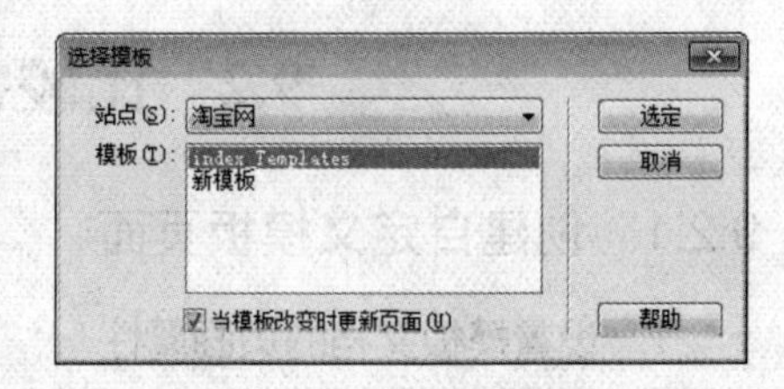

图 9-7 “选择模板”对话框

Step3 在“选择模板”对话框中选择要应用的模板，单击“选定”按钮，系统会将当前文档的可编辑区域与模板的可编辑区域进行匹配，若匹配则套用模板；如果不匹配，则弹出图 9-8（a）所示的界面，询问用户要将当前文档的内容放到哪一个可编辑区域中。

Step4 单击列表框中的 EditRegion3 选项，如图 9-8（b）所示，此时将内容移到的区域就是 EditRegion3，即前面设置模板时定义的可编辑区域。

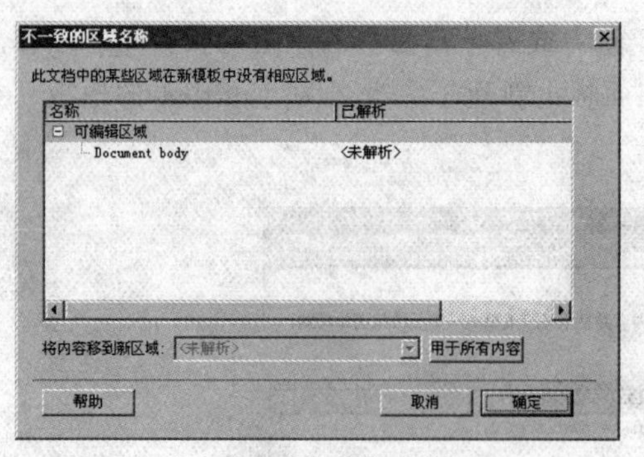

（a）将内容移到哪一区域

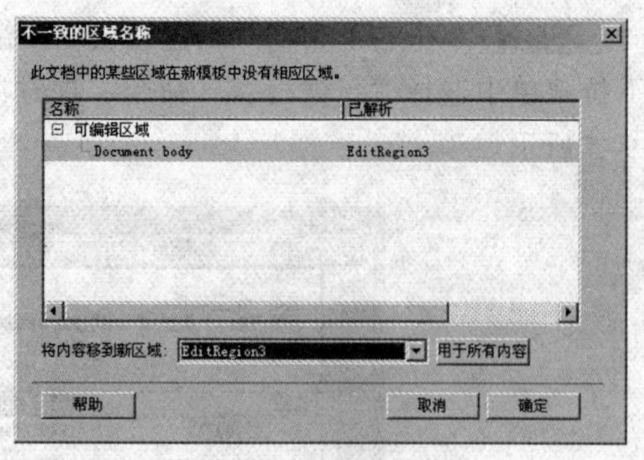

（b）选择应用区域

图 9-8 “不一致的区域名称”对话框

Step5 单击“确定”按钮，即可应用模板到具体的文档，如图 9-9 所示。

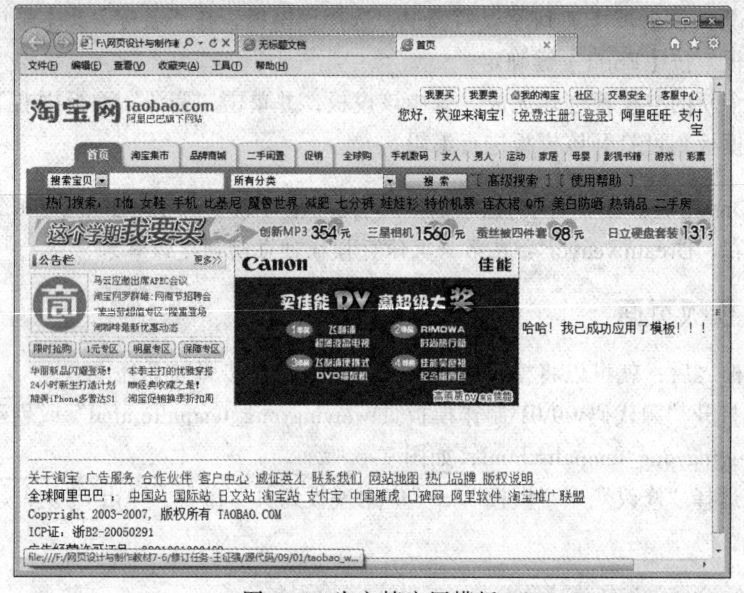

图 9-9 为文档应用模板

9.2 比较常用的模板创建方式

9.2.1 创建自定义模板页面

1. 设置模板文档的页面属性

应用模板的文档将会继承模板中除页面标题外的所有部分，因此应用模板后只可以修改文档的标题而不能更改其页面属性。

设置模板文档页面属性的操作步骤如下：

Step1 打开模板文档。

Step2 选择“修改”→“页面属性”命令，弹出“页面属性”对话框，如图 9-10 所示。

Step3 根据需要或参照设置普通文档页面属性的方法，设置模板文档的页面属性。

Step4 设置完成之后单击“确定”按钮。

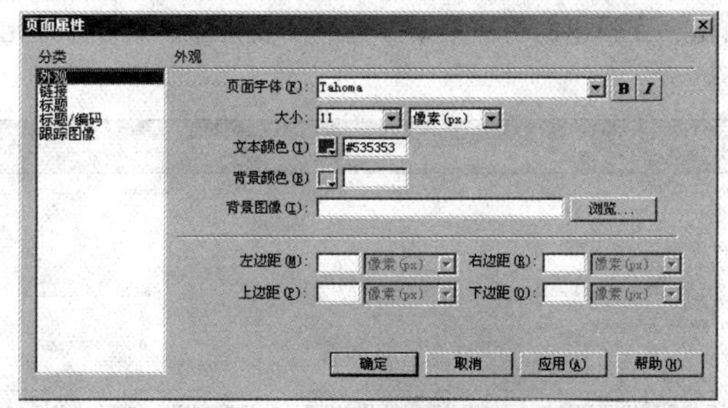

图 9-10 “页面属性”对话框

2. 制作模板

创建好空白模板后，接下来就可以制作模板。制作模板的过程实际上就是制作网页，在模板文档中将大体的结构制订出来，将其保存为模板格式，然后设置模板的可编辑区域、不可编辑区域等；以后就可将创建好的模板应用于各文档中。

通过面板创建好空白模板后，用户就可以对该模板进行编辑，操作步骤如下：

Step1 选择“窗口”→“资源”命令，打开图 9-3 所示的“资源”面板后，单击“模板”按钮。

Step2 在“资源”面板的模板列表中选择需要编辑的空白模板，例如新模板，单击“编辑”按钮或直接双击模板即可。

Step3 选择“插入”→“表格”命令，弹出“表格”对话框。在“行数”文本框中输入 3，在“列数”文本框中输入 3，边框设置为 0 px，如图 9-11 所示。

Step4 单击“确定”按钮，插入一个 3 行 3 列的表格，并调整插入表格的宽度。

Step5 将光标放到第 1 行第 1 列单元格中，选择“修改”→“表格”→“拆分单元格”命令，弹出“拆分单元格”对话框。选择“行”单选按钮，在“行数”文本框中输入 8，如图 9-12 所示。

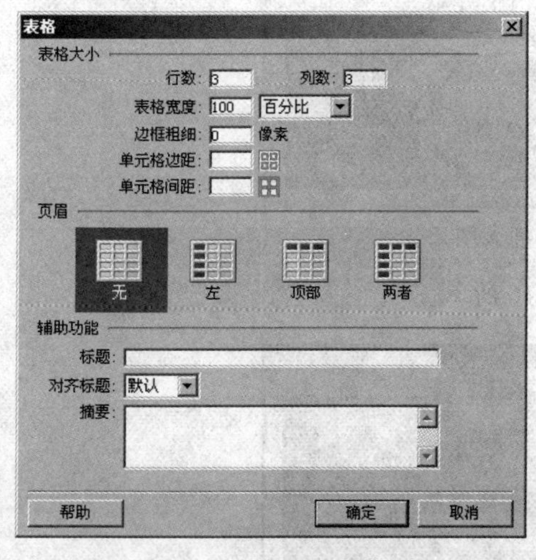

图 9-11 “表格”对话框

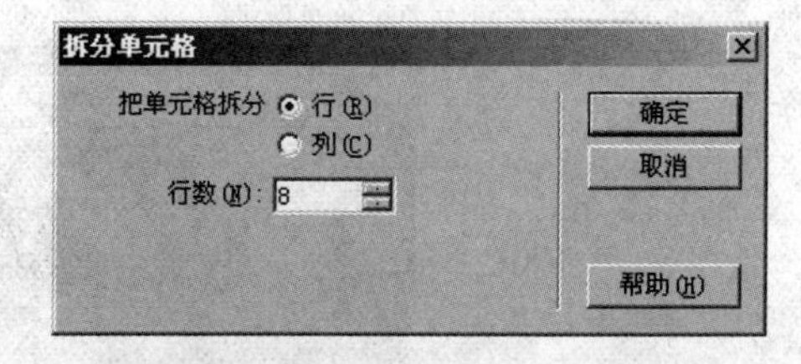

图 9-12 “拆分单元格”对话框

Step6 按住【Ctrl】键，分别选中第 1 列第 10 个单元格、第 2 列第 3 个单元格和第 3

列第 3 个单元格后右击，在弹出的快捷菜单中选择“表格”→“合并单元格”命令，设计好的布局如图 9-13 所示。

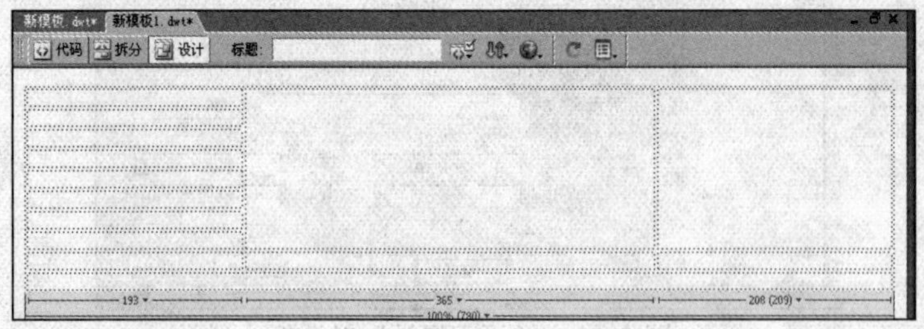

图 9-13　设计好的模板布局

Step7 调整各单元格长和宽的大小。

Step8 设置单元格的背景颜色。将光标移到要设置背景色的单元格内，打开“属性”面板，在“背景颜色”列表中设置背景颜色。此处的背景颜色用户可自行定义，如图 9-14 所示。

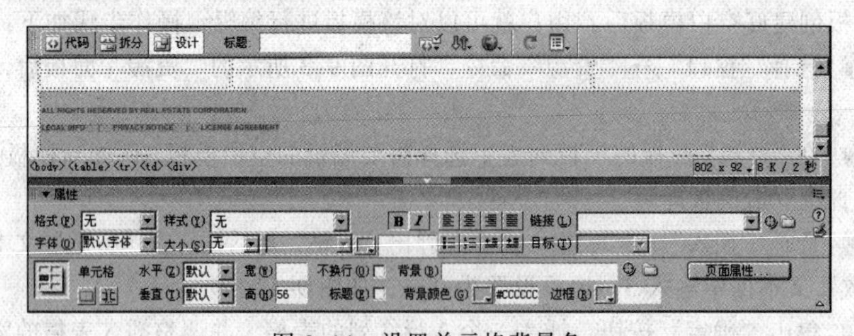

图 9-14　设置单元格背景色

Step9 将光标移到要插入“图像”的单元框中。选择“插入”→“图像”命令，弹出“选择图像源”对话框，选择一幅图像，单击“确定”按钮，如图 9-15 所示。

图 9-15　在单元格中插入图片

最后保存制作好的模板，设计好的模板如图 9-16 所示。

图 9-16　设计好的模板

3. 定义模板区域

要想使用模板，还必须对模板进行进一步的编辑，需要根据网站的具体要求对模板的内容进行规划，指定哪些内容是可编辑的（对应可编辑区域），哪些内容是不能编辑的（对应不可编辑区域，即锁定区域）。在模板文档中，可编辑区域就是指可以发生变化的部分，如页面的主体内容。被锁定（不可编辑）区域是指不同页面保持一致的部分，如整个网站的标志和大部分页面共有的导航条等。

在编辑模板时，可以改变可编辑区域和不可编辑区域。但是，一旦该模板被用于制作其他文档，就只能修改可编辑区域部分，原模板的不可编辑区域是不能修改的。

（1）定义新的可编辑区域

一般情况下，如果没有给模板设置可编辑区域，在保存模板时，模板所有的区域都会被标注锁定字样，通过该模板建立的文档所有的内容都不能改变，要想使通过模板建立的文档内容能够改变，就必须将模板中的一些区域设置成可编辑区域。

定义新的可编辑区域的步骤如下：

Step 1 在“资源”面板的模板列表中打开一个需要编辑的模板，在模板文档中选择要定义为可编辑区域的内容，如图 9-17 所示，选中文档中左上角的单元格。

图 9-17 定义可编辑区域

Step 2 选择“插入”→“模板对象”→“可编辑区域”命令，在弹出的“新建可编辑区域”对话框中为该区域输入名称，如图 9-18 所示。

Step 3 新建的可编辑区域如图 9-19 所示，在新建的可编辑区域中出现了带有该区域名称的特殊区域。

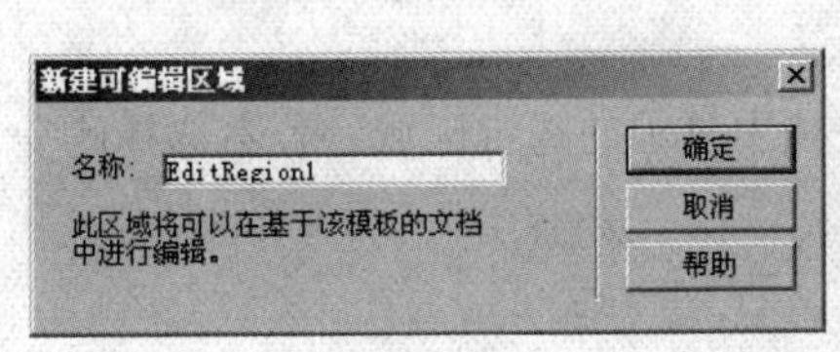

图 9-18 “新建可编辑区域”对话框

图 9-19 新建的可编辑区域

（2）定义新的可编辑的重复区域

重复区域中的内容可以增加和删除，比如将一个单元格定义到重复区域中，就可以重复添加和删除若干个同样的单元格。

定义可编辑的重复区域的步骤如下：

Step 1 在打开的模板中，选定需要重复出现的一个区域，如图 9-20 所示，选择一个单元格。

图 9-20 单元格选择

Step2 选择“插入”→“模板对象”→“可编辑区域”命令，将该单元格定义成可编辑区域。

Step3 再选中此单元格，选择“插入”→“模板对象”→“重复区域”命令，将该单元格定义成重复区域，如图 9-21 所示。

图 9-21 可重复区域

注意：在定义重复区域之前，必须先定义一个可编辑区域，再定义重复区域，否则该区域不可编辑。

（3）定义可选区域

使用可选区域可以控制不一定基于模板的文档中显示的内容。可选区域是由条件来控制的，根据模板中设置的条件，用户可以自定义可选区域在创建的页面中是否可见。

定义可选区域的操作步骤如下：

Step1 将光标放到要定义可选区域的位置。

Step2 选择“插入”→“模板对象”→“可编辑的可选区域”命令，弹出“新建可选区域”对话框，如图 9-22 所示。

Step3 在“名称”文本框中输入可选区域的名称。

Step4 选择“默认显示”复选框，可以设置在文档中显示的选定区域。若不选择此复选框，将会把默认值设置为假。

Step5 选择“高级”选项卡，如图 9-23 所示。

图 9-22 “新建可选区域”对话框

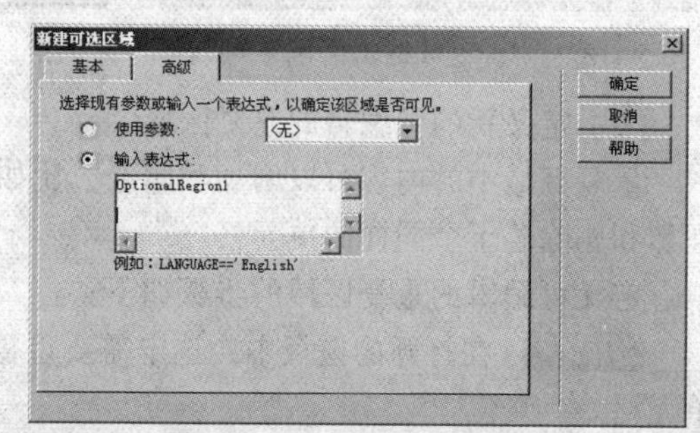

图 9-23 “高级”选项卡

Step6 选择“使用参数”单选按钮，单击右侧的下拉按钮，在下拉列表框选择要与选定内容链接的现有参数。

Step7 选择“输入表达式”单选按钮，在图 9-24 所示的列表框中输入表达式内容。

图 9-24　定义可选区域

Step8 单击“确定”按钮，即在模板文档上插入可选区域。

（4）删除可编辑区域和重复区域

如果想删除可编辑区域或重复区域，可先选中想要删除的可编辑区域或重复区域，选择“修改”→“模板”→“删除模板对象”命令，模板对象标记被删除，相应的区域转变成锁定区域。

9.2.2　使用模板页面

1. 应用模板

设计好模板之后，就可以将模板应用于文档中，操作步骤如下：

Step1 打开一个未应用模板的文档“源代码\09\01\taobao_web(制作模板素材1)\shopping\commoditys_show”，如图 9-25 所示。

Step2 选择“修改”→“模板”→“应用模板到页”命令，弹出“选择模板”对话框，如图 9-26 所示。

图 9-25　打开未应用模板的文档

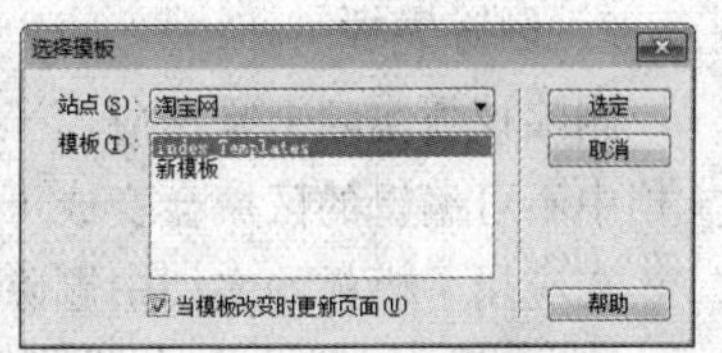

图 9-26　“选择模板”对话框

Step3 在“选择模板”对话框中选择要应用的模板，单击“选定”按钮，系统会将当前文档的可编辑区域与模板的可编辑区域进行匹配，若匹配则套用模板；如果不匹配，则弹出图 9-27 所示的界面，询问用户要将当前文档的内容放到哪一个可编辑区域中。

Step4 这时，用户可以单击列表框中的 EditRegion3 选项，如图 9-28 所示，此处将内容移到的区域就是 EditRegion3，即前面设置模板时定义的可编辑区域。

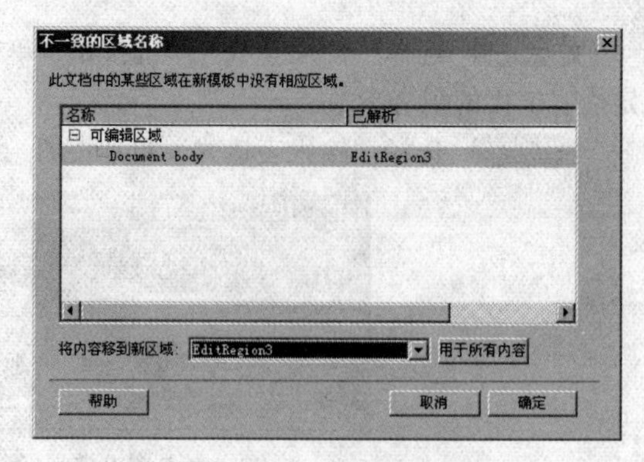

图 9-27　将内容移到哪一区域　　图 9-28　选择应用区域

Step5 单击“确定”按钮，即可应用模板到具体的文档，如图 9-29 所示。

图 9-29　为文档应用模板

2. **删除模板**

删除模板实际上是从应用了模板的文档中脱离模板，而模板中的内容依旧存在。这样，文档中不可编辑的区域会变成可编辑状态，为用户的修改带来很大的方便。

在应用了模板的文档中删除模板的操作步骤如下：

Step1 打开一个应用了模板的文档“源代码\09\01\taobao_web（制作模板素材 1）\shopping\commoditys_show_applyTemplates.html，。

Step2 选择“修改”→“模板”→“从模板中分离”命令，如图 9-30 所示。应用了模板的文档分离模板后，之前不可以编辑的区域如图 9-31（a）所示，可编辑的区域如图 9-31（b）所示。

Dw　文件(F)　编辑(E)　查看(V)　插入(I)　修改(M)　格式(O)　命令(C)　站点(S)　窗口(W)　帮助(H)

commoditys_show_applyTemplates.html

源代码　tabs.css

代码　拆分　设计　实时视图

EditRegion3

所有宝贝　橱窗推荐　人气宝贝

我要购买　宝贝图片

页面属性(P)...　Ctrl+J
模板属性(P)...
所选属性(S)
CSS样式(Y)　Shift+F11
编辑标签(E)...
快速标签编辑器(Q)...　Ctrl+T
创建链接(L)　Ctrl+L
移除链接(R)　Ctrl+Shift+L
打开链接页面(O)...
链接目标(G)
表格(T)
图像(I)
框架集(F)
排列顺序(A)
转换(C)
导航条(B)
库(I)
模板(E)
应用模板到页(A)...
从模板中分离(D)

图 9-30　选择“从模板中分离”命令

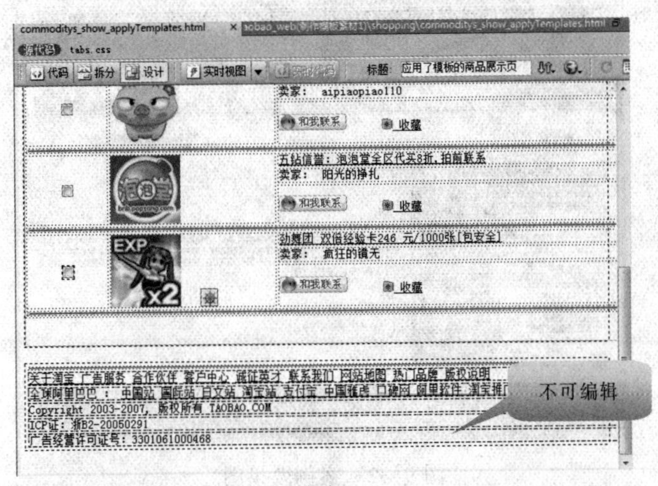

（a）

（b）

图 9-31　模板分离

模块总结

本模块主要介绍了模板的制作和使用，在网页的设计过程中，运用模板便于设计出具有统一风格的网站，并且模板的运用为网站的更新和维护提供了极大的方便，为开发出优秀的网站奠定了基础。

任务实训 模板应用

最终效果

案例最终效果如图 9-32 所示（源代码\09\02 文件夹）。

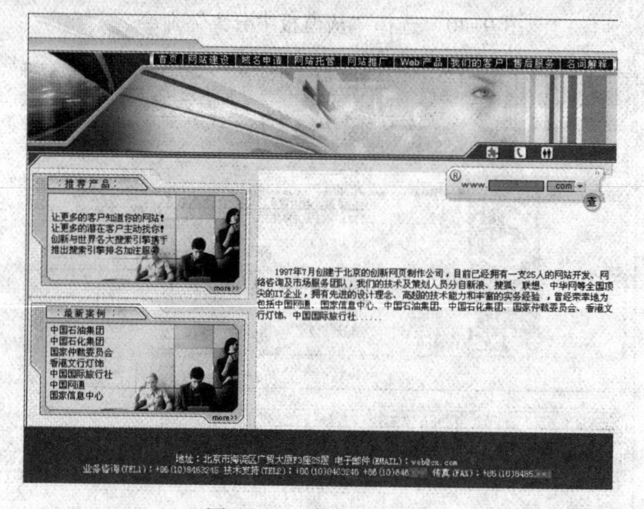

图 9-32 案例效果图

实训目的

通过本实训，掌握模板的定义方法，熟悉模板的使用方法。

相关知识

模板可编辑区域；模板可重复区域。

实训步骤

1. 模板的定义

Step1 在 Dreamweaver 中新建一个站点，并将本书素材文件 09\02\images 文件夹中的素材图片复制到该站点中，站点结构如图 9-33 所示。

Step2 选择“文件”→“新建”命令，在弹出对话框的“类别”列表框中选择“模板页”选项，在右边的列表框中选择“HTML 模板”选项，如图 9-34 所示。单击“创建”按钮即可建立一个新的模板，保存为文件 base.dwt。

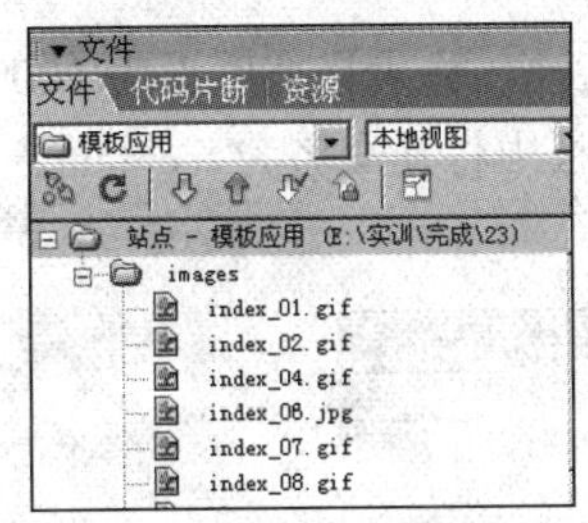

图 9-33 站点结构

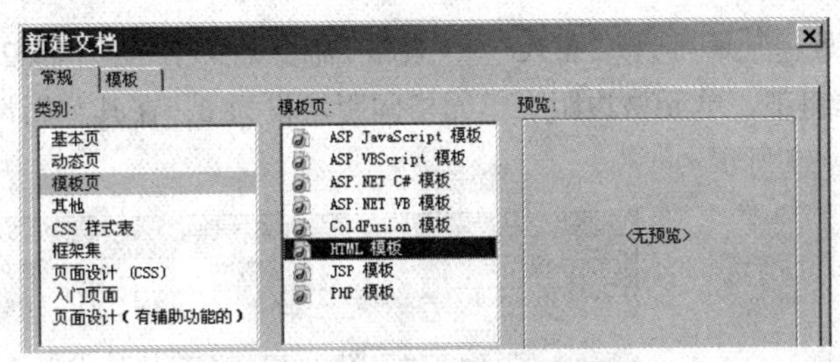

图 9-34 “新建文档”对话框

Step3 在模板的属性面板中单击“页面属性”按钮，弹出图 9-35 所示的对话框，设置字体大小为 12 px，字体颜色为白色，背景颜色为#007194，上、下、左、右边距为 0 px。

Step4 选择“插入”→“表格”命令，插入 4 行 1 列的表格，如图 9-36 所示，将表格宽度设为 777 px，边框粗细、单元格边距、单元格间距均设为 0，在其“属性”面板中设置表格 Id 为 tmain，对齐方式为“居中对齐”。

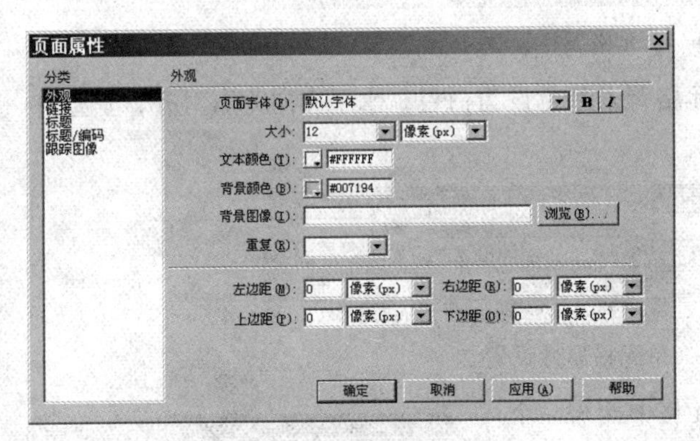

图 9-35 “页面属性”对话框

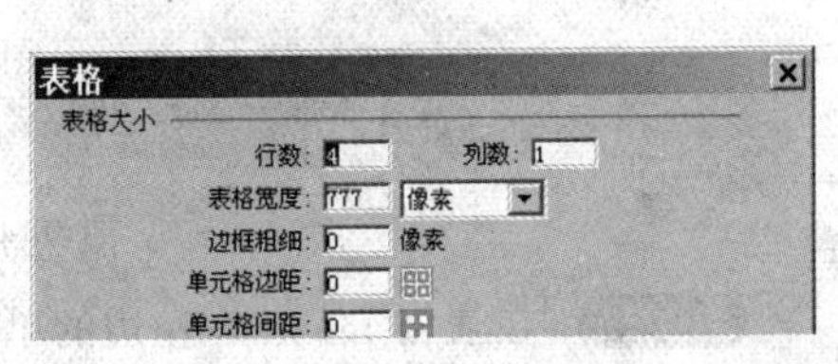

图 9-36 “表格”对话框

Step5 将光标定位在表格 tmain 第 1 个单元格中，选择“插入”→“表格”命令，插入一个 1 行 2 列的表格，将表格宽度设为 100%，边框粗细、单元格边距、单元格间距均设为 0。将左边单元格的宽度设为 274 px，将光标定位在该单元格中，选择“插入”→“图像”命令，插入图片 index_01.gif；将右边单元格的背景图片设为 index_01.gif。此时预览效果如图 9-37 所示。

图 9-37 页面顶部效果

Step6 将光标定位在表格 tmain 的第 2 个单元格中，选择“插入”→“图像”命令，插入图片 index_06.jpg。

Step7 将光标置于表格 tmain 的第 3 个单元格中，选择主菜单中的“插入”→“表格”命令，插入一个 1 行 1 列的表格，将表格宽度设为 100%，边框粗细、单元格边距、单元格间距均设为 0，在其“属性”面板中将其命名为 ttop，如图 9-38 所示。

图 9-38　表格属性设置 1

Step8 选择“插入”→“表格”命令，插入一个 1 行 2 列的表格，将表格宽度设为 100%，边框粗细、单元格边距、单元格间距均设为 0，在其“属性”面板中将其命名为 tcontent，如图 9-39 所示。

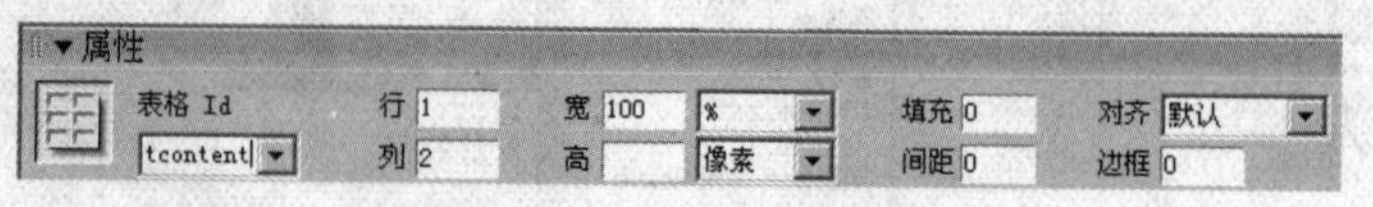

图 9-39　表格属性设置 2

Step9 将表格 tcontent 左边的单元格宽度设为 307 px，垂直对齐方式为顶端对齐，如图 9-40 所示。

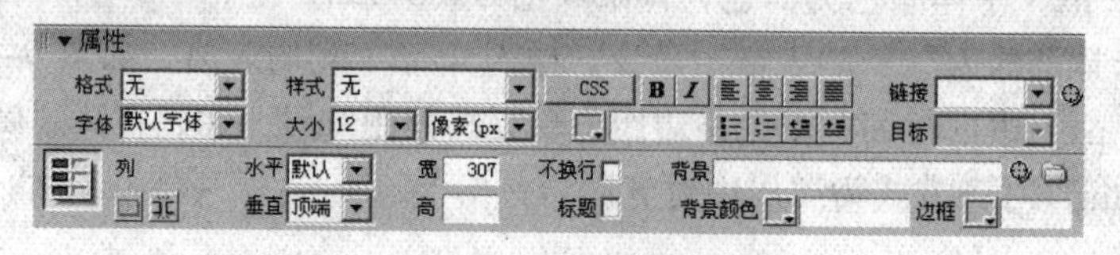

图 9-40　单元格属性设置 1

Step10 将表格 tcontent 右边的单元格背景颜色设为白色，水平方向为右对齐，垂直方向为顶端对齐，如图 9-41 所示。

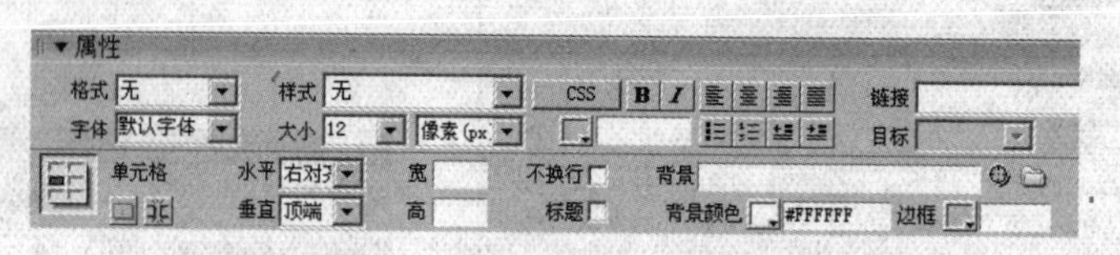

图 9-41　单元格属性设置 2

Step11 在表格 tcontent 左边的单元格中插入一个 1 行 1 列的表格，选择“插入”→“表格”命令，将表格的宽度设为 100%，边框粗细、单元格边距、单元格间距均设为 0，如图 9-42 所示。并在其“属性”面板中设置表格 Id 为 tleft。

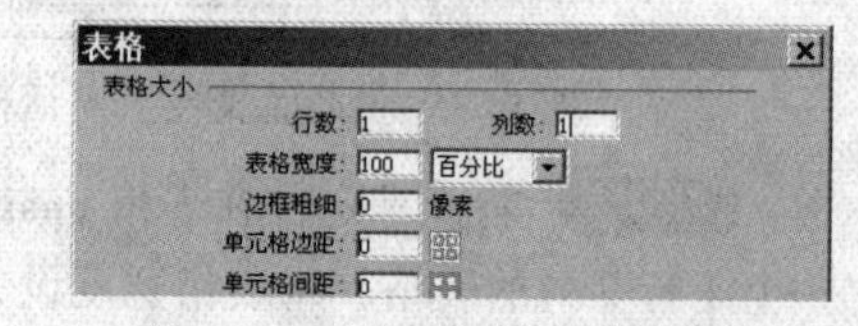

图 9-42　插入 1 行 1 列的表格

Step12 将光标定位在表格 tmain 的第 4 个单元格中，输入企业相关信息“地址：北京市海淀区广贸大厦 F3 座 25 层……”，至此，模板中的基本内容设置完毕，效果如图 9-43 所示。

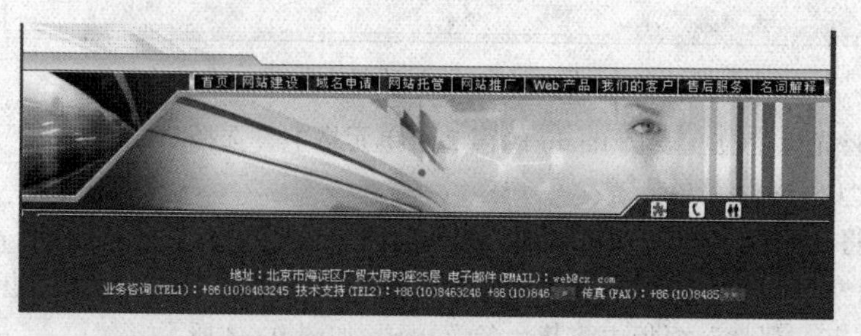

图 9-43　模板初始效果

Step13 设置模板的可编辑区域和重复区域，在本实训中，需要将表格 ttop 设为可编辑区域，将表格 tleft 设为重复区域。选中表格 ttop，选择“插入”→“模板对象”→“可编辑区域”命令，弹出图 9-44 所示的对话框，将新建的可编辑区域定义为 EditRegion1。

Step14 选中表格 tleft，选择“插入”→“模板对象”→“可编辑区域”命令，弹出图 9-44 所示的对话框，将新建的可编辑区域定义为 EditRegion2。选中刚定义的可编辑区域 EditRegion2，选择“插入”→“模板对象”→“重复区域”命令，弹出图 9-45 所示的对话框，将新建的重复区域定义为 RepeatRegion1。

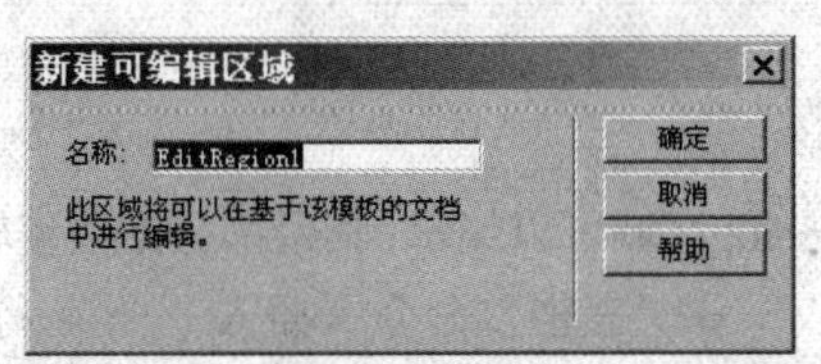

图 9-44 “新建可编辑区域”对话框

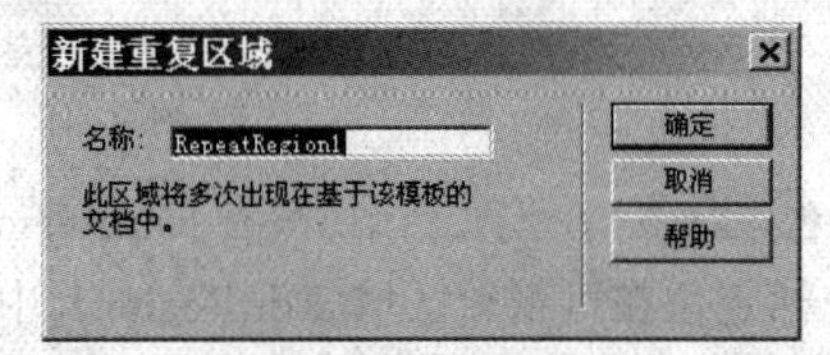

图 9-45 “新建重复区域”对话框

Step15 选中表格 tcontent 右边的单元格，选择“插入”→“模板对象”→“可编辑区域”命令，弹出如图 9-44 所示的对话框，将新建的可编辑区域定义为 EditRegion3。

Step16 至此，模板可编辑区域和重复区域定义完毕，如图 9-46 所示，保存并关闭该模板。

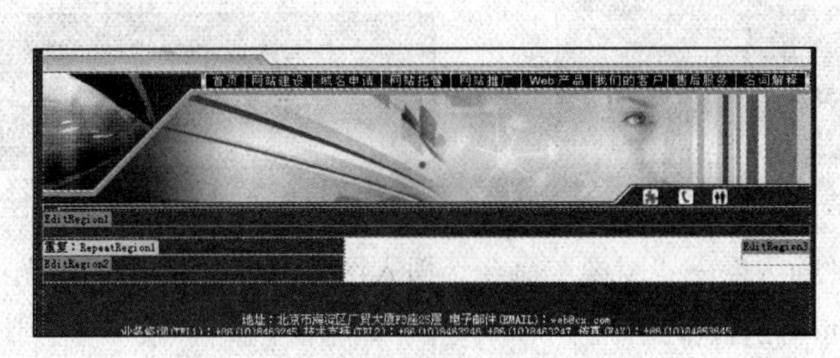

图 9-46 模板可编辑区域和重复区域

2. **模板的应用**

Step1 选择“文件”→“新建”命令，在弹出的对话框中选择“模板中的页”选项，选择前面定义的模板 base，如图 9-47 所示，单击“创建”按钮即可从该模板建立一个新的文档，如图 9-48 所示，将该文档保存为文件 index.html。

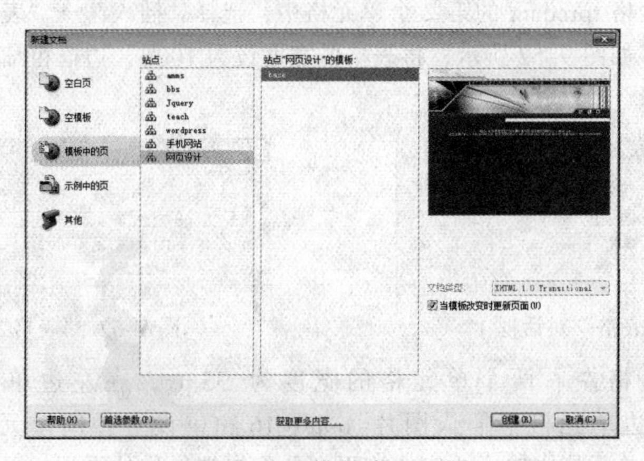

图 9-47 从模板建立文档

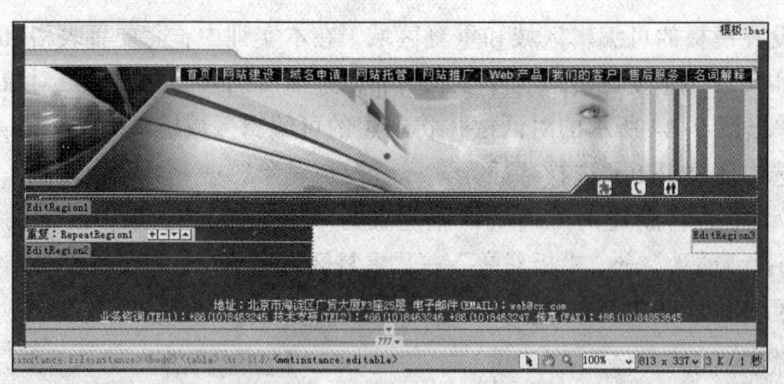

图 9-48 从模板建立的新文档

Step2 在该文档中，只有 EditRegion1 和 EditRegion2 区域可以编辑，其余部分不能编辑。将光标定位在可编辑区域 EditRegion1 中，选择“插入”→“表格”命令，插入一个 1 行 2 列的表格，将表格的宽度设为 100%，边框粗细、单元格边距、单元格间距均设为 0，如图 9-49 所示。

Step3 将光标定位在刚插入表格左边的单元格中，在其属性面板中设置宽度为 553 px，背景图片为 index_08.gif，如图 9-50 所示。

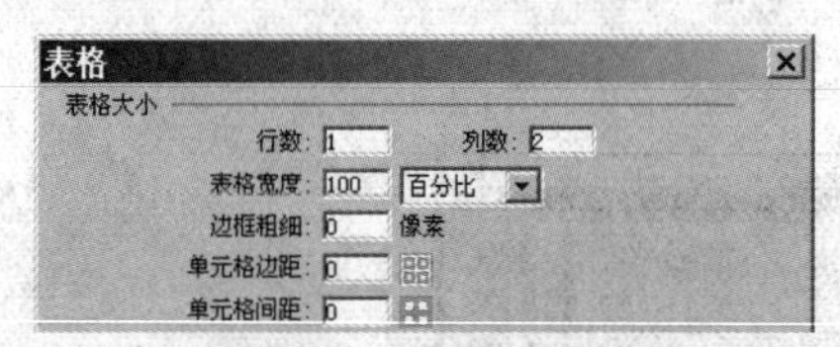

图 9-49 “表格”对话框

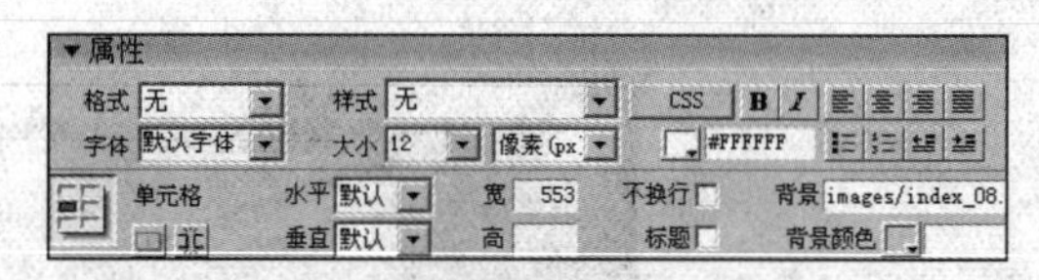

图 9-50 单元格属性设置

Step4 选择“插入”→“图像”命令，插入图片 index_08.gif；将光标定位到右边的单元格中，插入图片 index_10.gif。

Step5 将光标定位在可编辑区域 EditRegion2 中，选择“插入”→“表格”命令，插入一个 3 行 1 列的表格，如图 9-51 所示，将表格的宽度设为 100%，边框粗细、单元格边距、单元格间距均设为 0，在其“属性”面板中将该表格命名为 tproduct。

Step6 将光标定位在表格 tproduct 的第 1 个单元格中，选择“插入”→“图像”命令，插入图片 index_11.gif；将光标定位在表格 tproduct 的第 3 个单元格中，插入图片 index_19.gif。

将光标定位在表格 tproduct 的第 2 个单元格中，选择“插入”→“表格”命令，插入一个 1 行 3 列的表格，如图 9-52 所示，将表格的宽度设为 100%，边框粗细、单元格边距、单元格间距均设为 0。

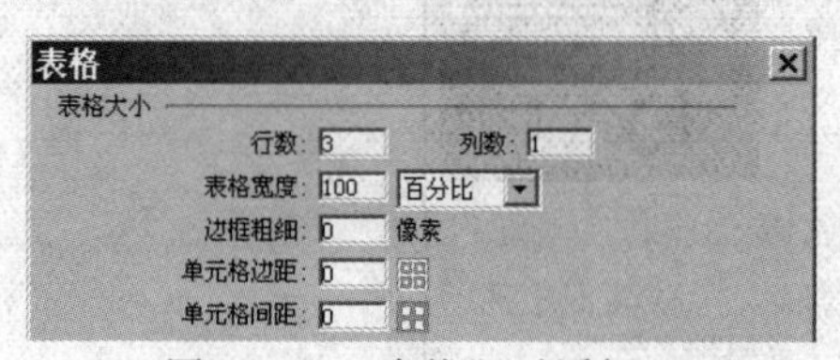

图 9-51 “表格”对话框 1

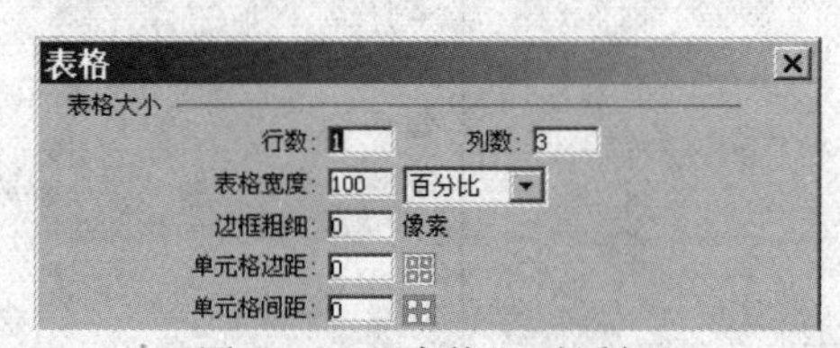

图 9-52 “表格”对话框 2

分别设置该表格左右两个单元格的宽度为 33 px，在左边单元格中插入图片 index_14.gif，在右边单元格中插入图片 index_16.gif，设置中间单元格的背景图片为 index_15gif，在中间单元格中输入文字“让更多的客户知道你的网站！……”，颜色为黑色，效果如图 9-53 所示。

Step7 将光标定位在可编辑区域 EditRegion3 中，选择“插入”→“图像”命令，插入图片 index_13.gif。

Step8 单击“重复：RepeatRegion1”后面的“+”按钮，添加一个可编辑区域 EditRegion2，如图 9-54 所示。

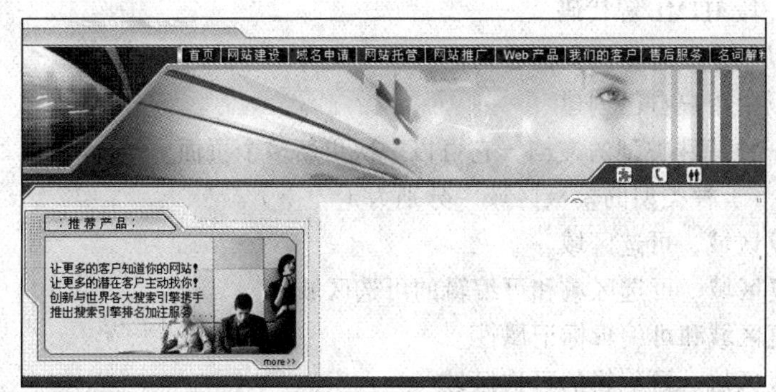

图 9-53 初步效果

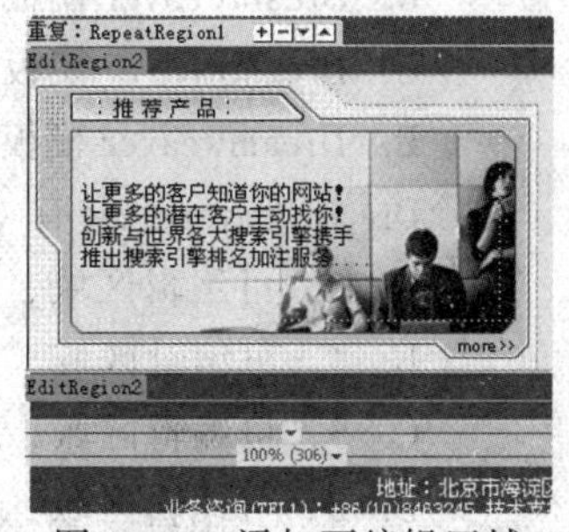

图 9-54 添加可编辑区域

Step9 按照前面的方法在新添加的可编辑区域 EditRegion2 中添加适当内容，将图片 index_11.gif 替换成 index_30.gif，将文字换成“中国石油集团……”。

Step10 将光标定位在可编辑区域 EditRegion3 中插入的图片 index_13.gif 后面，选择“插入”→“表格”命令，插入一个 1 行 1 列的表格，将表格的宽度设为 100%，边框粗细、单元格边距、单元格间距均设为 0，如图 9-55 所示。在其属性面板中将表格的高度设为 200 px，表格 Id 设为 tintro。

Step11 将光标定位在表格 tintro 中，输入公司的简介信息“1997 年 7 月创建于北京的创新网页制作公司，目前已经拥有一支 25 人的网站开发、网络咨询及市场服务团队……”。至此，从模板 base 建立的页面设计完毕，最终预览效果如图 9-56 所示。

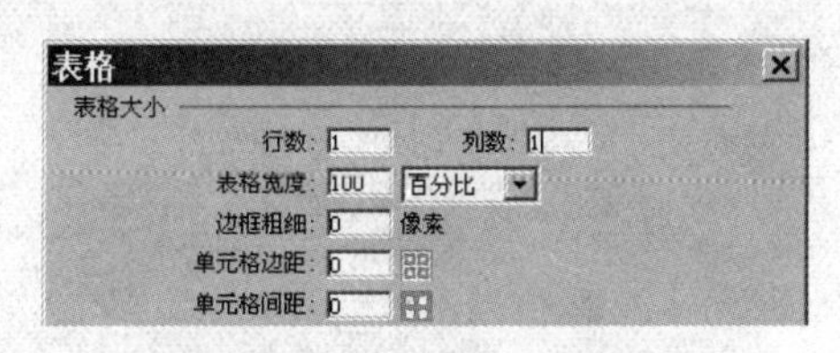

图 9-55 插入 1 行 1 列的表格

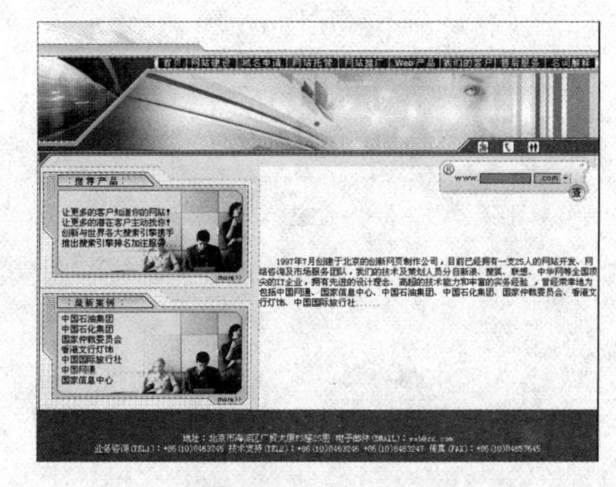

图 9-56 最终效果图

注意：在定义重复区域之前，应先将该区域定义为可编辑区域，否则该区域只能重复出现，而不可编辑。

知识测评

一、选择题

1. 下列关于模板的说法不正确的是（　　）。

   A. Dreamweaver 模板是一段 HTML 源代码

   B. Dreamweaver 模板可以创建具有相同页面布局的一系列文件

   C. Dreamweaver 模板可以由用户自己创建

   D. Dreamweaver 模板是一种特殊类型的文档，它可以一次更新多个页面

2. Dreamweaver 中共有（　　）种类型的模板区域，分别为（　　）。

   A. 3，可编辑区域、重复区域、可选区域

   B. 4，可编辑区域、重复区域、可选区域和可编辑的可选区域

   C. 3，可编辑区域、重复区域和可编辑标记属性

   D. 3，可编辑区域、重复区域、可编辑的可选区域

二、简答题

1. 简述模板的作用。
2. 简述可重复编辑模板的设置方法。

三、操作题

1. 新建一个空白模板，名称为“新模板 1”，自定义设计模板。
2. 打开一个网页，将“新模板 1”应用到该网页中。

模块10 发布与测试网站

本模块学习网站的发布与测试，掌握发布与维护网站的基本技能。

知识目标：

- 掌握 IIS 的安装与配置
- Apache 的安装与配置
- 了解常见网站的推广方式

技能目标：

- 能够在 IIS 上发布网站
- 能够在 Apache 上发布网站

10.1 本地发布网站

网站建成后，就要进行测试以及发布网站，构建 Web 页的测试环境一般有两种方式：一种是通过本地计算机来完成，在 Windows 操作系统中，一般通过 IIS 来构建本地 Web 测试环境；另一种是在线发布和测试，即登录到 Internet 上，然后利用某些 Internet 服务商提供的个人主页空间来真实测试自己所建的 Web 页，可以根据自己的条件选择测试环境。本节主要介绍在本地计算机上安装 IIS 以及使用 IIS 来测试 Web 站点的过程。

10.1.1 直接在浏览器中测试网站

1. 测试 IIS 是否安装

安装 IIS 完成后，可以通过 IIS 管理器来管理网站。打开 IIS 管理器的方法为选择“开始”→“设置”→“控制面板”→“管理工具”→“Internet 信息服务（IIS）管理器”命令或选择“开始”→“运行”命令，在“运行”对话框中输入 inetmgr。打开后的 IIS 管理器窗口如图 10-1 所示。

接下来使用 IP 地址来测试网站是否安装成功，假如指定给此网站的 IP 地址为 10.8.25.21，则到另外一台客户端计算机上打开浏览器，然后在浏览器的地址栏中输入 http://10.8.25.21 后按【Enter】键来连接此网站。若连接成功，会出现图 10-2 所示的页面。

除了使用 IP 地址连接网站之外，还可以使用 DNS 网址和计算机名称来连接网站。若测试连接时未出现图 10-2 所示的页面，请检查在图 10-1 所示窗口中“默认网站”右方是否显示“正在运行”或者删除 IIS 6.0 再重新安装一次。

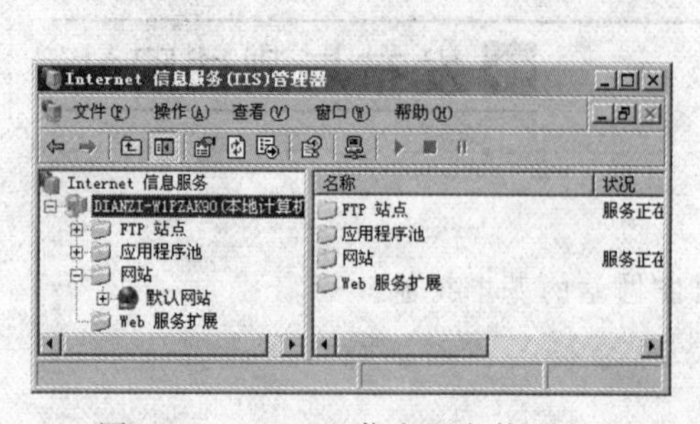

图 10-1 Internet 信息服务管理器

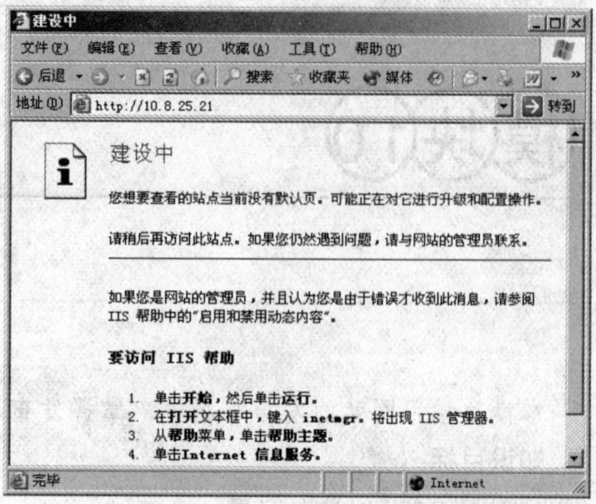

图 10-2 测试网站

2. **使用报告测试站点**

在 Dreamweaver 中测试站点时，通过使用“报告”命令，可以为多个 HTML 属性编辑和生成报告，应用此命令可以检查外部链接、可合并嵌套字体标签、遗漏的替换文本、冗余的嵌套标签、可移除的空标签和无标题文档，在正式发布站点之前，用户可以检查所选文档或者整个站点是否存在这些 HTML 问题。

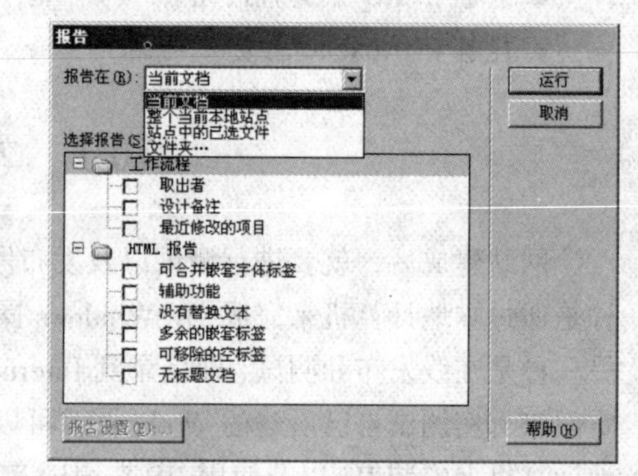

图 10-3 “报告”对话框

运行报告后，大家可以保存报告的结果，保存形式可以是 XML 文件形式。要想运行报告，在 Dreamweaver 中选择“站点”→“报告”命令，然后单击“运行”按钮创建报告，如图 10-3 所示。

根据所选报告的内容，可能会提示用户保存文件、定义站点或选择文件夹，结果列表出现在“结果”面板中的“站点报告”选项卡中，如图 10-4 所示。此外，还会打开一个浏览器窗口，列出详细的报告内容，如图 10-5 所示。

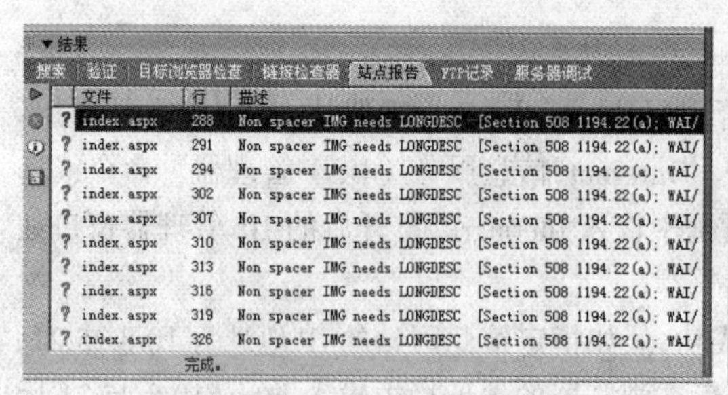

图 10-4 “站点报告”选项卡

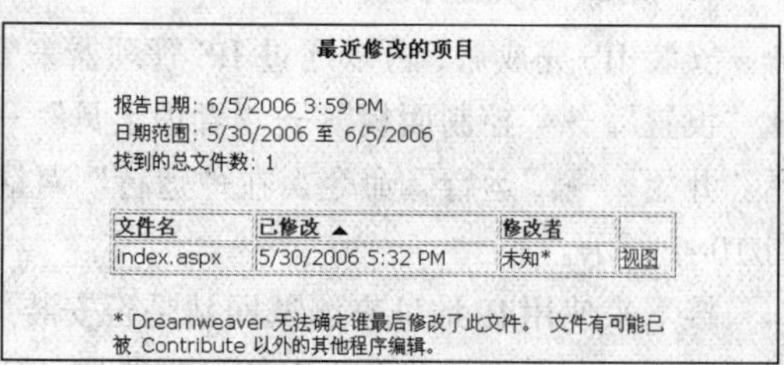

图 10-5 详细报告

用户可以对结果进行排序，若要排序，应该单击要按其排序的列标题。若要保存报告，应该选择报告中的一项，然后双击，在文档窗口中打开该文件，单击“站点报告”选项卡中的“保存报告”按钮，保存报告。保存报告时，可将报告导入模板实例、数据库或电子表格中，再将其打印出来，或在 Web 站点上进行显示。

3. 检查站点范围的链接

（1）检查当前文档内的链接

若要检查当前文档内的链接，应先将该文档保存，然后选择“文件”→“检查页”→“检查链接”命令，系统自动打开“结果”面板显示“链接检查器”，并显示链接报告，如图 10-6 所示，该报告为临时文件，用户可通过单击“保存报告”按钮将报告保存起来。

“显示”下拉列表框中共包含 3 种类型的链接报告：

- 断掉的链接：显示含有断裂超链接的网页名称。
- 外部链接：显示包含外部超链接的网页名称（可从此网页链接到其他网站中的网页）。
- 孤立文件：显示网站中没有被使用到的或未被链接到的文件，即孤立的文件。

如果为单个文件或是选定文件及文件夹应用“孤立文件”选项，则会弹出提示对话框，提示用户孤立文件报告是一个独立的属性，只能将其应用于整个网站，如图 10-7 所示。

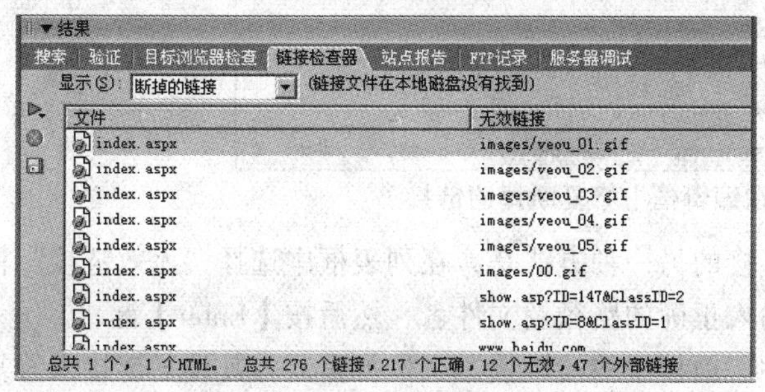

图 10-6 “链接检查器”面板

图 10-7 提示对话框

（2）检查站点内某部分的链接

若要检查站点内某一部分的链接，应先从“文件”面板中选择一个站点，从本地视图中选择要检查的文件或文件夹，然后单击“链接检查器”选项卡中的“检查链接”按钮，从弹出的菜单中选择“为站点中的选定文件/文件夹检查链接”命令，如图 10-8 所示。在“链接检查器”选项卡的列表框中显示链接报告，用户可以查看某个特定链接报告，如断掉的链接、外部链接和孤立文件。

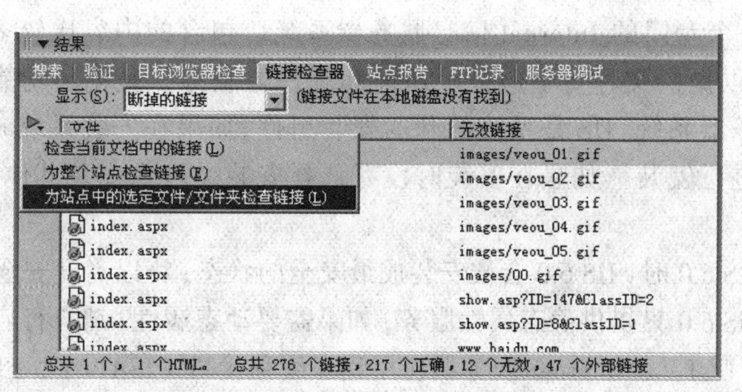

图 10-8 打开“检查链接”菜单

（3）检查整个站点中的链接

若要检查整个站点中的链接，先从“文件”面板中选择一个站点，然后单击“链接检查器”选项卡中的“检查链接”按钮，从弹出的菜单中选择“为整个站点检查链接”命令，在“链接检查器”选项卡的列表框中显示链接报告。

4. 修复断开的链接

当在 Dreamweaver 中检查链接时，“链接检查器”选项卡中会显示一份报告，该报告包括断开的链接、外部链接和孤立文件，用户可直接在“链接检查器”选项卡中会中修复断开的链接和图像引用，也可以从此列表中打开文件，然后在“属性”面板中修复链接。

要想修复链接，先要检查链接，找到需要修复的链接，再从“无效链接”栏中选择一个断开的链接，在其右侧会显示一个文件夹图标，单击该图标，弹出“选择文件”对话框，从站点中选择要链接的文件，然后单击“确定”按钮，完成一个断链的修复工作，如图 10-9 所示。

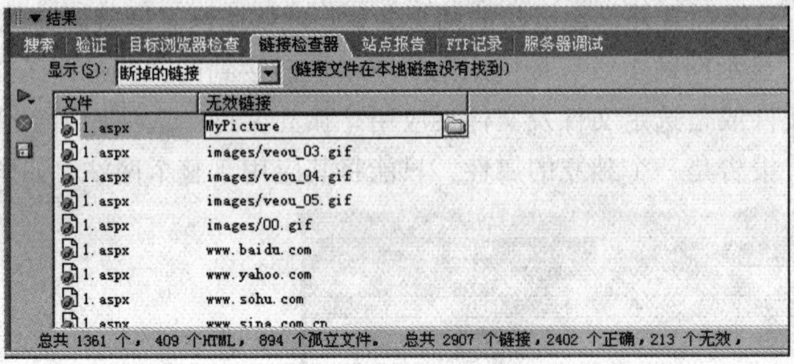

图 10-9　在编辑框中修复断掉的链接

应用“链接检查器”选项卡修复链接的另一种方法是，在列表框中选择“无效链接”栏下一个断掉的链接，在编辑框中直接输入正确的路径及文件名，然后按【Enter】键。

除此之外，用户还可以应用“属性”面板中的“链接”文本框重复为其设置链接来修复链接。先运行链接检查器检查链接，双击“文件”栏下的某个选项，打开此文件，然后在“属性”面板的“链接”文本框中输入新的路径和文件名。

当调试与验证站点正确后，还需要对站点做定期维护，以保证站点的正常运行和吸引更多的浏览者。

10.1.2　在 IIS 或 Apache 上发布网站

1. 安装和启动 IIS

由于 IIS 是一个专门的 Internet 信息服务器系统，包含的内容比较多，不但可以提供 Web 服务，还可以提供文件传输服务、新闻和邮件等服务，是创建功能强大、内容丰富的站点的首选服务器系统。IIS 是系统的基本安装组件，如果在安装系统时选择安装了 IIS，就不再需要单独进行安装。如果在安装时没有选择安装，可像安装其他 Windows 组件一样来安装。

当自行安装 IIS 6.0 时，IIS 6.0 会被安装成最安全的状态，将以高度安全的模式安装服务，因此默认情况下 IIS 6.0 只提供静态属性服务，如果需要动态属性，请自行启用 ASP、ASP.NET 和通用网关接口（CGI）、Internet 服务器应用程序编程接口（ISAPI），以及 Web 分布式创作和版本控制等功能。

在 Windows 2003 下安装 Internet 信息服务（IIS）6.0 的操作步骤如下：

Step1　在 Windows 2003 桌面上选择“开始”→“设置”→“控制面板”命令，打开“控制面板”窗口，如图 10-10 所示。

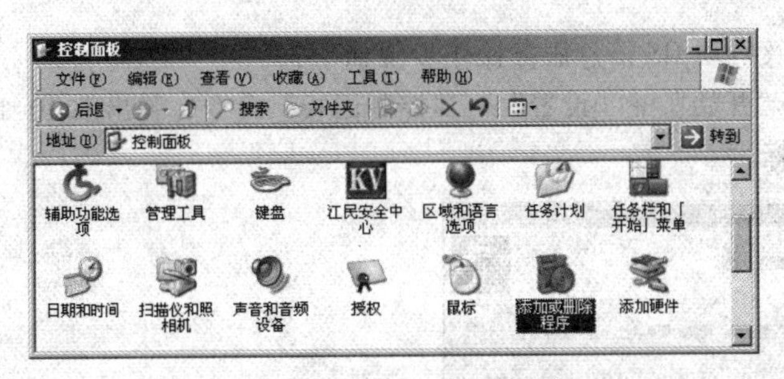

图 10-10 “控制面板”窗口

Step2 双击“添加或删除程序”图标，将打开图 10-11 所示的窗口。

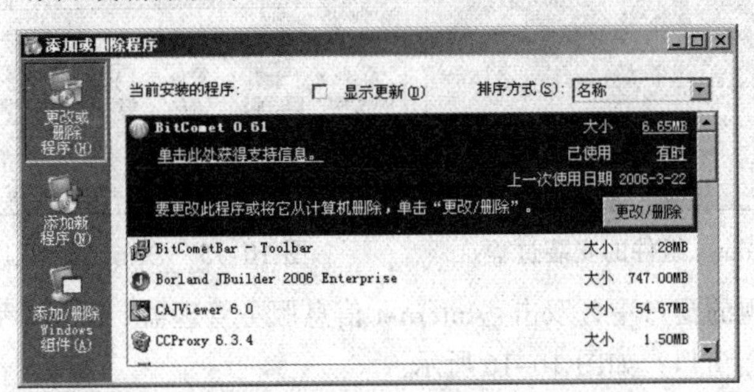

图 10-11 “添加或删除程序”窗口

Step3 单击“添加/删除 Windows 组件”按钮，弹出“Windows 组件向导”对话框，如图 10-12 所示，显示了可供安装的组件。

Step4 选择“应用程序服务器”选项并单击“详细信息”按钮，在弹出的对话框中选择“Internet 信息服务（IIS）”选项，再单击“确定”按钮，如图 10-13 所示。

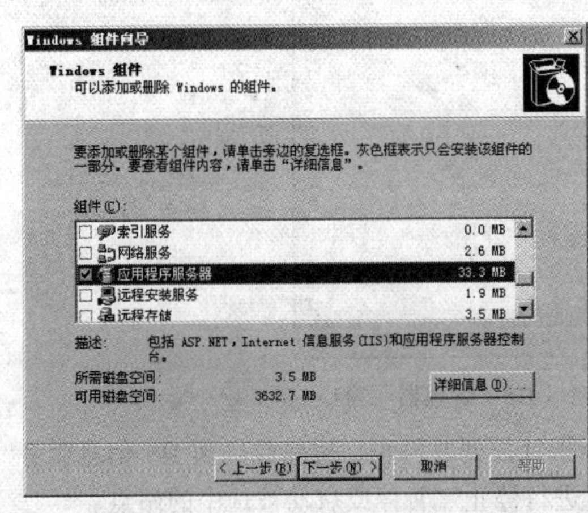

图 10-12 “Windows 组件向导”对话框

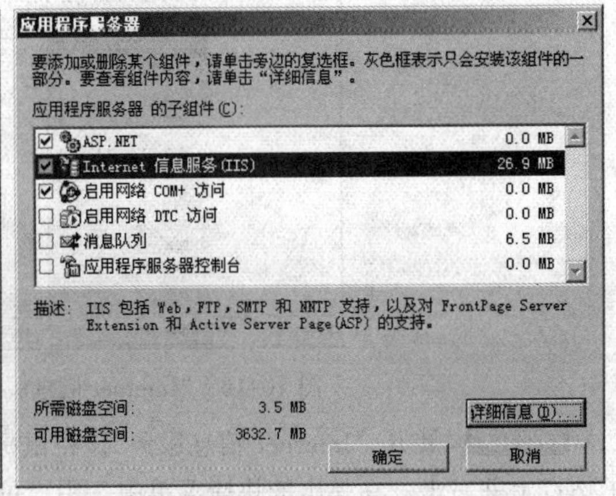

图 10-13 “应用程序服务器”对话框

Step5 返回“Windows 组件向导”对话框，单击“下一步”按钮进行安装，如图 10-14 所示。

Step6 最后出现完成安装向导界面时，单击“完成”按钮即可完成 IIS 组件的安装。

安装完 IIS 之后，默认情况下，操作系统就自行启动了 IIS 信息服务，但用户能停止或暂停 IIS 信息服务。在停止或暂停 IIS 信息服务之后，又能启动 IIS 信息服务。

停止、暂停以及启动IIS信息服务操作步骤如下：

Step1 选择“开始”→“设置”→“控制面板”命令，弹出图10-15所示的窗口，双击“管理工具”图标。

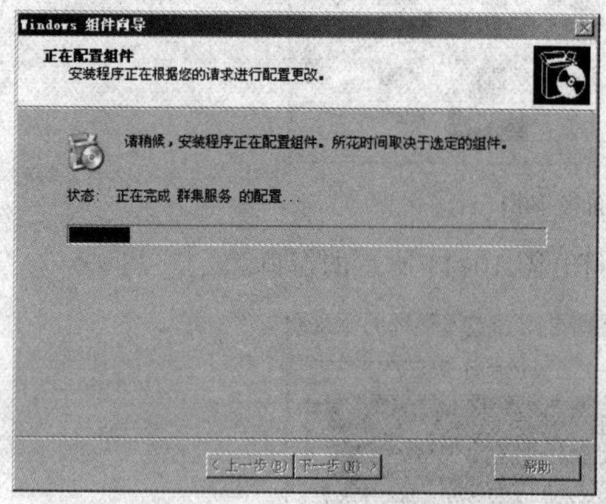

图10-14 Windows组件的安装过程

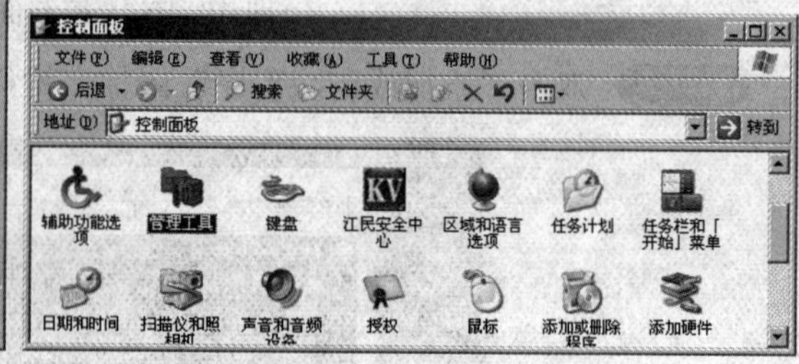

图10-15 双击“管理工具”图标

Step2 在出现的窗口中，双击“Internet信息服务管理器”图标，弹出“Internet信息服务（IIS）管理器”窗口，如图10-16所示。

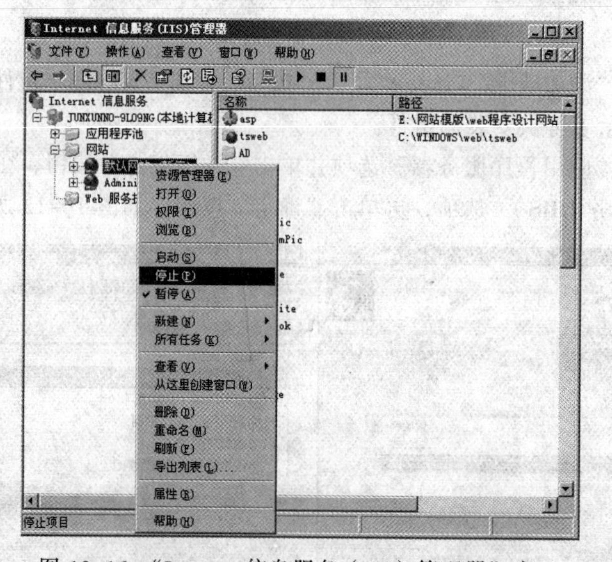

图10-16 “Internet信息服务（IIS）管理器”窗口

Step3 展开“Internet信息服务”，将鼠标指针放到要停止、暂停或启动IIS信息服务的站点上并右击，在弹出的快捷菜单中，用户可进行停止、暂停或启动被选中的站点。

2. **发布网站**

IIS安装好之后就可以使用“Internet信息服务管理器”对网站进行设置以及发布网站。

（1）网站的常用设置

IIS 6.0安装完成后，系统会自动创建一个“默认网站”，用户可直接使用它来作为自己的Web网站，也可以重新建立一个网站。下面使用“默认网站”来说明网站的常用设置。

① 主目录的设置。当用户登录“默认网站”时，网站会自动将其“主目录”中的默认

网页传送给客户端的浏览器。右击“默认网站”，选择“属性”→“主目录”命令打开主目录设置界面，如图 10-17 所示。

选择“浏览”来改变主目录的位置，可以将主目录设置为：

- 此计算机上的目录。系统默认是设置在“系统盘\inetpub\wwwroot”文件夹内，可以设置在不同盘下的不同文件夹内。
- 另一台计算机上的共享。也就是说可以将主目录设置到另外一台计算机内的文件夹里。
- 重定向到。URL 将网站 http://10.8.25.21 定向到 http://www.sohu.com（见图 10-18），当用户连接到 http://10.8.25.21 站点时，其实看到的将是 http://www.sohu.com 网页。

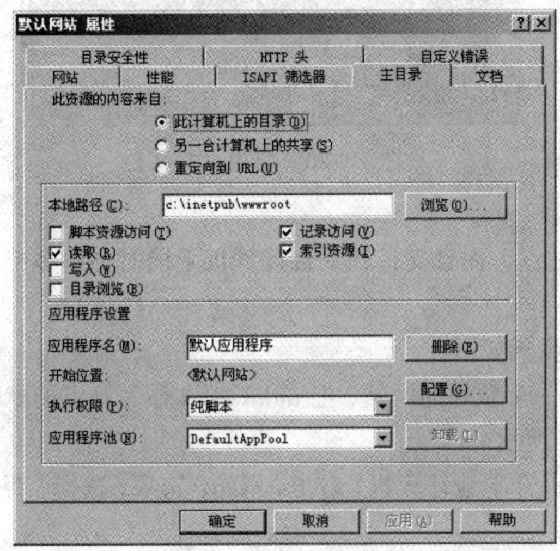

图 10-17　主目录设置

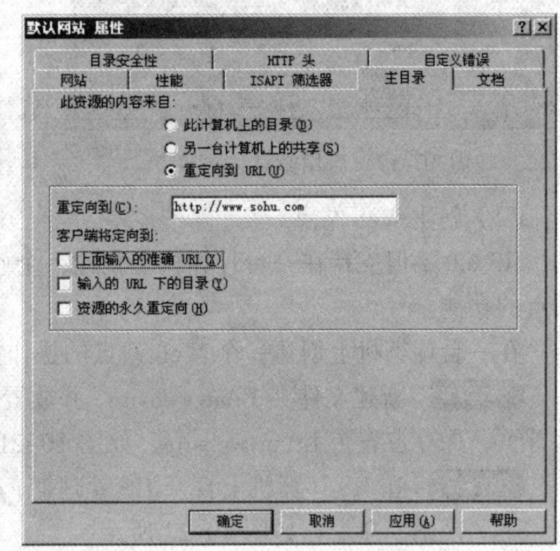

图 10-18　重定向设置

② 默认网页的设置。若是将主目录设置为“此计算机上的目录”或者“另一台计算机上的共享”，则网站会读取“启用默认内容文档”下面所指定的默认网页，然后将网页传给客户端。

系统默认有 4 个网页，如图 10-19 所示，网站会先读取最上面的网页（Default.html），若在主目录内没有此网页，则会从上往下依次读取后面的网页。可以通过单击“添加”按钮来添加新的默认网页，也可以通过单击“删除”按钮来删掉已存在的默认网页，还可以通过单击“上移”和“下移”按钮来调整网站读取这些默认网页的顺序。一般需要有 index.htm、index.asp、index.aspx 等。

③ 文档页脚的设置。可以让网站在将任何一个网页的内容传给浏览器时，自动将一个 HTML 格式的文件插入网页的最后，这个文件就是所谓的“页脚文档”。

页脚文档的内容一般包括公司名称、版权说明、商标图形等信息，当用户浏览同一网站页面时，在每一个网页的最后都会看到这些信息。

可以通过右击“默认网站”，选择“属性”→“文档”命令来打开图 10-20 所示的对话框，选择“启用文档页脚”复选框，然后单击“浏览”按钮就可以为此网站设置文档页脚。

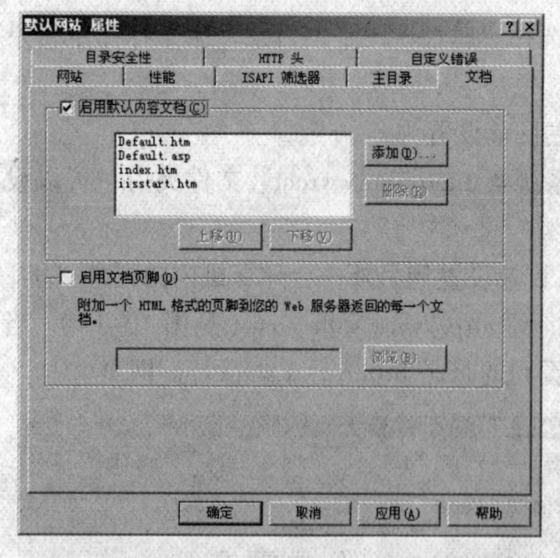

图 10-19　启用默认内容文档

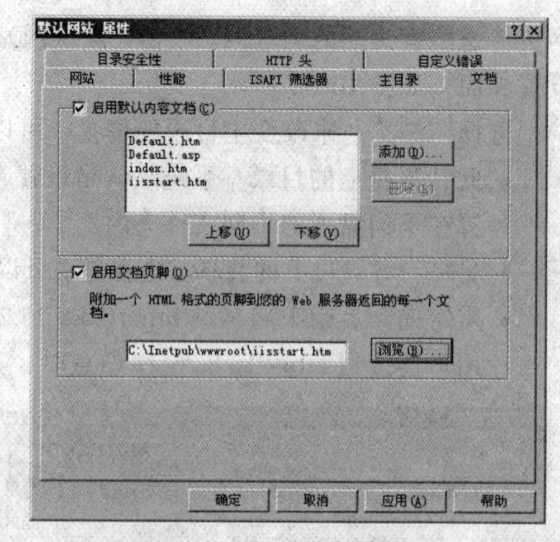

图 10-20　启用页脚文档

（2）创建 Web 站点

IIS 6.0 不但支持在一台计算机上创建一个站点，而且支持在一台计算机上同时创建多个站点的功能。

在一台计算机上创建一个 Web 站点的操作步骤如下：

Step1 新建文件夹 E:\mywebsite，并放置一个做好的网站，把 index.aspx 作为站点的默认首页，保存位置为 E:\ mywebsite，如图 10-21 所示。

Step2 在 IIS 计算机上打开 IIS 管理器，展开本地计算机，右击“网站”选项，选择“新建”→“网站”命令，如图 10-22 所示。

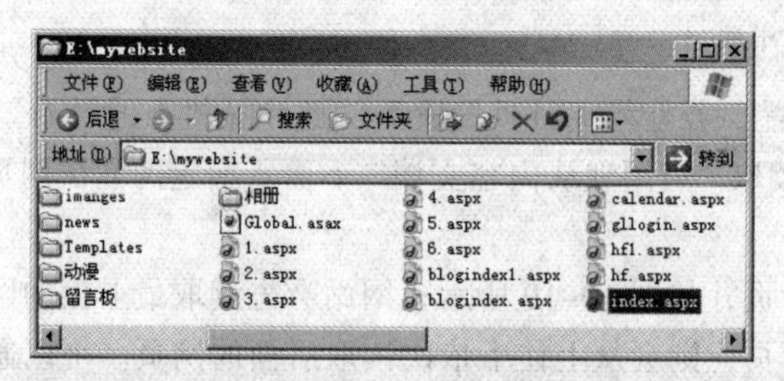

图 10-21　创建一个站点的页面

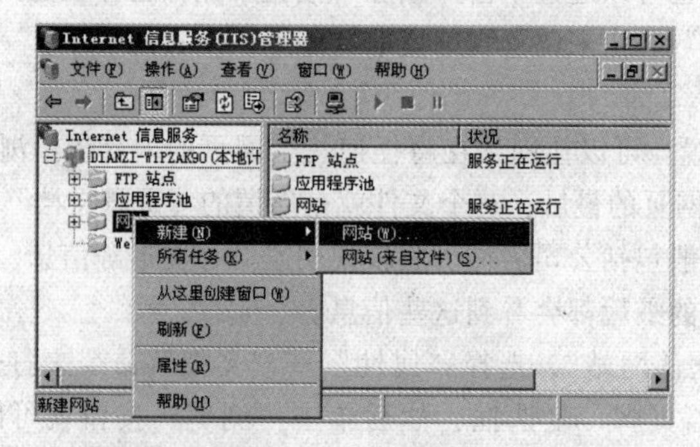

图 10-22　新建网站

Step3 弹出“欢迎使用网站创建向导”对话框时，单击“下一步”按钮。

Step4 在图 10-23 所示的对话框中输入网站的说明性文字，单击“下一步”按钮。

Step5 如图 10-24 所示，指定发布该网站的 IP 地址，最好是该服务器的静态 IP 地址，发布端口号采用默认的 80，单击“下一步”按钮。

Step6 在出现的对话框中，指定网站的主目录为 E:\mywebsite，如图 10-25 所示，单击“下一步”按钮。

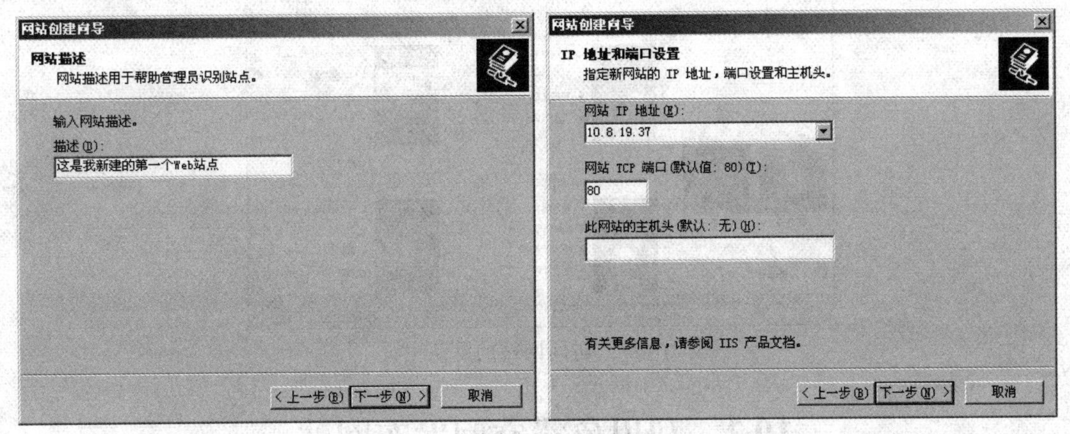

图 10-23　网站描述　　　　图 10-24　指定 IP 地址和端口号

Step7 在弹出“网站访问权限”对话框时，将其配置成有“读取”和“运行脚本”权限，单击“下一步”按钮。单击“完成”按钮后，站点即创建完成，在 IIS 6.0 管理器中可以看到新建的站点，默认站点处于运行状态。右击“这是我新建的第一个 Web 站点”，选择“属性”命令。

Step8 在弹出的对话框中，选择“文档”选项卡，添加文档 index.aspx，并将其上移至第一的位置，单击“确定”按钮，如图 10-26 所示。

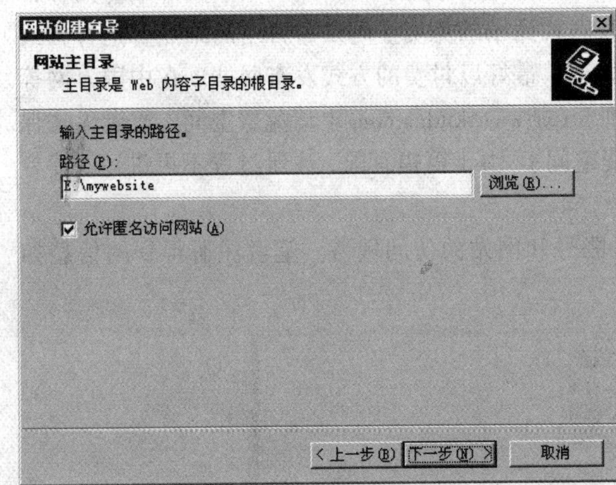

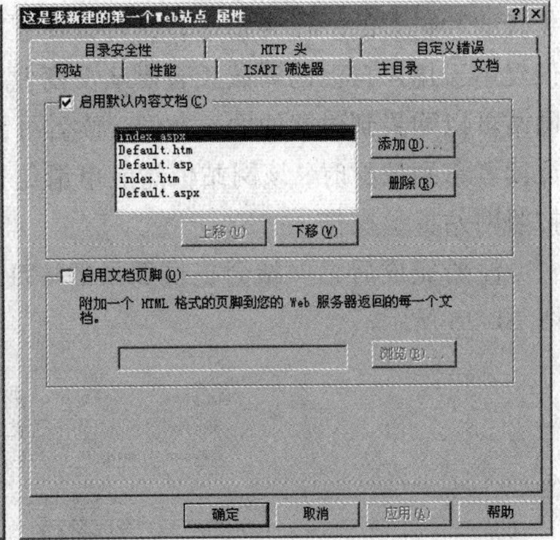

图 10-25　指定主目录的路径　　　　图 10-26　指定默认访问的内容文档

Step9 在 IIS 管理器中停止默认站点，并启用“我新建的第一个网站”，即成功创建了自己的网站。

Step10 打开浏览器，在地址栏中输入 http://10.8.19.37 并按【Enter】键即可访问这个站点，访问时将出现默认主页文档 index.aspx 的界面，如图 10-27 所示。

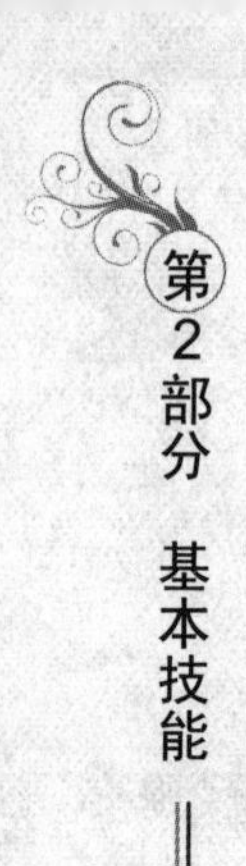

图 10-27　访问网站的默认主页

10.2　利用免费空间发布网站

前面学习了如何在本地将自己设计的网站发布到操作系统的服务器中，并通过浏览器测试发布结果。在实际工作中，设计的网站一般都要发布到一个在互联网上可以访问到的服务器上，这样才能让我们的网站被互联网中更多的用户访问到。

10.2.1　注册免费空间

要在互联网发布网站，首先必须有自己的发布空间。互联网中的网站空间一般有两种：免费的和付费的。作为初学者，可以在互联网找到小的免费空间发布自己的站点，这种方式仅仅用于用户自己的测试。若要从事商业活动，最好以付费的方式发布网站。在中国万网等网站可以购买到付费的网站空间。读者可到 http://www.kudns.com 申请免费空间（笔者无法保证读者拿到教材时，该网站依然能申请免费空间）。由于篇幅有限，注册过程不再讲述，读者按照网站提示操作。

注册完成后，网站会提供登录的 FTP 账号和网站的访问域名。笔者注册得到的信息如图 10-28 所示。

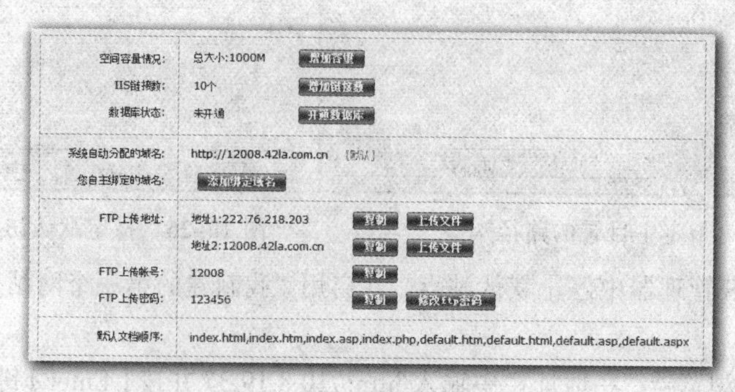

图 10-28　免费空间提供的登录和访问地址

10.2.2　上传与测试网站

1. 上传网站

根据空间提供的信息可以看出，上传网站代码的 FTP 地址为 ftp://222.76.218.203，登录的账号和密码分别是 12008 和 123456。有了这些信息，就可以将制作的网站发布到服务器上。上传网站的操作步骤如下：

Step1 登录 FTP 服务器。在浏览器地址栏中输入 ftp://222.76.218.203 并按【Enter】键，当提示账号密码时，输入上述账号和密码，如图 10-29 所示。

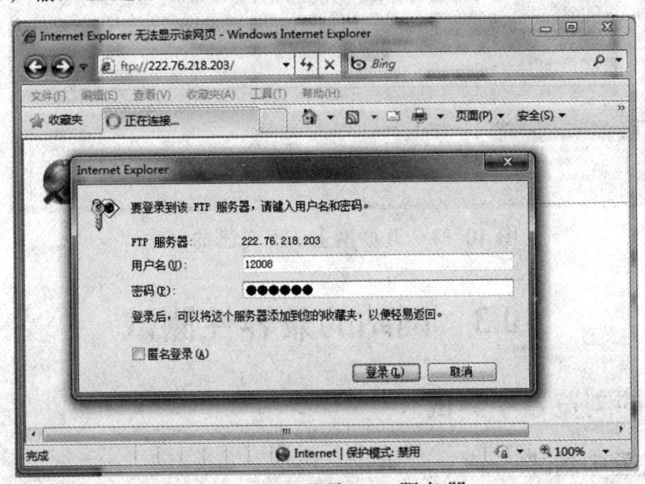

图 10-29　登录 FTP 服务器

提示：登录完成后，即可上传网站，但有时会出现在浏览器中无法上传的情况。此时可直接在打开的任何文件夹的地址栏中登录 FTP 服务器，上传网站代码即可。

Step2 将网站的全部代码复制到打开的 FTP 窗口中，如图 10-30 所示。

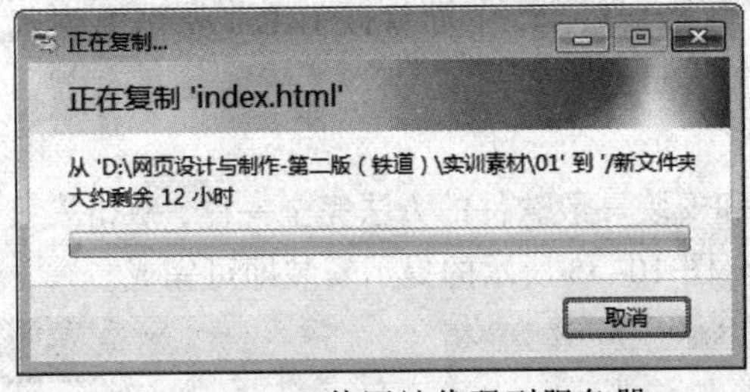

图 10-30　上传网站代码到服务器

2. 发布网站

上传网站代码完成后，可以像访问正常网站一样访问发布的网站。访问的地址可以从申请时提供的信息获得。如申请的网站域名为 http://12008.42la.com.cn，与访问常见的网站的方法完全一样，在浏览器的地址栏中输入待访问的地址即可。图 10-31 所示为访问的结果。

一旦将网站发布到互联网，要让更多的人知道这个网站，就必须对网站进行推广。推广的方式很多，但需要掌握一些基本的推广流程和技巧，才能做到更加有效、快速地推广网站。有兴趣的读者可以参考 SEO 方面的教材。

图 10-31 互联网上访问自己的网站

10.3 网站的兼容性测试

10.3.1 在不同的浏览器中测试

1. IE 系列浏览器中测试

在国内，大部分用户使用的 IE 浏览器的版本是从 5.5 到 10，每个版本的安装都比较费事，而且往往不能并存。所以，如果逐个安装 IE 的不同版本进行测试，势必会很麻烦，也是不可取的办法。

IETester 是专门为网站设计者提供用来测试 IE 系列浏览器对一个网站的兼容性的软件。读者可以从互联网下载最新版本，下面就以 IETester 作为测试工具对教材中的网站进行测试。

（1）安装 IETester

安装 IETester 的过程和安装一般软件的方法完全一样，双击安装包 install-ietester-v0.4.5 即可。然后按照图 10-32～图 10-35 所示的提示安装即可完成。

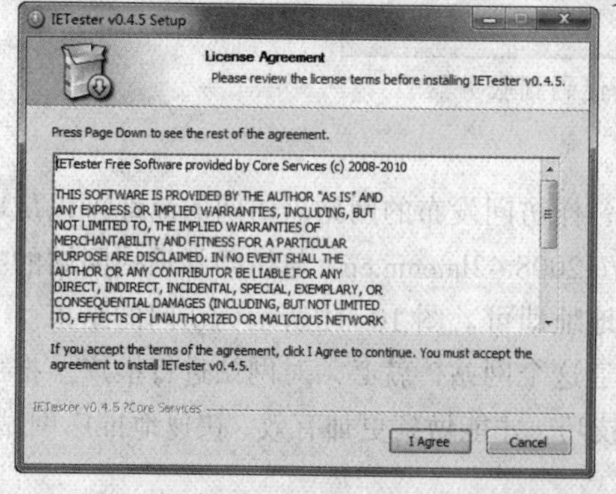

图 10-32 安装 IETester

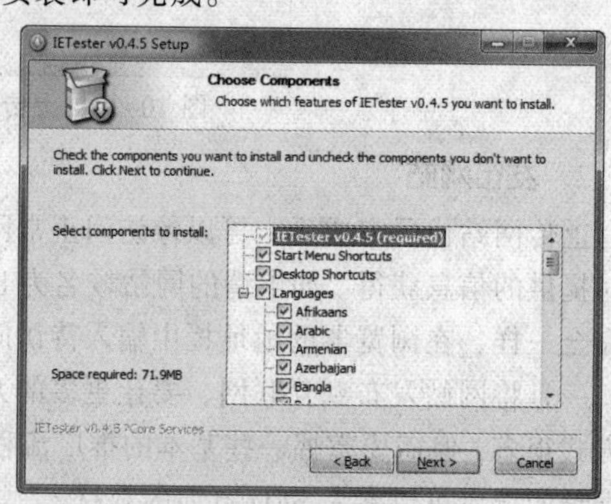

图 10-33 选择安装组件

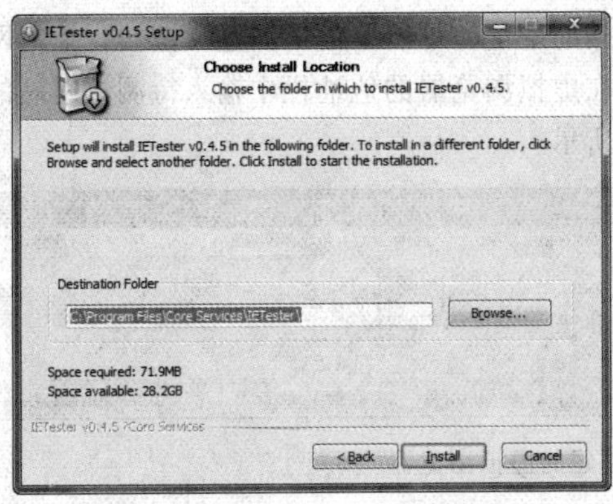

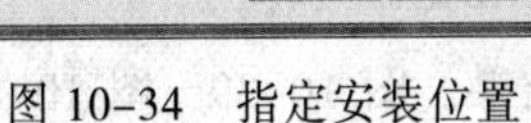

图 10-34　指定安装位置

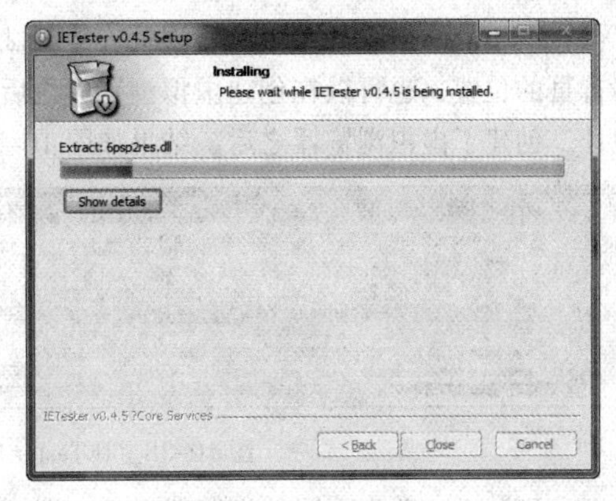

图 10-35　完成安装

（2）创建 IE 各个版本浏览器

安装完 IETester 之后，就可以通过选择“开始”→“所有程序”→IETester→IETester 命令启动该软件，启动后的界面如图 10-36 所示。

图 10-36　IETester 界面

（3）测试网站

要在 IETester 中测试网站，首先需要建立模拟浏览器。创建的方法是单击工具栏中的 新建 IE 各版本 图标。单击该图标之后，就会弹出图 10-37 所示的界面，要求选择要创建的浏览器的版本，为了方便后面的测试，直接选择所有的版本即可。

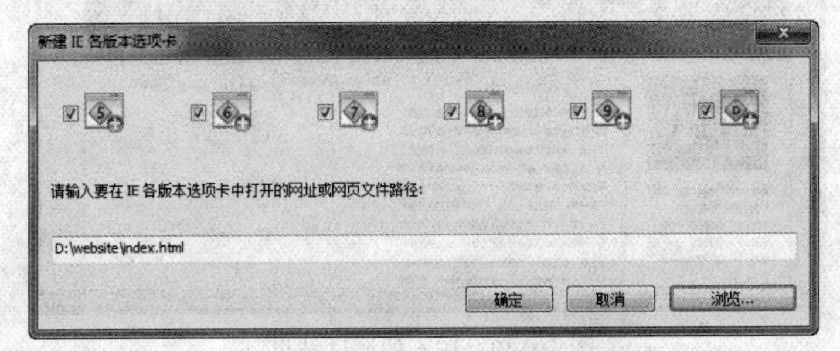

图 10-37　选择要创建的浏览器版本

在图 10-37 所示的图中，要求输入待测试网站的地址，可以单击“浏览”按钮，指定网站首页的位置，也可以在创建虚拟浏览器之后，在虚拟浏览器的地址栏中输入待测试网站的地址。创建了虚拟浏览器之后，结果如图 10-38 所示。

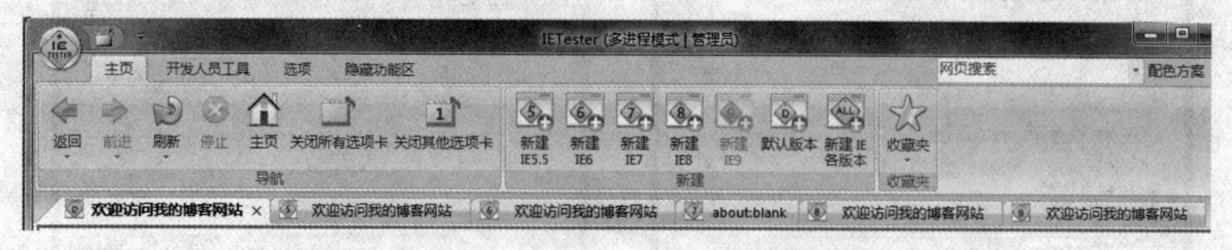

图 10-38　IETester 中创建的虚拟浏览器

在测试时，单击不同的浏览器标签，即可看到测试结果。图 10-39～图 10-43 所示为网站在不同 IE 版本中的测试效果。

图 10-39　IE 5 的测试结果

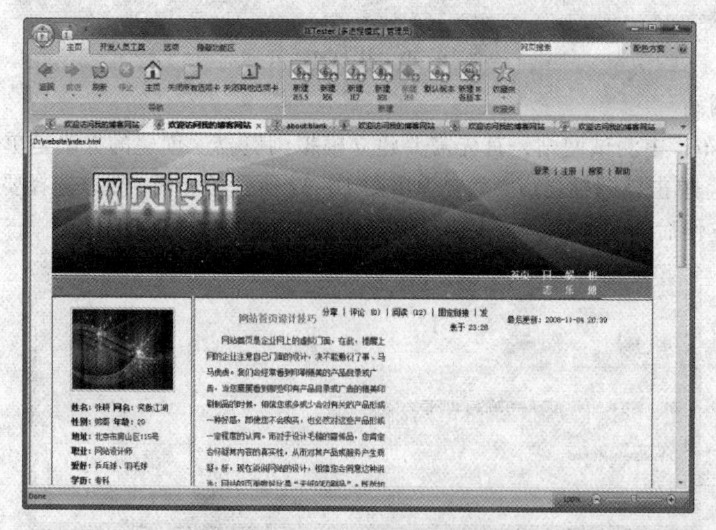

图 10-40　IE 6 的测试结果

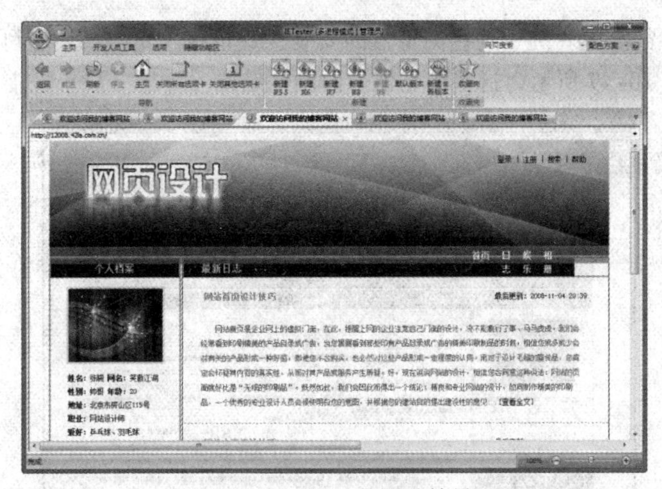

图 10-41　IE 7 的测试结果

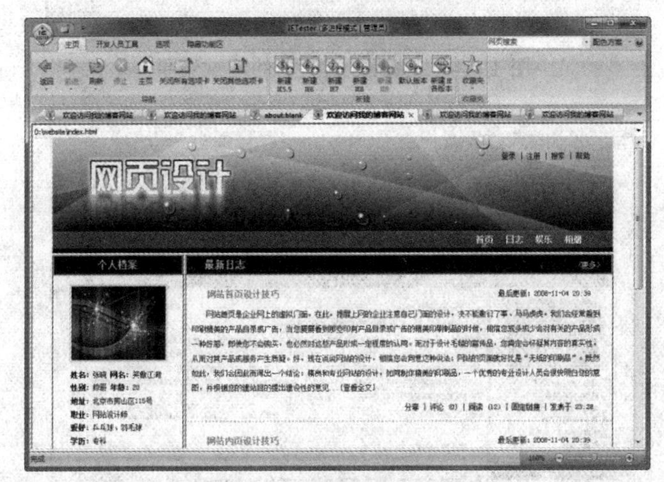

图 10-42　IE 8 的测试结果

图 10-43　IE 9 的测试结果

2. **非 IE 浏览器中测试**

除了 IE 浏览器，还有很多用户使用其他浏览器，如 Firefox 浏览器、Google 浏览器、Opera

浏览器、Safari 浏览器等。关于这些浏览器的安装，这里就不重复，读者可以到网上下载安装。图 10-44～图 10-47 所示为这些浏览器下的测试结果。

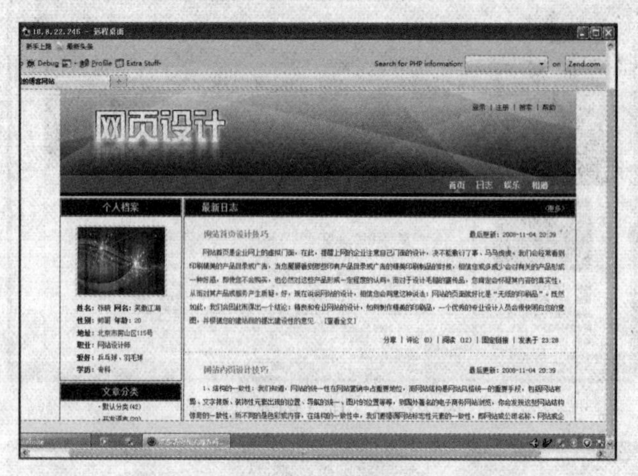

图 10-44　Google 浏览器的测试结果

图 10-45　Apple 浏览器的测试结果

图 10-46　Firefox 的测试结果

图 10-47　Opera 浏览器测试结果

3. **测试结果分析**

根据上面的测试发现，同一网站，在不同的浏览器下其显示效果也往往不同。测试的结果是：在 IE 5、IE 6 和 IE 7 上，都出现菜单“漂移”现象，另外也出现中间的内容区域“漂移”现象。导致这种现象是因为 IE 5、IE 6 和 IE 7 等几个浏览器对 CSS 标准支持不够。这种现象就是所谓的浏览器的兼容性问题。

对于不同浏览器出现的兼容性问题，需要网站设计者在网页中加入适合的 Hack 代码。Hack 代码是通过样式表或脚本语言实现的。

10.3.2　兼容性问题的解决办法

浏览器兼容代码如表 10-1 所示。

表 10-1　浏览器兼容代码

浏览器符号	IE 6	IE 7	IE 8	FF
*	√	√	×	×
!important	×	√	×	√
_	√	×	×	×
\9	×	×	√	×
*html	√	×	×	×
*+html	×	√	×	×

说明：√代表能识别；×代表不识别。

1. **案例一**

如果各个浏览器的高度都不相同，代码如下：

```
.warp{
    height:100px;                /*IE6、IE7、IE8、FF 识别*/
    height:110px\9;              /*IE8 识别*/
    *height:120px!important;     /*IE7 识别*/
    *height:130px;  /*IE6、IE7 识别，但上一段代码中!important 的级别比*号的级别
                        高，所以此段代码只有 IE6 中才有效*/
}
```

2. 案例二

如果各浏览器高度只有 IE 6 和 IE 7 相同，而 FF 不同，则代码如下：

```
.warp{
    height:100px;        /*IE6、IE7、IE8、FF 识别*/
    *height:120px;       /*IE6、IE7 识别*/
}
```

3. 案例三

对各浏览器单独写不同的代码，代码如下：

```
.warp{  height:200px; }              /*IE6 、IE7、 IE8、FF 识别*/
.warp{  height:300px\9;}             /*IE8 识别*/
*html.warp{  height:210px; }     /*IE6 识别*/
*+ html.warp{  height:300px;}  /*IE7 识别*/
```

4. 案例四

如果各浏览器高度相同只有 IE 6 不同，代码如下：

```
.warp{
    height:100px;        /*IE6、IE7、IE8、FF 识别*/
    _height:120px;       /*IE6 识别*/
}
```

模 块 总 结

本模块主要介绍了网站服务器的基础知识、发布和测试 Web 站点的相关知识，主要包括网站服务器的简介，Web 站点的发布和测试，这些知识都是网站开发人员或维护人员必须要掌握的基础知识。作为网站开发人员或维护人员，既能设计网站，又能把自己设计好的网站发布出来供大家欣赏，只有这样，才能做到学以致用，做以致用。

任务实训　IIS 中站点的发布

最终效果

案例最终效果如图 10-48 所示。

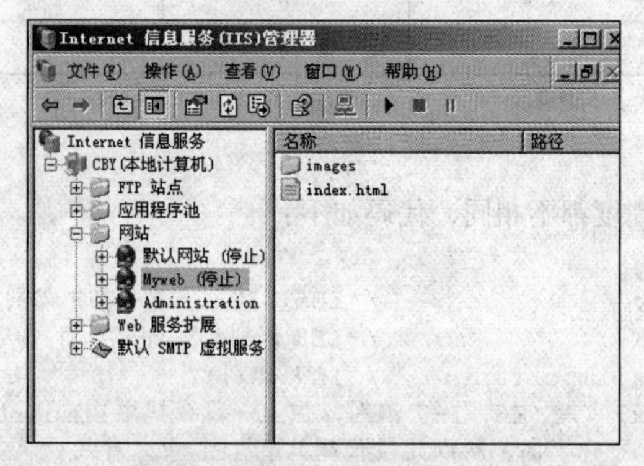

图 10-48　案例效果图

实训目的

熟悉站点的发布过程。

相关知识

IIS 信息服务管理器的安装和使用。

实训步骤

Step1 检查在操作系统中是否已经安装了 IIS 信息服务管理器，如果已经安装，可以跳过前面几步直接阅读步骤 6；如果还没有安装，请从步骤 2 开始操作。

Step2 选择“开始”→“设置”→“控制面板”命令，打开“控制面板”窗口，如图 10–49 所示。

Step3 双击“控制面板”窗口中的“添加或删除程序”图标，打开“添加或删除程序”窗口，单击窗口左侧的“添加或删除 Windows 组件”图标，打开“Windows 组件向导”对话框，如图 10–50 所示。

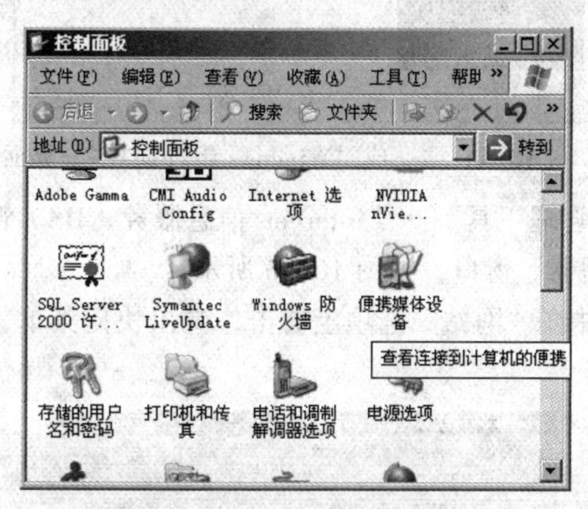

图 10–49 “控制面板”窗口

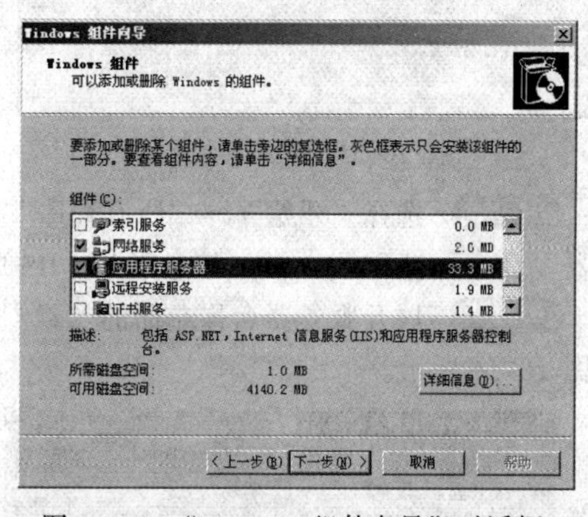

图 10–50 “Windows 组件向导”对话框

Step4 选择“应用程序服务器”选项，单击“详细信息”按钮，弹出“应用程序服务器”对话框，如图 10–51 所示。

选择“Internet 信息服务（IIS）”选项，单击“详细信息”按钮，弹出“Internet 信息服务（IIS）”对话框，如图 10–52 所示。

在“Internet 信息服务（IIS）的子组件”列表框中选择“Internet 信息服务管理器”选项，单击“确定”按钮。再返回“Windows 组件向导”对话框，单击“下一步”按钮，开始按以上设置安装，如图 10–53 所示。

Step5 当正确完成安装时，会弹出“完成 Windows 组件向导”界面，如图 10–54 所示。

单击“完成”按钮，IIS 安装完成，可以使用它进行站点的发布。

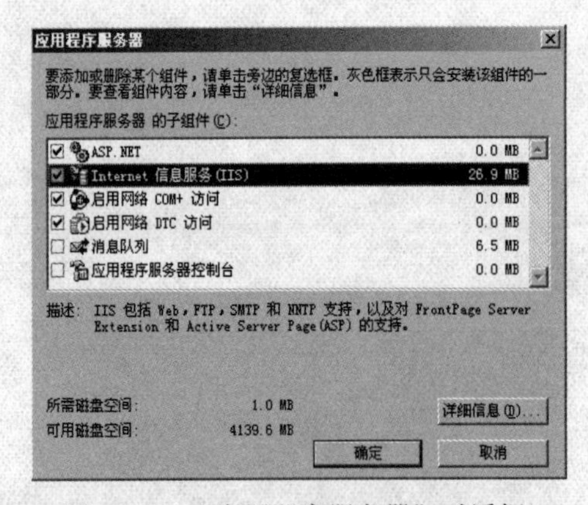

图 10-51 “应用程序服务器”对话框

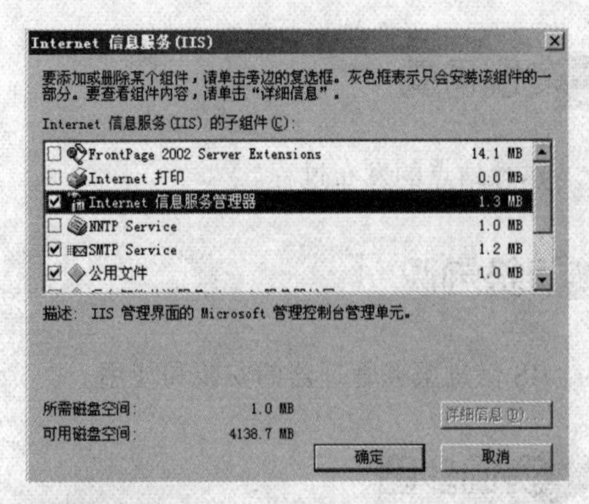

图 10-52 “Internet 信息服务（IIS）”对话框

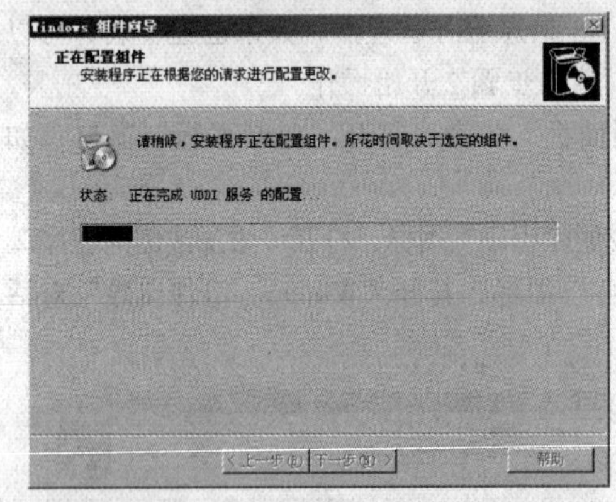

图 10-53 开始安装

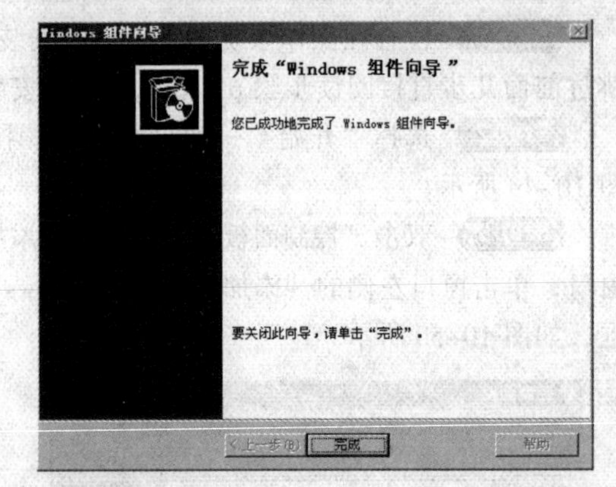

图 10-54 “完成‘Windows 组件向导’”界面

Step6 选择“开始”→“所有程序”→“管理工具”→“Internet 信息服务（IIS）管理器”命令，打开“Internet 信息服务（IIS）管理器”窗口，如图 10-55 所示。

Step7 展开服务器名称左面的“+”号，并在“网站”选项上右击，弹出快捷菜单，如图 10-56 所示。

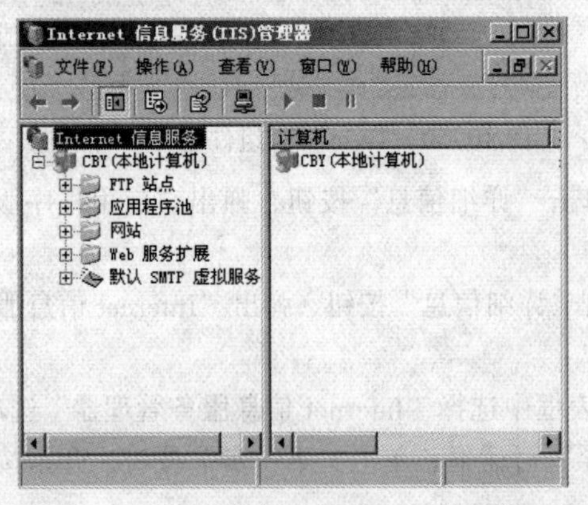

图 10-55 “Internet 信息服务（IIS）管理器”窗口

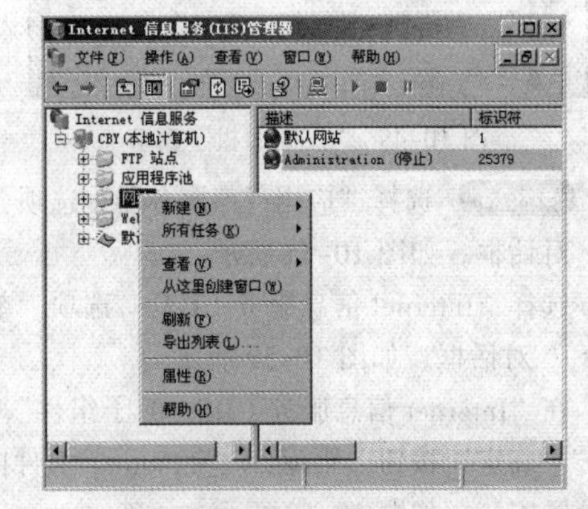

图 10-56 快捷菜单

Step8 在快捷菜单中选择“新建”→“网站”命令，弹出“网站创建向导”对话框，如图 10-57 所示。

Step9 单击“下一步”按钮，在“描述”文本框中输入 Myweb，如图 10-58 所示。

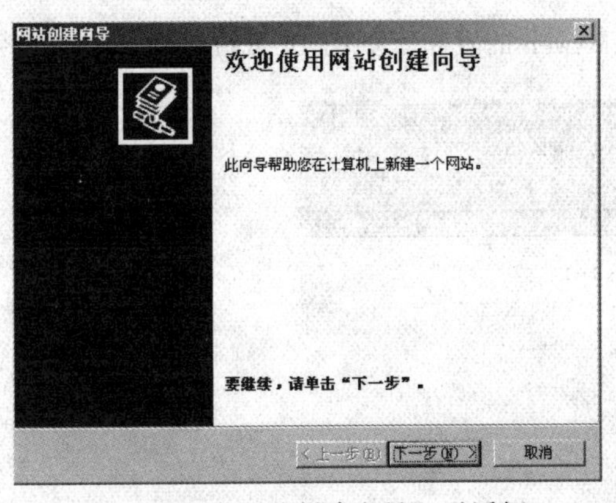

图 10-57 “网站创建向导”对话框

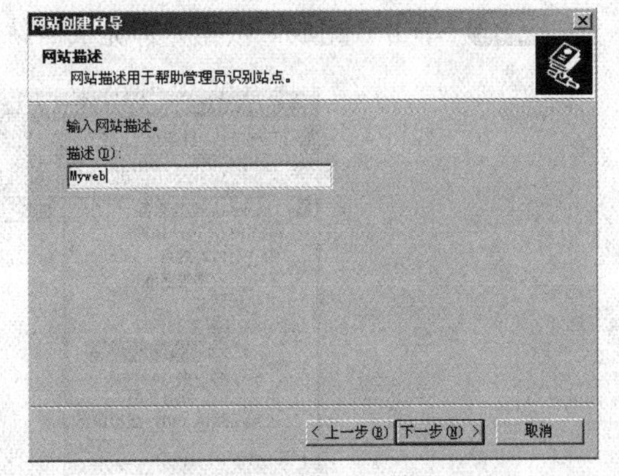

图 10-58 输入网站的描述

Step10 单击“下一步”按钮，弹出“IP 地址和端口设置”界面，这个界面的参数使用默认值，如图 10-59 所示。

Step11 单击“下一步”按钮，弹出“网站主目录”界面，单击“路径”文本框右面的“浏览”按钮，选择站点主目录的路径，如图 10-60 所示。

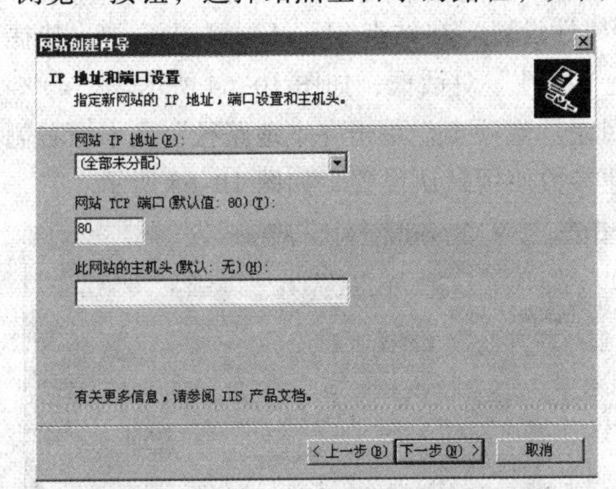

图 10-59 “IP 地址和端口设置”界面

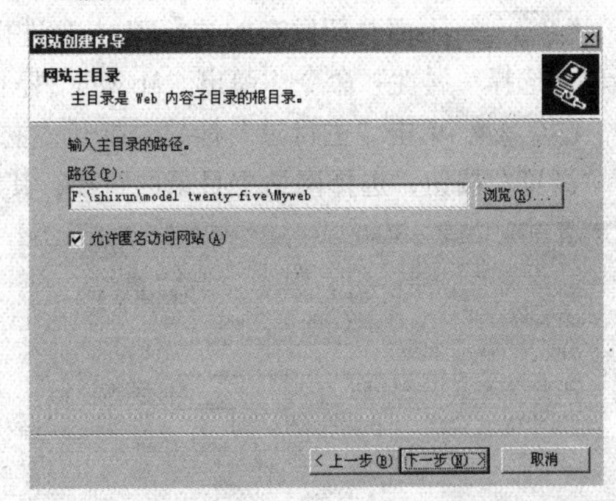

图 10-60 “网站主目录”界面

Step12 单击“下一步”按钮，弹出“网站访问权限”界面，选择“读取”“运行脚本(如 ASP)”“浏览”复选框，如图 10-61 所示。

Step13 单击“下一步”按钮，完成站点发布向导设置，如图 10-62 所示。

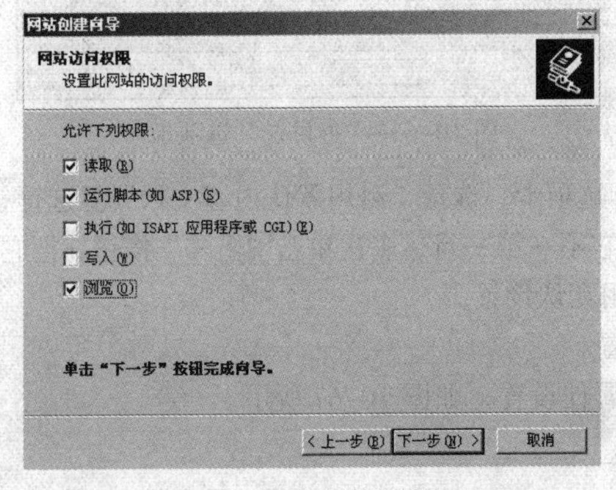

图 10-61 “网站访问权限”界面

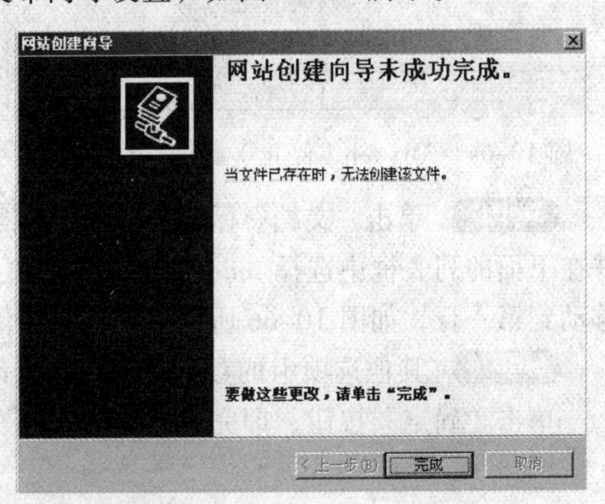

图 10-62 完成站点发布向导设置

Step14 单击“完成”按钮，即完成网站 Myweb 的发布，如图 10-63 所示。

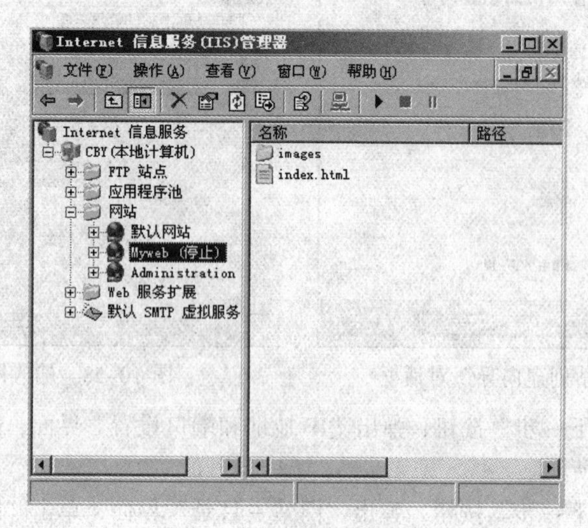

图 10-63 新发布的站点

Step15 下面对新发布的站点 Myweb 进行属性设置。在站点 Myweb 上右击，弹出快捷菜单，选择“属性”命令，弹出“Myweb（停止）属性”对话框，如图 10-64 所示。

Step16 单击“主目录”标签，打开“主目录”选项卡。单击“本地路径”文本框右侧的“浏览”按钮，选择网站主目录的路径，其他参数使用默认设置，如图 10-65 所示。

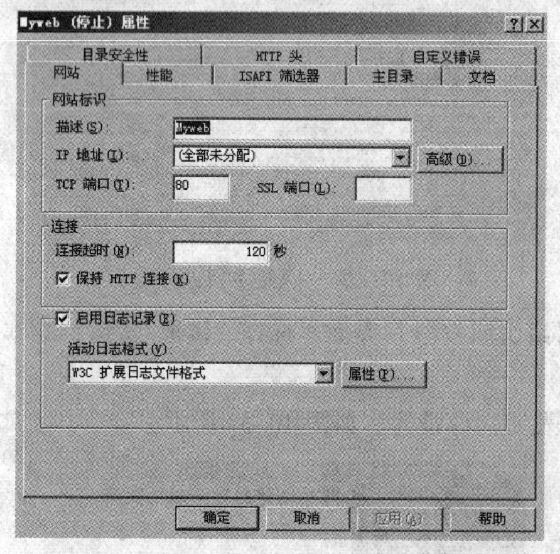

图 10-64 “Myweb（停止）属性”对话框

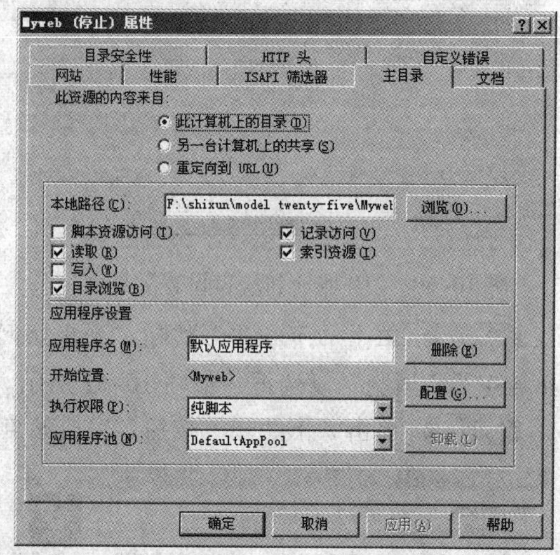

图 10-65 “主目录”选项卡

Step17 单击“文档”标签，打开“文档”选项卡，选择“启用默认内容文档”复选框，并在下面的列表框中选择 index.htm 文件，如果它不在第一行，多次单击“上移”按钮，把它移动到第一行，如图 10-66 所示，其他参数使用默认设置。

Step18 其他选项卡的参数都使用默认设置。

单击“确定”按钮，即完成站点 Myweb 的属性设置，如图 10-67 所示。

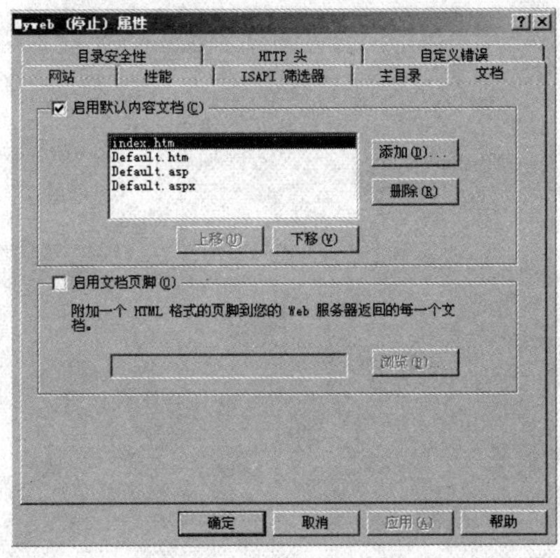

图 10-66 “文档”选项卡

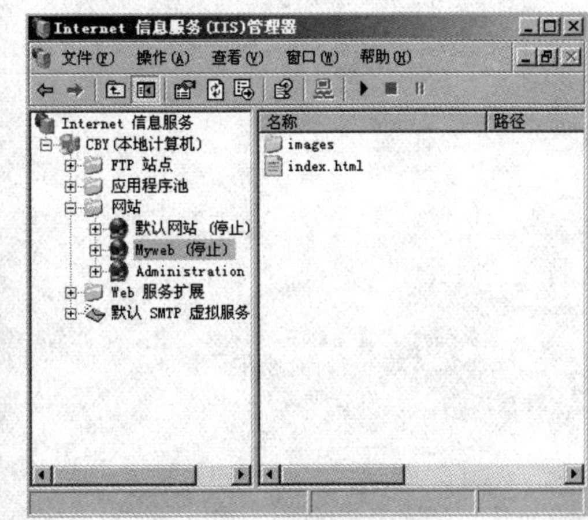

图 10-67 发布后的站点 Myweb

注意：还可以在“网站”选项上右击，弹出快捷菜单，选择“新建”→“虚拟目录”命令来发布站点。

知 识 测 评

一、填空题

1. 孤立报告是一个________属性，只能将其应用于________。
2. Windows 操作系统中，一个专门的 Internet 信息服务器系统是________。
3. ________是浏览者访问站点的默认目录。

二、选择题

1. 在“网站属性”对话框中，(　　)选项卡可以设置内容过期属性。

   A. 虚拟目录　　B. 文档　　C. 内容　　D. HTTP 头

2. 打开“结果”面板并切换至“链接检查器”选项卡，其中的“显示”下拉列表框中包含有 3 种可检查的链接类型，下面(　　)选项不属于该下拉列表框。

   A. 断掉的链接　　B. 外部链接　　C. 孤立文件　　D. 检查链接

3. 按(　　)键可在浏览器中显示文档。

   A. 【F12】　　B. 【Ctrl+F12】　　C. 【Alt+F12】　　D. 【Shift+F】

第❸部分

综合应用

第 3 部分是训练读者网页设计的综合能力，即对前面所学工具、方法和设计等的综合应用实践。通过本部分所涉及内容的学习实践，读者能对网站设计的整个流程有全局性的把握和提升，达到设计静态网站的能力要求。

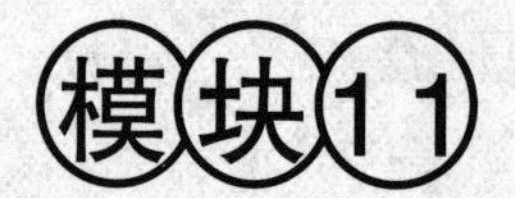

综合实战——博客网站设计

本模块通过一个综合实训介绍网站定位、网站规划、网站设计和网站实现以及网站上传、发布等内容，使读者对网站建设的全过程有更为深入的理解。

知识目标：

- 熟悉网站设计流程
- 网站常见板块构成
- 测试和发布网站相关知识

技能目标：

- 能够对网站进行总体定位设计
- 能借助 Photoshop 等工具设计网站模板
- 能运用设计工具实现网站各个页面
- 能够通过本地或网络发布测试网站

11.1 网站定位

随着博客的快速发展，其表现形式越来越受到大家的欢迎，已成为当今网络不可缺少的一部分。以个人为中心的博客，以独特的视角、敏锐的观察力，逐渐冲击着传统媒体，尤其是新闻界多年来形成的传统观念和道德规范。

建立和设计自己的博客是许多网页设计爱好者的心愿，本模块将以个人博客网站为案例，详细介绍开发和建设网站的基本流程。读者也可以根据本模块内容，结合实际创建属于自己的博客，使博客网站更具备个性化。

11.2 网站规划

11.2.1 确定网站内容主题

博客网站主要是为个人服务，所以它的内容和风格也可能因人而异。根据当前博客网站的常见内容，本模块中的博客网站包括最新日志、相册功能、娱乐版块、个人档案等主要内容。其实，只要读者掌握了网站设计的技巧，内容的微小变化一般不会导致网站建设的根本性变化。读者完全可以根据自己的爱好确定网站的栏目和主题内容。

11.2.2 设计网站整体布局

在参考常见博客网站的基础上，本模块的博客网站首页的布局结构如图 11–1 所示。从图中可以看到，网站采用“厂”字形布局。

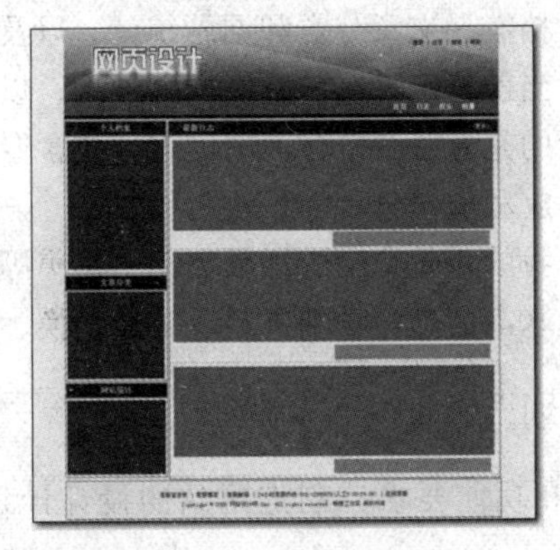

图 11–1　网站布局结构图

下面对网站的布局进行简单说明：

- 网站横幅：在页面的最上面，主要包括注册、登录、搜索和帮助等链接。
- 网站导航：在横幅下面，是网站的导航部分，采用简单的滑动门效果实现。
- 网站主体：在导航下面，是网站核心内容部分，分成左右两部分，左侧主要包括个人档案、文章分类和网站统计等板块，右侧部分则是最新日志的简短展示。
- 网站版权：在主体内容的下面，是网站的版权部分，主要显示网站的设计者信息和版权声明。

11.2.3 确定网站主色调

本模块中的博客网站选定黄蓝紫和白色作为主色调。网站顶部的横幅背景采用黄蓝渐变色，导航采用深蓝色背景，主题内容背景色彩则用简洁的白色。另外，在网站底部采用浅黄色作为背景。为了保持网站的色彩一致性，网站中每个网页的横幅、导航和底部版权部分的色彩是一致的。首页色彩搭配的配色图例如图 11–2 所示。

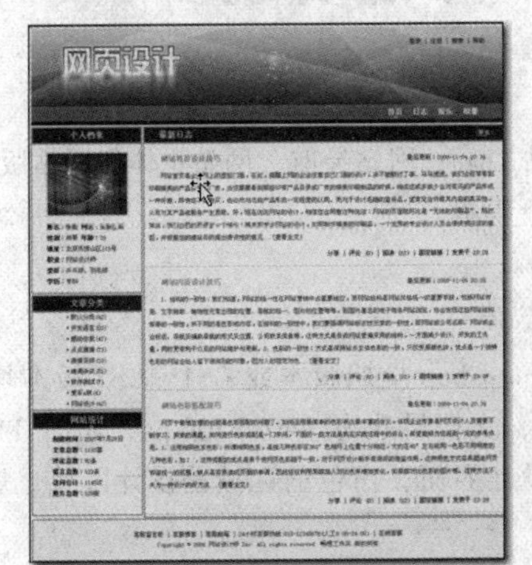

图 11–2　网站配色图

11.2.4 确定网站栏目结构

本模块中的博客网站除首页外，还设计了日志、娱乐、相册和注册4个栏目。各个栏目的主要内容如下：

- 在首页，主要包含个人档案、文章分类和网站统计，以及最新日志的列表。
- 在日志栏目，主要包含当前选定日志的具体内容展示，以及相关栏目的列表。
- 在娱乐栏目，主要展示的是音乐欣赏方面的内容，包含专辑列表、专辑详解、歌曲列表、歌手信息、歌曲播放和歌词显示等板块。
- 在相册栏目，主要包含我的相册、我的视频和动感影集等板块。
- 在注册栏目，主要包括基本信息、详细资料、头像切换、验证码和登录验证等板块。

11.2.5 制定网站建设计划

根据本博客网站的需求和功能要求，制定网站的设计计划（见表11-1），仅供读者参考。

表11-1 网站设计计划

阶　段	时间计划	主要任务	目标要求
第1阶段	16小时	网站模板设计（需求+总体+模板）	设计出PSD模板
第2阶段	10小时	模板转HTML（Div+CSS）	切割图片并转为html
第3阶段	4小时	首页设计	完成首页页面设计
第4阶段	8小时	日志页面设计	完成日志页面设计
第5阶段	8小时	娱乐页面设计	完成娱乐页面设计
第6阶段	8小时	相册页面设计	完成相册页面设计
第7阶段	8小时	注册页面设计	完成注册页面设计
第8阶段	4小时	网站测试发布	测试网站并在IIS中发布

11.3 网站实现

11.3.1 制作PSD模板

博客网站首页分为网站横幅、网站Logo、网站导航、网站主体和网站版权等几个板块，下面分别介绍如何设计和制作网站PSD模板。

1. 网站横幅设计

（1）新建PSD文档

首先启动Photoshop CS3（使用Photoshop早期版本或CS1～CS5版本均可）。选择“文件”→“新建”命令，新建一个文档，文档尺寸为940×1500 px，如图11-3所示。单击“确定”按钮，出现图11-4所示的设计界面，白色的区域是设计区域，后面的设计都将在这里展开。

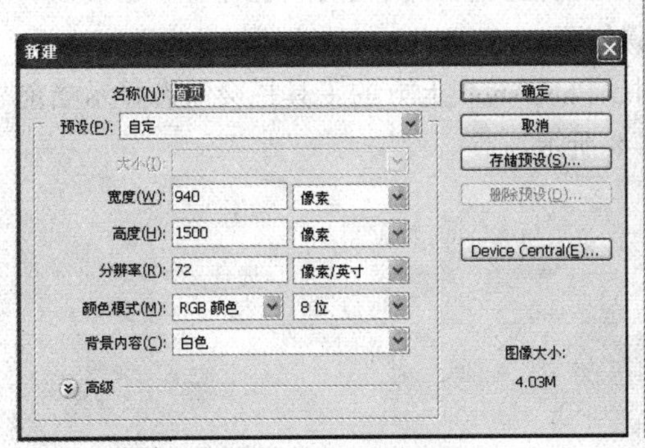

图 11-3 “新建”对话框

图 11-4 首页模板区域（白色）

（2）横幅背景设计

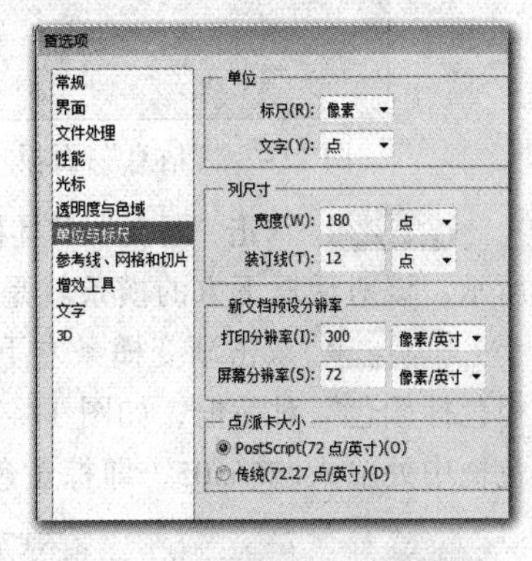

图 11-5 默认计量单位设置

① 修改默认计量单位。为了方便后面的使用，首先需要将 Photoshop 的计量单位修改为像素（px）形式。修改的方法是，选择“编辑”→“首选项”→“单位与标尺”命令，在弹出的对话框中选择“单位”为像素，如图 11-5 所示。完成设置后单击“确定”按钮返回设计界面。

② 添加设计图层。Photoshop 采用图层方式，将不同层次的设计效果叠加在一起，可以通过多层来完成复杂效果的设计。各个层又是相对独立的，即可以在各个层独立设计，不会相互影响。

这里需要添加一个图层。添加方法是：单击“图层”面板中的按钮即可创建一个新的图层，如图 11-6 所示。首页模板就在这个新的“图层 1”上进行设计。为了方便记忆，可以将这个图层重命名，方法是右击图层名，选择“图层属性”命令，在弹出的对话框中修改图层的名称即可。

单击某图层的名字即选择了该图层，在 Photoshop 中，默认设计是在当前选择图层中进行的，这点读者一定要注意。

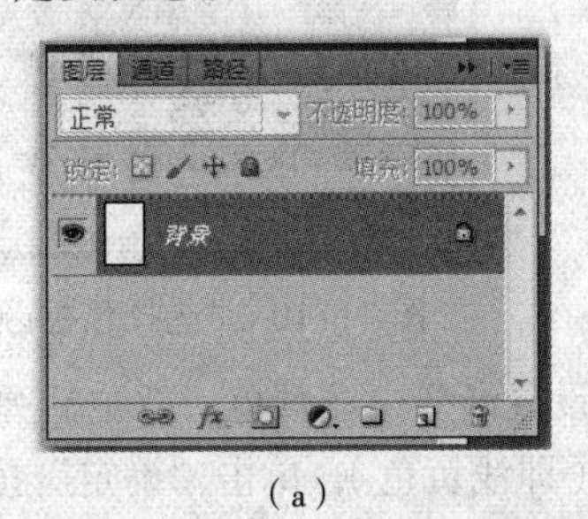

（a）

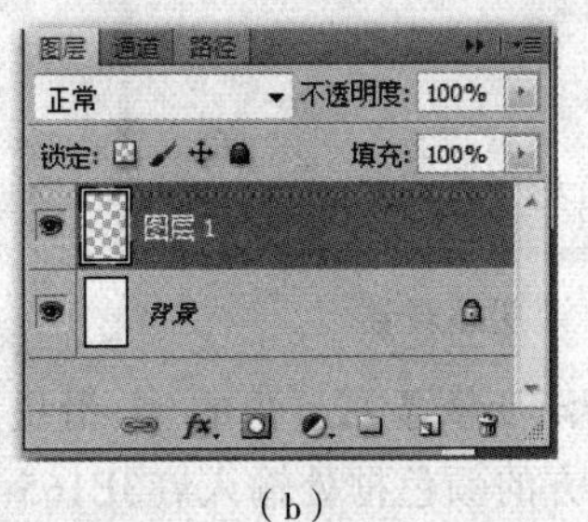

（b）

图 11-6 添加新图层

③ 显示信息面板。在进行设计时，常常需要知道选择的位置、大小等信息。Photoshop 提供的“信息”面板能够动态显示当前的操作信息。要显示“信息”面板，可以选择“窗口”

→“信息”命令，即打开“信息”面板（见图 11-7），也可以按【F8】键显示或隐藏“信息”面板。

④ 绘制渐变效果。为了实现横幅的特殊效果，首先需要在横幅上设计出渐变效果。渐变实际上就是从一种颜色过渡到另一种颜色。设计时只需要设计两端的颜色即可，也可以有多种颜色的渐变效果。横幅中实现渐变的操作步骤如下：

Step 1 在工具箱中选择“渐变工具”，此时，Photoshop 上方的工具栏会动态显示当前选择的工具和该工具相关的属性工具栏，如图 11-8 所示。

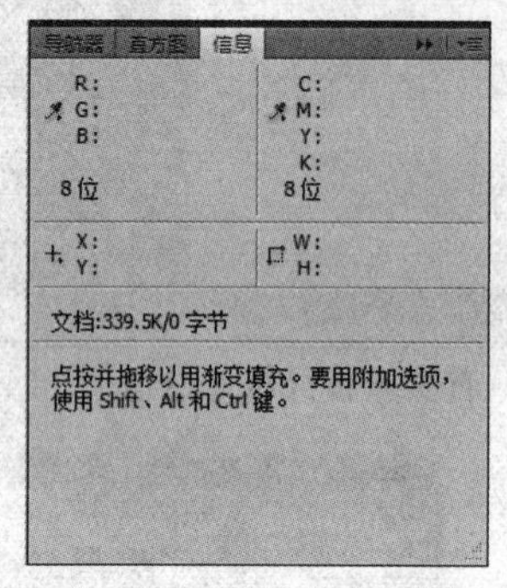

图 11-7 “信息”面板

图 11-8 “渐变工具”属性栏

Step 2 双击“渐变”工具栏中的按钮，弹出“渐变编辑器”对话框，如图 11-9 所示。该对话框下方的横条就是用来设计渐变效果的。

Step 3 双击渐变横条左下角的滑块，设置渐变的起始端颜色。双击后会弹出“选择色标颜色”对话框，如图 11-10 所示，可以设置渐变的起始颜色。在该对话框最下方的颜色框中处输入#766a05（即棕黄色），单击“确定”按钮即完成渐变起始颜色的设置。

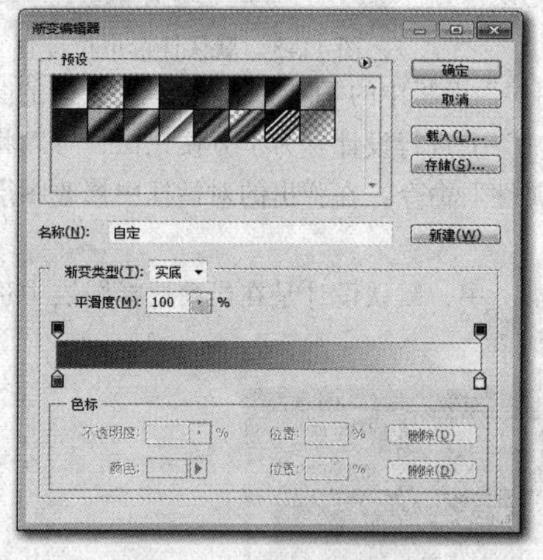

图 11-9 渐变编辑器

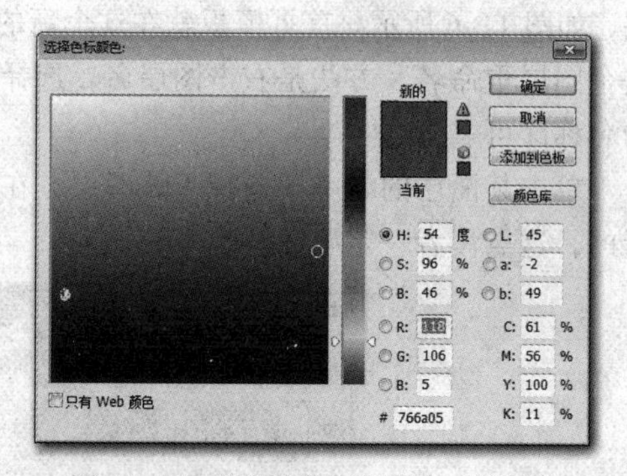

图 11-10 “选择色标颜色”对话框

Step 4 双击渐变横条右下角的滑块设置渐变末端颜色。双击后弹出图 11-10 所示的对话框，在最下方的颜色框处输入#F3E165（即浅黄色），单击“确定”按钮，即完成渐变末端颜色的设置。这样，一个由两种颜色构成的渐变颜色就设置好了。

Step 5 选择“矩形选框工具”，在页面顶部绘制一个高度约 200 px，宽度为整页宽度的选框（见图 11-11，绘制选择区域时可以从“信息”面板中看到选择区域的信息，用于确定）。

Step6 选择“渐变工具”，在选择区域按住鼠标左键从上到下拉一条竖线，完成渐变效果的填充，如图 11-12 所示。在填充渐变时，按住【Shift】键可以保证绘制的填充线条是垂直直线。

图 11-11　选择填充区域

图 11-12　横幅的渐变效果

注意：读者在设计时，建议经常按快捷键【Ctrl+S】保存文档，防止由于计算机不稳定、中毒等导致突然死机或重启，丢失设计成果。

（3）横幅光感效果设计

所谓的光感效果，实际上就是有一种反光效果，就像光线照射在饱含露珠的禾苗上一样，具有光芒闪闪的感觉。

① 新建图层。为了实现光感效果，需要添加一个新的图层。单击“图层”面板下方的按钮新建图层，并将建立的图层名修改为“光感效果”。创建新图层后，单击该图层使其处于被选中状态。

② 绘制椭圆选区。选择“椭圆选框工具”，绘制一个和横幅大小差不多的扁形椭圆选区，如图 11-13 所示。绘制时光标从左上角开始绘画，读者可以经过多次尝试，找到最佳绘制起点。

图 11-13　绘制的椭圆选区

注意：在设计时，有时需要调整设计区域视图大小比例。按住【Alt】键，上下滑动鼠标的滚轮即可实现。

③ 填充透明效果。操作步骤如下：

Step1 单击工具箱左下角的按钮，在弹出的对话框中设置前景色为白色，即直接输入#FFFFFF 即可。

Step2 选择“画笔工具”，在工具栏中单击“画笔”下三角按钮，在弹出的面板中设置画笔的大小为 300 px，如图 11-14 所示。并设置“不透明度”为 60%，其余属性采用默认设置即可。

Step3 定位光标在椭圆选择区域左边沿外侧，沿着椭圆选择区域下边沿附近向右侧移动，绘制一个圆弧，如图 11-15 所示。

图 11-14　画笔属性设置

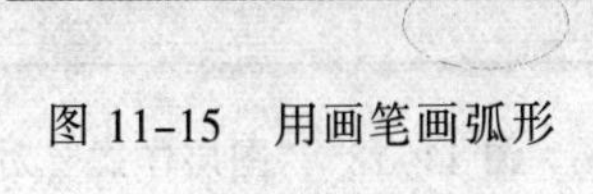

图 11-15　用画笔画弧形

Step4 选择“选择”→“反向”命令或者按快捷键【Shift+Ctrl+I】进行反向选择。此时椭圆以外的区域都被选择，按【Del】键可删除这些区域的内容。这样就绘制了一个具有一点光感效果的椭圆区域。要实现更形象的光感效果，只需要将这个椭圆区域进行变形和复制，经过变形叠加即可产生更形象的光感效果。

④ 生成光感效果。选择“光感效果”图层，按【Ctrl+T】组合键进行任意变形，如图 11-16 所示。可以调整图层的角度，也可以使用“移动工具”调整图形的位置，按【Enter】键或双击完成变形确定。

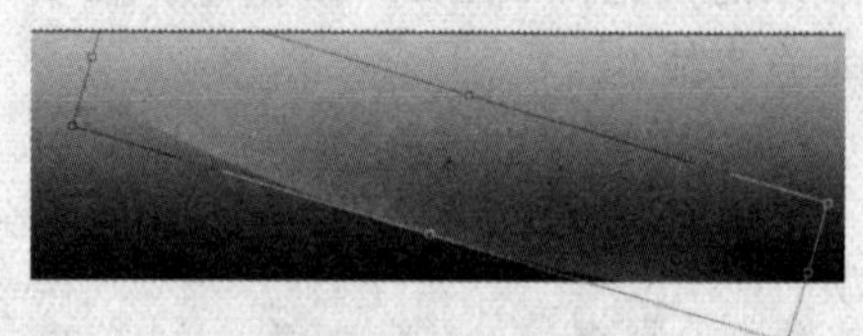

图 11-16 调整图形角度

还可以复制该图层的副本，采用同样的方法调整副本图层，使得这些图像按照不同的位置和角度摆放，形成光感效果。

（4）保存横幅

完成首页模板顶部的横幅设计之后，需要进行保存。保存时建议采用“首页模板.psd”为文件名，方便以后使用。保存的具体方法是：选择“文件”→“存储”命令即可。

2. 网站 Logo 制作

Logo 是网站中的标志性图标。Logo 往往在网站的左上角位置，它的大小一般不会超过网站横幅的 70%，宽度不超过横幅宽度的 20%。这里采用文字效果做网站的 Logo。

（1）输入 Logo 文字

操作步骤如下：

Step1 选择“横排文字工具”，并在工具栏中设置字体大小为 60 pt，字体为“经典综艺体简”（该字体可以从百度搜索下载），效果为“平滑”，如图 11-17 所示。

图 11-17 字体属性设置

Step2 在网页头部左侧位置输入文字“网页设计”，Photoshop 会自动创建一个字体图层。字体图层在图层列表的右侧会有 fx 标志。在新创建的字体图层中，可以单独设置字体的效果。

（2）设计文字效果

选择“网页设计”图层，单击图层下方的 fx. 按钮会弹出一个菜单，选择“混合选项”，弹出图 11-18 所示的设计界面，这里只设置“描边”和“外发光”两个样式。具体参数请参考图 11-19，完成设置后单击“确定”按钮。

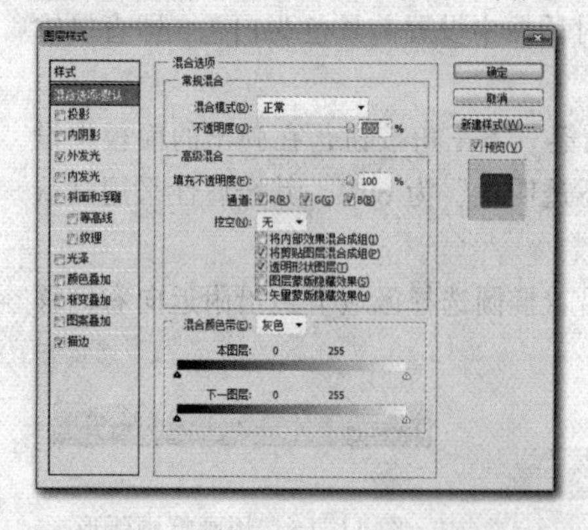

图 11-18 “图层样式”对话框

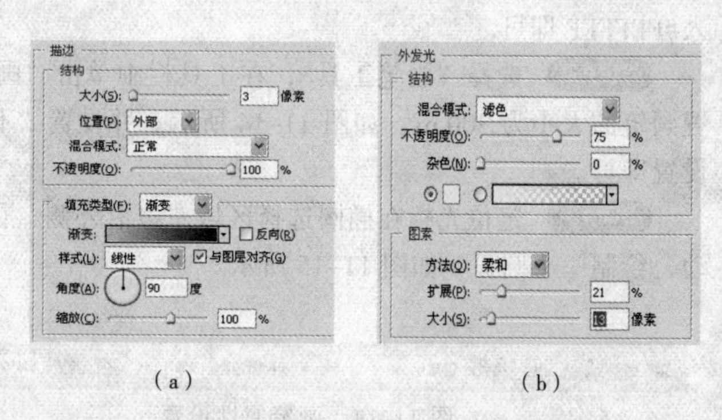

（a） （b）

图 11-19 设置文字的图层样式

（3）设计 Logo 倒影效果

操作步骤如下：

Step1 复制图层。为了实现倒影效果，首先需要复制“网页设计”图层。复制的方法是在“图层”面板中右击该图层，选择“复制图层”命令即可。复制图层后，选择该图层并按方向键移动该图层内的文字到“网页设计”的正下方，如图 11-20 所示。

Step2 倒转图层中的文字。按快捷键【Ctrl+T】进入任意变形状态，如图 11-21 所示。并右击任意变形的文字部分，选择“垂直翻转”命令，即变成图 11-22 所示的形状。

图 11-20　复制文字图层

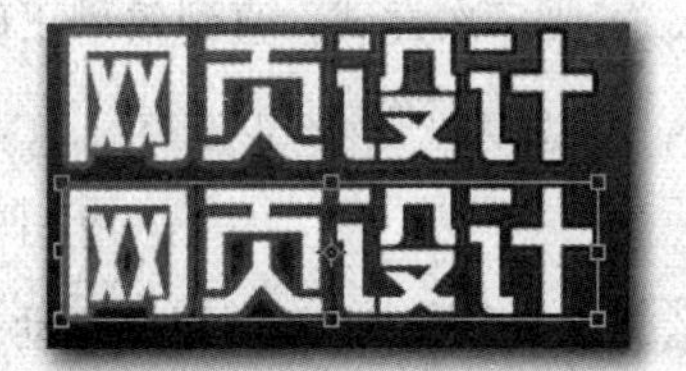

图 11-21　图层任意变形状态

Step3 栅格化文字。栅格化其实就是将文字转化为图像形式（栅格化后不能再编辑文字内容）。栅格化文字图层的方法是右击图层，在弹出的菜单中选择“栅格化文字”命令。

Step4 羽化文字。选择“矩形选框工具”，在下方的文字上绘制一个矩形选择区域，如图 11-23 所示。在选择区域内部右击，选择“羽化”命令，并在弹出的对话框中输入 4，单击“确定”按钮。此时，按【Del】键即完成倒影效果的设置，如图 11-24 所示。

图 11-22　文字垂直翻转

图 11-23　羽化部分选择

至此，网站首页的横幅和 Logo 就设计完成了，总体效果如图 11-25 所示。读者在学习时完全可以根据客户的具体需求设计出符合要求的横幅，而不是局限于本博客网站的横幅效果。

图 11-24　文字倒影效果图

图 11-25　页头的最终效果图

3. 导航菜单设计

（1）菜单背景设计

菜单的背景采用了斜线效果，如图 11-26 所示。这种斜线的绘制采用的是填充的方法，具体操作如下：

图 11-26 菜单的背景

Step1 在 Photoshop 中新建一个空白文档，并新建图层，用“缩放工具”或者按【Ctrl+=】组合键把页面比例放大到 300%。选择“直线工具”，属性设置如图 11-27 所示。设置前景色为深灰色，然后在页面中按住【Shift】键，同时拖动鼠标从左上到右下画出一条直线，效果如图 11-28 所示。如果读者绘制的效果不是这样，一般都是放大比例不够或者是直线属性设置不对，需要多次尝试，直到效果正确为止。

图 11-27 “直线工具”属性栏

Step2 复制一个新图层并移动该图层中的图像，并置放到图 11-29 所示的位置。使用“矩形选框工具”按照图 11-29 所示选取一个矩形区域，然后通过“图层”面板隐藏背景图层，如图 11-30 所示。

图 11-28 绘制直线

图 11-29 选择区域

Step3 创建自定义图案。选择“编辑”→“定义图案”命令，弹出图 11-31 所示的对话框，可以给新定义的图案起一个名称，也可以使用默认名称，单击“确定”按钮完成图案定义。

图 11-30 关闭背景图层

图 11-31 “图案名称”对话框

Step4 返回首页模板页面新建一个图层，使用“矩形选框工具”拖动出一个高度为 32 px 左右，宽度为整个页面宽度的菜单区域，如图 11-32 所示。

Step5 选择“编辑”→“填充”命令或者按快捷键【Shift+F5】，弹出“填充”对话框，如图 11-33 所示，在“使用”下拉列表框中选择“图案”，在“自定图案”中选择前面设计的图案，单击“确定”按钮即完成填充。

图 11-32 绘制菜单区域

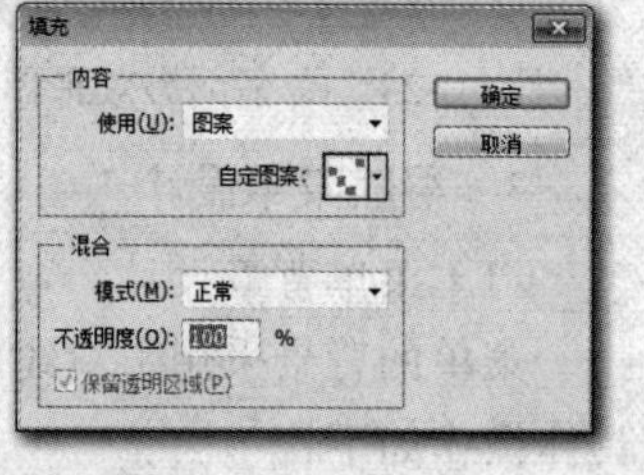

图 11-33 “填充”对话框

Step6 选择该图层并单击“图层”面板下方的 fx 按钮，在弹出的菜单中选择“内发光”命令，设置如图 11-34 所示。至此，菜单的背景效果就设计好了。最终完成的填充效果如图 11-35 所示。

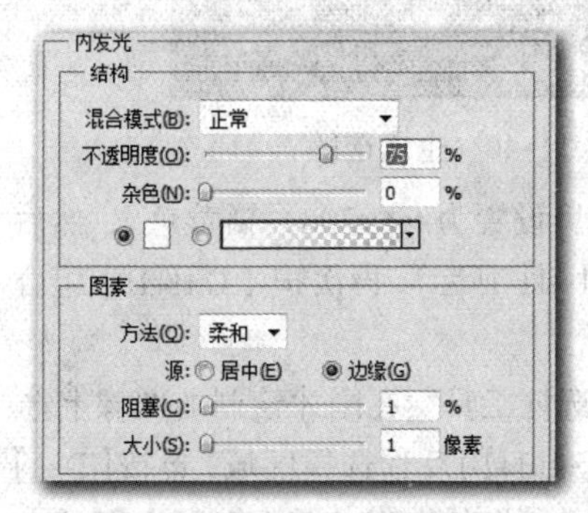

图 11-34　图层样式设置

图 11-35　图案填充

（2）菜单项目设计

设计菜单文字的操作步骤如下：

Step1 设置字体属性。选择“横排文字工具”，并在工具栏中设置文字的属性，如图 11-36 所示，字体为宋体，字体大小为 14 pt，字体效果为“无”，字体颜色为白色。

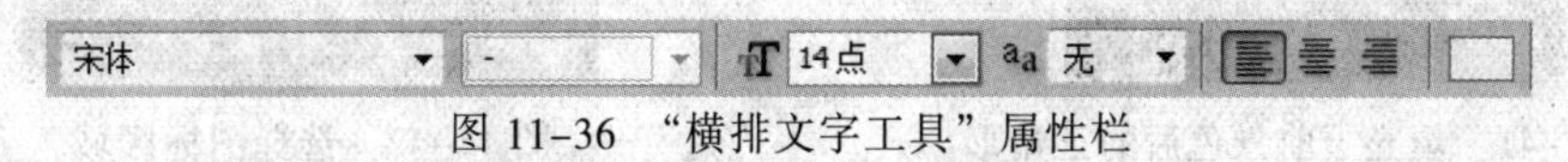

图 11-36　“横排文字工具”属性栏

Step2 在菜单导航区域的适当位置输入文字，如图 11-37 所示。可以调整菜单文字之间的距离和整个菜单文字的位置，协调即可。根据网站设计的风格不同，菜单文字可以在导航菜单的右侧，也可以在左侧。

图 11-37　菜单文字设计

（3）菜单选择项设计

完成菜单项目的设计，还需要设计菜单被选择时的效果，即在菜单的下方添加一个小图标。本博客网站的做法是用“钢笔工具”绘制一个小三角形放在被选择菜单的下方。操作步骤如下：

Step1 新建一个图层，选择“钢笔工具”，设置钢笔工具的属性，如图 11-38 所示。使用“钢笔工具”在新图层中绘制一个三角形，如图 11-39 所示。完成后按快捷键【Ctrl+Enter】生成选区，如图 11-40 所示。

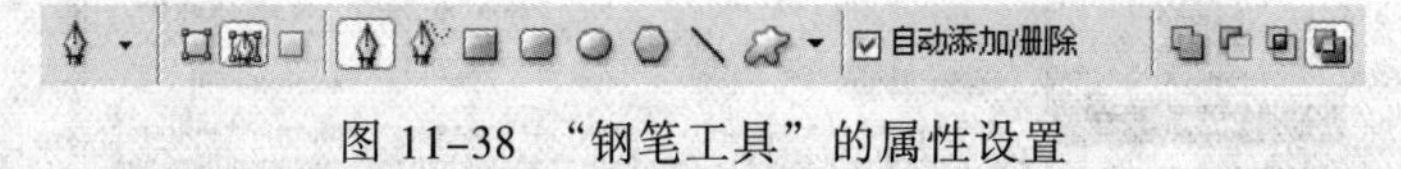

图 11-38　“钢笔工具”的属性设置

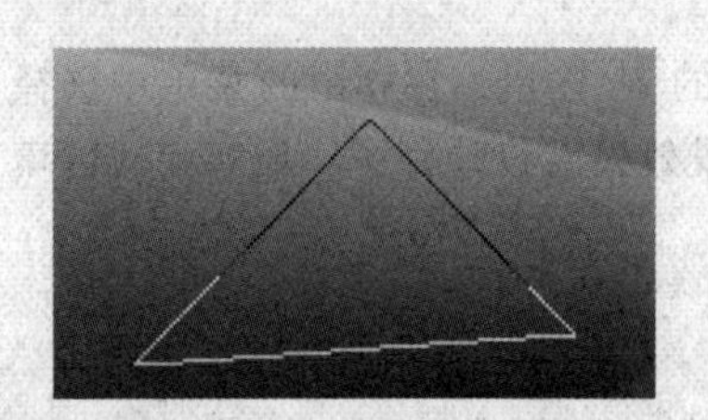

图 11-39　绘制三角形

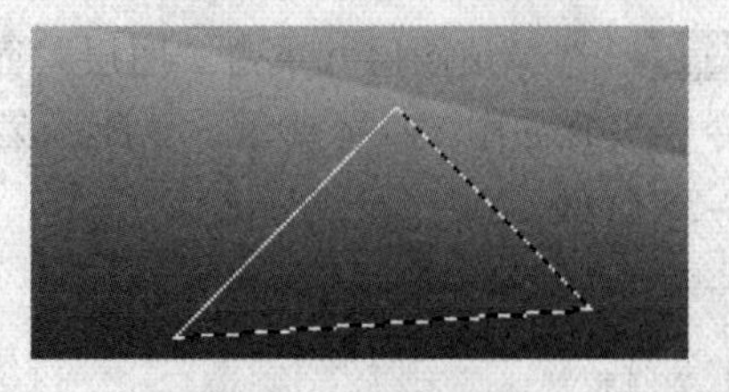

图 11-40　生成选区

Step2 填充三角形选择区域。设置前景色颜色（这里设置为#e4970d，橘黄色），然后按快捷键【Alt+Del】用前景色填充选择区域，效果如图 11-41 所示。再次按【Ctrl+D】组合键便可取消选择。

Step3 提取小图标作为菜单选择标记。使用“矩形选框工具”在刚才绘制的图像上选择一个合适大小的区域，如图 11-42 所示。按快捷键【Ctrl+Shift+I】反选选择区域，再按【Del】键删除多余的部分，至此，一个小巧的三角形标志就做好了。将其拖到“首页”下方即可，如图 11-43 所示。

图 11-41　填充了前景色后的三角形

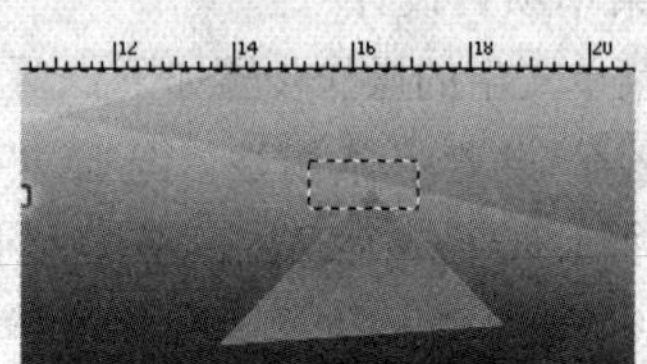

图 11-42　选择图标区域

4. 网页主体设计

完成了页面顶部的横幅、Logo 和导航的设计，接下来就要设计页面主体中间的各个板块。根据网站总体规划，网页主体共分为个人档案板块、文章分类板块、网站统计板块和最新日志板块四个板块，如图 11-44 所示。限于篇幅，这里以一个典型的板块“个人档案”为例详细介绍，其余板块读者可进行类似设计。

图 11-43　菜单下方的小图标

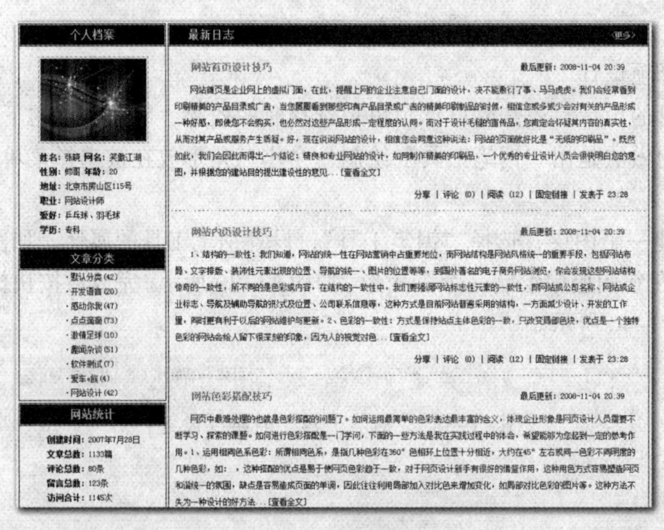

图 11-44　首页中间的板块设置

（1）个人档案板块设计

① 绘制模块区域的操作步骤如下：

Step 1 新建图层。设置前景色为白色，然后在该图层中用“矩形工具”拖出一个合适大小的区域。这里设定个人档案模块的高度为 310 px，宽度为 280 px。

Step 2 在“图层”面板中选择刚才绘制的形状图层，重命名为“个人信息”，然后单击 fx 按钮，选择“描边”命令，在弹出的对话框中进行设置，如图 11–45 所示。并设置下方的颜色为蓝色（#003366）。单击“确定”按钮，效果如图 11–46 所示。

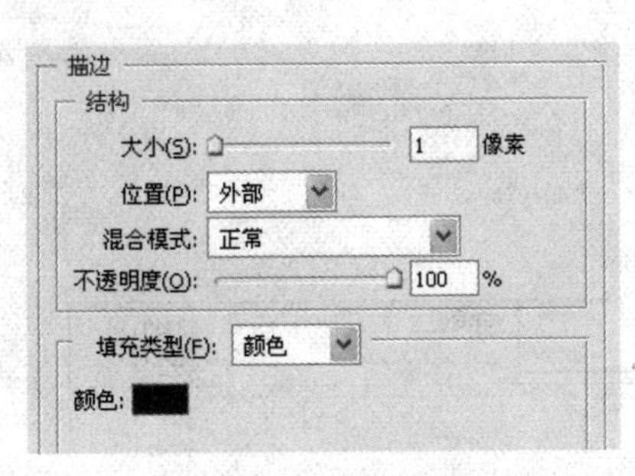

图 11–45　图层样式描边的属性设置

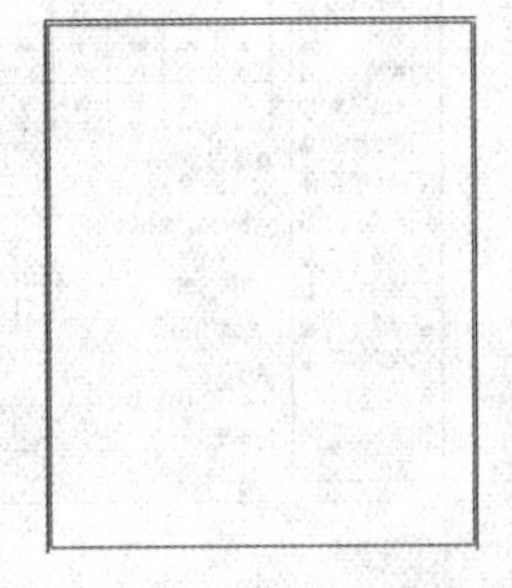

图 11–46　个人信息模块区域

② 设计模块背景。首先选择“矩形工具”，设置前景色为蓝色（#003366），然后拖动鼠标绘制一个蓝色矩形。需要注意的是，这个矩形的宽度要比整个模块背景稍小，刚好左右距离描边边框都是 1px，如图 11–47 所示。接下来在蓝色矩形下面 1 px 的位置处，用“直线工具”绘制一条直线，和描边的效果重合，如图 11–48 所示。

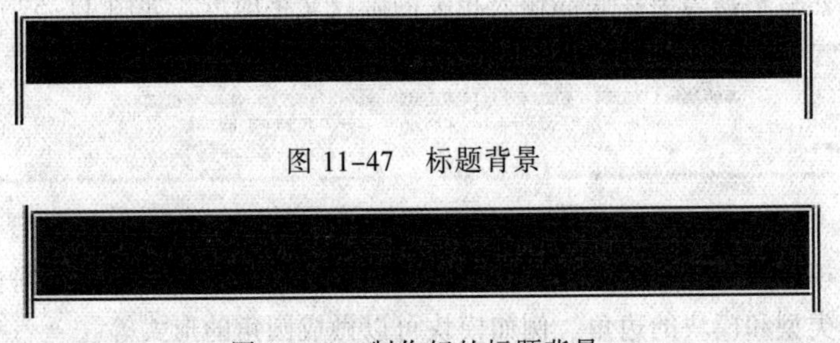

图 11–47　标题背景

图 11–48　制作好的标题背景

③ 绘制头像占位。在模块中插入博客主人的头像或照片。本例使用一个色块做占位，没有使用具体的图像，可留给读者自行发挥。设置占位色块的步骤为：首先设置前景色为某种颜色（这里设置为#e4970d，橘黄色），然后用“矩形工具”画出一个矩形即可，如图 11–49 所示。

④ 添加个人说明。选择前景色为#f6e366，用“文字工具”在个人档案板块上方的蓝色区域中间输入标题“个人档案”。然后在下面输入博客主人的个人信息，个人档案模块即制作完成。最终的效果如图 11–49 所示。

图 11–49　个人档案模块

（2）其他板块设计

其余几个板块的风格与个人档案板块类似。只是在最新日志板块中，包含一个虚线分隔符。下面，就介绍这种虚线的设计技巧。

首先，设置前景色为虚线的颜色，本例使用深灰色（#595858）。选择“画笔工具”，并按【F5】键打开“画笔”面板，选择左边的画笔笔尖形状为第一个笔形，直径为 1 px，如图 11-50 所示。把下面的“间距”值调大（336%），此时发现笔尖形状变成虚线了，如图 11-51 所示，然后在日志部分分隔处用“画笔工具”绘制直线即可。

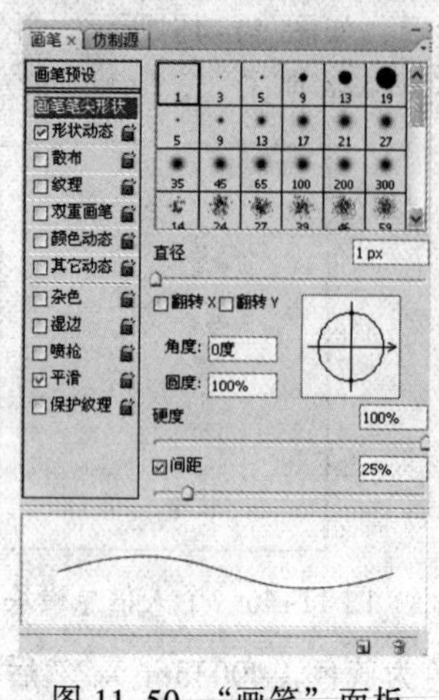

画笔
仿制源
画笔预设
画笔笔尖形状
形状动态
散布
纹理
双重画笔
颜色动态
其它动态
杂色
湿边
喷枪
平滑
保护纹理
直径
1 px
翻转 X
翻转 Y
角度: 0度
圆度: 100%
硬度
100%
间距
25%

图 11-50 “画笔”面板

间距
336%

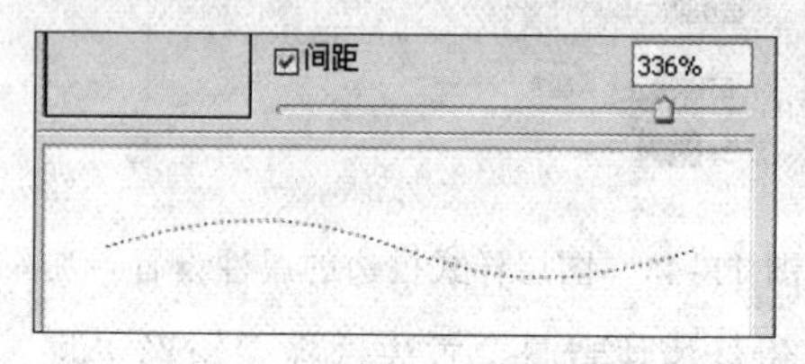

图 11-51 调整笔尖间距

5. **底部版权设计**

底部版权的设计比较简单，设置前景色为#ffffcc（浅黄色），描边色为蓝色（#003366），绘制一个矩形。然后根据需要在底部输入相关的版权文字即可，如图 11-52 所示

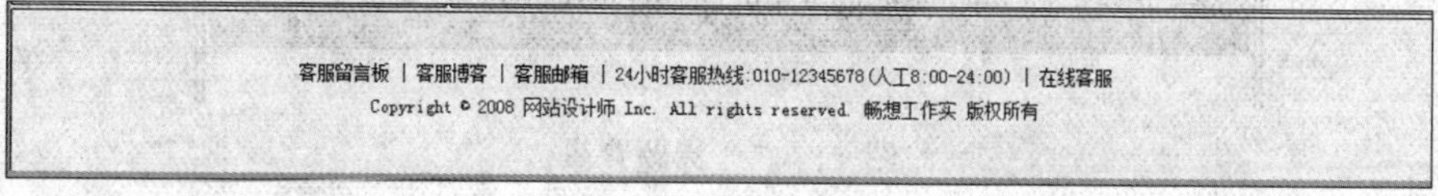

客服留言板 | 客服博客 | 客服邮箱 | 24小时客服热线:010-12345678(人工8:00-24:00) | 在线客服
Copyright © 2008 网站设计师 Inc. All rights reserved. 畅想工作室 版权所有

图 11-52 底部版权设计

至此，首页模板就全部设计完成了。读者在学习过程中，完全可以根据自己的需要调整模块大小、模块类型和模块的边角。例如模块可以做成圆角的形式等。

注意：本教程中涉及的各个页面的模板位于配套资源的“教程素材\网站模板”目录下。

11.3.2 将 PSD 模板转换为静态网页模板

PSD 图像模板制作完成后，还需要转换为静态网页模板，在此之前，要先创建博客网站的目录结构。

1. **规划网站的目录结构**

（1）创建目录结构

为了方便编辑，设定网站目录的基本结构是：D:\website 为网站根文件夹；D:\website\skins 为网站样式文件夹；D:\website\ skins\images 为网站样式表中设计的图像所在文件夹。最终创建结果如图 11-53 所示。

新加卷 (D:)
Projects
TDDOWNLOAD
website
skins
imges

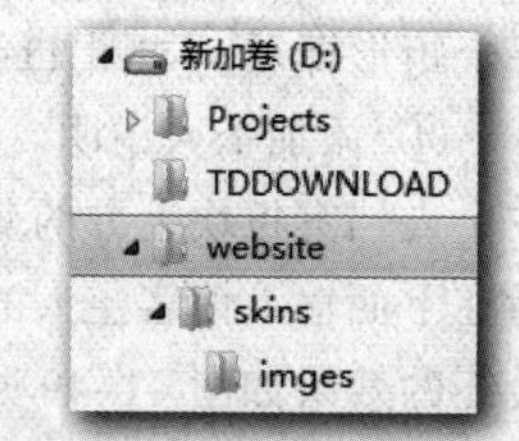

图 11-53 网站目录结构

(2) 创建首页和主要样式文件

创建好了基本的网站目录结构后，接下来，在网站的根目录（D:\website）下创建网站的首页文件并命名为 index.html。该文件可以用 Dreamweaver 直接创建。具体过程如下：

① 在 Dreamweaver 中创建站点。启动 Dreamweaver，选择“站点”→“新建站点”命令，在弹出的对话框中按照图 11-54 所示设置（图中的 Mywebsite 仅仅是个名字，可以任意命名，而“本地站点文件夹”必须指向前面创建的网站的根文件夹 D:\website。)，然后单击“保存”按钮。此时就在 Dreamweaver 中创建了一个站点，该站点指向前面规划的网站文件夹。

注意：Dreamweaver 中的站点是为了操作和管理方便，是指向磁盘上构建站点的物理位置。

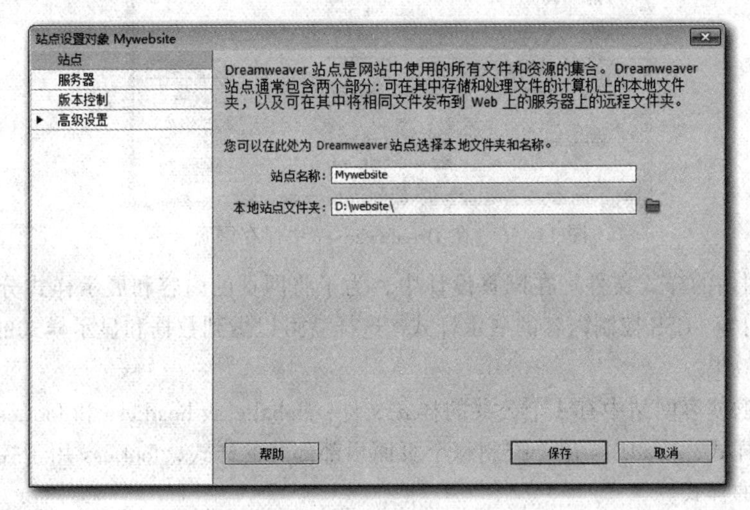

图 11-54　在 Dreamweaver 中创建站点

② 创建网站首页。要创建首页只需要在 Dreamweaver 中选择“文件”→“新建”命令，在弹出的对话框中直接单击“创建”按钮即可创建一个新的网页，如图 11-55 所示。

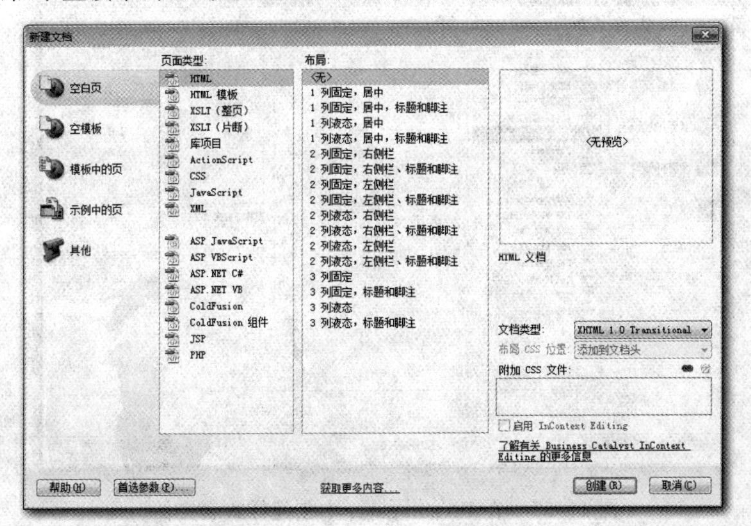

图 11-55　在 Dreamweaver 中创建网页

选择“文件”→“保存”命令，或者按快捷键【Ctrl+S】，弹出图11-56所示的对话框，输入待保存的文件名index.html，选择保存路径为D:\website，然后单击“保存”按钮即创建了网站的首页，后面的模板设计也就在这个页面进行。

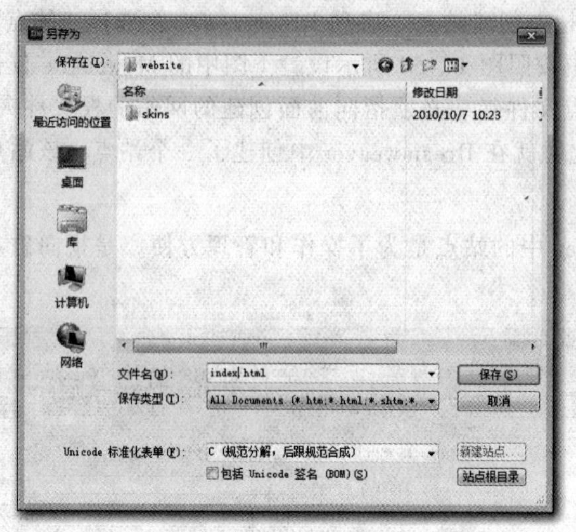

图 11-56　在 Dreamweaver 中保存网页

③ 创建网站的样式文件。在网页设计中，为了将网页的内容和展示样式分开，可采用Div控制网页内容，CSS控制内容的展示样式。这样就可以做到数据和显示样式的分离，实现多样化的显示效果。

在本模块的博客网站中有3个公共的样式文件：global.css、head.css和foot.css。global.css用于控制全局样式，head.css用于控制每个页面顶部部分的样式，foot.css用于控制每个页面底部版权部分的样式。

创建样式文件的方法和创建网页的方法类似。选择“文件”→“新建”命令，在弹出的对话框中选择“页面类型”为CSS，如图11-57所示，然后单击“创建”按钮。

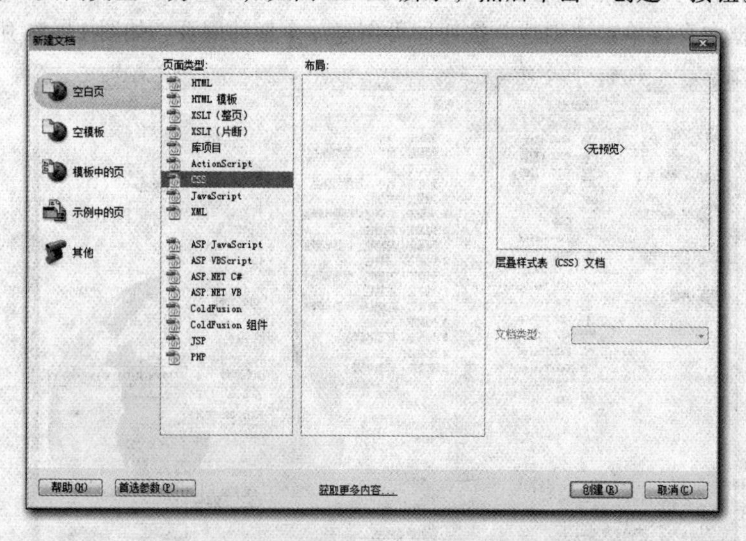

图 11-57　在 Dreamweaver 中创建样式表文件

刚刚创建的样式表文件内容如下：

```
@charset "utf-8";           /*该文件的编码方式为 utf-8*/
/* CSS Document */          /*注释行*/
```

保存样式表的方法和保存网页的方式一样。只是样式表文件要保存到网站根目录下的 skins 文件夹下，并且文件名为 global.css。用同样的方法可以创建 head.css 和 foot.css 文件，这里不再赘述。

④ 将样式文件和网页关联。前面提到，网页的样式是控制网页中内容的显示方式。但这种控制只有在网页中应用了相关的样式表后，所设置的样式才会起作用。网页中，引用样式文件的操作步骤如下：

Step1 在 Dreamweaver 设计窗口的任意位置右击，在弹出的菜单中选择“CSS 样式”→“附加样式表”命令，如图 11-58 所示。

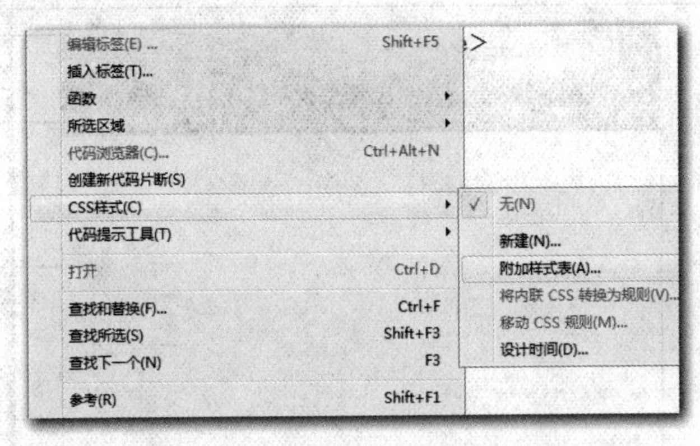

图 11-58　选择“附加样式表”命令

Step2 在弹出的对话框中选择要引用的样式文件名和引用样式文件的方式，如图 11-59 所示，单击“确定”按钮即可将样式表引入网页中。采用这样的方法引入本站的 3 个基本样式文件：head.css、layer.css 和 foot.css。

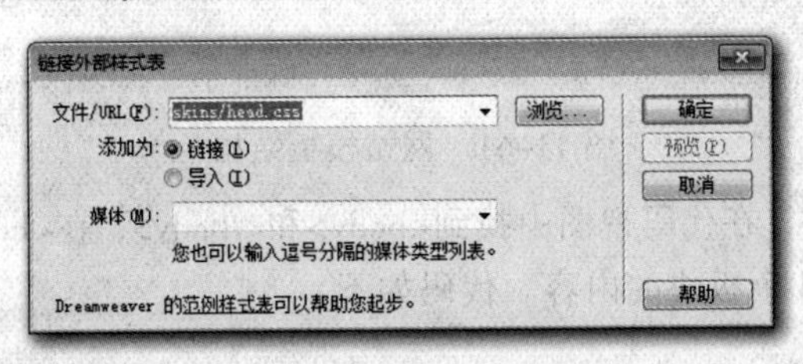

图 11-59　在 Dreamweaver 中引入样式文件

引入样式文件实际上是在 head 标记中添了图 11-60 中选择的行。引入后，网页外观将随着样式的变化而变化。

```
3  <head>
4  <meta http-equiv="Content-Type" content="text/html; charset=utf-8" />
5  <title>欢迎访问我的博客网站—首页</title>
6
7  <link href="skins/head.css" rel="stylesheet" type="text/css" />
8  <link href="skins/layer.css" rel="stylesheet" type="text/css" />
9  <link href="skins/foot.css" rel="stylesheet" type="text/css" />
10 </head>
```

图 11-60　引用样式文件后网页中添加的内容

说明：引用样式的方式有链接和导入两种。链接方式是网页在显示时，首先将样式表导入网页中，然后才进行显示；而导入方式则是先显示网页内容，然后才引入样式表。在网络速度正常的情况下，一般都没什么感觉。但如果网络速度很慢，对于导入方式，会感觉网页开始时是乱的，稍等一会儿又变整齐了。建议读者采用链接方式。

2. 设计模板页面的整体布局和样式

至此，已经创建好网站的目录结构和网站的首页文件，以及网站通用的空样式表文件。接下来要做的就是创建模板网页的基本内容，以及模板网页对应的样式表文件。

（1）定义模板网页整体结构

根据博客网站总体规划，网站模板页面的框架结构如图 11-61 所示，即每个网页从上到下，依次包含横幅、导航、主体和版权 4 个板块。

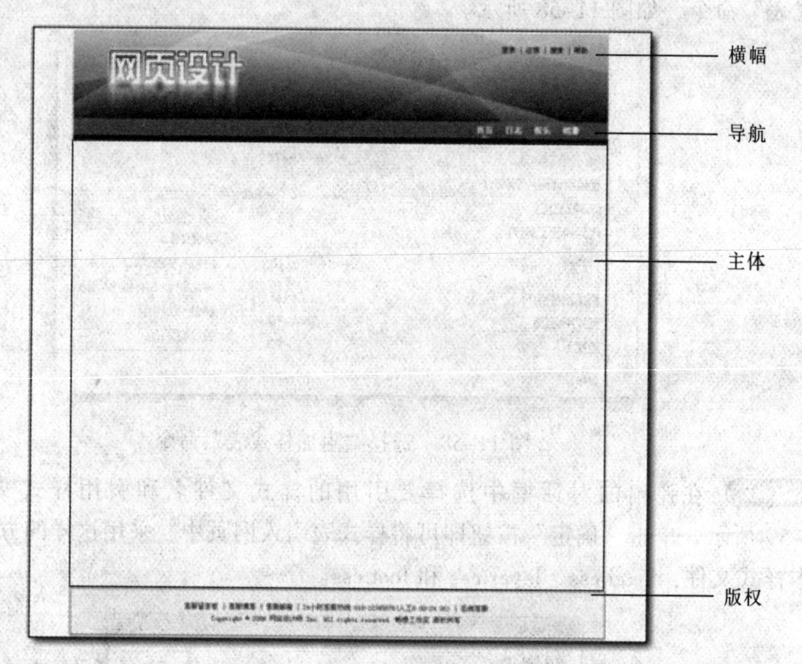

图 11-61　网站模板结构

打开 index.html 文件，在代码视图中找到<body>和</body>，在<body>和</body>中间输入如下内容用于显示上面 4 个板块的内容。代码如下：

```
<!--页头开始-->
<div id="top">  <!--网页横幅部分->
    <ul class="logging"><!--网页顶部的快速入口-->          </ul>
    <ul class="menu"><!--导航菜单-->        </ul>
</div>
<!--页头结束-->

<!--页体开始-->
<div id="layer">    </div>
<!--页体结束-->

<!--页底开始-->
```

```
<div id="bottom">    </div>
<!--页底结束-->
```

注意：上面加入的代码，一定要放到<body>标记中。读者开始学习时往往感觉输入代码很烦琐，其实 Dreamweaver 提供了自动补全功能，可以很好地提高设计效率。建议读者开始学习时就掌握代码的编写方式，习惯了可以很好地提高设计效率。

另外，在上面的代码中，"id=…"表示给该标记定义一个名字，而此 id 后的名字在本站 CSS 中是唯一的，用于设置样式。"class=..."是另一种设置样式的方式，表示该标记的样式来自 class 后面指定的样式，而且 class 后的名字可为多个 HTML 标记指定同一种效果的样式。

（2）定义网页默认样式

完成了网页基本框架的设计，接下来就是设计网页的全局样式（默认样式）。本站的默认样式文件为 global.css。在 Dreamweaver 中，打开 global.css 文件（可以选择"文件"→"打开"方式打开，也可以在 Dreamweaver 的"文件"面板中找到该文件后双击打开）。在 global.css 文件中添加如下样式代码：

```
/*默认样式*/
* {                           /*默认样式*/
  margin: 0px;                /*元素默认外边距为 0*/
  padding: 0px;               /*元素默认内边距为 0*/
}
/*页面内容样式*/
body {                        /*body 中元素的默认样式*/
  font-family: "宋体";        /*字体为宋体*/
  font-size: 12px;            /*字体大小默认为 12 号*/
  line-height: 1.8em;         /*行高度为默认字体高度的 1.8 倍，这样定义感觉自然一些*/
  color: #333333;             /*字体默认颜色为黑灰色*/
  background-color: #FFFFFF;    /*背景色为白色*/
  width: 940px;               /*主体区域高度*/
  margin-top: 0px;            /*顶部边距为 0px*/
  margin-right: auto;         /*右侧边距为自动*/
  margin-bottom: 0px;         /*底部边距为 0px*/
  margin-left: auto;          /*左侧边距为自动*/
  /*将左右侧边距设置为自动，可以使得该元素在其所在的容器中自动居中对齐*/
}
/*图像样式*/
img{                          /*图像的默认样式*/
  border-top-width: 0px; /*顶部边线粗细为 0px，以下类似*/
  border-right-width: 0px;
  border-bottom-width: 0px;
  border-left-width: 0px;
  text-align: center;         /*图像的默认对齐方式，居中*/
}
/*列表元素样式*/
ul, li, ol {                  /*列表的默认样式*/
  list-style-type: none; /*列表无样式，即在列表左侧没有编号或者符号*/
}
/*板块对齐样式*/
.left { float: left; }    /*左对齐类样式*/
.right { float: right; } /*右对齐类样式*/
```

完成 global.css 的设置后发现 index.html 并没什么变化，但在网页中输入文字时，会发现文字的默认大小正好是 12 号宋体。

3. 模板页面中各个板块的实现

从上面的设计过程中可以发现，网页设计在实现时一般先是定义网页内容的布局结构，然后再定义布局的样式，最后在布局中加入具体内容以及与具体内容相关的样式设置。下面，就按照这种思路逐步实现模板网页的各个板块。

（1）顶部横幅部分实现

对于横幅部分，主要有两个方面需要设计：一个是应用 PSD 模板中横幅部分的背景图效果，另一个是给横幅部分添加动态的 Flash 效果。

① 给横幅部分添加样式。根据前面的设计，网页的横幅在<div id="top">标记中。要给该标记添加背景效果，只需要在样式表中加入背景样式即可。控制顶部部分的样式文件是 head.css。打开 head.css 文件，并加入如下代码，用以控制网页顶部横幅部分的样式：

```
#top{/*顶部全局样式*/
  background-color: #000000;          /*背景色为黑色*/
  background-image: url(images/index_06.jpg);  /*背景图 images/index_06.jpg */
  background-repeat: no-repeat;       /*背景不重复显示*/
  background-position: center top;    /*背景图位置为顶部居中*/
  height: 188px;                      /*横幅板块高度为 188px*/
  width: 940px;                       /*横幅板块宽度为 940px*/
  float: left;                        /*顶部板块对齐方式为靠左*/

}
```


添加上述样式代码并保存后，切换到 index.html 文件可以看到顶部是一块黑色的区域。原因是，前面样式表中设置的横幅背景图像还不存在。

② 从 PSD 模板中切割出横幅背景并应用。这个图像从哪里来呢？需要以前面设计好的图像模板中切割出来。切割的操作步骤如下：

Step1 打开本站的 PSD 文件 index.psd（见教程资源文件），在“图层”面板中隐藏图层中的其余图层，只显示图 11-62 所示的部分。

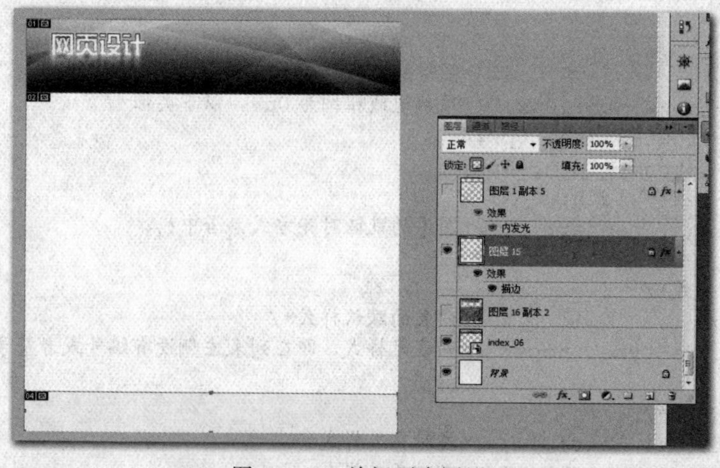

图 11-62 关闭更多图层

Step2 选择“切片工具”，并在图像中进行拖拉完成切割，切割后的效果如图 11-62 所示。

Step3 选择“文件”→“存储为 Web 和所用设备格式”命令，在弹出对话框的右上角选择图像的类型为 JPEG 格式（见图 11-63），单击“存储”按钮，在弹出的对话框中选择“格式”为“仅图像”，单击“保存”按钮即输出切割后的图像，如图 11-64 所示。

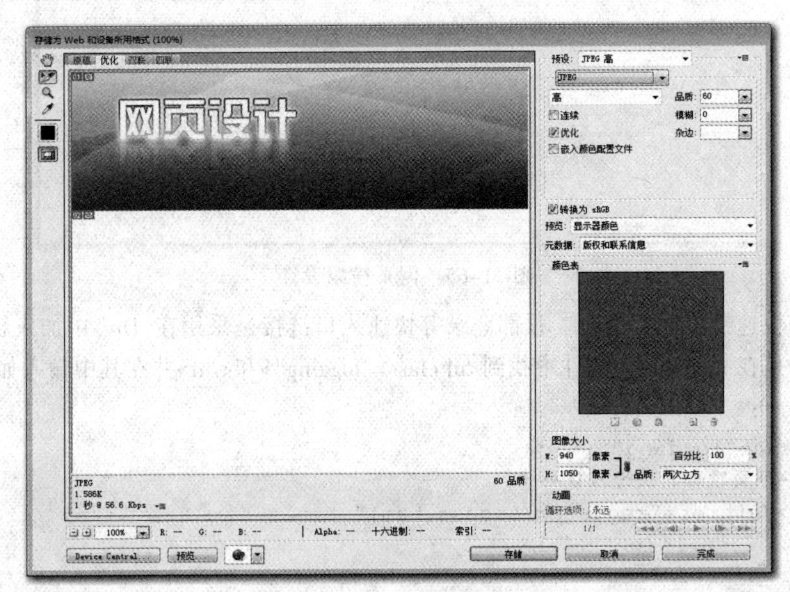

图 11-63　输出图像

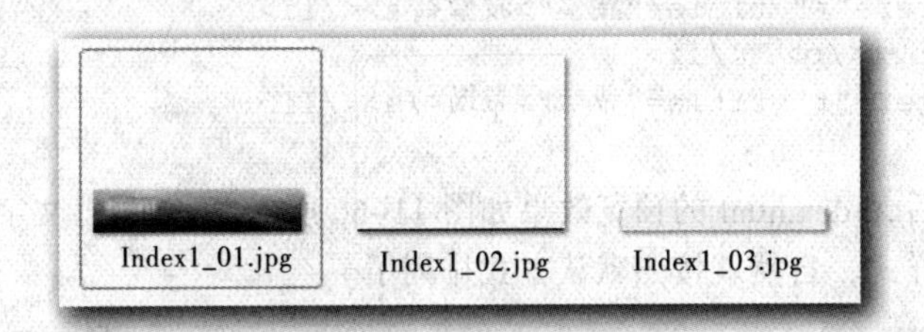

图 11-64　切割输出的图像

Step4 将输出的图像应用到样式表中。在前面设计横幅部分样式表时，head.css 文件给出横幅的背景图像为 url（images/index_06.jpg），由于 head.css 文件的路径为\skin，这表明横幅部分的背景图像路径应该为\skin\images\index_06.jpg。所以，要使得前面的设计有效，只需要将输出的图像名 index_01.jpg 修改为 index_06.jpg，并将该图保存到\skin\images 文件夹中即可（读者需要查看输出图像形状确定具体修改哪个）。

完成上述操作后，关闭 Photoshop，提示是否保存时，单击“否”按钮。

③ 测试样式效果。将模板图像切割并输出后，回到 Dreamweaver 中的 index.html 页面即可看到预期的效果，如图 11-65 所示。

（2）顶部快速链接实现

顶部快速链接是首页最上方的几个文字链接，主要用来提供登录、注册、搜索等功能。

图 11-65　网页横幅设计

① 加入快速链接内容部分。顶部登录等快速入口链接是采用在 Div 中加入超链接实现的。具体做法是在 index.html 文件中找到<ul class="logging">和</ul>并在其中输入如下内容(ul 标记中间部分):

```
<ul class="logging">
    <!--网页顶部的快速入口-->
    <li><a href="register/sucess.html" title="登录">登录</a></li>
    <li>    <p>|</p>  </li>
    <li><a href="register/register.html" title="注册">注册</a></li>
    <li>    <p>|</p>  </li>
    <li><a href="#" title="搜索">搜索</a></li>
    <li>    <p>|</p>  </li>
    <li><a href="#" title="帮助">帮助</a></li>
</ul>
```

加入上述代码后，index.html 的预览效果如图 11-66 所示。可以看出文字是靠左竖向排列，这是因为还没设计样式，自然就按照默认方式排列了。

图 11-66　加入快速导航链接后未设置样式的效果

② 设置快速链接样式。快速链接的样式也是放在 head.css 文件中。在该文件中加入如下内容：

```
/*顶部快速入口样式*/
.logging  {/*登录快速入口样式*/
  display: block;       /*该 div 显示为一个方块形式*/
  margin-left: 750px; /*该方块距离 top 元素左侧边框的距离为 750px，即向右靠*/
  margin-top: 20px;     /*该方块距离 top 元素顶部边框的距离为 20px*/
}
.logging  li   {        /*logging 中的列表项元素的样式*/
```

```
  float:left;           /*列表项自动向左对齐*/
  display:block;        /*列表项自动显示为一个方块形式*/
  padding-right:2px;    /*列表项内部区域右边留有 2px 的空白，即里面文字距离边框
                        /*2px*/
  padding-left:2px;
  margin-right:1px;     /*列表项距离右侧元素边框的距离为 1px*/
  margin-left:1px;
}
.logging  a,  .logging p { /*logging 中的超链接和文字段落样式*/
  font-family:"宋体";       /*字体*/
  font-size:12px;           /*字体大小*/
  color:#003366;            /*字体颜色为深蓝色*/
  text-decoration: none;    /*超链接无下画线*/
  line-height:1.8em;        /*行高度为字体高度的 1.8 倍*/
  display:block;            /*显示为方块*/
}
.logging  a:hover  {        /*鼠标悬浮在 logging 中的超链接上方时的样式*/
  font-family: "宋体";      /*字体*/
  font-size:12px;           /*文字大小*/
  color:#e4970d;            /*文字颜色为黄棕色*/
  text-decoration: none;    /*超链接无下画线*/
}
```

加入上述样式到 head.css 文件并保存后切换到 Dreamweaver 的 index.html 文件，按【F12】键可以打开浏览器进行预览，效果如图 11-67 所示。读者在学习时，可以分段（每段以{}为分界）输入上述样式代码，并在 Dreamweaver 或浏览器中进行测试，这样可以更好地理解每个样式的具体功能。

图 11-67　设置了样式表后的预览效果

（3）顶部导航菜单实现

每个网站都包含导航菜单，导航是帮助浏览者进入网站各个栏目的主要途径。本站导航放在顶部的横幅区域。

① 在顶部横幅区域加入导航代码。导航部分是通过<ul>标记实现的。在 index.html 的顶部找到<ul class="menu">和</ul>，在其中加入如下代码（ul 标记中间内容）：

```
<ul class="menu">
   <li><a href="index.html" class="a0">首页</a></li>
   <li><a href="blogs/rizhi.html">日志</a></li>
   <li><a href="music/music.html">娱乐</a></li>
   <li><a href="photo/photo.html">相册</a></li>
</ul>
```

加入上述代码后 index.html 的预览效果如图 11-68 所示。与顶部快速链接入口一样也是靠左对齐。

图 11-68　设置了样式表后的预览效果

② 设置导航菜单的样式。导航菜单的样式放在 head.css 文件中。导航菜单样式主要是设置导航菜单的显示效果。具体做法是在 head.css 的最后加入如下代码：

```
/*================导航菜单样式=================*/
.menu {    /*导航菜单整体效果设置*/
  background-image: url(images/menubg_02.png);  /*菜单背景图*/
  background-repeat: no-repeat;                 /*菜单背景图不重复*/
  background-position: center bottom;           /*背景图在底部居中位置*/
  clear:left;              /*清除菜单左侧的元素，即导航菜单独立成行*/
  position:relative;       /*导航菜单为相对父元素对齐*/
  padding-left:700px;      /*导航菜单内部边距为 700px，即靠右*/
  height:29px;             /*导航菜单高度为 29px*/
  top:110px;               /*导航菜单距离父元素顶部为 110px*/
}

.menu li {                 /*菜单项目的样式*/
  display: block;          /*显示为方块*/
  float:left;              /*向左侧靠*/
  margin-right:8px;        /*左侧外边距 8px*/
  margin-left:8px;
  padding-right:2px;       /*右侧内边距 2px*/
  padding-left:2px;
  padding-top:5px;
}

.menu a {                  /*菜单中的超链接样式*/
  font-family:"宋体";      /*字体*/
  font-size:14px;          /*字体大小*/
  color:#FFFFFF;           /*字体颜色为白色*/
  text-decoration:none;    /*超链接无下画线*/
  padding-bottom:6px;      /*底部内边距 6px*/
  font-weight:bold;        /*文字加粗*/
}

.menu a:hover,.a0 {        /*菜单中，当鼠标悬浮在菜单上，以及类 a0 的样式*/
  font-family:"宋体";      /*字体*/
  font-size:14px;
  font-weight:bold;
  color:#e4970d;           /*颜色*/
  background-image:url(images/menubt_03.gif);   /*背景图*/
  background-repeat:no-repeat;                  /*背景图不重复*/
  background-position:center bottom;            /*背景图在底部居中*/
}
```

注意：读者在输入上述样式表代码时，可以一次只输入一个块（即一个{}包含的部分），然后转到设计视图看输入样式的效果，再转入代码视图添加其他样式，这样可以更好地理解和测试每个样式效果。

加入样式表后，导航菜单的显示效果如图 11-69 所示，与最终的效果图 11-70 还有差别，原因是导航菜单条的背景图没有添加。

图 11-69　设置了样式表后的导航菜单效果（未添加背景图）

图 11-70　设置了样式表后的导航菜单效果（添加了背景图）

③ 切割并应用导航菜单的背景图。与上面切割顶部横幅的背景图的方法类似，具体操作步骤如下：

Step1 在 Photoshop 中打开网站模板图 index.psd，隐藏所有图层，只显示图 11-71 所示的内容，即导航菜单背景部分。

图 11-71　隐藏图层只留导航菜单背景

Step2 用切割工具切割图 11-71 所示的区域。这步一定要细心，否则可能输出不完整。

Step3 选择“文件”→“存储为 Web 和所用设备格式”命令，在弹出的对话框中选择文件类型为.png（png 格式支持透明，如果不设置为 png，菜单条的背景部分会成白色）。设置好后单击“存储”将切割好的图像存储在一个临时位置（如 D:\website\skins\temp），然后进入文件夹查看图像，找到和上图中菜单条背景一样的图（.png）并将其复制到 skins\images 下。

Step4 将复制过来的文件更名为上面样式中设置的文件名 menubg_02.png。回到 Dreamweaver 中的 index.html 页面预览即可看到图 11-72 所示的效果。

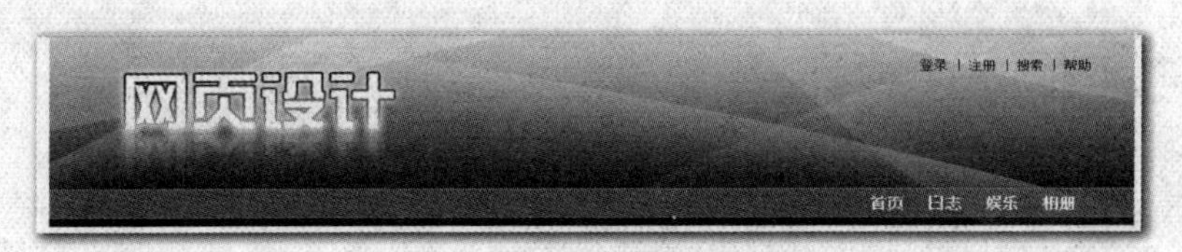

图 11-72　切割并应用导航菜单背景后的效果

④ 给当前菜单项添加悬停图标。为了让浏览者感觉更人性化，在当前选择的页面将鼠标指针悬停在某个导航菜单上时，菜单下方会显示一个小小的图标▲。在上面的样式表设计中，有如下一行：

```
background-image: url(images/menubt_03.gif); /*背景图*/
```

该行放在 a:hover 和.a0 样式中，表示鼠标指针停留在样式设置为 a0 的菜单项上时会在下方显示一个小三角。至于这个小三角怎么产生，方法和前面类似：在 Photoshop 中打开网站模板图像，隐藏无关图层，只保留箭头图像部分，然后用切割工具切割箭头部分为一个小方块，再将切割输出（选择.png 类型或.gif 类型图像）到一个临时文件夹，最后将产生的这个小图像复制到 skins\images 下，并修改文件名为上面样式中的/menubt_03.gif 即可。最后，在浏览器中测试的效果如图 11-73 所示。

图 11-73 应用导航菜单背景和小箭头后的效果

（4）底部版权部分实现

底部版权的内容相对简单得多，不过实现的思路是一致的，即首先在网页中添加代码，然后设置其样式。

① 在 index.html 底部添加版权部分的内容。版权部分的内容完全可以根据自己的需要进行设计。版权部分的内容一般包含网站的联系信息、网站设计者信息、版权声明等内容。下面是本站版权的例子：

```
<div id="bottom">
    <p>
    <a href="#" class="a3">客服留言板</a> |
    <a href="#" class="a3">客服博客</a> |
    <a href="#" class="a3">客服邮箱</a> |
    24 小时客服热线:010-12345678(人工 8:00-24:00) |
    <a href="#" class="a3">在线客服</a>
    <br />
    Copyright © 2008 网站设计师 Inc. All rights reserved. 畅想工作室 版权所有
    </p>
</div>
```

上面的代码（<div id="bottom">和</div>之间的内容）要输入到 index.html 网页代码最后的<div id="bottom">和最后的</div>之间。上面代码添加了几个超链接，链接的样式来源于 foot.css。未添加样式的显示效果如图 11-74 所示。

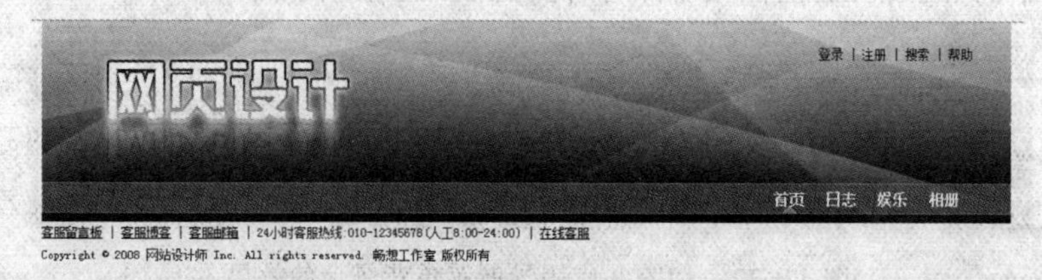

图 11-74 底部版权未添加样式的效果

② 设置版权部分的样式。版权部分的样式表放在 foot.css 中。具体内容如下：

```
#bottom {                          /*版权部分样式*/
  height:80px;                     /*高度*/
  width:940px;                     /*宽度*/
  float:left;                      /*向左对齐*/
  margin-top:3px;                  /*顶部外边距 3px*/
  border:1px solid #003366;        /*边框粗为 1px，实线，颜色值为#003366 即为深蓝色*/
  background-color:#ffffcc;        /*背景色为浅黄色 */
}
#bottom p {                        /*底部版权部分段落文字样式*/
  font-family: "宋体";             /*字体*/
  font-size:12px;                  /*字体大小为 12px*/
  line-height:4ex;                 /*设置字体高度*/
  color:#333333;                   /*字体颜色*/
  text-decoration:none;            /*无文本修饰*/
  text-align:center;               /*内容居中对齐*/
  display:block;                   /*块状显示，即占整行*/
  position:relative;               /*定位方式为相对，即相对于父容器元素*/
  top:20px;                        /*距离父元素顶部 20px*/
}
```

加入上述样式表内容，保存后测试 index.html，效果如图 11-75 所示。

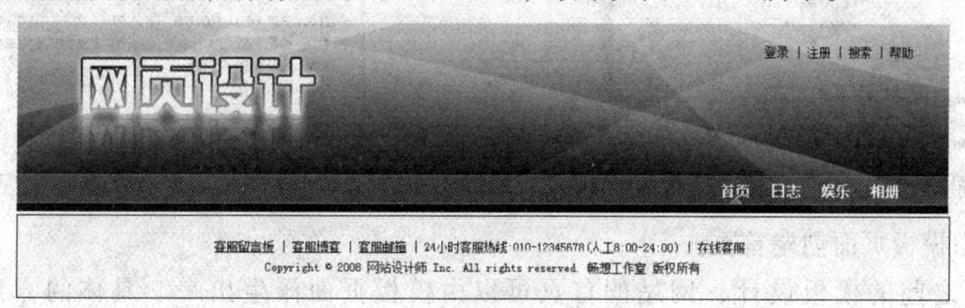

图 11-75 底部版权最终效果

4. 保存模板页面

至此，网站模板内容部分全部设计完成。细心的读者会发现网站模板页面很奇怪，只有顶部和底部，中间部分去哪了？这正是笔者要回答的问题。本博客网站中每个网页的顶部和底部是完全相同的，只有中间部分不同。

要创建网站的首页、相册等页面，只要将该页面复制一份，然后设计新页面的中间主体部分即可，而无须从头进行设计。

因为这里设计的模板页面的文件名为 index.html，这与网站的首页是重名的。为了方便后面设计各个页面，需要将上面创建的模板页面另存为 template.html，这样就不会与首页产生冲突。具体操作如下：

Step1 在网站的文件夹下创建文件夹 template。

Step2 在 Dreamweaver 中，打开设计好的 index.html，选择“文件”→“另存为”命令，在弹出的对话框中选择保存的位置为刚才创建的文件夹，文件名为 template.html。当提示是否更新连接时，选择“更新”即可，这样可以保证模板中的样式表引用是正常的。

11.3.3 网站首页实现

网站的模板设计好后，即网站首页的顶部和底部已经实现，接下来就要设计和实现网站首页的中间部分，包括“个人档案”“最新日志”“文章分类”及“网站统计”4 部分，下面分别介绍具体实现过程。

1. “个人档案”设计

（1）个人档案的整体设计

根据网站总体布局规划，“个人档案”部分的布局位置如图 11-76 所示。“人个档案”部分的最终实现效果如图 11-77 所示。

图 11-76　“个人档案”位置

图 11-77　“个人档案”实现效果

① 由模板页面创建首页：

根据之前的模板设计，网站的首页可以由模板页面派生出来。具体的方法是：在 Dreamweaver 中打开模板页面（D:\website\template\template.html）；利用 Dreamweaver 的另存为功能复制一份放在网站的根目录下（D:\website\），文件名为 index.html，并且在提示是否更新链接时选择“更新”。

在 Dreamweaver 中打开该网页，切换到代码视图，可以看到如下内容（由于篇幅限制，部分代码省略）：

```
<!--…省略部分内容…-->

<!--页体开始-->
<div id="layer">
    <!--各个页面不同的内容放置区域开始-->

    <!--各个页面不同的内容放置区域结束-->
</div>
<!--页体结束-->

<!--…省略部分内容…-->
```

<div>…</div>代码中间就是首页的内容部分，包括“个人档案”“最新日志”“文章分类”及“网站统计”4 部分。

② 创建和引用首页的样式文件。在网站中创建一个样式表文件，命名为 layer.css，存放在网站的 skins 下，然后在 index.html 的<head></head>中加入如下代码，引入该样式文件 layer.css：

```
<link href="skins/layer.css" rel="stylesheet" type="text/css" />
```

③ 设计首页内容区域的布局。首页内容部分由<div id="layer">定义，所以，要设置首页内容部分的宽度和高度，只需要修改该标记的样式即可。前面提到该页面的样式存在于 layer.css 文件中，所以只要在文件 layer.css 中加入标记 layer 的样式定义即可。打开该文件，在文件顶部加入如下代码：

```
/*首页内容样式设计*/
#layer {                    /*定义了一个ID选择器，设置layer标记的样式*/
  height:auto;              /*设置首页内容的高度为自动*/
  width:940px;              /*设置首页内容的宽度*/
  margin-top:3px;           /*设置首页内容的顶部边距，即距离上方菜单导航的垂直距离*/
}
```

（2）“个人档案”布局设计

① 加入“个人档案”的布局代码。打开 index.html 文件，切换到代码视图，在<div id=“layer”>标记与</div>标记之间加入如下代码，目的是插入“个人档案”部分的内容。

```
<div id="left_01">
</div>
```

② 加入样式代码。打开 layer.css，在最后加入 left_01 的样式定义，代码如下：

```
/*个人档案布局样式设计*/
#left_01 {
  float:left;                       /*向左浮动*/
  height:320px;                     /*设置个人档案部分的高度*/
  width:220px;                      /*设置个人档案部分的宽度*/
  border:1px solid #003366;         /*设置个人档案部分的边框*/
}
```

加入上述样式后，看到的效果如图 11-78 所示。

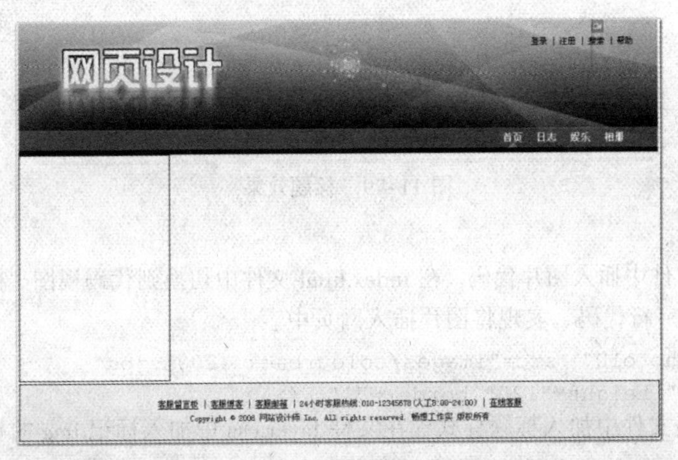

图 11-78 “个人档案”布局

（3）加入“个人档案”标题

① 在网页文件中插入标题代码。打开 index.html 文件，切换到代码视图，在<div

id="left_01">与</div>之间加入一行代码：

```
<span><h1>个人档案</h1></span>
```

② 在样式表文件中加入标题样式。在文件 layer.css 中加入标记 h1 的样式定义，代码如下：

```
/*个人档案标题设计*/
#left_01  span  {    /*设置 left_01 中 span 的样式*/
  border-bottom-width:1px;          /*设置下边框粗细*/
  border-bottom-style:solid;        /*设置下边框样式*/
  border-bottom-color:#003366;      /*设置下边框颜色*/
  display:block;                    /*以块状显示*/
  height:30px;                      /*设置高度*/
}
#left_01  h1{     /*设置 left_01 中 h1 的样式*/
  font-family:"宋体";               /*设置字体*/
  font-size:16px;                   /*设置字体大小*/
  color:#f6e366;                    /*设置字体颜色*/
  background-color:#003366;         /*设置背景颜色*/
  display:block;                    /*以块状显示*/
  line-height:1.8em;                /*设置行高*/
  height:29px;                      /*设置高度*/
  margin:1px;                       /*设置边界大小*/
  text-align:center;                /*设置字体水平居中显示*/
}
```

加入上述样式后，效果如图 11-79 所示。

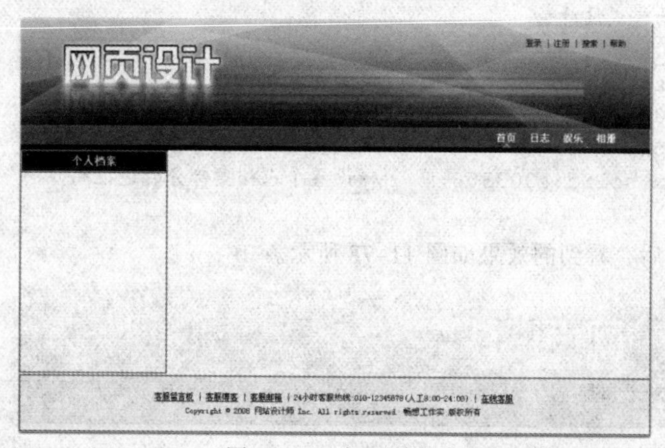

图 11-79　标题效果

（4）显示图片

① 在网页文件中插入图片代码。在 index.html 文件中切换到代码视图，在<h1>个人档案</h1>代码后加入一行代码，实现将图片插入网页中。

```
<img id="photoID"  src="images/colourback_12001.jpg"
width="160" height="120" border="1"  />
```

② 在样式表文件中加入标题样式。在文件 layer.css 中加入标记 img 的样式定义，代码如下：

```
/*个人档案图片样式*/
#left_01  img {
  margin-top:15px;          /*设置上边界*/
```

```
  margin-right:auto;          /*设置右边界*/
  margin-left:28px;           /*设置左边界*/
  margin-bottom:10px;         /*设置下边界*/
  border-style:solid;         /*设置边框样式*/
  border-width:1px;           /*设置边框宽度*/
  border-color:#CCCCCC;       /*设置边框颜色*/
  padding:2px;                /*设置填充大小*/
}
```

加入上述样式后，效果如图 11-80 所示。

图 11-80　图片效果

（5）显示文本

“个人档案”中的文本信息将以无序列表的形式显示，但要通过样式的设置使其不显示项目符号和下画线。

① 在网页文件中插入文本。在 index.html 文件中，切换到代码视图，在<img id="photoID" src=....../>代码后加入一段代码，将文本信息插入到网页中：

```
<ul>
    <li><strong>姓名</strong>: 张晓 <strong>网名</strong>: 笑傲江湖</li>
    <li><strong>性别</strong>: 帅哥 <strong>年龄</strong>: 20</li>
    <li><strong>地址</strong>: 北京市房山区 115 号</li>
    <li><strong>职业</strong>: 网站设计师 </li>
    <li><strong>爱好</strong>: 乒乓球、羽毛球</li>
    <li><strong>学历</strong>: 专科</li>
</ul>
```

② 在样式表文件中加入标题样式。在文件 layer.css 中加入标记无序列表的样式定义，代码如下：

```
/*个人档案文本信息样式*/
#left_01  ul{ /*设置 left_01 中 ul 列表元素的样式*/
  display:block;              /*以块状显示*/
  margin-right:30px;          /*设置右边界*/
  margin-left:30px;           /*设置左边界*/
}
#left_01  li{
  font-family:"宋体";          /*设置字体*/
  font-size:12px;             /*设置字体大小*/
```

```
  line-height:1.8em;          /*设置行高*/
  color:#003366;              /*设置字体颜色*/
  text-decoration:none;       /*设置无下画线显示*/
}
```

加入上述样式后，效果如图 11-81 所示。

图 11-81 个人档案效果

2. “最新日志”设计

（1）“最新日志”布局设计

① 在网页文件中插入 HTML 代码。在图 11-81 所示页面的基础上添加“最新日志”部分。在 Dreamweaver 中切换至代码视图，在“个人档案”部分代码（<div id="left_ 01">……</div>）后面添加如下代码，目的是插入“最新日志”部分的内容：

```
<div id="right_01">
</div>
```

② 加入 CSS 样式代码。在文件 layer.css 加入 right_01 的样式定义，代码如下：

```
/*最新日志布局样式设计*/
#right_01 {
  height:754px;  /*定义最新日志部分的高度*/
  width:713px;   /*定义最新日志部分的宽度*/
  float:right;   /*定义向右浮动*/
  border:1px solid #003366;
                 /*定义最新日志部分的边框*/
}
```

加入上述样式后，效果如图 11-82 所示。

图 11-82 最新日志布局效果

（2）“最新日志”标题栏设计

① 标题文字与背景设置。在 index.html 文件中，切换到代码视图下，在<div id="right_01">与</div>之间加入如下代码，将标题栏文字“最新日志”设置为标题 1，并将其放置在内联元素<span>中。

```
<span>
  <h1>最新日志</h1>
</span>
```

在文件 layer.css 中加入样式定义，代码如下：

```
/*最新日志标题栏样式设计*/
#right_01  span {
  border-bottom: 1px solid #003366;  /*定义内联元素下边框样式*/
  display: block;                    /*以块状显示*/
  height: 30px;                      /*定义高度*/
}
#right_01  h1 {
  font-family: "宋体";               /*定义标题文字的字体*/
  font-size: 16px;                   /*定义标题文字的大小*/
  color: #f6e366;                    /*定义标题文字的颜色*/
  background-color: #003366;         /*定义标题文字的背景色*/
  display: block;                    /*以块状显示*/
  line-height: 1.8em;                /*定义标题文字的行高*/
  height: 29px;                      /*定义高度*/
  margin: 1px;                       /*定义标题文字的边界*/
  padding-left: 30px;                /*定义标题文字的左填充*/
}
```

加入上述样式后，看到的效果如图 11-83 所示。

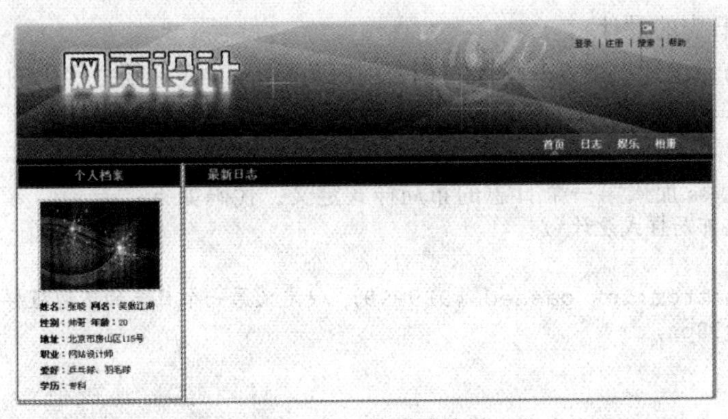

图 11-83　标题栏效果

② 超链接文字“更多”。在 index.html 文件的代码视图下，在<h1>最新日志</h1>后面加入一行代码，插入超链接文字。

```
<span>
   <h1>最新日志</h1>
   <a href="#" class="more">〈更多〉</a>
</span>
```

在文件 layer.css 中加入超链接文字的样式定义，代码如下：

```
/*超链接文字样式设计*/
.more {
  font-family:"宋体";
  font-size:12px;
  color:#ffffff;
  text-decoration:none;   /*无下画线*/
  display:block;
  float:right;            /*向右浮动*/
```

```
  margin-top:5px;
  margin-right:20px;
}
/*鼠标经过超链接时的样式设计*/
.more:hover {
  color:#f6e366;
  text-decoration:none;
}
```

加入上述样式后，效果如图 11-84 所示。

图 11-84　超链接文字效果

（3）第一条日志的设计

① 日志的布局设计。在 index.html 文件的代码视图下，在标题栏代码的后面加入如下代码，用于放置第一个日志：

```
<div id="log_01"> </div>
```

在文件 layer.css 加入第一个日志的布局样式定义，代码如下：

```
/*第一个日志布局样式设计*/
#log_01 {
  border-bottom:1px dashed #999999; /*定义第一个日志的下边框样式*/
  height:238px;
  top:1px;
}
```

加入上述样式后，效果如图 11-85 所示，注意底边虚框样式的实现。

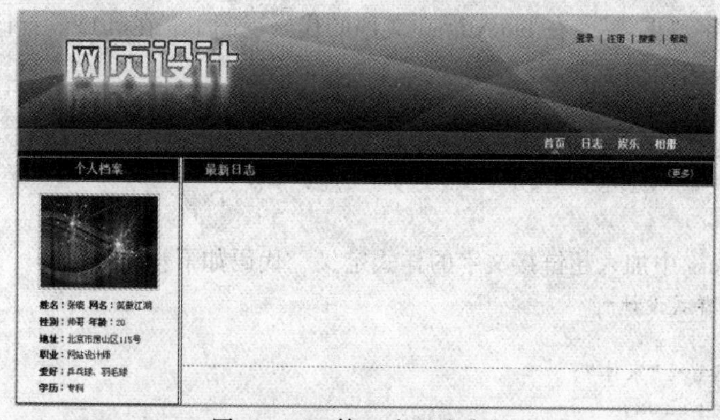

图 11-85　第一个日志布局

② 日志标题设计。切换至代码视图，在<div id="log_01">与</div>之间加入一行代码，插入日志标题：

```
<h2><a href="#" class="a">网站内页设计技巧</a></h2>
<p class="p1">最后更新: 2008-11-04 20:39</p>
```

其中各行代码说明如下：

- 第 1 行代码，实现的是插入日志标题文字。
- 第 2 行代码，实现的是标题文字右侧的更新日期的设置。

在文件 layer.css 中加入日志标题行样式定义，代码如下：

```
/*日志标题样式设计*/
#right_01 h2 {          /*定义标题 2 的样式*/
  float:left;           /*定义向左浮动*/
  margin-top:20px;      /*定义上边界*/
  margin-left:35px;     /*定义左边界*/
}
.a{   /*定义超链接样式*/
  font-family: "宋体";
  font-size:14px;
  color:#e4970d;
  text-decoration:none;
}
.a:hover {    /*定义鼠标经过超链接时的样式*/
     color:#003366;
}
.p1 {  /*定义段落样式*/
  font-family:"宋体";
  font-size:12px;
  line-height:1.8em;
  color:#333333;
 text-decoration:none;
  margin-top:20px;
  float:right;
  margin-right:35px;
}
```

加入上述样式后，效果如图 11-86 所示。

图 11-86 日志标题行效果

③ 日志正文设计。切换至代码视图，在代码<p class="p1">最后更新：2008-11-04 20:39</p>后，加入如下代码，插入日志内容：

```
<p class="p2">
   网站首页(教程省略)...
   <a href="blogs/rizhi.html" class="a2">[查看全文]</a>
</p>
```

在文件 layer.css 中加入日志正文样式定义，代码如下：

```
/*日志正文样式设计*/
.p2 {
  font-family: "宋体";
  font-size:12px;
  line-height:2em;                /*定义行高*/
  color:#333333;
  text-indent:2em;                /*定义首行缩进*/
  display:block;                  /*定义块状显示*/
  margin-top:10px;
  margin-left:10px;
  margin-right:10px;
  float:left;                   /*定义向左浮动*/
       clear:left;              /*清除左侧浮动元素*/
}
.a2 {  /*定义超链接样式*/
  font-family:"宋体";
  font-size:12px;
  color:#330000;
  text-decoration:none;
}
.a2:hover { /*定义鼠标经过超链接时的样式*/
    color: #003366;
}
```

加入上述样式后，效果如图 11-87 所示。

图 11-87　日志正文效果

④ 日志底部超链接设计。切换至代码视图，在日志正文代码后面加入如下代码，插入日志底部超链接文本：

```
<a href="#" class="a3">
  分享  |  评论 (0)  |  阅读 (12)  |  固定链接  |  发表于 23:28
</a>
```

在文件 layer.css 中加入日志底部超链接文本样式定义，代码如下：

```
.a3 {  /*定义超链接样式*/
```

```
  font-family:"宋体";
  font-size:12px;
  color:#330000;
  text-decoration:none;
  display:block;          /*定义块状显示*/
  float:right;
  margin-right:30px;
  margin-top:10px;
  text-align:right;       /*定义文本右对齐*/
  clear:left;             /*清除左侧浮动元素*/
}
.a3:hover {  /*定义鼠标经过超链接时的样式*/
     color: #003366;
}
```

加入上述样式后，效果如图 11-88 所示。

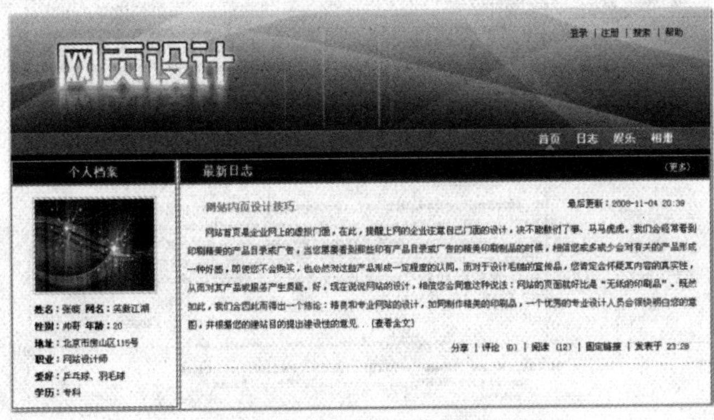

图 11-88　第一个日志完整效果

（4）其余日志的设计

第二个和第三个日志的制作方法与第一个日志的制作方法相同，详细过程可以参照第一个日志的设计。切换至代码视图，在第一个日志代码后面继续添加第二个日志代码，如下所示：

```
<div id="log_01">
   <h2><a href="#" class="a">网站内页设计技巧 </a></h2>
   <p class="p1">最后更新: 2011-11-04 20:39</p>
   <p class="p2">
    (教程省略)...
   <a href="blogs/rizhi.html" class="a2">[查看全文]</a>  </p>
   <a href="#" class="a3">
   分享  |  评论 (0)  |  阅读 (12)  |  固定链接  |  发表于 23:28
   </a>
</div>
```

继续在第二个日志的代码后面添加第三个日志的代码，如下所示：

```
<div id="log_01">
   <h2><a href="#" class="a">网站色彩搭配技巧</a></h2>
   <p class="p1">最后更新: 2008-11-04 20:39</p>
   <p class="p2">网页中...<a href="blogs/rizhi.html" class="a2">[查看全
   文]</a></p>
   <a href="#" class="a3">
```

```
        分享 | 评论 (0) | 阅读 (12) | 固定链接 | 发表于 23:28
    </a>
</div>
```

加入上述样式后，“最新日志”部分制作完成，效果如图 11-89 所示。

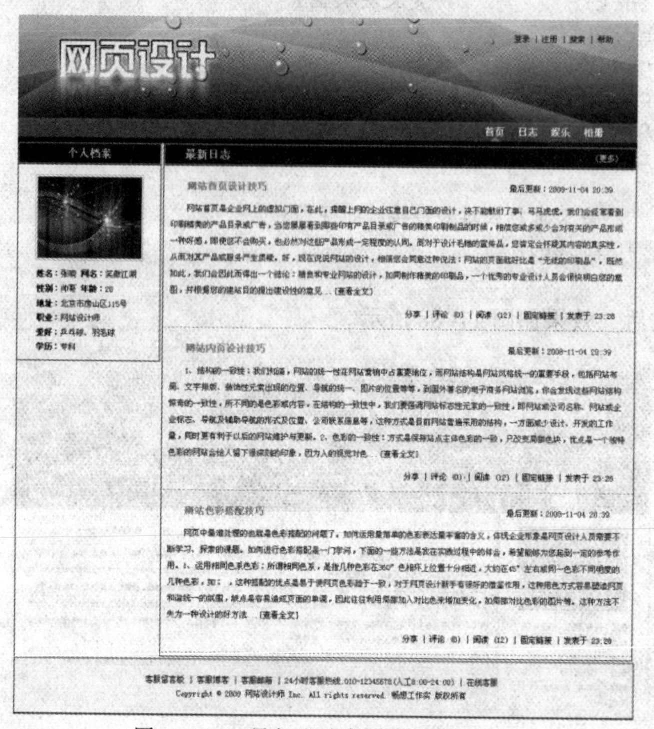

图 11-89　最新日志部分的完整效果

3. “文章分类”设计

(1)“文章分类”布局设计

① 在网页文件中插入 HTML 代码。在图 11-89 所示页面的基础上，添加“文章分类”部分。在 Dreamweaver 中切换至代码视图，在“最新日志”部分代码（<div id="right_01">……</div>）后面添加如下代码，目的是插入“文章分类”部分的内容：

```
<div id="left_02">
</div>
```

② 加入 CSS 样式代码。在文件 layer.css 加入样式定义，代码如下：

```
/*文章分类设计*/
#left_02 {
  height:auto;                    /*定义高度自动*/
  width:220px;
  float:left;                     /*定义向左浮动*/
  margin-top:3px;
  border:1px  solid  #003366;     /*定义边框粗细、实线、颜色*/
}
```

加入上述样式后，效果如图 11-90 所示，在“个人档案”下方出现了“文章分类”的占位标签。因为设置高度为“自动”，所以在未插入内容之前，在浏览器中显示的效果只是一条线。

图 11-90　文章分类布局效果

（2）标题文字的设计

① 在网页文件中插入标题代码。在 index.html 文件中，切换到代码视图，在<div id="left_02">与</div>之间加入一行代码：

```
<span><h1>文章分类</h1></span>
```

② 在样式表文件中加入标题样式。在文件 layer.css 加入样式定义，代码如下：

```
/*文章分类标题设计*/
#left_02 span {
  border-bottom-width:1px;
  border-bottom-style:solid;
  border-bottom-color:#003366;
  display:block;
  height:30px;
}
#left_02  h1  {
  font-family:"宋体";
  font-size:16px;
  color:#f6e366;
  background-color:#003366;
  display:block;
  line-height:1.8em;
  height:29px;
  margin:1px;
  text-align:center;
}
```

由于“文章分类”标题的样式设计与“个人档案”标题的样式设计一致，可以精简代码，将两部分的样式合在一起，代码如下：

```
/*个人档案、文章分类标题设计*/
#left_01 span，#left_02 span {
  border-bottom-width:1px;
  border-bottom-style:solid;
  border-bottom-color:#003366;
  display:block;
```

```
    height:30px;
  }
  #left_01  h1 , #left_02  h1 {
    font-family:"宋体";
    font-size:16px;
    color:#f6e366;
    background-color:#003366;
    display:block;
    line-height:29px;
    height:29px;
    margin:1px;
    text-align:center;
  }
```

以上采用分组选择符的方式来定义样式，元素和元素之间要用“,”号分开，其功能是为不同元素或对象定义相同的样式。加入上述样式后，效果如图 11-91 所示。

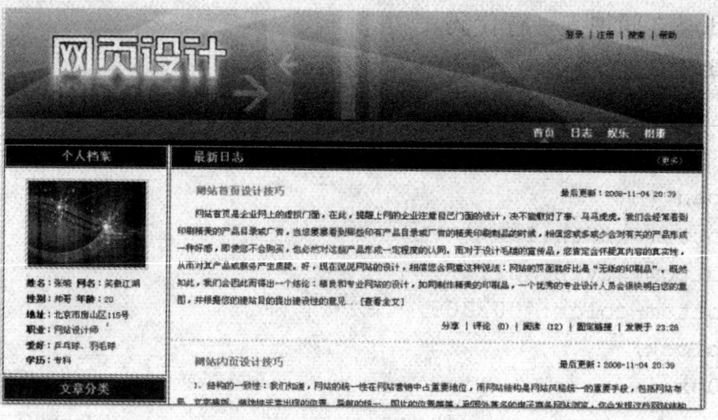

图 11-91　标题栏效果

（3）文字列表的设计

① 在网页文件中插入标题代码。在网页文件里，切换到代码视图，在<span><h1>文章分类</h1></span>代码后加入下列代码：

```
<ul>
  <li><a href="#">·默认分类(42)</a></li>
  <li><a href="#">·开发语言(20)</a></li>
  <li><a href="#">·感动你我(47)</a></li>
  <li><a href="#">·点点滴滴(73)</a></li>
  <li><a href="#">·激情足球(10)</a></li>
  <li><a href="#">·趣闻杂谈(51)</a></li>
  <li><a href="#">·软件测试(7)</a></li>
  <li><a href="#">·爱车 e 族(4)</a></li>
  <li><a href="#">·网站设计(42)</a></li>
</ul>
```

② 在样式表文件中加入列表样式。在文件 layer.css 中加入样式定义，代码如下：

```
/*文章分类列表样式设计*/
#left_02 ul {
```

```
  display:block;
  margin-left:65px;
}
#left_02 a {                    /*定义超链接样式*/
  font-family:"宋体";
  font-size:12px;
  color:#003366;
  text-decoration:none;        /*不显示下画线*/
}
#left_02 a:hover {              /*定义鼠标经过超链接时的样式*/
  font-family:"宋体";
  font-size:12px;
  color:#e4970d;
  text-decoration:none;        /*不显示下画线*/
}
```

加入上述样式后，“文章分类”部分制作完成，效果如图 11-92 所示。

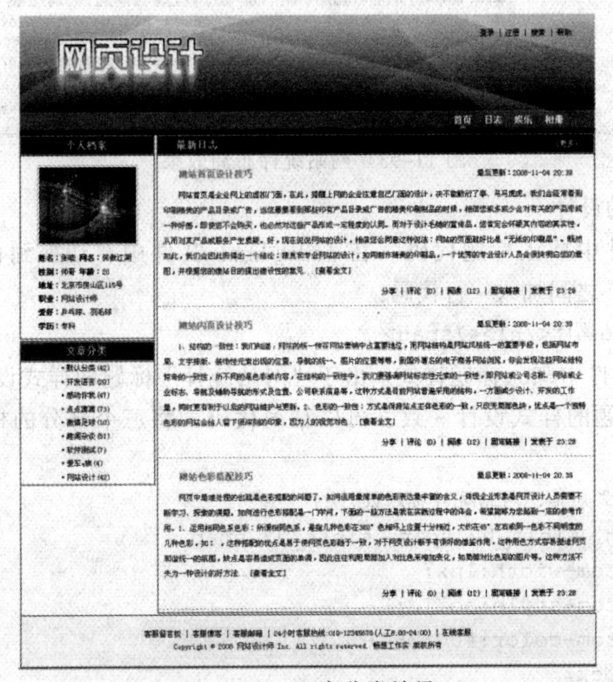

图 11-92　文章分类效果

4. “网站统计”设计

(1)“网站统计”布局设计

① 在网页文件中插入 HTML 代码。在图 11-92 所示页面的基础上添加“网站统计”部分。在 Dreamweaver 中切换至代码视图，在“最新日志”部分代码(<div id=" left_02">...</div>)后面添加如下代码，目的是插入“网站统计”部分的内容：

```
<div id="left_03">
</div>
```

② 加入 CSS 样式代码。在文件 layer.css 中加入样式定义，代码如下：

```
/*网站统计设计*/
#left_03 {
  float:left;    /*定义向左浮动*/
  height:198px;
  width:220px;
  margin-top: 3px;
  border:1px solid #003366;
}
```

加入上述样式后，效果如图 11-93 所示。

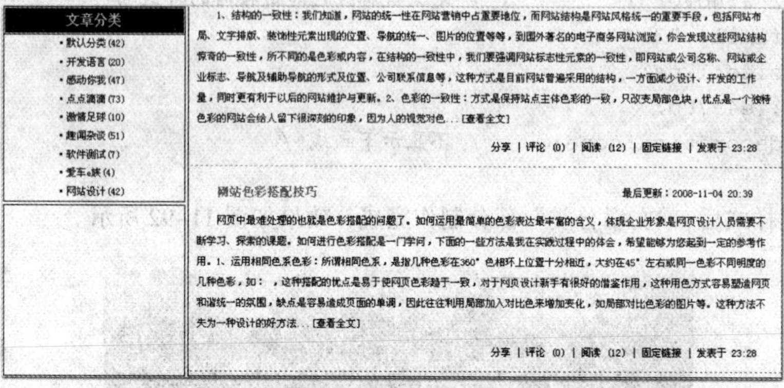

图 11-93 网站统计布局效果

（2）标题文字的设计

① 在网页文件中插入标题代码。在 index.html 文件中，切换到代码视图，在<div id="left_03">与</div>之间加入一行代码：

```
<span><h1>网站统计</h1></span>
```

② 在样式表文件中加入标题样式。由于“网站统计”标题的样式设计与“个人档案”及“文章分类”标题的样式设计一致，可以精简代码，将三个部分的样式合在一起，代码如下：

```
/*个人档案、文章分类、网站统计标题设计*/
#left_01 span，#left_02 span，#left_03 span {
  border-bottom-width:1px;
  border-bottom-style:solid;
  border-bottom-color:#003366;
  display:block;
  height:30px;
}
#left_01  h1,#left_02  h1, #left_03  h1 {
  font-family:"宋体";
  font-size:16px;
  color:#f6e366;
  background-color:#003366;
  display:block;
  line-height:29px;
  height:29px;
```

```
  margin:1px;
  text-align:center;
}
```

加入上述样式后，效果如图 11-94 所示。

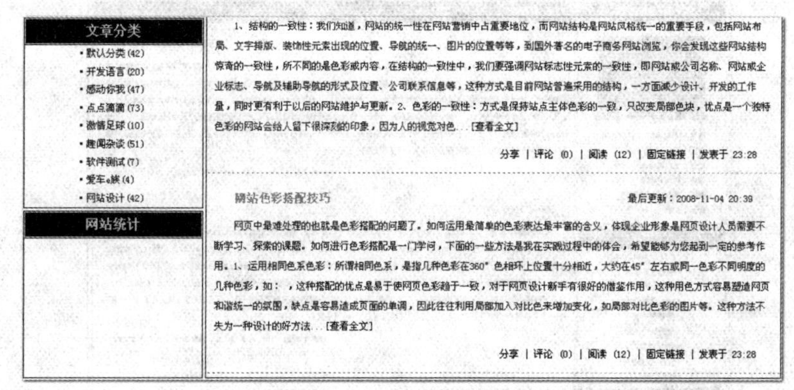

图 11-94　标题栏效果

（3）文字列表的设计

① 在网页文件中插入标题代码。在网页文件中，切换到代码视图，在<span><h1>网站统计</h1></span>代码后加入下列代码：

```
<ul>
  <li><strong>创建时间</strong>: 2007 年 7 月 28 日</li>
  <li><strong>文章总数</strong>: 1133 篇</li>
  <li><strong>评论总数</strong>: 80 条</li>
  <li><strong>留言总数</strong>: 123 条</li>
  <li><strong>访问合计</strong>: 1145 次</li>
  <li><strong>照片总数</strong>: 120 张</li>
  <li></li>
</ul>
```

② 在样式表文件中加入列表样式。在文件 layer.css 加入样式定义，代码如下：

```
/*网站统计信息样式设计*/
#left_03  ul {
  display:block;
  margin-right: 30px;
  margin-left:40px;
  font-family:"宋体";
  font-size:12px;
  line-height:1.8em;
  text-decoration:none;
  margin-top:10px;
  color:#003366;
}
```

加入上述样式后，“网站统计”部分制作完成，至此，网站的首页设计完成，完整效果如图 11-95 所示。

图 11-95 首页完整效果

11.3.4 网站子页实现

博客网站其他子页的顶部和底部可通过网站模板得到，我们只需要设计子页面的中间主体部分即可，而无须从头进行设计。和首页实现类似，读者可自行尝试设计和实现其他子页面。

11.4 发布测试

制作好站点中所有的页面后，就可以对整个博客网站进行发布测试。

1. **本地发布网站**

所谓本地发布，就是在自己的计算机上进行发布测试。这里以常用的 Windows XP 系统为基础，简单讲解发布网站的过程。

（1）安装 IIS 5.1 版

Windows XP 系统下，IIS 的安装包为 5.1 版本的。可以从 XP 的安装光盘找到，也可以从互联网上找到 IIS 5.1 的压缩包。查找的办法是在搜索引擎中查找关键字“IIS　XP”。安装 IIS 5.1 的操作步骤如下：

Step1 首先选择“开始”→“控制面板”命令，打开“控制面板”窗口，双击“添加或删除程序”图标，然后单击界面左侧的“添加/删除 Windows 组件”，如图 11-96 所示。

Step2 选择 IIS 相关组件。在弹出的“Windows 组件向导”对话框中，选择“Internet 信息服务（IIS）”复选框，如图 11-97 所示。

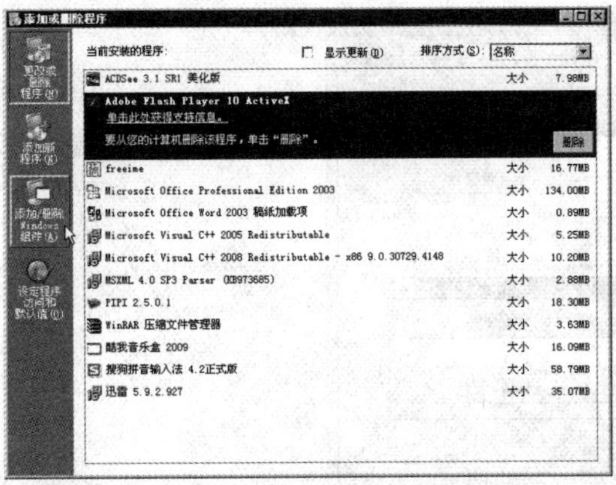

图 11-96 “添加或删除程序”窗口

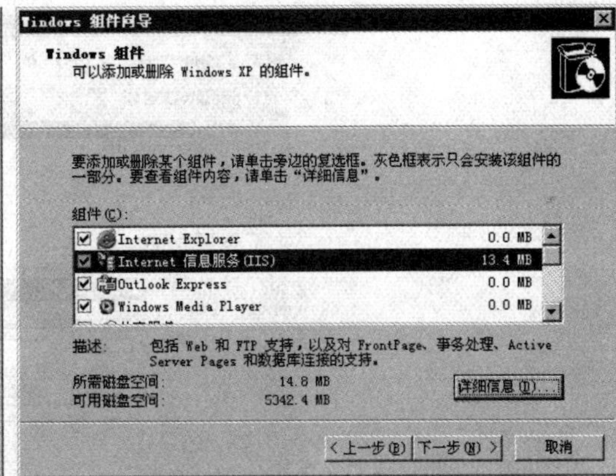

图 11-97 “Windows 组件向导”对话框

Step3 完成安装。单击“下一步”按钮，开始安装 IIS，会弹出“插入磁盘”提示框，单击“浏览”按钮，找到 IIS 安装包位置，然后单击“打开”按钮。

整个安装过程会弹出数次“所需文件”对话框，单击“浏览”按钮，选中所需文件后单击“打开”按钮即可，随后会逐步安装。安装完成后，会在“控制面板”→“管理工具”中创建“Internet 信息服务”快捷方式，后面的发布网站就是用这个工具实现的。

提示： 在安装的过程中，有时会出现“文件保护”提示框，这是因为下载的 IIS 文件版本可能和系统现有的相同文件的版本不一致，根据安装程序提示，只需要将 XP 的安装光盘放入光驱，单击“重试”按钮即可更新相关文件。

（2）发布网站

操作步骤如下：

Step1 复制网站代码。在本地磁盘上创建一个文件夹，并将自己的网站代码（本模块全部代码）复制到前面创建的文件夹下。如在 D 盘创建一个文件夹 D:\ My_Blog_site，并将网站所有代码都复制到该文件夹下。

Step2 发布网站代码。打开控制面板中的“管理工具”，找到“Internet 信息服务”并双击打开，在打开的窗口左侧，右击“默认网站”，选择“属性”命令，在弹出的对话框中选择“主目录”选项卡，单击“本地路径”右侧的“浏览”按钮，选择步骤 1 中创建的网站路径，如图 11-98 所示。

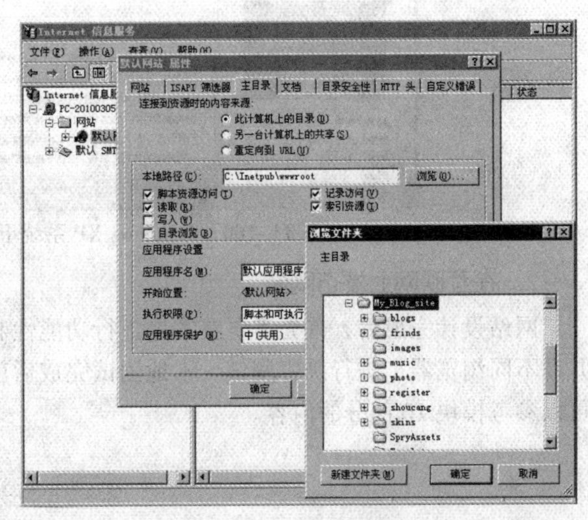

图 11-98 发布网站

Step3 设置默认文档。在“默认网站 属性”对话框中，选择“文档”选项卡，添加默认文档 index.html，如图 11-99 所示。

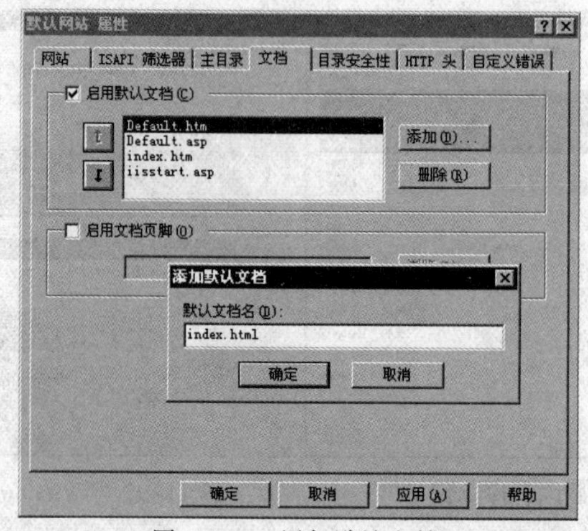

图 11-99　添加默认文档

（3）测试发布结果

打开浏览器，在浏览器地址栏中输入 http://127.0.0.1 并按【Enter】键，如果一切配置正常，将出现博客网站的首页，如图 11-100 所示。

图 11-100　Windows XP 系统下发布网站测试结果

2. **在互联网上发布网站**

网站设计完成后，首先需要在本地进行功能性和兼容性测试，主要是通过本地进行发布并在不同浏览器上进行兼容测试，本地测试完成后就可以在互联网上发布网站了。具体操作可以参考模块 10 部分的内容。

参 考 文 献

[1] 李长文. 网页设计经典范例[M]. 北京：清华大学出版社，2003.
[2] 胡耀芳. 网页设计与制作教程[M]. 北京：清华大学出版社，2005.
[3] 张微. Dreamweaver 8 完美网页设计[M]. 北京：中国青年出版社，2006.
[4] 曹金明. 网页设计与配色[M]. 北京：红旗出版社，2005.
[5] 黄在贤. 设计师谈精彩网页设计[M]. 北京：电子工业出版社，2004.
[6] 孙永道. 网页设计与制作教程[M]. 北京：清华大学出版社，2010.